普通高等教育应用型教材·经济管理类信息化系列

运筹学

（第 2 版）

主　编　吴振华　王亚蓓
副主编　岳　芳　苏　鑫

北京理工大学出版社
BEIJING INSTITUTE OF TECHNOLOGY PRESS

内容简介

《运筹学》是普通高等院校经济管理专业的基础必修课，是一门研究如何有效地组织和管理系统的科学。它与管理科学紧密联系，研究解决实际问题时的系统优化思想，培养学生从提出问题、分析建模、求解到方案实施的一整套科学思想方法，对培养和提高经济管理人才的素质上能起到重要作用。《运筹学》（第2版）教材共12章，系统介绍了线性规划、对偶规划、运输问题、整数规划、目标规划、网络分析、网络计划、动态规划、存储论、排队论、对策论和决策论等问题的模型、原理和求解方法以及在经济、管理领域中的应用。本教材展示了详细的例题讲解和较为完整的配套资料，不仅以文字方式传递知识，还依托互联网和数字平台，整合优质资源，以网络方式传播教学内容，包括习题答案、教学视频和软件求解等，为教师教学和读者学习提供方便。

本教材可作为普通高校经济和管理类专业本科生、全日制研究生、工商管理硕士（MBA）、公共管理硕士（MPA）、工程硕士（MPM）等在职研究生的运筹学（数据、模型与决策）课程教材或参考用书，也可作为企业管理人员、技术人员和政府相关部门人员的参考用书。

图书在版编目（CIP）数据

运筹学／吴振华，王亚蓓主编．—2版．—北京：北京理工大学出版社，2021.1（2021.6重印）

ISBN 978-7-5682-9479-9

Ⅰ.①运…　Ⅱ.①吴…②王…　Ⅲ.①运筹学-高等学校-教材　Ⅳ.①O22

中国版本图书馆CIP数据核字（2021）第017408号

出版发行／北京理工大学出版社有限责任公司
社　　址／北京市海淀区中关村南大街5号
邮　　编／100081
电　　话／（010）68914775（总编室）
（010）82562903（教材售后服务热线）
（010）68948351（其他图书服务热线）
网　　址／http://www.bitpress.com.cn
经　　销／全国各地新华书店
印　　刷／河北盛世彩捷印刷有限公司
开　　本／787毫米×1092毫米　1/16
印　　张／20.5
字　　数／481千字
版　　次／2021年1月第2版　2021年6月第2次印刷
定　　价／52.00元

责任编辑／王俊洁
文案编辑／王俊洁
责任校对／周瑞红
责任印制／李志强

图书出现印装质量问题，请拨打售后服务热线，本社负责调换

序　言

运筹学着眼于系统的改善或优化，在科技、管理、建筑、国防、军事、农业等领域得到广泛应用。对于经济管理类专业，运筹学是重要的核心基础课程，是学习相关专业（如数字经济、工业工程、工程管理、财务会计、市场营销、人力资源管理、物流管理、电子商务、金融工程、信息管理等）课程的重要基础。运筹学还可以改善思维，对读者日后的生活和工作都会产生积极影响。

作为应用数学的一个分支，运筹学的难度较大，主要表现在三个方面：一是建模难：使用运筹学方法解决现实生活中的复杂问题，需要将实际问题用数学语言进行表达，包括分析问题、明确目标、设置变量、建立约束表达式等，这需要花费大量的时间和精力。二是求解难；运筹学的求解环节偏于数学推导和算法，过程较为复杂，难度和工作量较大。三是模型调整难：在根据求解结果进行决策时，需要结合实际情况，验证结果的合理性，因此可能需要花费较长的时间对变量、模型及参数进行多次调整。吴振华老师主编的《运筹学》（第 2 版）为如何化解这三难提供了很好的方法。

仔细阅读了《运筹学》（第 2 版）的初稿，感觉这本教材具有如下特点：

（1）体系完整。

《运筹学》（第 2 版）包括线性规划、对偶规划、运输问题、整数规划、目标规划、网络分析、网络计划、动态规划、存储论、排队论、对策论和决策论等运筹学分支内容，教材内容比较完整，适合高校经济管理类专业学生使用。

（2）难度适中。

作者对《运筹学》（第 1 版）所有章节中的例题和习题进行了更新，例题讲解深入浅出、思路清晰，习题与例题相对应，读者可以参考例题完成习题求解。同时，在每一章中增加了开篇案例，更新了原书中的部分案例。本书通过调整习题和案例的难度，提高读者学习兴趣，方便读者自学以及分析和讨论。

（3）资源丰富。

《运筹学》（第 2 版）满足了新形态教材的要求，重新整合数学资源，将数学知识回顾、复杂公式推导、选学内容、习题答案、重难点剖析等辅学类内容通过数字资源形式进行展示，读者可以通过密码或者扫描二维码的方式随时访问数字资源。

我在担任哈尔滨工业大学管理学院党委书记期间，恰逢《运筹学》（第 2 版）的作者吴振华在这里攻读博士学位。“运筹学”课程教学名师胡运权教授的言传身教，为作者以后从事“运筹学”课程的教学奠定了坚实的基础。吴振华老师忠诚于教学事业，热爱本职工作，关心和爱护学生。作者从 2010 年至今，一直担任管理类本科生“运筹学”和研究生“数据、模型与决策”课程的教学任务，具有丰富的教学经验。他还在大型国有企业工作了6年，积累了丰富的企业管理工作经验。他在教学过程中，结合科研和工作实践，使用生动、幽默的语言和恰当的举例，让“运筹学”课堂变得快乐轻松，有效地提升了教学效果，获得了师生的一致好评。

期待该教材能够得到广大读者的关注和欢迎，为我国经济管理类专业的人才培养发挥应有的作用。

王要武

2020年7月22日于哈尔滨

王要武，男，1956年12月出生，哈尔滨工业大学二级教授、博士生导师，中国建设教育协会副理事长。

再版前言

当前，信息技术与教育教学的融合不断深入。信息化教学作为一种全新的教学方式，拓展了教学时空，丰富了教学内容，也对教学的重要载体——教材的内容和功能提出了新的要求。在信息化教学环境下，教材除了以文字方式传递知识外，还需要依托互联网和数字平台，整合优质资源，以网络方式传播教学内容。本书作为信息化时代的新教材，其内容与形态是相互统一的。教材的形态是内容与功能的中介，对内容和功能进行创新，必须首先对教材的形态进行创新，以满足教师课内课外教学、学生线上线下学习等信息时代的教学新需求，支撑高校的信息化教学改革。

《运筹学》(第 2 版)教材保留了《运筹学》(第 1 版)教材中例题求解过程详细、习题与例题配套、案例分析内容全面、软件求解多样化等特点，在此基础上对内容体系进行修改和完善，将资源重新整合，满足新形态教材的要求。

(1)增加教材章节内容。

《运筹学》(第 2 版)中增加了排队论、对策论和决策论等运筹学分支内容，使教材体系更加完善，更适合国内普通高校经管类专业学生使用。

(2)更新教材案例内容。

为提高学生的学习兴趣，《运筹学》(第 2 版)每章都增加了开篇案例，同时更新了原教材中的教学案例，供学生课上课下分析和讨论。

(3)补充例题和习题。

对《运筹学》(第 1 版)中所有章节内容(例题和习题)进行调整，更正错误。

(4)增加教学视频资料。

将重点和难点知识录制为视频，以概念解析和习题讲解为主，可以培养学生的抽象思维和计算能力，达到更好的教学效果。

(5)完善网络在线资源。

为满足新形态教材的要求，《运筹学》(第 2 版)中完善了数学资源，将数学知识回顾、公式推导、选学章节、习题答案、自测题、视频等辅学类内容，作为数字资源在线展示，读者可以通过密码或者扫描二维码的方式随时访问数字资源。

本教材作者吴振华、岳芳和苏鑫就职于桂林电子科技大学商学院，王亚蓓就职于桂林电子科技大学信息科技学院。主编吴振华负责编写线性规划、对偶规划、动态规划、存储论等章节内容，主编王亚蓓负责编写运输问题、整数规划、目标规划、对策论等章节内容，副主编岳芳负责编写网络分析、排队论等章节内容，副主编苏鑫负责编写网络计划和决策论等章节内容，最后由吴振华负责统稿。

本教材是桂林电子科技大学国家级、广西自治区级一流本科专业（工业工程）重点建设教材，同时也是数字经济专业重点建设教材。

由于编者水平有限，加之时间仓促，错漏之处在所难免，欢迎广大读者提出宝贵意见，主编邮箱：331751274@163.com。

编　者

2020年7月

目 录

0 绪论

0.1 现代运筹学的由来

任何一门科学都不是突然诞生的,运筹学也不例外。运筹学问题和朴素的运筹思想,可以追溯到古代,运筹学和人类实践活动的各种决策并存。直到 20 世纪初,并延续到 30 年代末和 40 年代初,在烽火硝烟的战争中,正式诞生了运筹学。现代运筹学的兴起可以追溯到 20 世纪初期,但其概念和方法的系统提出却是在第二次世界大战期间。当时,为了在大范围的空战演习中评价新的技术,英国的科学家致力于研究对新技术有效性的度量,这一研究被称为 Operations Research(OR),这就是运筹学名称的由来。运筹学使用科学的方法去研究人类对各种资源的运用、筹划活动的基本规律,以便发挥有限资源的最大效益,达到总体或全局优化的目标。这里的资源是广义的,既包括物质材料,也包括人力设备;既包括技术装备,也包括社会结构。运筹学是一门独立的新兴科学,因为它区别于其他学科(如基础数学、物理、生命科学等),有本身特定的研究对象、自成系统的基础理论以及相对独立的研究方法和工具。运筹学的发展与社会科学、技术科学和军事科学的发展紧密相关,已成为工程与管理学科不可缺少的一个基础性学科,它的方法和实践已在科学管理、工程技术、社会经济、军事决策等方面起到了重要的作用,并已产生巨大的经济效益和社会效益。同时,运筹学以越来越快的速度渗透到信息科学、生命科学、材料科学和能源科学等前沿学科,成为这些学科不可缺少的研究工具。综上所述,运筹学是一门集基础性、交叉性、实用性均很强的学科。

著名数学家许国志认为,运筹学有三个来源:军事、管理和经济,离开这三个领域,运筹学就会成为无源之水,甚至会走向歧途。

(1) 军事。

军事是运筹学主要的发源地之一,运筹学(Operational Research 或者 Operations Research)的原义为作战研究。在我国,“运筹学”一词来自“运筹帷幄之中,决胜千里之外”。

美国军事运筹学会认为孙武是世界上第一个军事运筹学的实践家,在孙子兵法质的论断中渗透着量的分析。在中国,古代军事运筹思想的例子还有很多,如田忌赛马、围魏救赵和沈括运粮等。在国外,运筹思想也可追溯到很早以前。1916 年,英国人兰彻斯特(Lanchester)指出了数量优势、火力和胜负的动态关系,即兰彻斯特方程。美国人爱迪生(Edison)为美国海军咨询委员会研究了潜艇攻击和潜艇回避攻击的问题。这些工作对“二战”中运筹学的产生都是有影响的。1939 年,在“二战”中最早从事运筹学的科学工作者,英国的鲍得西研究站的工作人员研究了对空雷达警戒新老系统如何配合的问题,从整个系统控制角度分析了通信系统的有效性。运筹学解决了“二战”中的诸多军事难题,如搜索潜艇问题、护航问题、布雷问题、轰炸问题和运输问题等。

(2) 管理。

运筹学的第二个来源是管理。企业管理是管理领域中最活跃、最先进的方式，大致经历了手工式、机械化和系统化三个时期，由此产生三个最有影响的学派：古典学派、行为学派和系统学派。古典管理学派诞生在第一次世界大战前，对运筹学的产生和发展具有非常大的影响。例如，泰勒(Taylor)详细分析了劳动过程中每一个动作及其相应的时间，去掉多余动作，改进不合理操作，找出了最有效的工作方法。甘特(Gantt)发明了横道图，用于生产活动分析和计划安排，至今还在实践中应用，并向前发展成为统筹方法。管理科学和管理实践中的许多问题，目前仍是运筹学研究者们研究的课题。

(3) 经济。

运筹学的第三个来源是经济。近几十年来，经济数学和运筹学相互影响、相互促进，共同发展。经济学理论对运筹学的影响与数理经济学紧密联系，而数理经济学对运筹学中线性规划的影响，可以从魁奈(Qusnay)的经济表(Tableau Economique)(1758年)算起。当时许多经济学家对数理经济有显著贡献，如瓦尔拉斯(Walras)对经济平衡问题的研究、康托洛维奇(Kantorovich)提出的“生产组织和计划中的数学方法”，这些学者都是研究运筹学的先驱。

0.2 运筹学的发展历程

0.2.1 运筹学发展简史

最早的运筹思想源于中国。公元前6世纪的著作《孙子兵法》是世界上最早的军事运筹思想。随后，统筹、多阶段决策、多目标优化、合理运输、选址、规划和资源综合利用等运筹思想方法屡见不鲜。西方科学家在发展朴素运筹思想的同时，利用数学方法解决实际问题。1736年，欧拉(Euler)用图论思想成功地解决了哥尼斯堡七桥问题。1738年，贝努利(Bernoulli)首次提出了效用的概念，并以此作为决策的标准。1777年，布冯(Buffon)发现了用随机投针试验来计算π的方法，这是随机模拟方法(蒙特卡洛法)最古老的试验。1896年，帕累托(Pareto)首次从数学角度提出多目标优化问题，引进了帕累托最优的概念。1909年，丹麦电话工程师埃尔朗(Aran)利用概率论，开展了关于在电话局中继线数目的话务理论的研究，开创了排队论研究的先河。1912年，策梅洛(Zermelo)首次用数学方法来研究博弈问题。

现代运筹的思想萌芽于“一战”时期，起源于“二战”期间。1915年，哈里斯(Harris)开始对商业库存问题(存储论模型)进行研究。1916年，兰彻斯特(Lanchester)最早提出了现代军事运筹的战争模型。1921年，博雷尔(Borel)提出了对策论中最优策略的概念。1926年，博鲁夫卡(Borufka)最早发现了拟阵与组合优化算法之间的关系。1928年，冯·诺依曼(Von·Neumann)提出了二人零和博弈的一般理论。1932年，威布尔(Weibull)研究了维修问题和替换问题，这是可靠性数学最早的理论。1939年，康托洛维奇(Kantorovich)研究了工业生产的资源合理利用和计划等问题，开创性地提出线性规划，也因此获得了1975年的诺贝尔经济学奖。上述这些先驱者的成就对运筹学的发展有着深远的影响。“二战”期间英军大指挥部大多成立了这种运筹研究小组。例如，英国皇家空军组织了一批科学家，为对付德国的空袭进行新战术试验和战术效率研究(Operational Research)，并取得了满意的效果。在美国和加拿大的军事部门也成立了若干运筹研究(Operations Research)小组，对战果评价、战术革新、技术援助、战略决策和战术计划等问题进行广泛研究。

“二战”结束后，许多运筹学工作者逐步从军方转移到政府及产业部门进行研究，随之产生的理论成果主要有线性规划、整数规划、图论、网络流、几何规划、非线性规划、大型规划、最优控制理论等，多年以来，运筹学在研究与解决复杂的实际问题中不断地发展和创新，各种各样的新模型、新理论和新算法不断涌现，有线性的和非线性的、连续的和离散的、确定性的和不确定性的。至今它已成为一个庞大的、包含多个分支的学科，运筹学的发展为社会创造了巨大的财富。

运筹学是由于经济的高度发展而产生和丰富起来的，它的每一个分支均与一定的经济发展模式相联系。单纯形法就是在探讨生产计划的过程中产生的，经常作为研究大规模复杂系统的基本工具，应用非常广泛。图与网络分析是在对交通线路、管理机构的公文流通、电线的架设、城市间的运输、货物的旅行销售等方面的研究过程中发展起来的。排队论或称随机服务系统是在研究如何改进服务机构或组织服务对象时形成的。为了解决各种备件要储备多少才能实现最好的经济效益，人们提出了存储理论。决策论的诞生是为了日常生产和生活中各种各样的决策更加合理。总之，没有经济的繁荣发展，就没有运筹学的今天。随着经济的进步而形成和丰富起来的运筹学，反过来对经济的发展起了巨大的推动作用，取得了辉煌的成就。

0.2.2 中国运筹学发展简史

现代运筹学被引入中国是在 20 世纪 50 年代后期。在钱学森、许国志先生的推动下，中国第一个研究运筹学的小组于 1956 年在中科院力学研究所成立。1959 年，第二个研究运筹学的部门在中科院数学所成立，当时的主要研究方向为排队论、非线性规划和图论，还有人专门研究运输理论、动态规划和经济分析(例如投入产出方法)。50 年代后期，运筹学在中国的应用主要集中在运输问题上，其中一个代表性的工作是研究“打麦场的选址问题”，解决在以手工收割为主的情况下如何节省人力的问题。著名的“中国邮路问题”模型也是在那个时期由管梅谷教授提出的。

1963 年，数学所的运筹学研究室为中国科技大学应用数学系的第一届(58 级)学生开设了较为系统的运筹学专业课，这是第一次在中国的大学里开设运筹学专业课。

1965 年，华罗庚身为中国数学会理事长和中科院数学所所长，亲自率领“华罗庚小分队”到农村、工厂讲解基本的优化技术和统筹方法，使之用于日常的生产和生活中，大大推动了运筹学在中国的普及和发展。

70 年至 80 年代，越民义教授带领他的研究小组对马氏决策和数学规划做了重要研究，带动了一批后继者做非线性规划算法的收敛性分析，得到国际同行的肯定。到了 90 年代，中国的运筹学界出了一批新人，其中的代表人物是堵丁柱教授，他对 Steiner 树的研究解决了国际上多年悬而未决的难题，获得了 1993 年中科院自然科学一等奖和 1995 年国家自然科学二等奖，还被英国《大不列颠百科全书》列为 1992 年的全世界六项数学成果之首。

1980 年 4 月，中国运筹学会成立，每四年举行一届代表大会，如表 0-1 所示。

表 0-1

届次	时间	地点	理事长
第 1 届	1980 年 4 月	济南	华罗庚
第 2 届	1984 年 5 月	上海	越民义

续表

届次	时间	地点	理事长
第3届	1988年9月	九华山	徐光辉
第4届	1992年10月	成都	徐光辉
第5届	1996年10月	西安	章祥荪
第6届	2000年10月	长沙	章祥荪
第7届	2004年10月	青岛	袁亚湘
第8届	2008年10月	南京	袁亚湘
第9届	2012年10月	沈阳	胡旭东
第10届	2016年10月	昆明	胡旭东
第11届	2020年10月	合肥	戴彧虹

中国运筹学会自成立以来,积极开展同国际运筹学界的交流合作,逐步确立了中国运筹学会在国际上的地位。

90年代以后,运筹学在中国的应用也有许多质的变化,首先是运筹学的应用同管理信息系统的研制紧密地结合起来,使运筹学和计算机科学的交叉日益深化;其次是运筹学的应用队伍逐渐专业化。中国军事运筹学会集合了海、陆、空各军种和军事科研及教育部门的运筹学家。突出的运筹学应用工作在全国屡见不鲜,其中典型的工作是中科院系统科学研究所陈锡康教授在运筹学经典方法——投入产出法上发展起来的投入占用产出技术,该研究成果获得中国科学院科技进步一等奖。

近年来,运筹学模型已广泛应用于许多领域并深入经济发展的多个方面,诸如生产管理、市场预测与分析、资源分配与管理、工程优化设计、运输调度管理、库存管理、企业管理、区域规划与城市管理、计算机与管理信息系统等。例如:

(1) 运输问题。

在经济生活中有这样一类问题,人们需要把货物从若干个地方运到其他若干个地方以满足需要,由于路途远近不同,单位运价不同,那么,如何安排调运才能使总的运输费用最小,这就是运输问题。在实践中,人们常常遇到的是产销不平衡的运输问题,这时可以增加一个虚拟的产地或销地,把产销不平衡的运输问题转化成产销平衡的运输问题,或者是从某个产地到某个销地没有运输路线的问题。

(2) 动态规划问题。

动态规划是运筹学的一个重要分支,是解决多阶段决策过程最优化的一种数量化方法。动态规划把比较复杂的问题划分成若干阶段,并且逐段解决,从而最终达到全局最优。动态规划的成功之处在于,它可以把一个 n 维决策问题变换为一个一维最优化问题(把一个多阶段决策问题变换为一系列互相联系的单阶段问题),然后逐一求解。常见的动态规划问题有资源分配问题、生产与存储问题、背包问题等。

此外,运筹学还成功地应用于设备维修、设备更新、设备可靠性、项目的选择与评价、工程优化设计、信息系统的设计与管理以及城市各种紧急服务系统的设计与管理上。

实践证明,运筹学是软科学中“硬度”较大的一门学科,兼有逻辑的数学和数学的逻辑的性质,是系统工程学和现代管理科学中的一种基础理论和不可缺少的方法、手段和工具。运筹学已被应用到各种管理工程中,在现代化建设中发挥着重要作用。

0.3 运筹学与管理科学

管理科学与运筹学有着非常紧密的关系。20 世纪 60 年代,管理科学被视为运筹学在商业领域中的应用。如今,管理科学的内涵更加广泛,其中还包含研究若干个个体是如何组成一个组织结构的,它是如何运作的,组织内部的个体应如何协调,以发挥出个体最大的潜能,给组织带来最大的利益以及组织之间所形成的社会关系,而这些关系又是怎样影响个体的表现等方面。与运筹学一样,管理科学也是一门交叉学科,主要研究经济、商业和工程等领域中的最优决策问题。管理科学的主要研究目的是采用合理的、系统的和科学的方法,找出和改进各种各样的决策方案,阐明并有效地解决管理问题,同时设计出更好的管理模式。

(1) 决策理论与方法。

决策理论是将系统理论、运筹学、计算机科学等结合,用于管理决策问题,包括决策过程、准则、类型及方法,是较为完整的理论体系。决策一般分为确定型决策、风险型决策和不确定型决策三种。决策的目标可以是单一目标或多种目标,备选方案数量有限的多目标决策问题称为多准则决策或多属性决策。20 世纪 70 年代中期,由美国运筹学家塞特提出的层次分析法是一种用于多准则决策的、定性和定量相结合的、系统化、层次化的有效方法。备选方案无限的多目标决策问题也称多目的决策,美国运筹学家查恩斯和库伯 1961 年提出的目标规划是解决多目的决策的有效方法。解决风险型决策问题的方法有决策树法、期望值法、边际分析法、贝叶斯法、马尔可夫法等。

(2) 评价理论与方法。

评价主要是指运用多个指标对多个参评对象进行综合评判。目前较成熟的评价方法有主成分分析法、数据包络分析法和模糊综合评价法等。主成分分析法是一种降维的统计方法。借助于一个正交变换,将其分量相关的原随机向量转化为其分量不相关的新随机向量。这在代数上表现为将原随机向量的协方差阵变换成对角形阵,在几何上表现为将原坐标系变换成新的正交坐标系,使之指向样本点散布最开的 p 个正交方向,然后对多维变量系统进行降维处理,使之能以一个较高的精度转换成低维变量系统,再通过构造适当的价值函数,进一步把低维系统转化成一维系统。数据包络分析法由美国运筹学家查恩斯和库伯 1986 年提出,它是对拥有多投入和多产出的多个决策单元进行效率评价的一种数学方法。目前已发展出适用于不同数据和条件的多种数据包络分析模型,是评价理论最活跃的一个分支。模糊综合评价法是一种基于模糊数学的综合评价方法。该方法根据模糊数学的隶属度理论把定性评价转化为定量评价,具有结果清晰、系统性强的特点,能较好地解决模糊的、难以量化的问题,适合各种非确定性问题的解决。

(3) 预测理论与方法。

预测是指采集历史数据并用某种数学模型来外推将来。预测方法有四种基本的类型:定性预测法、时间序列分析法、因果联系法和模拟模型法。定性预测法是基于估计和评价的主观判断。常见的定性预测方法包括市场调研法、小组讨论法、历史类比、德尔菲法等。时间序列分析是将过去相关的历史数据用于预测未来。常见的时间序列分析法主要有简单移动平均、加权移动平均、指数平滑、回归分析、詹金斯法、西斯金时间序列等。因果联系法是根据未来事件的某些内在因素或周围环境的外部因素的相关性进行预测。常见的因果联系法主要有回归分析、经济模型、投入产出模型、系统动力学模型等。模拟模型法是对预测的条件做一定程度的假设,并建立模拟模型进行预测。

(4) 信息管理与信息系统。

信息管理是人类为了有效地开发和利用信息资源,以现代信息技术为手段,对信息资源进行计划、组织、领导和控制的社会活动。简单地说,信息管理就是人对信息资源和信息活动的管理。信息管理是指在整个管理过程中,人们收集、加工和输入、输出信息的总称。信息管理的过程包括信息收集、信息传输、信息加工和信息储存。信息管理的基本方法包括逻辑顺序方法、物理过程方法、企业系统规划方法和战略数据规划方法等。管理信息系统是一个以人为主导,利用计算机硬件、软件、网络通信设备以及其他办公设备,进行信息的收集、传输、加工、储存、更新和维护,以提高效益和效率为目的,支持企业的高层决策、中层控制、基层运作的集成化的人机系统。完整的管理信息系统包括决策支持系统、工业控制系统、办公自动化系统以及数据库、模型库、方法库、知识库和与外界交换信息的接口。办公自动化系统与外界交换信息等需结合企业内部网及互联网应用。

(5) 风险管理。

风险管理的目标就是要以最小的成本获取最大的安全保障。因此,它不仅仅只是一个安全生产问题,还包括识别风险、评估风险和处理风险,涉及财务、安全、生产、设备、物流、技术等多个方面,是一套完整的方案,也是一个系统工程。风险管理的基本程序包括风险识别、风险估测、风险评价、风险控制和风险管理效果评价等环节。风险识别是经济单位和个人对所面临的以及潜在的风险加以判断、归类整理,并对风险的性质进行鉴定的过程。风险估测是指在风险识别的基础上,通过对所收集的大量的详细的有关损失的资料加以分析,运用概率论和数理统计,估计和预测风险发生的概率和损失程度。风险估测的内容主要包括损失频率和损失程度两个方面。风险管理方法分为控制法和财务法两大类,前者的目的是降低损失频率和损失程度,重点在于改变引起风险事故和扩大损失的各种条件;后者是事先做好吸纳风险成本的财务安排。风险管理效果评价是分析、比较已实施的风险管理方法的结果与预期目标的契合程度,以此来评判管理方案的科学性、适应性和收益性。

(6) 工业工程。

工业工程是对人、物料、设备、能源和信息等所组成的集成系统进行设计、改善和实施的一门学科,它综合运用数学、物理和社会科学的专门知识和技术,结合工程分析和设计的原理与方法,对该系统所取得的成果进行确认、预测和评价。工业工程针对以生产现场为中心的作业进行,主要内容包括系统的分析、系统的改善和系统的设计,主要研究领域包括人因工程、制造系统工程、生产管理等。

(7) 项目管理。

项目管理是指把各种系统、方法和人员结合在一起,在规定的时间、预算和质量目标范围内完成项目的各项工作,通过计划、组织、指挥、协调、控制和评价来实现项目的目标。在项目管理方法论上主要有阶段化管理、量化管理和优化管理三个方面。项目管理的工具方法体系体现了多学科知识与技能的融合。项目管理的内容包括项目范围管理、项目时间管理、项目成本管理、项目质量管理、人力资源管理、项目沟通管理、项目风险管理、项目采购管理和项目集成管理等。

0.4 运筹学的特点和内容

运筹学是应用数学的一个分支，是通过定量分析为管理决策提供科学依据的学科。运筹学是运用科学的数量方法（主要是数学模型），研究对有限的人、财、物、时、空、信息等资源进行合理筹划和运用，寻找管理及决策最优化的综合性学科。简言之，运筹学是一门研究如何进行最优安排的学科。

运筹学作为一门学科，特点如下：

① 运筹学已被广泛应用于工商企业、军事部门、民政事业等组织内的统筹协调问题，不受行业、部门之限制。

② 运筹学既对各种经营进行创造性的科学研究，又涉及组织的实际管理问题，它具有很强的实践性，最终应能向决策者提供建设性意见，并获得实效。

③ 运筹学以整体最优为目标，从系统的观点出发，力图以整个系统最佳的方式来解决该系统各部门之间的利害冲突。对所研究的问题求出最优解，寻求最佳的行动方案，所以它也可看成是一门优化技术，提供的是解决各类问题的优化方法。

运筹学的具体内容包括规划论（包括线性规划、非线性规划、整数规划和动态规划）、图论、决策论、对策论、排队论、存储论、可靠性理论等。在本教材中，对线性规划、对偶规划、运输问题、整数规划、目标规划、网络分析、网络计划、动态规划、存储论、排队论、对策论和决策论等内容进行介绍，包括各类问题的数学模型、求解过程和结果分析。

随着国民经济的发展、科学技术的飞跃，运筹学已不断地发展完善成为近代应用数学的一个重要分支，对生产、管理等事件中出现的一些带有普遍性的运筹问题加以提炼，然后利用数学方法进行解决。运筹学为决策者提供定量、定性分析结果，有助于决策者做出全局优化决策。因为运筹学在不断的发展过程中，不断出现新的思想、观点和方法，所以，掌握一些运筹学的基本思想和方法，在实际工作中是很有益的。随着社会经济和计算机的迅速发展，运筹学模型在经济管理中的作用也越来越受到重视，应用运筹学模型的领域也越来越广泛。

第1章

线性规划

导入案例

S纺织厂的生产计划

S纺织厂计划生产5种不同的织物,每种织物可由纺织厂里38台纺织机中的任何一台或多台织成。销售部门对下个月的需求做出了预测,需求数据如表1-0所示,表1-0中同时包括每米织物的销售价格、可变成本及采购价格。工厂24小时运营,下个月运营30天。

表1-0

织物	需求/米	销售价格/(元·米$^{-1}$)	可变成本/元	采购价格/元
1	16 500	0.99	0.66	0.80
2	22 000	0.86	0.55	0.70
3	62 000	1.10	0.49	0.60
4	7 500	1.24	0.51	0.70
5	62 000	0.70	0.50	0.70

S纺织厂有两种纺织机:多用纺织机和常规纺织机。多用纺织机更加多样化,可用于生产5种织物;常规纺织机只能生产3种织物。工厂共有38台纺织机,包括8台多用纺织机和30台常规纺织机。各种纺织机生产各种织物的生产率如表1-1所示。从生产一种织物转换生产另一种织物的时间可以忽略。

表1-1

织物	纺织机生产率/(米·小时$^{-1}$)	
	多用纺织机	常规纺织机
1	4.63	—
2	4.63	—
3	5.23	5.23
4	5.23	5.23
5	4.17	4.17

S 纺织厂用本厂生产或向另一纺织厂购买的织物满足所有的需求，也就是说，由于纺织机性能有限制，无法在该纺织厂生产的织物将从另一家纺织厂购买。每种织物的采购价格如表 1－0 所示。请为 S 厂制定一份下个月最优的生产计划，确定两种纺织机的生产数量以及向另一纺织厂购买各种织物的数量和利润。

1.1　线性规划问题与模型

线性规划是运筹学的一个重要分支，一般可以解决两大类问题：

① 已知资源，求利润最大化，即在限定的资源条件下，如何安排生产才能获得最大的利润；

② 已知任务，求成本最小化，即在任务或目标一定时，如何使投入的资源（如资金、设备、材料、人力、时间等）最少。线性规划模型不仅应用非常广泛，而且求解方法非常成熟，同时也是学习其他运筹学分支内容的重要基础。

1.1.1　求利润最大化的典型问题

视频－1.1 线性规划问题与模型－1 生产计划

（1）生产计划问题。

生产计划问题是已知资源，求利润最大化的典型问题，对于此类问题，通常有如下假设：

① 时间假设。生产计划问题是假设在某一计划期内（如一个月）对生产做出的安排。

② 损失假设。例如生产（如切割、混合等）过程的损失忽略不计。

③ 需求假设。生产计划问题一般假设市场需求无限制，即生产的产品可全部卖出。

【例 1－1】 某工厂在计划期内安排Ⅰ，Ⅱ两种产品的生产，已知生产单位产品所需要的设备台数、两种原材料的消耗量以及利润如表 1－2 所示，问：如何安排生产才能使利润最大？

表 1－2

产品	Ⅰ	Ⅱ	资源限量
原材料 A/kg	2	2	12
原材料 B/kg	1	2	8
设备 A/台	4	0	16
设备 B/台	0	4	12
单位产品利润/元	2	3	

解：

按照运筹学应用步骤，建立该问题的数学模型，过程如下：

① 分析问题，明确目标。该问题已知资源，求利润最大。

② 建立模型。首先，利润如何表达？根据题意，已知单位产品利润，因此只有确定每种产品的数量，才能确定总利润。为此，设Ⅰ，Ⅱ的产量分别为 x_1 和 x_2，总利润的表达式为 $Z=2x_1+3x_2$，求其最大值即为 $\max Z=2x_1+3x_2$。其次，资源消耗了多少？对于本例，资源的使用情况如表 1－3 所示。

表1-3

产品	Ⅰ	Ⅱ	资源限量
原材料A消耗	$2x_1$	$2x_2$	12
原材料B消耗	$1x_1$	$2x_2$	8
设备A消耗	$4x_1$	$0x_2$	16
设备B消耗	$0x_1$	$4x_2$	12
产品利润	$2x_1$	$3x_2$	

生产数量为x_1的产品Ⅰ和数量x_2的产品Ⅱ所消耗的原材料A为$(2x_1+2x_2)$kg,原材料B为$(1x_1+2x_2)$kg,设备A为$(4x_1+0x_2)$台,设备B为$(0x_1+4x_2)$台。由于四种资源的限制量为12,8,16和12,资源限制条件可以表达为:$2x_1+2x_2\leqslant 12$,$1x_1+2x_2\leqslant 8$,$4x_1+0x_2\leqslant 16$,$0x_1+4x_2\leqslant 12$。最后,对于变量x_1和x_2,如果生产,则取值大于零,如果不生产,则取值等于零,因此有:$x_1,x_2\geqslant 0$。

综上,该生产计划问题可用下列数学语言进行描述:

$$\max Z=2x_1+3x_2$$

$$s.t.\begin{cases}2x_1+2x_2\leqslant 12\\1x_1+2x_2\leqslant 8\\4x_1\leqslant 16\\4x_2\leqslant 12\\x_1,x_2\geqslant 0\end{cases}\tag{1-1}$$

"$s.t.$"是英文"subject to"的简写,意思是"使满足、使服从",即模型(1-1)表示在同时满足条件"$2x_1+2x_2\leqslant 12$,$1x_1+2x_2\leqslant 8$,$4x_1+0x_2\leqslant 16$,$0x_1+4x_2\leqslant 12$,$x_1\geqslant 0$和$x_2\geqslant 0$"的基础上求函数"$Z=2x_1+3x_2$"的最大值。在模型(1-1)中,含有一般线性规划数学模型的四个要素:

① 决策变量:x_1为产品Ⅰ的产量,x_2为产品Ⅱ的产量,都是需要确定的未知量。

② 目标函数:目标函数反映出问题的目标是求利润最大化,即$\max Z=2x_1+3x_2$。

③ 约束条件:生产受资源制约,不能超过限制量。因此,有四个资源限制条件:

"原材料A"约束条件数学表达为:$2x_1+2x_2\leqslant 12$;

"原材料B"约束条件数学表达为:$1x_1+2x_2\leqslant 8$;

"设备A"约束条件的数学表达为:$4x_1\leqslant 16$;

"设备B"约束条件的数学表达为:$4x_2\leqslant 12$。

④ 非负约束:两种产品的产量不能为负值,即$x_1\geqslant 0$,$x_2\geqslant 0$。

(2) 混合配料问题。

【例1-2】某糖果厂要用三种原料A,B,C混合调配出三种不同牌号的糖果产品甲、乙、丙,数据如表1-4所示。问:该如何安排生产,使利润收入为最大?

视频-1.1线性规划问题与模型-2混合配料

表 1-4

产品	甲	乙	丙	原料成本/(元·kg^{-1})	每天限制量/kg
A	≥50%	≥25%	—	65	100
B	≤25%	≤50%	—	25	100
C	—	—	—	35	60
售价/(元·kg^{-1})	50	35	25	—	—

解：

① 分析问题，明确目标。该问题同样是已知资源，求利润最大化问题。因为不同牌号糖果产品中原料的含量有限制，所以不能直接将甲、乙、丙糖果产品的产量设置成决策变量，在这一点上本题与【例 1-1】有所不同。

② 设置决策变量。由于糖果产品为多种原料混合而成，即成品的数量为各种原料的数量之和，所以可考虑设置原料的数量为决策变量，并且用双下标表示。不妨设 x_{ij} 为生产第 j 种糖果使用的第 i 种原料的数量（$i=1,2,3;j=1,2,3$），如表 1-5 所示。这样，甲、乙和丙糖果产品的产量分别为：$x_{11}+x_{21}+x_{31}$，$x_{12}+x_{22}+x_{32}$ 和 $x_{13}+x_{23}+x_{33}$，A，B 和 C 三种原料的使用量分别为：$x_{11}+x_{12}+x_{13}$，$x_{21}+x_{22}+x_{23}$ 和 $x_{31}+x_{32}+x_{33}$。

表 1-5

原料	甲	乙	丙
A	x_{11}	x_{12}	x_{13}
B	x_{21}	x_{22}	x_{23}
C	x_{31}	x_{32}	x_{33}

③ 目标函数。利润=收入－成本。

收入：$50\times(x_{11}+x_{21}+x_{31})+35\times(x_{12}+x_{22}+x_{32})+25\times(x_{13}+x_{23}+x_{33})$；

成本：$65\times(x_{11}+x_{12}+x_{13})+25\times(x_{21}+x_{22}+x_{23})+35\times(x_{31}+x_{32}+x_{33})$；

$$\max Z=50\times(x_{11}+x_{21}+x_{31})+35\times(x_{12}+x_{22}+x_{32})+25\times(x_{13}+x_{23}+x_{33})$$
$$-65\times(x_{11}+x_{12}+x_{13})-25\times(x_{21}+x_{22}+x_{23})-35\times(x_{31}+x_{32}+x_{33})。$$

④ 约束条件。约束条件包含三个部分：

第一，资源限量条件：要满足各种原料的限制使用量。

$$x_{11}+x_{12}+x_{13}\leqslant 100$$
$$x_{21}+x_{22}+x_{23}\leqslant 100$$
$$x_{31}+x_{32}+x_{33}\leqslant 60$$

第二，工艺条件：是指不同原料在不同品牌糖果产品中的含量。

$$x_{11}\div(x_{11}+x_{21}+x_{31})\geqslant 50\%$$
$$x_{21}\div(x_{11}+x_{21}+x_{31})\leqslant 25\%$$
$$x_{12}\div(x_{12}+x_{22}+x_{32})\geqslant 25\%$$
$$x_{22}\div(x_{12}+x_{22}+x_{32})\leqslant 50\%$$

第三,非负条件:是指决策变量的取值范围,若使用原料 x_{ij},则取值大于零,若不使用原料 x_{ij},则取值等于零,即 $x_{ij} \geqslant 0\ (i=1,2,3;\ j=1,2,3)$。

综上,该线性规划问题模型的一般形式为:

$$\max Z=-15x_{11}-30x_{12}-40x_{13}+25x_{21}+10x_{22}+15x_{31}-10x_{33}$$

$$s.t.\begin{cases} x_{11}+x_{12}+x_{13} \leqslant 100 \\ x_{21}+x_{22}+x_{23} \leqslant 100 \\ x_{31}+x_{32}+x_{33} \leqslant 60 \\ 0.5x_{11}-0.5x_{21}-0.5x_{31} \geqslant 0 \\ -0.25x_{11}+0.75x_{21}-0.25x_{31} \leqslant 0 \\ 0.75x_{12}-0.25x_{22}-0.25x_{32} \geqslant 0 \\ -0.5x_{12}+0.5x_{22}-0.5x_{32} \leqslant 0 \\ x_{ij} \geqslant 0(i=1,2,3;j=1,2,3) \end{cases}$$

(3) 投资策略问题。

【例1-3】 某投资公司在第一年年初有100万元资金,每年都有如下的投资方案:第一年(今年)年初投入一笔资金,第二年(明年)年初又继续投入此资金的50%,那么到第三年(后年)年初就可回收第一年年初投入资金的两倍。问:该投资公司如何确定投资策略才能使公司在第六年年初所拥有的资金最多?

视频-1.1 线性规划问题与模型-3 投资问题1

视频-1.1 线性规划问题与模型-4 投资问题2

解:

① 分析问题,明确目标。投资策略问题也是求目标最大化问题,但是与前面的问题有较大区别。目标函数必须进行递推才能得出,因此需要明确每一年的资金使用情况。

② 模型建立。

根据题意,需要建立每一年资金使用情况的等式,即:

追加投资金额+新投资金额+保留资金=可利用的资金总额

因此可设 x_1 为第一年的投资,x_2 为第一年的保留资金,第一年没有追加投资,则

$$x_1+x_2=100$$

设 x_3 为第二年新的投资,x_4 为第二年的保留资金,第二年追加投资 $x_1/2$,则

$$(x_1/2+x_3)+x_4=x_2$$

设 x_5 为第三年新的投资,x_6 为第三年的保留资金,第三年追加投资 $x_3/2$,则

$$(x_3/2+x_5)+x_6=x_4+2x_1$$

设 x_7 为第四年新的投资,x_8 为第四年的保留资金,第四年追加投资 $x_5/2$,则

$$(x_5/2+x_7)+x_8=x_6+2x_3$$

根据题意,第五年年初不再进行新的投资,因为这笔投资要到第七年年初才能收回,因此设 x_9 为第五年的保留资金,则

$$(x_7/2+x_9)=x_8+2x_5$$

到第六年年初,实有资金总额为 x_9+2x_7,根据题意:$\max Z=2x_7+x_9$,将上述分析结果整理后,可得到最终的模型(1-2),注意模型的一般表达形式。

$$\max Z=2x_7+x_9$$

$$s.t.\begin{cases}x_1+x_2=100\\x_1-2x_2+2x_3+2x_4=0\\4x_1-x_3+2x_4-2x_5-2x_6=0\\4x_3-x_5+2x_6-2x_7-2x_8=0\\4x_5-x_7+2x_8-2x_9=0\\x_j\geqslant 0(j=1,2,\cdots,9)\end{cases}\tag{1-2}$$

【例 1-4】某部门现有资金 200 万元，今后五年内有以下投资方案：

项目 A：从第一年到第五年每年年初都可投资，当年年末能收回本利 110%；

项目 B：从第一年到第四年每年年初都可投资，次年年末能收回本利 125%，但规定每年最大投资额不能超过 30 万元；

项目 C：需在第三年年初投资，第五年年末能收回本利 140%，但规定最大投资额不能超过 80 万元；

项目 D：需在第二年年初投资，第五年年末能收回本利 155%，但规定最大投资额不能超过 100 万元。

假设有钱就用于投资，问：如何确定投资方案，才能使该部门在第五年年末拥有资金最多？

解：

由于在不同年份有不同的投资方案可供选择，因此在设置变量的时候应考虑使用双下标，可设 x_{ij} 为第 i 年年初投入到 j 项目的资金额，如表 1-6 所示。

表 1-6

项目	A	B	C	D
第一年年初	x_{11}	x_{12}		
第二年年初	x_{21}	x_{22}		x_{24}
第三年年初	x_{31}	x_{32}	x_{33}	
第四年年初	x_{41}	x_{42}		
第五年年初	x_{51}			

① 约束条件。

第一年年初，可投资项目 A 和 B，因此有 $x_{11}+x_{12}=200$。

第二年年初，可投资项目 A，B 和 D，投资额为 $1.1x_{11}$，则 $x_{21}+x_{22}+x_{24}=1.1x_{11}$。

第三年年初，可投资项目 A，B 和 C，投资额为 $1.1x_{21}+1.25x_{12}$，则：

$x_{31}+x_{32}+x_{33}=1.1x_{21}+1.25x_{12}$。

第四年年初，可投资项目 A，B，投资额为 $1.1x_{31}+1.25x_{22}$，则 $x_{41}+x_{42}=1.1x_{31}+1.25x_{22}$。

第五年年初，只可投资项目 A，投资额为 $1.1x_{41}+1.25x_{32}$，则 $x_{51}=1.1x_{41}+1.25x_{32}$。

② 投资限额：$x_{12}\leqslant 30$；$x_{22}\leqslant 30$；$x_{32}\leqslant 30$；$x_{42}\leqslant 30$；$x_{33}\leqslant 80$；$x_{24}\leqslant 100$。

③ 非负约束：$x_{ij}\geqslant 0$ $(i=1,2,\cdots,5;\ j=1,2,3,4)$。

④ 目标函数，只需考虑第五年年末的本利和。

项目 A：$x_{51}\rightarrow 1.1x_{51}$；

项目B:$x_{42} \rightarrow 1.25x_{42}$;

项目C:$x_{33} \rightarrow 1.4x_{33}$;

项目D:$x_{24} \rightarrow 1.55x_{24}$。

因此,第五年年末拥有的资金为:

$$Z=1.1x_{51}+1.25x_{42}+1.4x_{33}+1.55x_{24}$$

综上,该线性规划问题的模型为:

$$\max Z=1.55x_{24}+1.4x_{33}+1.25x_{42}+1.1x_{51}$$

$$s.t.\begin{cases} x_{11}+x_{12}=200 \\ 1.1x_{11}-x_{21}+x_{22}+x_{24}=0 \\ 1.25x_{12}+1.1x_{21}-x_{31}-x_{32}-x_{33}=0 \\ 1.25x_{22}+1.1x_{31}-x_{41}-x_{42}=0 \\ 1.25x_{32}+1.1x_{41}-x_{51}=0 \\ x_{24}\leqslant 100 \\ x_{33}\leqslant 80 \\ x_{12},x_{22},x_{32},x_{42}\leqslant 30 \\ x_{ij}\geqslant 0(i=1,2,\cdots,5;j=1,2,3,4) \end{cases} \tag{1-3}$$

注意本题条件:有钱就会用于投资,即可利用的资金=投资组合所需资金,据此建立约束等式。

需要指出的是,模型(1-3)是该问题模型一般形式的规范表达。

思考:对于【例1-4】,如果项目A,B,C,D的风险系数分别为1,3,4,5.5,该部门应如何确定投资方案,可以在第五年年末拥有资金的本利在330万元基础上的总投资风险系数最小?

1.1.2 求成本最小化的典型问题

(1) 设备租赁问题。

设备租赁问题是在既定任务下求费用最小化的典型问题。

【例1-5】某建筑工地负责人打算租赁甲、乙两种机械安装A,B,C三种构件,这两种机械每天的安装能力、租赁费用以及工程任务如表1-7所示,问:如何租赁甲、乙两机械才能使总的租赁费用最低?

表1-7

构件	A	B	C	租赁费用 /(元·天$^{-1}$)
甲 /(根·天$^{-1}$)	5	8	10	250
乙 /(根·天$^{-1}$)	6	6	20	350
任务 /根	250	300	700	

解:

① 分析问题,明确目标。设备租赁问题是已知任务,求成本最小的典型问题,即租赁多少天才能完成任务,还可以使成本最低。

② 变量设置。由题意可知,总的租赁费用与两种设备的租赁天数有关,现已知租赁两种机械一天的费用,故只要确定租赁天数,就可以确定总的租赁费用,所以不妨设甲、乙设备的租

赁天数分别为 x_1 和 x_2，且取值非负，即若租赁，则变量大于零，若不租赁，则变量等于零。

③ 目标函数。总的租赁费用最小值为 $\min Z=250x_1+350x_2$。

④ 约束条件。两种设备每天安装构件的数量如表 1－8 所示，构件 A,B,C 的安装数量分别为 $5x_1+6x_2$，$8x_1+6x_2$ 和 $10x_1+20x_2$。由题意可知，三种构件的安装任务不少于 250，300 和 700 根，因此有：$5x_1+6x_2\geqslant 250$，$8x_1+6x_2\geqslant 300$，$10x_1+20x_2\geqslant 700$。

表 1－8

构件	A	B	C
甲 /(根 · 天$^{-1}$)	$5x_1$	$8x_1$	$10x_1$
乙 /(根 · 天$^{-1}$)	$6x_2$	$6x_2$	$20x_2$
任务/根	250	300	700

综上，该问题的数学模型为：

$$\min Z=250x_1+350x_2$$
$$s.t.\begin{cases}5x_1+6x_2\geqslant 250\\8x_1+6x_2\geqslant 300\\10x_1+20x_2\geqslant 700\\x_j\geqslant 0(j=1,2)\end{cases}$$

(2) 下料问题。

【例 1－6】 装修公司需要用 5 m 长的塑钢材料制作 A,B 两种型号的窗架，两种窗架所需材料规格及数量如表 1－9 所示，问：怎样下料才能使用料最少？(切割损失不计)

视频－1.1 线性规划问题与模型－5 下料问题

表 1－9

窗架型号	A		B	
每套窗架需要材料	长度/m	数量/根	长度/m	数量/根
	A_1：2	2	B_1：2.5	2
	A_2：1.5	3	B_2：2	3
需要量/套	300		400	

① 分析问题，明确目标。下料问题也是已知任务，求费用最小化的问题，但相对复杂，不能像以上例题那样设置决策变量。需要先确定下料方案，如表 1－10 所示。

表 1－10

方案		一	二	三	四	五	六	七	八	九	十	需要量/套
B_1	2.5	2	1	1	1	0	0	0	0	0	0	800
B_2	2	0	1	0	0	2	1	1	0	0	0	1 200
A_1	2	0	0	1	0	0	1	0	2	1	0	600
A_2	1.5	0	0	0	1	0	0	2	0	2	3	900
余料/m		0	0.5	0.5	1	1	1	0	1	0	0.5	

② 变量设置。假设 x_j 为第 j 种方案使用原材料的根数($j=1,2,\cdots,10$)。

③ 建立模型。

目标函数:十种方案的下料根数越少越好,即 $\min Z=x_1+x_2+x_3+x_4+x_5+x_6+x_7+x_8+x_9+x_{10}$。

约束条件:必须满足四种规格材料的数量,即

$$2x_1+x_2+x_3+x_4\geqslant 800$$
$$x_2+2x_5+x_6+x_7\geqslant 1\ 200$$
$$x_3+x_6+2x_8+x_9\geqslant 600$$
$$x_4+2x_7+2x_9+x_{10}\geqslant 900$$

变量取值:满足非负条件,即 $x_j\geqslant 0(j=1,2,\cdots,10)$。

综上,模型为:

$$\min Z=\sum_{j=1}^{10}x_j$$

$$s.t.\begin{cases}2x_1+x_2+x_3+x_4\geqslant 800\\x_2+2x_5+x_6+x_7\geqslant 1\ 200\\x_3+x_6+2x_8+x_9\geqslant 600\\x_4+2x_7+2x_9+3x_{10}\geqslant 900\\x_j\geqslant 0(j=1,2,\cdots,10)\end{cases}$$

对于本题有两点需要说明:第一,由于下料方案不同,因此模型结构不是唯一的;第二,变量取值为整数,属于整数规划问题,该问题将在第4章中详细介绍。

(3) 运输问题。

【例1-7】 某公司从两个产地 A_1,A_2 将物品运往三个销地 B_1,B_2,B_3,各产地的产量、各销地的销量和各产地运往各销地每件物品的运费如表1-11所示,问:应如何调运才可使总运输费用最小?

表1-11

产地	销地			产量
	B_1	B_2	B_3	
A_1	6	4	6	200
A_2	6	5	5	300
销量	150	150	200	

解:

① 分析问题,明确目标。这是已知任务求(确定运输方案),求成本最小化的问题。

② 变量设置。由于是多个工厂对应多个销售点,所以变量采用双下标,x_{ij} 表示第 i 工厂到第 j 个销售点的调运量,$i=1,2,j=1,2,3$。

③ 约束条件。这是一个产销平衡的运输问题,即产量全部用完,销量全部满足。

工厂生产的产品全部用完:

$$x_{11}+x_{12}+x_{13}+x_{14}=200$$
$$x_{21}+x_{22}+x_{23}+x_{24}=300$$

销售点的需求量全部满足:

$$x_{11}+x_{21}=150$$
$$x_{12}+x_{22}=150$$
$$x_{13}+x_{23}=200$$

④ 非负约束。对于变量 x_{ij},若有调运,则变量大于零,若无调运,则变量等于零。

该问题线性规划模型为:

$$\min S=6x_{11}+4x_{12}+6x_{13}+6x_{21}+5x_{22}+5x_{23}$$
$$s.t.\begin{cases}x_{11}+x_{12}+x_{13}=200\\x_{21}+x_{22}+x_{23}=300\\x_{11}+x_{21}=150\\x_{12}+x_{22}=150\\x_{13}+x_{23}=200\\x_{ij}\geqslant 0(i=1,2;j=1,2,3)\end{cases}$$

思考:对于本例,若 x_{ij} 小于零,是何含义?

1.1.3　线性规划问题的一般模型

根据上述建模举例,可对线性规划的一般模型进行总结。

(1) 模型要素。

线性规划问题的数学模型包括三个要素:

① 一组决策变量($x_1,x_2,\cdots,x_n$),即模型中需要确定的未知量。

② 一组约束条件,即资源限制条件以及决策变量受到的约束限制,包括两个部分:不等式组或方程组、决策变量的取值范围。

③ 一个目标函数,即关于决策变量的最优函数,求 max 或 min。

(2) 模型的一般形式。

假设模型有 n 个决策变量,m 个约束条件,则线性规划问题的一般模型为:

$$\max(\min)Z=c_1x_1+c_2x_2+\cdots+c_nx_n$$
$$s.t.\begin{cases}a_{11}x_1+a_{12}x_2+\cdots+a_{1n}x_{1n}\leqslant(=,\geqslant)b_1\\a_{21}x_1+a_{22}x_2+\cdots+a_{2n}x_{2n}\leqslant(=,\geqslant)b_2\\\quad\vdots\\a_{i1}x_1+a_{i2}x_2+\cdots+a_{in}x_{in}\leqslant(=,\geqslant)b_i\\\quad\vdots\\a_{m1}x_1+a_{m2}x_2+\cdots+a_{mn}x_{in}\leqslant(=,\geqslant)b_m\\x_{ij}\geqslant 0(i=1,2,\cdots,m;j=1,2,\cdots,n)\end{cases}\tag{1-4}$$

可简写为:

$$\max(\min)Z=\sum_{j=1}^{n}c_jx_j$$

$$s.t.\begin{cases}\sum_{j=1}^{n}a_{1j}x_j\leqslant(\text{或}=,\geqslant)b_1\\ \sum_{j=1}^{n}a_{2j}x_j\leqslant(\text{或}=,\geqslant)b_2\\ \quad\vdots\\ \sum_{j=1}^{n}a_{ij}x_j\leqslant(\text{或}=,\geqslant)b_i\\ \quad\vdots\\ \sum_{j=1}^{n}a_{mj}x_j\leqslant(\text{或}=,\geqslant)b_m\\ x_{ij}\geqslant0(i=1,2,\cdots,m;j=1,2,\cdots,n)\end{cases}\tag{1-5}$$

进一步化简为：

$$\max(\min)Z=\sum_{j=1}^{n}c_jx_j$$

$$s.t.\begin{cases}\sum_{j=1}^{n}a_{ij}x_j\leqslant(\text{或}=,\geqslant)b_i\\ x_{ij}\geqslant0(i=1,2,\cdots,m;j=1,2,\cdots,n)\end{cases}\tag{1-6}$$

线性规划问题的一般模型也经常写成矩阵或向量形式：

$$\max(\min)Z=\boldsymbol{CX}$$

$$s.t.\begin{cases}\boldsymbol{AX}\leqslant(\text{或}=,\geqslant)\boldsymbol{b}\\ \boldsymbol{X}\geqslant\boldsymbol{0}\end{cases}\tag{1-7}$$

其中，$\boldsymbol{X}=(x_1,x_2,\cdots,x_n)^{\mathrm{T}}$；$\boldsymbol{C}=(c_1,c_2,\cdots,c_n)$为价值向量，$c_j$为价值系数；$\boldsymbol{A}$为技术矩阵，$a_{ij}$为技术系数(或工艺系数)，见模型(1-8)。价值向量$\boldsymbol{b}=(b_1,b_2,\cdots,b_n)^{\mathrm{T}}$。

$$\boldsymbol{A}=\begin{pmatrix}a_{11}&a_{12}&\cdots&a_{1n}\\a_{21}&a_{22}&\cdots&a_{2n}\\\vdots&\vdots&\vdots&\vdots\\a_{m1}&a_{m2}&\cdots&a_{mn}\end{pmatrix}\tag{1-8}$$

$\boldsymbol{A}$也可写成$\boldsymbol{A}=(\boldsymbol{P}_1,\boldsymbol{P}_2,\cdots,\boldsymbol{P}_n)$，其中，$\boldsymbol{P}_1=(a_{11},a_{21},\cdots,a_{m1})^{\mathrm{T}}$，$\boldsymbol{P}_2=(a_{12},a_{22},\cdots,a_{m2})^{\mathrm{T}}$，…，$\boldsymbol{P}_n=(a_{1n},a_{2n},\cdots,a_{mn})^{\mathrm{T}}$。

在实际问题中，决策变量的取值范围通常为非负，但对于模型本身来说，可以是$x_j\leqslant0$或x_j无符号限制(取值无约束)。注意，模型(1-4)～(1-7)具有以下特征：

① 解决的是规划问题；

② 目标函数是关于决策变量的线性表达式(求最大值或最小值)；

③ 约束条件是关于决策变量的线性不等式或等式。因此，上述模型称为线性规划问题模型(简称线性规划模型)。

1.2　图解法

视频-1.2 线性规划图解法 1　　视频-1.2 线性规划图解法 2　　视频-1.2 线性规划图解法 3

线性规划问题的求解方法，有几何解法和代数解法，如图解法、普通单纯形法。

图解法就是利用几何图形求解两个变量线性规划问题的方法，方法简单、直观，只适用于两个变量的线性规划问题。学习图解法，有助于理解线性规划问题的求解思路以及掌握线性规划问题解的类型（可能性）。

1.2.1　求解步骤

【例 1－8】 以【例 1－1】中的模型（1－1）为例，用图解法求解？

解：

第一步：建立平面直角坐标系。规定：横轴为 x_1，纵轴为 x_2，同时按比例标出刻度，如图 1－1 所示。

第二步：根据约束条件确定可行域。满足约束条件的解称为可行解，可行域是可行解的集合，即由所有约束条件共同围成的区域。确定可行域的步骤是，先将约束不等式变为等式，画出各等式对应的直线，然后再根据不等式符号确定可行域。

① 画出约束条件对应的直线。将约束条件 $2x_1+2x_2\leqslant 12$，$1x_1+2x_2\leqslant 8$，$4x_1\leqslant 16$ 和 $4x_2\leqslant 12$ 中的不等式符号“$\leqslant$”变成“$=$”，画出方程 $2x_1+2x_2=12$，$1x_1+2x_2=8$，$x_1=4$ 和 $x_2=3$ 对应的直线。

② 确定可行域。对于约束条件 $2x_1+2x_2\leqslant 12$ 和 $1x_1+2x_2\leqslant 8$，可用原点 O 坐标（0，0）作为参考判断所在区域。由于 $x_1=0$ 和 $x_2=0$ 满足约束条件 $2x_1+2x_2\leqslant 12$ 和 $1x_1+2x_2\leqslant 8$，说明 O 点在直线 $2x_1+2x_2=12$ 和 $1x_1+2x_2=8$ 的左侧，因此可以判断所求区域在直线 $2x_1+2x_2=12$ 和 $1x_1+2x_2=8$ 的左下侧。同理，也可以判断 $4x_1\leqslant 16$ 和 $4x_2\leqslant 12$ 的区域，该问题的可行域如图 1－1 阴影部分所示。

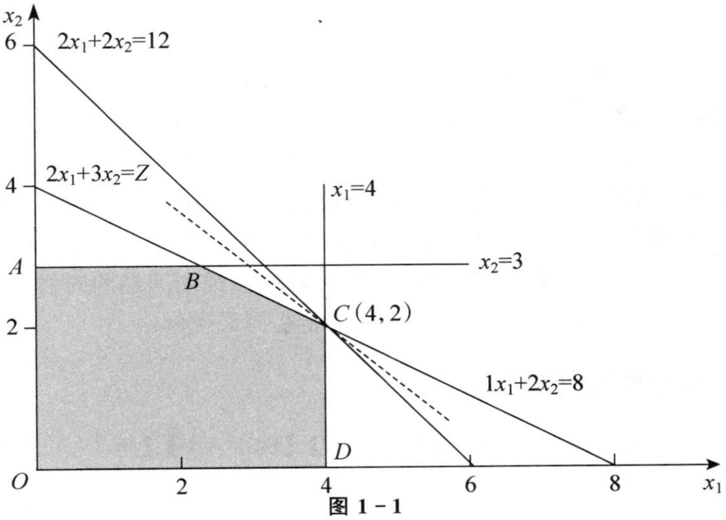

图 1－1

第三步：在可行域内平移目标函数等值线，确定最优解及最优目标函数值，见图 1-1。

对于目标函数 $Z=2x_1+3x_2$，目标函数等值线对应的方程为 $x_2=-2x_1/3+Z/3$。$Z/3$ 是目标函数等值线与纵轴的截距。由于在某一确定的直线上 Z 值是不变的，即不同的 x_1 和 x_2 组合所对应的 Z 值都是相等的，因此称为目标函数等值线。目标函数 $Z=2x_1+3x_2$ 是代表以 Z 为参数的一簇平行线，平行线的移动可以使截距(Z 值)发生变化，向上平移目标函数等值线，可以使 Z 值增大，但是必须在可行域的范围之内。对于本例，目标函数等值线在可行域内向上平移，最终与可行域交于 C 点，此时目标函数等值线与纵轴截距最大，即 Z 值最大，C 点的坐标(4,2)所对应的 x_1 和 x_2 的值即为该线性规划问题的最优解，即 $X^*=(4,2)^T$。将 $x_1=4$，$x_2=2$ 代入目标函数 $\max Z=2x_1+3x_2$ 中，得到：$Z^*=14$。

1.2.2 线性规划问题解的特性

关于线性规划问题解的特性，可归纳为以下三点：

① 线性规划问题若有可行域，则可行域必是一个凸多边形，对应于凸集(集合内部任意两点连线上的点都属于这个集合)。在图 1-2 中，只有图 1-2(a)可以用来表示凸集。

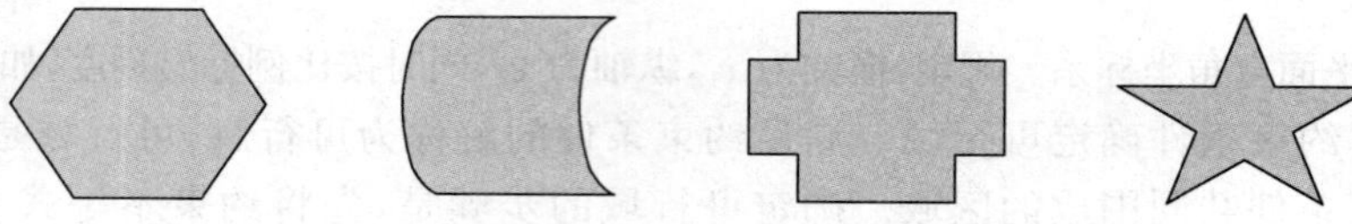

(a) (b) (c) (d)

图 1-2

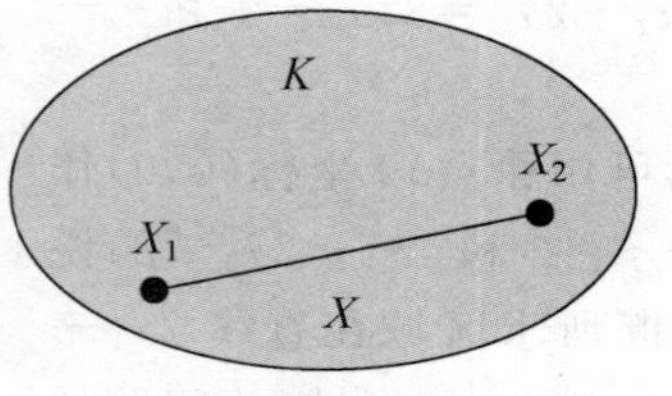

图 1-3

凸集的数学定义：如图 1-3 所示，设 K 为 n 维欧氏空间的一个点集，若 K 中任意两个点 X_1 和 X_2 连线上的所有点都属于 K，即 $X=\alpha X_1+(1-\alpha)X_2\in K$ $(0\leqslant\alpha\leqslant1)$，则称 K 为凸集。设 $X(x_1,x_2,\cdots,x_n)$，$X_1(u_1,u_2,\cdots,u_n)$，$X_2(v_1,v_2,\cdots,v_n)$。

$X=\alpha X_1+(1-\alpha)X_2\in K$ $(0\leqslant\alpha\leqslant1)$ 的证明思路如下：

$$\overrightarrow{XX_2}\,/\!/\,\overrightarrow{X_1X_2}\Rightarrow\left|\overrightarrow{XX_2}\right|=\alpha\left|\overrightarrow{X_1X_2}\right|(0\leqslant\alpha\leqslant1)\Rightarrow$$

$$\overrightarrow{XX_2}=\alpha\,\overrightarrow{X_1X_2}\Rightarrow$$

$$(v_i-x_i)=\alpha(v_i-u_i)\Rightarrow x_i=\alpha u_i+(1-\alpha)v_i\Rightarrow X=\alpha X_1+(1-\alpha)X_2(i=1,2,\cdots,n)$$

② 凸多边形(可行域)的顶点是有限的，每个顶点对应基本可行解。关于基本可行解的概念，将在 1.3 节中学习。

③ 对于某一线性规划问题，如果有最优解，则最优解一定在可行域的某个顶点获得。

为此，可以得到线性规划问题的求解思路，找出并比较凸多边形(可行域)的顶点，目标函数值最大(或最小)的顶点对应于最优解。可见，在求解线性规划问题的时候，只需要考虑凸多边形的顶点，并比较这些顶点对应的目标函数值，就能获得最优解。

1.2.3 线性规划问题解的可能性

线性规划问题的解有多种可能，具体见【例 1-9】、【例 1-10】、【例 1-11】和【例 1-12】，求解过程和结果如图 1-4、图 1-5、图 1-6 和图 1-7 所示。

（1）唯一最优解。

【例 1-9】 用图解法求解下面线性规划问题：

$$\max Z=5x_1+2x_2$$

$$s.t.\begin{cases}2x_1+x_2\leqslant 8\\x_1\leqslant 3\\x_2\leqslant 5\\x_1,x_2\geqslant 0\end{cases}$$

解：

按照图解法求解步骤求解，结果如图 1-4 所示。

唯一最优解：$\boldsymbol{X}^*=(3,2)^{\mathrm{T}}$，$Z^*=19$。

思考：如果目标函数变为 $\max Z=3x_1+2x_2$，求解结果会发生什么变化？

（2）无穷多最优解。

【例 1-10】 用图解法求解下面线性规划问题：

$$\max Z=4x_1+2x_2$$

$$s.t.\begin{cases}2x_1+x_2\leqslant 8\\x_1\leqslant 3\\x_2\leqslant 5\\x_1,x_2\geqslant 0\end{cases}$$

解：

按照图解法求解步骤求解，结果如下：

对于两个变量的线性规划问题，若目标函数等值线的斜率与某一约束条件对应的直线相同，则该问题具有无穷多最优解，如图 1-5 所示，说明在 AB 线段上所有 x_1 和 x_2 的组合都是最优解。求解结果为 $\boldsymbol{X}_1=(3/2,5)^{\mathrm{T}}$，$\boldsymbol{X}_2=(3,2)^{\mathrm{T}}$，$\boldsymbol{X}=\alpha\boldsymbol{X}_1+(1-\alpha)\boldsymbol{X}_2(0\leqslant\alpha\leqslant 1)$，$Z^*=16$。

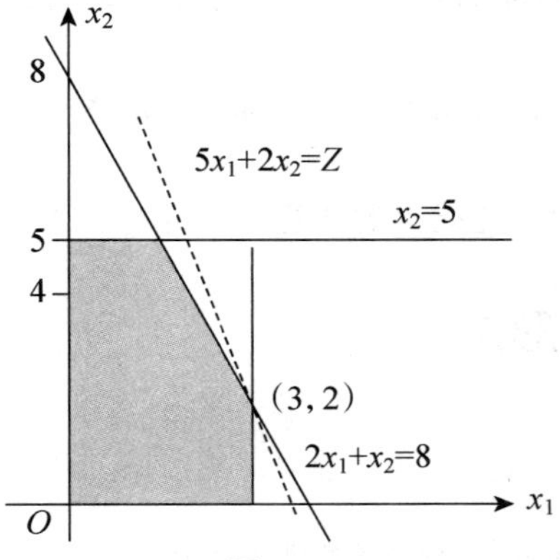

图 1-4

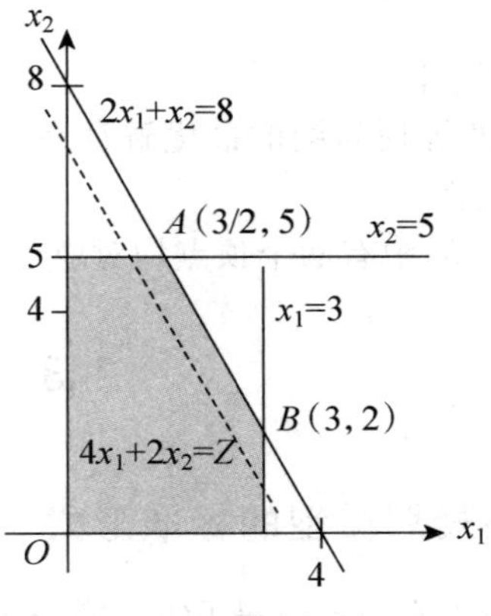

图 1-5

思考：对于【例 1-10】，是否可以从模型中直接得到 $\max Z$？

（3）无界解。

【例 1-11】 用图解法求解下面线性规划问题：

$$\min Z=-2x_1+x_2$$

$$s.t.\begin{cases}x_1+x_2\geqslant 1\\x_1-3x_2\geqslant -1\\x_1\geqslant 0,x_2\geqslant 0\end{cases}$$

解：

求解过程和结果如图 1－6 所示，由于可行域无界，目标值可以无限增大，所有本题为无界解，出现这种情况的原因是，建模时忽略了必要的限制约束，使得决策变量的取值无限制，导致目标函数值无下界。

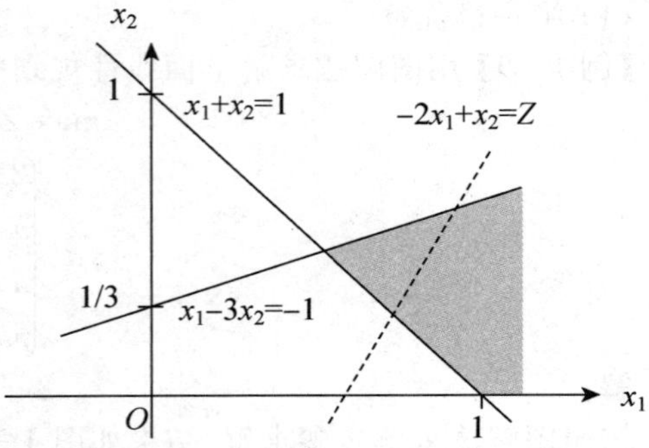

图 1－6

思考：如果【例 1－11】求目标最大值，结果如何？

(4) 无可行解。

【例 1－12】用图解法求解下面线性规划问题：

$$\min Z=2x_1-5x_2$$

$$s.t.\begin{cases}x_1+2x_2\geqslant 6\\x_1+x_2\leqslant 2\\x_1,x_2\geqslant 0\end{cases}$$

解：

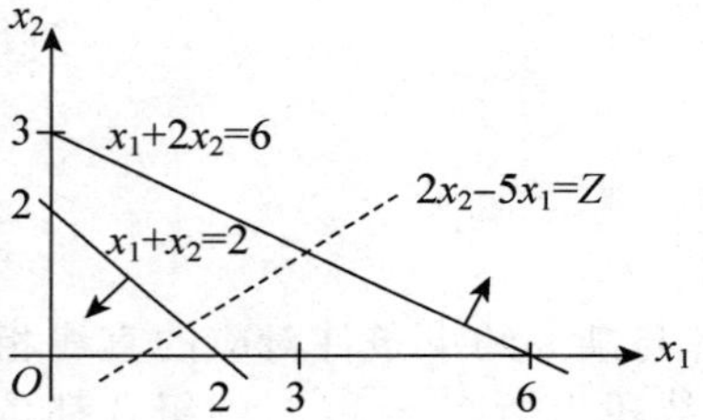

图 1－7

求解过程和结果如图 1－7 所示，该线性规划问题的可行域是空集，所以本题为无可行解，出现这种情况的原因是，模型中的约束条件相互矛盾。

图解法的解题思路和几何上的直观表示，对求解线性规划问题有以下重要启示：

① 线性规划问题的解有唯一最优解、无穷多最优解、无界解和无可行解四种情况。

② 线性规划问题的可行域一般为无界或有界凸多边形(无可行解除外)。

③ 若线性规划问题的最优解存在，即有唯一最优解或无穷多最优解，则必然在可行域的某个顶点上获得。

④ 若可行域中有两个顶点均对应于最优解，则该两点连线上的任意一点都对应于最优解。

1.3 普通单纯形法

1.3.1 线性规划模型的标准形式

在使用普通单纯形法求解时，第一步就是寻找基本可行解，前提是先将原模型标准化。

(1) 标准型的表达方式。

线性规划模型的标准形式定义为模型(1－9)。

$$\max Z=\sum_{j=1}^{n}c_jx_j$$

$$s.t.\begin{cases}\sum_{j=1}^{n}a_{ij}x_j=b_i\\x_j\geqslant 0(i=1,2,\cdots,m;j=1,2,\cdots,n)\end{cases}\tag{1-9}$$

也可以写成模型(1－10)和模型(1－11),其中模型(1－11)较为常用。

$$\max Z = \boldsymbol{CX}$$

$$s.t.\begin{cases}\sum_{j=1}^{n} p_j x_j = \boldsymbol{b} \\ x_j \geqslant 0\end{cases} \tag{1-10}$$

$$\max Z = \boldsymbol{CX}$$

$$s.t.\begin{cases}\boldsymbol{AX} = \boldsymbol{b} \\ \boldsymbol{X} \geqslant \boldsymbol{0}\end{cases} \tag{1-11}$$

线性规划模型的标准形式有如下特征:

① 目标函数求最大值,即 $\max Z$。

② 资源限量非负,即 $\boldsymbol{b} \geqslant \boldsymbol{0}$。

③ 决策变量非负,表示所有决策变量取值均大于等于零,即 $\boldsymbol{X} \geqslant \boldsymbol{0}$。

④ 约束条件为等式,即 $\boldsymbol{AX} = \boldsymbol{b}$。

(2) 一般形式与标准形式的转换方法。

① 决策变量非负。若某决策变量 x_k 为取值无约束(无符号限制),令 $x_k = x'_k - x''_k(x'_k \geqslant 0, x''_k \geqslant 0)$;若 $x_k \leqslant 0$,令 $x_k = -x'_k$,则 $x'_k \geqslant 0$。

② 目标函数求最大值。对于极小化原问题 $\min Z = \boldsymbol{CX}$,则令 $Z' = -Z$,原问题则转为求 $\max Z' = -\boldsymbol{CX}$,即当 Z' 达到最大值时,Z 达到最小值,求解后应注意还原,即 $Z = -Z'$。

③ 约束条件为等式。

对于"$\leqslant$"型约束,则在"$\leqslant$"左端加上一个非负松弛变量,使其变为等式。例如,原问题某一约束为 $x_1 + x_2 \leqslant 3$,加入松弛变量后,则变为 $x_1 + x_2 + x_3 = 3$。

对于"$\geqslant$"型约束,则在"$\geqslant$"左端减去一个非负剩余变量,使其变为等式。例如,原问题某一约束为 $2x_1 + 3x_2 \geqslant 4$,加入剩余变量后,则变为 $2x_1 + 3x_2 - x_4 = 4$。

注意:不管是松弛变量还是剩余变量,在目标函数中的系数均为零(为什么?)。

④ 资源限量非负。若某个 $\boldsymbol{b}_i < 0$,则将该约束两端同乘-1,以满足非负性的要求。例如,原问题某一约束为 $5x_1 + 6x_2 = -7$,处理后变为 $-5x_1 - 6x_2 = 7$。

【例 1－13】 将下面线性规划模型转化为标准型:

$$\min Z = 2x_1 - x_2 + 2x_3$$

$$s.t.\begin{cases}-x_1 + x_2 + x_3 \leqslant 4 \\ -x_1 + x_2 - x_3 \geqslant -6 \\ x_1 \leqslant 0, x_2 \geqslant 0\end{cases}$$

解:

① 决策变量标准化。由题意可知,x_3 取值无约束,既可以取正值,也可取负值($-\infty < x_3 < +\infty$),但标准型中要求变量非负,所以设 $x_3 = x'_3 - x''_3(x'_3 \geqslant 0, x''_3 \geqslant 0)$,其值可能为正,也可能为负,因此符合 x_3 的取值无约束。对于 $x_1 \leqslant 0$,可令 $x_1 = -x'_1$,则 $x'_1 \geqslant 0$。

② 约束条件标准化。在第一个约束条件"$\leqslant$"左端加入松弛变量 x_4,令 $x_4 \geqslant 0$,则原不等式转化为等式 $-x_1 + x_2 + x_3 + x_4 = 4$;在第二个约束条件"$\geqslant$"左端减去剩余变量 x_5,令 $x_5 \geqslant 0$,则原不等式转化为等式 $-x_1 + x_2 - x_3 - x_5 = -6$,同时在等号两端乘以$-1$,则原不等式转化为等式 $x_1 - x_2 + x_3 + x_5 = 6$。

③ 目标函数标准化。由于原目标函数求最小值,可令 $Z'=-Z$,得到 $\max Z'=\max(-Z)$,即原目标函数转化为 $\max Z'=-2x_1-x_2+2x_3$。

综上,原模型转化为标准型:

$$\max Z'=2x_1'-x_2+2(x_3'-x_3'')+0x_4+0x_5$$

$$s.t.\begin{cases}x_1'+x_2+(x_3'-x_3'')+x_4=4\\-x_1'-x_2+(x_3'-x_3'')+x_5=6\\x_1',x_2,x_3',x_3'',x_4,x_5\geqslant 0\end{cases}$$

注意:若原模型中存在三个变量 x_1,x_2 和 x_3,若没有给出某一变量(如 x_3)的取值范围,则说明该变量(如 x_3)的取值无约束。

1.3.2 重要概念

(1) 基。

假设线性规划问题模型的系数矩阵为 m 行 n 列,则系数矩阵中秩为 m 的 m 行和 m 列子矩阵称为基矩阵,简称为基,一般用 $\boldsymbol{B}$ 来表示。

视频-1.3 普通单纯形法-3 重要概念 1

已知线性规划标准化模型(1-12)的系数矩阵 $\boldsymbol{A}$ 为 2 行 4 列,见矩阵(1-13),其中 2 行 2 列的子矩阵有 $6(C_4^2)$个,如表 1-12 所示。

视频-1.3 普通单纯形法-4 重要概念 2

$$\max Z=2x_1+3x_2-x_3+2x_4$$

$$s.t.\begin{cases}x_1+x_2+2x_3+x_4=7\\x_1+2x_2+4x_3-x_4=13\\x_j\geqslant 0(j=1,2,3,4)\end{cases}\tag{1-12}$$

$$\boldsymbol{A}=\begin{pmatrix}1&1&2&1\\1&2&4&-1\end{pmatrix}_{2\times 4}\tag{1-13}$$

表 1-12

子矩阵	$\boldsymbol{B}_1=\begin{pmatrix}1&1\\1&2\end{pmatrix}$	$\boldsymbol{B}_2=\begin{pmatrix}1&2\\1&4\end{pmatrix}$	$\boldsymbol{B}_3=\begin{pmatrix}1&1\\1&-1\end{pmatrix}$
基变量	x_1,x_2	x_1,x_3	x_1,x_4
非基变量	x_3,x_4	x_2,x_4	x_2,x_3
子矩阵	$\boldsymbol{B}_4=\begin{pmatrix}1&2\\2&4\end{pmatrix}$	$\boldsymbol{B}_5=\begin{pmatrix}1&1\\2&-1\end{pmatrix}$	$\boldsymbol{B}_6=\begin{pmatrix}2&1\\4&-1\end{pmatrix}$
基变量	—	x_2,x_4	x_3,x_4
非基变量	—	x_1,x_3	x_1,x_2

容易判断,$\boldsymbol{B}_4$ 中两个行(或列)向量线性相关,即对应元素成比例,其余子矩阵均为满秩矩阵,因此该线性规划模型存在 5 个基:$\boldsymbol{B}_1$,$\boldsymbol{B}_2$,$\boldsymbol{B}_3$,$\boldsymbol{B}_5$ 和 $\boldsymbol{B}_6$。

(2) 基变量和非基变量。

基中的列向量对应的变量称为基变量,决策变量中除基变量以外的变量称为非基变量。如 $\boldsymbol{B}_1$ 中的两个列向量分别对应于决策变量 x_1 和 x_2,则 x_1 和 x_2 为基变量,x_3 和 x_4 为非基变量。

（3）基本解。

对于某一确定的基，令所有非基变量为 0，通过约束方程组 $\boldsymbol{AX}=\boldsymbol{b}$ 可解出 m 个基变量的唯一解，称之为基本解。基矩阵 $\boldsymbol{B}_1,\boldsymbol{B}_2,\boldsymbol{B}_3,\boldsymbol{B}_5$ 和 $\boldsymbol{B}_6$ 对应的基本解如表 1 - 13 所示。

（4）基本可行解。

变量取值满足非负条件的基本解称为基本可行解，基本可行解对应于凸多边形（凸集）的顶点。如表 1 - 13 所示，$\boldsymbol{X}_1,\boldsymbol{X}_2,\boldsymbol{X}_5$ 和 $\boldsymbol{X}_6$ 为基本可行解，分别对应于该问题可行域（凸多边形）的四个顶点。

表 1 - 13

基	对应的约束方程	基变量的取值	基本解
$\boldsymbol{B}_1=\begin{pmatrix}1 & 1\\1 & 2\end{pmatrix}$	$\begin{cases}x_1+x_2=7\\x_1+2x_2=13\end{cases}$	$\begin{cases}x_1=1\\x_2=6\end{cases}$	$\boldsymbol{X}_1=(1,6,0,0)^{\mathrm{T}}$ 非基变量 x_3 和 x_4 取值为零
$\boldsymbol{B}_2=\begin{pmatrix}1 & 2\\1 & 4\end{pmatrix}$	$\begin{cases}x_1+2x_3=7\\x_1+4x_3=13\end{cases}$	$\begin{cases}x_1=1\\x_3=3\end{cases}$	$\boldsymbol{X}_2=(1,0,3,0)^{\mathrm{T}}$ 非基变量 x_2 和 x_4 取值为零
$\boldsymbol{B}_3=\begin{pmatrix}1 & 1\\1 & -1\end{pmatrix}$	$\begin{cases}x_1+x_4=7\\x_1-x_4=13\end{cases}$	$\begin{cases}x_1=10\\x_4=-3\end{cases}$	$\boldsymbol{X}_3=(10,0,0,-3)^{\mathrm{T}}$ 非基变量 x_2 和 x_3 取值为零
$\boldsymbol{B}_5=\begin{pmatrix}1 & 1\\2 & -1\end{pmatrix}$	$\begin{cases}x_2+x_4=7\\2x_1-x_4=13\end{cases}$	$\begin{cases}x_2=20/3\\x_4=1/3\end{cases}$	$\boldsymbol{X}_5=(0.20/3,0,1/3)^{\mathrm{T}}$ 非基变量 x_1 和 x_3 取值为零
$\boldsymbol{B}_6=\begin{pmatrix}2 & 1\\4 & -1\end{pmatrix}$	$\begin{cases}2x_3+x_4=7\\4x_3-x_4=13\end{cases}$	$\begin{cases}x_3=10/3\\x_4=1/3\end{cases}$	$\boldsymbol{X}_6=(0,0,10/3,1/3)^{\mathrm{T}}$ 非基变量 x_1 和 x_2 取值为零

思考：已知线性规划模型为：

$$\max Z=2x_1+3x_2-x_3+2x_4$$

$$s.t.\begin{cases}x_1+x_2+x_3-x_4=6\\x_1+2x_2+x_3+x_4=12\\x_j\geqslant 0(j=1,2,3,4)\end{cases}$$

问：在 $\boldsymbol{A}=(2,0,4,0)^{\mathrm{T}},\boldsymbol{B}=(6,0,3,3)^{\mathrm{T}},\boldsymbol{C}=(3,2,3,2)^{\mathrm{T}}$ 和 $\boldsymbol{D}=(0,6,0,0)^{\mathrm{T}}$ 中，哪一个是基本可行解？

1.3.3　求解步骤

（1）普通单纯形法求解思路。

掌握了上述概念以后，根据图解法的启示，可以确定线性规划问题的解题思路，如图 1 - 8 所示。首先，确定一个初始基可行解。然后，判断这个基可行解是不是最优解，如果是最优解，求解结束；如果不是最优解，寻找另一个基可行解，再重复上述步骤，直至找到最优解。

视频 - 1.3 普通单纯形法 - 5 迭代过程 1

（2）普通单纯形法原理。

对于公式（1 - 11），可令 $\boldsymbol{A}=(\boldsymbol{P}_1,\boldsymbol{P}_2,\cdots,\boldsymbol{P}_m,\boldsymbol{P}_{m+1},\cdots,\boldsymbol{P}_n)$，其中 $\boldsymbol{P}_1,\boldsymbol{P}_2,\cdots,\boldsymbol{P}_m$ 为基变量对应的列向量；$\boldsymbol{P}_{m+1},\boldsymbol{P}_{m+2},\cdots,\boldsymbol{P}_n$ 为非基变量对应的列向量，因此，$\boldsymbol{A}$ 可写成 $\boldsymbol{A}=(\boldsymbol{B},\boldsymbol{N})$，相应地，$\boldsymbol{X}=(\boldsymbol{X}_{\boldsymbol{B}},\boldsymbol{X}_{\boldsymbol{N}})^{\mathrm{T}},\boldsymbol{C}=(\boldsymbol{C}_{\boldsymbol{B}},\boldsymbol{C}_{\boldsymbol{N}})$。

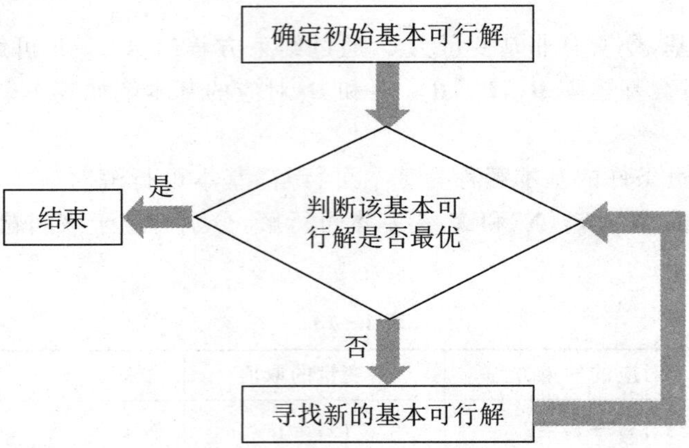

图 1-8

对于约束条件 $\boldsymbol{AX}=(\boldsymbol{B},\boldsymbol{N})(\boldsymbol{X_B},\boldsymbol{X_N})^{\mathrm{T}}=\boldsymbol{BX_B}+\boldsymbol{NX_N}=\boldsymbol{b}$,在等式两端左乘 $\boldsymbol{B}^{-1}$,有 $\boldsymbol{X_B}+\boldsymbol{B}^{-1}\boldsymbol{NX_N}=\boldsymbol{B}^{-1}\boldsymbol{b}$,即 $\boldsymbol{X_B}=\boldsymbol{B}^{-1}\boldsymbol{b}-\boldsymbol{B}^{-1}\boldsymbol{NX_N}$。若令 $\boldsymbol{X_N}=\boldsymbol{0}$,则 $\boldsymbol{X}=(\boldsymbol{B}^{-1}\boldsymbol{b},\boldsymbol{0})^{\mathrm{T}}$。

对于目标函数 $Z=\boldsymbol{CX}=(\boldsymbol{C_B},\boldsymbol{C_N})(\boldsymbol{X_B},\boldsymbol{X_N})^{\mathrm{T}}=\boldsymbol{C_BX_B}+\boldsymbol{C_N}\boldsymbol{X_N}$,将 $\boldsymbol{X_B}=\boldsymbol{B}^{-1}\boldsymbol{b}-\boldsymbol{B}^{-1}\boldsymbol{NX_N}$ 代入后,有 $Z=\boldsymbol{C_B}(\boldsymbol{B}^{-1}\boldsymbol{b}-\boldsymbol{B}^{-1}\boldsymbol{NX_N})+\boldsymbol{C_N}\boldsymbol{X_N}=\boldsymbol{C_BB}^{-1}\boldsymbol{b}+(\boldsymbol{C_N}-\boldsymbol{C_BB}^{-1}\boldsymbol{N})\boldsymbol{X_N}$,令 $\boldsymbol{X_N}=\boldsymbol{0}$,则 $Z=\boldsymbol{C_BB}^{-1}\boldsymbol{b}$。对于非基变量,检验数用 $\boldsymbol{\sigma_N}=\boldsymbol{C_N}-\boldsymbol{C_BB}^{-1}\boldsymbol{N}$ 来表示;对于某一非基变量的检验数,也可表示为 $\sigma_j=c_j-Z_j$。对于基变量,检验数为 $\boldsymbol{\sigma_B}=\boldsymbol{C_B}-\boldsymbol{C_BB}^{-1}\boldsymbol{B}=\boldsymbol{0}$。因此,所有检验数可表示为 $\boldsymbol{\sigma}=\boldsymbol{C}-\boldsymbol{C_BB}^{-1}\boldsymbol{A}$。上述推导过程可用表 1-14 和表 1-15 表示(其中,$\boldsymbol{E}$ 为单位矩阵,即 $\boldsymbol{B}^{-1}\boldsymbol{B}=\boldsymbol{E}$),称为单纯形表。

表 1-14

$\boldsymbol{C}$			$\boldsymbol{C_B}$	$\boldsymbol{C_N}$
$\boldsymbol{C_B}$	$\boldsymbol{X_B}$	$\boldsymbol{b}$	$\boldsymbol{X_B}$	$\boldsymbol{X_N}$
$\boldsymbol{0}$	$\boldsymbol{X_B}$	$\boldsymbol{b}$	$\boldsymbol{B}$	$\boldsymbol{N}$
σ_j			$\boldsymbol{C_B}$	$\boldsymbol{C_N}$

表 1-15

$\boldsymbol{C}$			$\boldsymbol{C_B}$	$\boldsymbol{C_N}$
$\boldsymbol{C_B}$	$\boldsymbol{X_B}$	$\boldsymbol{b}$	$\boldsymbol{X_B}$	$\boldsymbol{X_N}$
$\boldsymbol{C_B}$	$\boldsymbol{X_B}$	$\boldsymbol{B}^{-1}\boldsymbol{b}$	$\boldsymbol{E}$	$\boldsymbol{B}^{-1}\boldsymbol{N}$
σ_j			$\boldsymbol{0}$	$\boldsymbol{C_N}-\boldsymbol{C_BB}^{-1}\boldsymbol{N}$

(3)普通单纯形法求解步骤。

① 求出初始基本可行解。

先将模型标准化,找到单位基,令非基变量为零,确定初始基本可行解。

② 最优性检验。

利用公式 $\boldsymbol{\sigma_N}=\boldsymbol{C_N}-\boldsymbol{C_BB}^{-1}\boldsymbol{N}$ 求出非基变量检验数,若所有非基变量检验数小于或等于零,说明已得到最优解,否则进入步骤③。

③ 换基和迭代。

(a)确定入基变量 $\sigma_k=\max\ \{\sigma_j\ |\sigma_j>0\}$(入基变量确定法则);

(b)确定出基变量 $\theta_l=\min\ \{b_i/a_{ik}\ |a_{ik}>0\}$(出基变量确定法则或最小比值法则);

(c)确定主元素,考察入基变量对应的列向量和出基变量对应的行向量,交叉元素即为主元素;

(d)先将主元素变为"1",再利用初等变换方法求出新的基本可行解。

④ 重复步骤②和③,直到求出最优解。

举例之前,可以熟悉用消元法求解线性规划问题。

【例 1-14】用单纯形法求解【例 1-1】的线性规划问题。

用消元法求解线性规划问题

解:

① 确定初始基本可行解模型。先将模型标准化,并将数据填入初始单纯形表 1-16 中,可知初始基可行解为 $\boldsymbol{X}^{(0)}=(0,0,12,8,16,12)^{\mathrm{T}}$,$\boldsymbol{Z}^{(0)}=0$。

$$\max Z=2x_1+3x_2+0x_3+0x_4+0x_5+0x_6$$

$$s.t.\begin{cases}2x_1+2x_2+x_3=12\\x_1+2x_2+x_4=8\\4x_1+x_5=16\\4x_2+x_6=12\\x_j\geqslant 0(j=1,2,\cdots,6)\end{cases}$$

表 1-16

c_j			2	3	0	0	0	0	θ
$\boldsymbol{C_B}$	$\boldsymbol{X_B}$	$\boldsymbol{b}$	x_1	x_2	x_3	x_4	x_5	x_6	
0	x_3	12	2	2	1	0	0	0	6
0	x_4	8	1	2	0	1	0	0	4
0	x_5	16	4	0	0	0	1	0	—
0	x_6	12	0	4	0	0	0	1	3
σ_j		0	2	3	0	0	0	0	

②检验(第 1 次)。由于单纯形表中 x_1 和 x_2 的检验数 2 和 3 均大于零,说明 $\boldsymbol{X}^{(0)}$ 不是最优解。

③ 换基(第 1 次)。根据入基变量确定法则,非基变量 x_2 的检验数(3)最大,因此选 x_2 为入基变量。按最小比值法则,$\theta_4=\min(12/2,8/2,-,12/4)=3$,选 x_6 为出基变量。

④ 迭代(第 1 次)。首先,确定主元素,入基变量 x_2 对应的列向量$(2,2,0,4)^{\mathrm{T}}$和出基变量 x_6 对应的行向量(12,0,4,0,0,0,1),交叉元素"4"为主元素;将主元素"4"变为"1",即对应行向量的每一个元素都除以 4,同时将原基变量 x_6 及系数 c_6(0)替换成 x_2 和 c_2(3)。然后,使用初等行变换方法,将入基变量 x_2 对应的列向量$(2,2,0,1)^{\mathrm{T}}$中除主元素"1"以外的元素均变为"0",与原基变量 x_6 对应的列向量$(0,0,0,1)^{\mathrm{T}}$相同,即让原基变量 x_3,x_4,x_5 和新入基的变量 x_2 对应的列向量构成新的单位基,求出新的基可行解,这就是换基的目的。最后,根据公式 $\boldsymbol{\sigma_N}=\boldsymbol{C_N}-\boldsymbol{C_B}\boldsymbol{B}^{-1}\boldsymbol{N}$,计算非基变量($x_1$ 和 x_6)的检验数:

$$\sigma_1=c_1-\boldsymbol{C_B}\boldsymbol{B}^{-1}\boldsymbol{P}_1=2-(0,0,0,3)\ (2,1,4,0)^{\mathrm{T}}=2$$

$$\sigma_6=c_6-\boldsymbol{C_B}\boldsymbol{B}^{-1}\boldsymbol{P}_6=0-(0,0,0,3)\ (-1/2,-1/2,0,1/4)^{\mathrm{T}}=-3/4$$

如表 1-17 所示,得到一个新的基可行解:$\boldsymbol{X}^{(1)}=(0,3,6,2,16,0)^{\mathrm{T}}$,$Z^{(1)}=9$。

表 1-17

	c_j		2	3	0	0	0	0	θ
$\boldsymbol{C_B}$	$\boldsymbol{X_B}$	$\boldsymbol{b}$	x_1	x_2	x_3	x_4	x_5	x_6	
0	x_3	12	2	2	1	0	0	0	6
0	x_4	8	1	2	0	1	0	0	4
0	x_5	16	4	0	0	0	1	0	—
0	x_6	12	0	4	0	0	0	1	3
	σ_j	0	2	3	0	0	0	0	
0	x_3	6	2	0	1	0	0	$-1/2$	3
0	x_4	2	1	0	0	1	0	$-1/2$	2
0	x_5	16	4	0	0	0	1	0	4
3	x_2	3	0	1	0	0	0	1/4	—
	σ_j	9	2	0	0	0	0	$-3/4$	

⑤ 检验(第 2 次)。由于单纯形表中 x_1 的检验数 2 大于零,说明 $\boldsymbol{X}^{(1)}$ 不是最优解。

⑥ 换基(第 2 次)。根据入基变量确定法则,非基变量 x_1 的检验数(2)最大,因此选 x_1 为入基变量。按最小比值法则,$\theta_2=\min(6/2,2/1,16/4,-)=2$,选 x_4 为出基变量。

⑦ 迭代(第 2 次)。首先确定主元素,入基变量 x_1 对应的列向量 $(2,1,4,0)^{\mathrm{T}}$ 和出基变量 x_4 对应的行向量 $(2,1,0,0,1,0,-1/2)$,交叉元素"1"为主元素。然后,使用初等行变换方法,将入基变量 x_1 对应的列向量 $(2,1,4,0)^{\mathrm{T}}$ 中除主元素"1"以外的元素均变为"0",与原基变量 x_4 对应的列向量 $(0,1,0,0)^{\mathrm{T}}$ 相同,即让原基变量 x_3,x_5,x_2 和新入基的变量 x_4 对应的列向量构成新的单位基,求出新的基可行解。最后,计算非基变量(x_4 和 x_6)的检验数:

$$\sigma_4=c_4-\boldsymbol{C_B}\boldsymbol{B}^{-1}\boldsymbol{P}_4=0-(0,2,0,3)\ (-2,1,-4,0)^{\mathrm{T}}=-2$$

$$\sigma_6=c_6-\boldsymbol{C_B}\boldsymbol{B}^{-1}\boldsymbol{P}_6=0-(0,2,0,3)\ (1/2,-1/2,2,1/4)^{\mathrm{T}}=1/4$$

如表 1-18 所示,得到一个新的基可行解:$\boldsymbol{X}^{(2)}=(2,3,2,0,8,0)^{\mathrm{T}}$,$Z^{(2)}=13$。

表 1-18

	c_j		2	3	0	0	0	0	θ
$\boldsymbol{C_B}$	$\boldsymbol{X_B}$	$\boldsymbol{b}$	x_1	x_2	x_3	x_4	x_5	x_6	
0	x_3	12	2	2	1	0	0	0	6
0	x_4	8	1	2	0	1	0	0	4
0	x_5	16	4	0	0	0	1	0	—
0	x_6	12	0	4	0	0	0	1	3
	σ_j	0	2	3	0	0	0	0	
0	x_3	6	2	0	1	0	0	$-1/2$	3

续表

c_j			2	3	0	0	0	0	θ
$\boldsymbol{C_B}$	$\boldsymbol{X_B}$	$\boldsymbol{b}$	x_1	x_2	x_3	x_4	x_5	x_6	
0	x_4	2	1	0	0	1	0	−1/2	2
0	x_5	16	4	0	0	0	1	0	4
3	x_2	3	0	1	0	0	0	1/4	—
σ_j		9	2	0	0	0	0	−3/4	
0	x_3	2	0	0	1	−2	0	1/2	4
2	x_1	2	1	0	0	1	0	−1/2	—
0	x_5	8	0	0	0	−4	1	2	4
3	x_2	3	0	1	0	0	0	1/4	12
σ_j		13	0	0	0	−2	0	1/4	

⑧ 检验(第 3 次)。由于单纯形表中 x_6 的检验数 1/4 大于零,说明 $X^{(2)}$ 不是最优解。

⑨ 换基(第 2 次)。根据入基变量确定法则,非基变量 x_6 的检验数(1/4)最大,因此选 x_6 为入基变量。按最小比值法则,$\theta_2=\min[2/(1/2),-,8/2,3/(1/4)]=4$,选 x_3 为出基变量(Bland 法则)。

⑩ 迭代(第 3 次)。首先确定主元素,入基变量 x_6 对应的列向量$(1/2,-1/2,2,1/4)^{\mathrm{T}}$和出基变量 x_3 对应的行向量(2,0,0,1,−2,0,1/2),交叉元素"1/2"为主元素,先将主元素变为"1"。然后,使用初等行变换方法,将入基变量 x_6 对应的列向量$(1,-1/2,2,1/4)^{\mathrm{T}}$中除主元素"1"以外的元素均变为"0",与原基变量 x_3 对应的列向量$(1,0,0,0)^{\mathrm{T}}$相同,即让原基变量 x_1,x_5,x_2 和新入基的变量 x_6 对应的列向量构成新的单位基,求出新的基可行解。最后,计算非基变量(x_3 和 x_4)的检验数:

$$\sigma_3=c_3-\boldsymbol{C_B}\boldsymbol{B}^{-1}\boldsymbol{P}_3=0-(0,2,0,3)\ (2,1,-4,-1/2)^{\mathrm{T}}=-1/2$$

$$\sigma_4=c_4-\boldsymbol{C_B}\boldsymbol{B}^{-1}\boldsymbol{P}_4=0-(0,2,0,3)\ (-4,-1,4,1)^{\mathrm{T}}=-1$$

如表 1-19 所示,得到一个新的基可行解:$\boldsymbol{X}^{(3)}=(4,2,0,0,0,4)^{\mathrm{T}}$,$Z^{(3)}=14$。由于检验数均小于等于零,所以此基可行解是最优解,即 $\boldsymbol{X}^*=(4,2,0,0,0,4)^{\mathrm{T}}$,$Z^*=14$。需要指出的是,该解为退化解(解中的某个基变量等于零),基变量 x_5 等于零。

表 1-19

c_j			2	3	0	0	0	0	θ
$\boldsymbol{C_B}$	$\boldsymbol{X_B}$	$\boldsymbol{b}$	x_1	x_2	x_3	x_4	x_5	x_6	
0	x_3	12	2	2	1	0	0	0	6
0	x_4	8	1	2	0	1	0	0	4
0	x_5	16	4	0	0	0	1	0	—
0	x_6	12	0	4	0	0	0	1	3
σ_j		0	2	3	0	0	0	0	

续表

c_j			2	3	0	0	0	0	θ
C_B	X_B	b	x_1	x_2	x_3	x_4	x_5	x_6	
0	x_3	6	2	0	1	0	0	$-1/2$	3
0	x_4	2	1	0	0	1	0	$-1/2$	2
0	x_5	16	4	0	0	0	1	0	4
3	x_2	3	0	1	0	0	0	1/4	—
σ_j		9	2	0	0	0	0	$-3/4$	
0	x_3	2	0	0	1	-2	0	1/2	4
2	x_1	2	1	0	0	1	0	$-1/2$	—
0	x_5	8	0	0	0	-4	1	2	4
3	x_2	3	0	1	0	0	0	1/4	12
σ_j		13	0	0	0	-2	0	1/4	
0	x_6	4	0	0	2	-4	0	1	
2	x_1	4	1	0	1	-1	0	0	
0	x_5	0	0	0	-4	4	1	0	
3	x_2	2	0	1	$-1/2$	1	0	0	
σ_j		14	0	0	$-1/2$	-1	0	0	

在前面用最小比值法确定出基变量时，有两个最小比值“4”，如果不按照 Bland(布兰德)法则，可以选择 x_6 入基，x_5 出基，计算结果如表 1-20 所示，此时最优解为 $\boldsymbol{X}^*=(4,2,0,0,0,4)^{\mathrm{T}}$，$Z^*=14$。该最优解也是退化解，基变量 x_3 等于零。

由此可见，单纯形法的求解过程就是不断寻找更优的基可行解(对应凸多边形的顶点)的过程，最终在凸多边形(可行域)的顶点找到唯一最优解，对于上例，可将单纯形法和图解法的求解结果进行比较，如图 1-9 所示。

表 1-20

c_j			2	3	0	0	0	0	θ
C_B	X_B	b	x_1	x_2	x_3	x_4	x_5	x_6	
0	x_3	2	0	0	1	-2	0	1/2	4
2	x_1	2	1	0	0	1	0	$-1/2$	—
0	x_5	8	0	0	0	-4	1	2	4
3	x_2	3	0	1	0	0	0	1/4	12
σ_j		13	0	0	0	-2	0	1/4	
0	x_3	0	0	0	1	-1	$-1/4$	0	

续表

c_j			2	3	0	0	0	0	θ
C_B	X_B	b	x_1	x_2	x_3	x_4	x_5	x_6	
2	x_1	4	1	0	0	0	1/4	0	
0	x_6	4	0	0	0	−2	1/2	1	
3	x_2	2	0	1	0	1/2	−1/8	0	
σ_j		14	0	0	0	−3/2	−1/8	0	

O 点(0,0)：$\boldsymbol{X}^{(0)}=(0,0,12,8,16,12)^{\mathrm{T}}$，$Z^{(0)}=0$。

A 点(0,3)：$\boldsymbol{X}^{(1)}=(0,3,6,2,16,0)^{\mathrm{T}}$，$Z^{(1)}=9$。

B 点(2,3)：$\boldsymbol{X}^{(2)}=(2,3,2,0,8,0)^{\mathrm{T}}$，$Z^{(2)}=13$。

C 点(4,2)：$\boldsymbol{X}^{*}=(4,2,0,0,0,4)^{\mathrm{T}}$，$Z^{*}=14$。

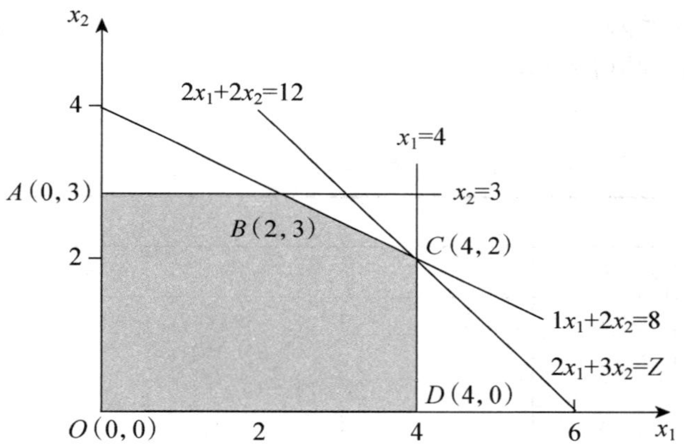

图 1－9

(4) 退化解与 Bland 法则。

一般称基变量取值为零的解为退化解。在确定出基变量时，有时存在两个以上相同的最小比值，这样在下一次迭代中就有一个或几个基变量等于零，这就出现了退化解。当出现退化时，进行多次迭代，而基从 $\boldsymbol{B}_1$，$\boldsymbol{B}_2$，… 又返回到 $\boldsymbol{B}_1$，计算过程陷入循环，在理论上无法得到最优解。Bland 法则就是针对这种现象提出的：

① 在确定入基变量时，若存在两个或两个以上的最大检验数(大于零)，选择下标号最小的变量入基。例如，非基变量 x_2 和 x_4 的检验数均为 3，按照 Bland 法则，应选择 x_2 入基。

② 在确定出基变量时，若存在两个或两个以上的最小比值，同样选择比值对应下标号小的变量出基。

思考：对于【例 1－12】，若不使用 Bland 法则，会得到什么样的结果？

1.3.4　最优解判定定理

判定定理 1：在单纯形表中，若所有非基变量的检验数都小于零，且 $\boldsymbol{B}^{-1}\boldsymbol{b}$ 均为非负，则线性规划问题具有唯一最优解。

在【例 1-14】中,在最终单纯形表 1-21 中,非基变量 x_3 和 x_4 的检验数均小于零,则线性规划问题只有一个最优解,这种情况称作唯一最优解。

视频-1.3 普通单纯形法-6 迭代过程 2

【例 1-15】 用单纯形法求解下面线性规划问题:

$$\max Z=5x_1+2x_2$$

$$s.t.\begin{cases}2x_1+x_2\leqslant 8\\ x_1\leqslant 3\\ x_2\leqslant 5\\ x_1,x_2\geqslant 0\end{cases}$$

解: 将模型标准化,迭代过程如表 1-21 所示。

视频-1.3 普通单纯形法-7 迭代过程 3

$$\max Z=5x_1+2x_2+0x_3+0x_4+0x_5$$

$$s.t.\begin{cases}2x_1+x_2+x_3=8\\ x_1+x_4=3\\ x_2+x_5=5\\ x_j\geqslant 0(j=1,2,\cdots,5)\end{cases}$$

表 1-21

c_j			5	2	0	0	0	θ
$\boldsymbol{C_B}$	$\boldsymbol{X_B}$	$\boldsymbol{b}$	x_1	x_2	x_3	x_4	x_5	
0	x_3	8	2	1	1	0	0	4
0	x_4	3	1	0	0	1	0	3
0	x_5	5	0	1	0	0	1	—
σ_j		0	5	2	0	0	0	
0	x_3	2	0	1	1	−2	0	2
5	x_1	3	1	0	0	1	0	—
0	x_5	5	0	1	0	0	1	5
σ_j		15	0	2	0	−5	0	
2	x_2	2	0	1	1	−2	0	
5	x_1	3	1	0	0	1	0	
0	x_5	3	0	0	−1	2	1	
σ_j		19	0	0	−2	−1	0	

唯一最优解为 $\boldsymbol{X}^*=(3,2,0,0,3)^{\mathrm{T}}$,$Z^*=19$。

判定定理 2: 在单纯形表中,若所有非基变量的检验数都小于等于零,且 $\boldsymbol{B}^{-1}\boldsymbol{b}$ 均为非负,同时存在非基变量的检验数等于零的情况,则线性规划问题具有无穷多最优解(多重最优解)。

【例 1-16】 用单纯形法求解下面线性规划问题:

$$\max Z=4x_1+2x_2$$

$$s.t.\begin{cases}2x_1+x_2\leqslant 8\\x_1\leqslant 3\\x_2\leqslant 5\\x_1,x_2\geqslant 0\end{cases}$$

解：

① 标准化：

$$\max Z=4x_1+2x_2+0x_3+0x_4+0x_5$$

$$s.t.\begin{cases}2x_1+x_2+x_3=8\\x_1+x_4=3\\x_2+x_5=5\\x_j\geqslant 0(j=1,2,\cdots,5)\end{cases}$$

② 迭代过程如表 1-22 所示。

表 1-22

c_j			4	2	0	0	0	θ
C_B	X_B	b	x_1	x_2	x_3	x_4	x_5	
0	x_3	8	2	1	1	0	0	4
0	x_4	3	1	0	0	1	0	3
0	x_5	5	0	1	0	0	1	—
σ_j		0	4	2	0	0	0	
0	x_3	2	0	1	1	−2	0	2
4	x_1	3	1	0	0	1	0	—
0	x_5	5	0	1	0	0	1	5
σ_j		12	0	2	0	−4	0	
2	x_2	2	0	1	1	−2	0	—
4	x_1	3	1	0	0	1	0	3
0	x_5	3	0	0	−1	2	1	3/2
σ_j		16	0	0	−2	0	0	

根据判定定理 2,【例 1-16】具有无穷多最优解，或称多重最优解。在表 1-22 中，若选择 x_4 入基，x_5 出基，迭代过程如表 1-23 所示，在此基础上每迭代一次，都会获得一个最优解，目标函数值均为 16。所以，求解结果为无穷多最优解，其中两个解为 $\boldsymbol{X}_1^*=(3,2,0,0,3)^{\mathrm{T}}$，$\boldsymbol{X}_2^*=(3/2,5,0,0,3/2)^{\mathrm{T}}$，$Z^*=16$。

表 1-23

c_j			4	2	0	0	0	θ
C_B	X_B	b	x_1	x_2	x_3	x_4	x_5	
2	x_2	2	0	1	1	−2	0	—
4	x_1	3	1	0	0	1	0	3
0	x_5	3	0	0	−1	2	1	3/2
σ_j		16	0	0	−2	0	0	
2	x_2	5	0	1	0	0	1	
4	x_1	3/2	1	0	1/2	0	−1/2	
0	x_4	3/2	0	0	−1/2	1	1/2	
σ_j		16	0	0	−2	0	0	

判定定理 3:在单纯形表中,若某个非基变量的检验数 σ_k 大于零且为最大,可确定变量 x_k 入基,但 x_k 对应列向量的元素均为非正,因而无法确定出基变量,则线性规划问题具有无界解。

【例 1-17】用单纯形法求解下面线性规划问题:

$$\max Z=-2x_1+3x_2$$
$$s.t.\begin{cases}4x_1-2x_2\leqslant 2\\2x_1-3x_2\leqslant 4\\x_1,x_2\geqslant 0\end{cases}$$

解:

① 标准化:

$$\max Z=-2x_1+3x_2+0x_3+0x_4$$
$$s.t.\begin{cases}4x_1-2x_2+x_3=2\\2x_1-3x_2+x_4=4\\x_j\geqslant 0(j=1,2,3,4)\end{cases}$$

② 迭代过程如表 1-24 所示。

表 1-24

c_j			−2	3	0	0
C_B	X_B	b	x_1	x_2	x_3	x_4
0	x_3	2	4	−2	1	0
0	x_4	4	2	−3	0	1
σ_j		0	−2	3	0	0

由初始单纯形表可知,非基变量 x_2 的检验数(3)大于零,该线性规划问题没有达到最优。可选择 x_2 作为入基变量,但由于不满足出基变量确定法则($a_{ij}<0$),所以出基变量无法确定。虽然不能确定 x_3 和 x_4 中哪个变量出基,但无论哪个变量出基,都必须满足:

$$\begin{cases}x_3=2+2x_2\geqslant 0\\x_4=4+3x_2\geqslant 0\end{cases}$$

由于 x_2 入基($x_2\geqslant 0$)，变量 x_3 和 x_4 的取值都大于等于零，若 x_2 无限增大，目标函数值就可以无限增大，因此该问题具有无界解。

判定定理 4(无可行解判定定理)与大 M 单纯形法有关，因此在 1.4 节中介绍。

1.4　大 M 法和两阶段法

1.4.1　大 M 法

视频-1.4 大 M 单纯形法

大 M 单纯形法，简称大 M 法，是指通过添加人工变量构成单位基，进而求解线性规划问题的方法。

【例 1-18】 求解下面线性规划问题：

$$\max Z=10x_1-5x_2+x_3$$
$$s.t.\begin{cases}5x_1+3x_2+x_3=10\\-5x_1+x_2-10x_3\leqslant 15\\x_j\geqslant 0(j=1,2,3)\end{cases}$$

解：

① 标准化：

$$\max Z=10x_1-5x_2+x_3+0x_4$$
$$s.t.\begin{cases}5x_1+3x_2+x_3=10\\-5x_1+x_2-10x_3+x_4=15\\x_j\geqslant 0(j=1,2,3,4)\end{cases}$$

系数矩阵为：

$$\begin{pmatrix}5&3&1&0\\-5&1&-10&1\end{pmatrix}$$

该系数矩阵中不存在单位基，因此需要一个列向量构成单位基，加入列向量后的系数矩阵为

$$\boldsymbol{A}=\begin{pmatrix}5&3&1&0&1\\-5&1&-10&1&0\end{pmatrix}$$

这时可以在模型中加入人工变量 x_5，x_5 如果等于零，则与原模型相同，若不等于零，则原线性规划问题不可行。因此在添加人工变量的同时，目标函数中的人工变量前面需要加入系数 $-M$(M 为任意大的正数)，原模型变为：

$$\max Z=10x_1-5x_2+x_3+0x_4-Mx_5$$
$$s.t.\begin{cases}5x_1+3x_2+x_3+x_5=10\\-5x_1+x_2-10x_3+x_4=15\\x_j\geqslant 0(j=1,2,3,4,5)\end{cases}$$

该模型求解后，若人工变量等于零，则与原问题相同；若人工变量不为零，则目标函数值为“$-\infty$”，那么原问题的最大化目标不能实现，因此称 $-M$ 为惩罚系数。

② 换基迭代,过程如表 1-25 所示。

表 1-25

	c_j		10	-5	1	0	$-M$
C_B	X_B	b	x_1	x_2	x_3	x_4	x_5
$-M$	x_5	10	5	3	1	0	1
0	x_4	15	-5	1	-10	1	0
	σ_j	$-10M$	$10+5M$	$-5+3M$	$1+M$	0	0
10	x_1	2	1	3/5	1/5	0	1/5
0	x_4	25	0	4	-9	1	1
	σ_j	20	0	-11	-1	0	$-2-M$

所有非基变量检验数均小于零,所以此题具有唯一最优解:$\boldsymbol{X}^*=(2,0,0,25,0)^{\mathrm{T}}$,$Z^*=20$。

【例 1-19】求解下面线性规划问题:

$$\max Z=10x_1+15x_2$$
$$s.t.\begin{cases}5x_1+3x_2\leqslant 9\\-5x_1+6x_2\leqslant 15\\2x_1+x_2\geqslant 5\\x_1,x_2\geqslant 0\end{cases}$$

解:

① 标准化:

$$\max Z=10x_1+15x_2+0x_3+0x_4+0x_5$$
$$s.t.\begin{cases}5x_1+3x_2+x_3=9\\-5x_1+6x_2+x_4=15\\2x_1+x_2-x_5=5\\x_j\geqslant 0(j=1,2,\cdots,5)\end{cases}$$

系数矩阵为:

$$\begin{pmatrix}5&3&1&0&0\\-5&6&0&1&0\\2&1&0&0&-1\end{pmatrix}$$

添加人工变量后系数矩阵为:

$$\boldsymbol{A}=\begin{pmatrix}5&3&1&0&0&0\\-5&6&0&1&0&0\\2&1&0&0&-1&1\end{pmatrix}$$

模型变为:

$$\max Z=10x_1+15x_2+0x_3+0x_4+0x_5-Mx_6$$
$$s.t.\begin{cases}5x_1+3x_2+x_3=9\\-5x_1+6x_2+x_4=15\\2x_1+x_2-x_5+x_6=5\\x_j\geqslant 0(j=1,2,\cdots,6)\end{cases}$$

② 换基迭代，过程如表 1－26 所示。若按判定定理 1，该问题存在唯一最优解。但是，在单纯形表中，人工变量 x_6 的取值不为零(7/5)，因此该问题不可行。

表 1－26

c_j			10	15	0	0	0	$-M$
$\boldsymbol{C_B}$	$\boldsymbol{X_B}$	$\boldsymbol{b}$	x_1	x_2	x_3	x_4	x_5	x_6
1	x_3	9	5	3	1	0	0	0
0	x_4	15	-5	6	0	1	0	0
$-M$	x_6	5	2	1	0	0	-1	1
σ_j		$9-5M$	$5+2M$	$12+M$	-1	0	$-M$	0
10	x_1	9/5	1	3/5	1/5	0	0	0
0	x_4	24	0	9	1	1	0	0
$-M$	x_6	7/5	0	$-1/5$	$-2/5$	0	-1	1
σ_j		$18-7M/5$	0	$9-M/5$	$-2-2M/5$	0	$-M$	0

在使用大 M 法求解线性规划问题时，可能有以下结果：

① 基变量中不含人工变量；

② 基变量中含人工变量，但人工变量取值为零；

③ 基变量中含人工变量，但人工变量取值不为零。

只在前两种情况下，线性规划问题有最优解，对于第③种情况，线性规划问题无可行解。

判定定理 4：在添加人工变量的单纯形表中，若 $\boldsymbol{B}^{-1}\boldsymbol{b}$ 非负，且所有检验数均小于等于零，如果基变量中含有人工变量且取值不为零，则该线性规划问题不可行或无可行解。

1.4.2　两阶段法

两阶段单纯形法(以下简称两阶段法)是处理人工变量的另一种方法，是将加入人工变量后的线性规划问题划分成两个阶段进行求解。

第一阶段：加入人工变量后构造辅助的线性规划问题。目标函数求最小值，人工变量系数均为-1，原变量系数均为 0。若 $\min W'=0$，则得到原问题的初始基可行解，可进入第二阶段。若 $\min W'\neq 0$，则表明原问题不可行。

第二阶段：首先在第一阶段最终单纯形表中将目标函数换成原问题目标函数，同时划去人工变量所在列，然后用单纯形法计算，直至求出最优解。

【例 1－20】用两阶段法求解下面线性规划问题：

$$\max Z=10x_1-5x_2+x_3$$

$$s.t.\begin{cases}5x_1+3x_2+x_3=10\\-5x_1+x_2-10x_3\leqslant 15\\x_j\geqslant 0(j=1,2,3)\end{cases}$$

解：

① 引进松弛变量 x_4，将原问题化为标准形式：

$$\max Z=10x_1-5x_2+x_3+0x_4$$

$$s.t.\begin{cases}5x_1+3x_2+x_3=10\\-5x_1+x_2-10x_3+x_4=15\\x_j\geqslant 0(j=1,2,3,4)\end{cases}$$

系数矩阵：

$$\begin{pmatrix}5&3&1&0\\-5&1&-10&1\end{pmatrix}$$

加入人工变量 x_5，系数矩阵变为：

$$\boldsymbol{A}=\begin{pmatrix}5&3&1&0&1\\-5&1&-10&1&0\end{pmatrix}$$

② 第一阶段：

加入变量 x_5，构造新的目标函数，模型变为：

$$\min W=x_5$$

$$s.t.\begin{cases}5x_1+3x_2+x_3+x_5=10\\-5x_1+x_2-10x_3+x_4=15\\x_j\geqslant 0(j=1,2,3,4,5)\end{cases}$$

标准化：

$$\max W'=-x_5$$

$$s.t.\begin{cases}5x_1+3x_2+x_3+x_5=10\\-5x_1+x_2-10x_3+x_4=15\\x_j\geqslant 0(j=1,2,3,4,5)\end{cases}$$

单纯形法求解过程如表 1-27 所示。

表 1-27

c_j			0	0	0	0	−1
$\boldsymbol{C_B}$	$\boldsymbol{X_B}$	$\boldsymbol{b}$	x_1	x_2	x_3	x_4	x_5
−1	x_5	10	5	3	1	0	1
0	x_4	15	−5	1	−10	1	0
σ_j		10	5	3	1	0	0
0	x_1	2	1	3/5	1/5	0	1/5
0	x_4	25	0	4	−9	1	1
σ_j		0	0	0	0	0	−1

结果表明，$x_5=0$，$\min W'=0$，$\boldsymbol{X}=(0,0,0,15,10)^{\mathrm{T}}$可作为原问题的初始基可行解进入第二阶段计算，过程如表 1-28 所示，求解结果为唯一最优解：$\boldsymbol{X}^*=(2,0,0,25,0)^{\mathrm{T}}$，$Z^*=20$。

表 1-28

c_j			10	-5	1	0
C_B	X_B	b	x_1	x_2	x_3	x_4
10	x_1	2	1	3/5	1/5	0
0	x_4	25	0	4	-9	1
σ_j		20	0	-11	-1	0

【例 1-21】用两阶段法求解下面线性规划问题：

$$\max Z = 10x_1 + 15x_2$$

$$s.t.\begin{cases}5x_1 + 3x_2 \leqslant 9\\ -5x_1 + 6x_2 \leqslant 15\\ 2x_1 + x_2 \geqslant 5\\ x_1, x_2 \geqslant 0\end{cases}$$

解：

① 引进松弛变量 x_3，x_4 和 x_5，将原问题化为标准形式：

$$\max Z = 10x_1 + 15x_2 + 0x_3 + 0x_4 + 0x_5$$

$$s.t.\begin{cases}5x_1 + 3x_2 + x_3 = 9\\ -5x_1 + 6x_2 + x_4 = 15\\ 2x_1 + x_2 - x_5 = 5\\ x_j \geqslant 0 (j = 1, 2, \cdots, 5)\end{cases}$$

系数矩阵：

$$\begin{pmatrix}5 & 3 & 1 & 0 & 0\\ -5 & 6 & 0 & 1 & 0\\ 2 & 1 & 0 & 0 & -1\end{pmatrix}$$

加入人工变量 x_6，系数矩阵变为：

$$\boldsymbol{A} = \begin{pmatrix}5 & 3 & 1 & 0 & 0 & 0\\ -5 & 6 & 0 & 1 & 0 & 0\\ 2 & 1 & 0 & 0 & -1 & 1\end{pmatrix}$$

② 第一阶段。

加入变量 x_5，构造新的目标函数，模型变为：

$$\min W = x_6$$

$$s.t.\begin{cases}5x_1 + 3x_2 + x_3 = 9\\ -5x_1 + 6x_2 + x_4 = 15\\ 2x_1 + x_2 - x_5 + x_6 = 5\\ x_j \geqslant 0 (j = 1, 2, \cdots, 6)\end{cases}$$

标准化：

$$\max W' = -x_6$$

$$s.t.\begin{cases}5x_1 + 3x_2 + x_3 = 9\\ -5x_1 + 6x_2 + x_4 = 15\\ 2x_1 + x_2 - x_5 + x_6 = 5\\ x_j \geqslant 0 (j = 1, 2, \cdots, 6)\end{cases}$$

单纯形法求解过程如表 1-29 所示,因为 x_6 大于零,目标函数不为零,所以该问题不可行。

表 1-29

c_j			0	0	0	0	0	−1
C_B	X_B	b	x_1	x_2	x_3	x_4	x_5	x_6
0	x_3	9	5	3	1	0	0	0
0	x_4	15	−5	6	0	1	0	0
−1	x_6	5	2	1	0	0	−1	1
σ_j		5	2	1	0	0	−1	0
0	x_1	9/5	1	3/5	1/5	0	0	0
0	x_4	24	0	9	1	1	0	0
−1	x_6	7/5	0	−1/5	−2/5	0	−1	1
σ_j		7/5	0	−1/5	−2/5	0	−1	0

1.5 本章小结

(1) 运筹学是一种定量分析方法,可以为管理决策提供依据。

决策是在若干个可行方案中寻找最优方案的过程(本教材中涉及确定型决策),为此,运筹学应用步骤包括五个部分:①分析问题,明确目标;②建立(选择)模型;③确定参数;④求解模型;⑤结果分析与决策。在理论学习中,省略了确定参数的过程。分析问题的首要任务是要看懂题目,明确问题的类型及目标,这是建模的重要基础。线性规划问题的一些典型问题如图 1-10 所示。

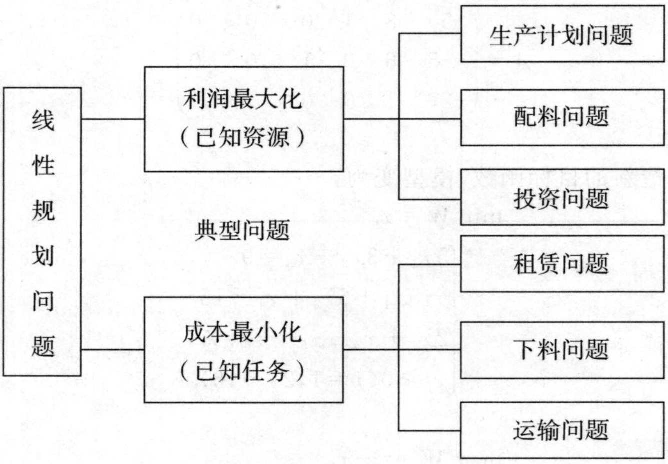

图 1-10

(2) 建模的第一步是设置变量,这是关键的一步。

对于不同的问题,建模步骤有所不同,第二步可能是先建立目标函数,也可能是先构建约束条件。

(3) 求解就是在可行域中寻找最优解。

在第 1 章中，线性规划问题求解方法如图 1－11 所示。图解法简单、直观，虽然只能求解两个变量的线性规划问题，但人们可以从中获得启示，即线性规划问题的求解思路和解的四种类型。单纯形法的难点在于矩阵变换(迭代运算)，因此在学习线性规划问题之前应复习线性代数的相关知识。

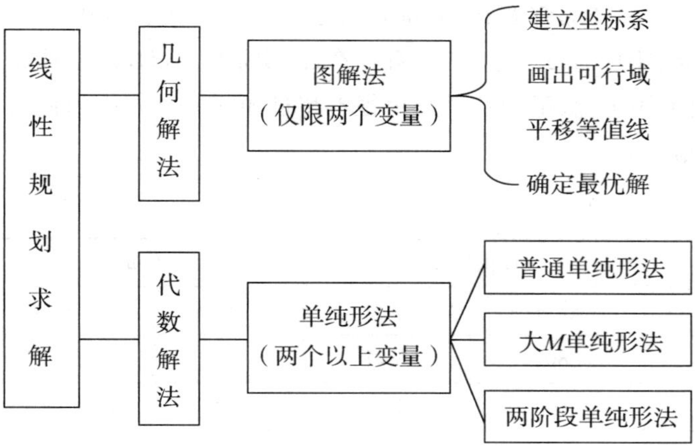

图 1－11

数学知识
回顾之变量

1.6　课后习题

1－1　某公司生产甲、乙两种产品，每种产品所占用的台时(小时)、材料(kg)可获利润(万元)及资源限制如表 1－30 所示。问：这两种产品各生产多少，利润为最大？

表 1－30

产品	台时/小时	材料/kg	利润/万元
甲	5	2	25
乙	4	5	15
资源限制	24	13	

1－2　某工厂每月生产 A,B,C 三种产品，单位产品的资源消耗量和资源限量及利润如表 1－31 所示。现在可预测三种产品最低月需求量分别是 150 件、260 件和 120 件，最高月需求是 250 件、310 件和 130 件。试建立该问题的数学模型，使每月利润最大。

表 1－31

产品	A	B	C	资源限量
材料/kg	1.5	1.2	4	2 500
设备/台时	3	1.6	1.2	1 400
利润/元	10	14	12	—

1-3 某厂生产A,B两种产品,生产一个A产品需要前道过程2小时和后道过程3小时,生产一个B产品需要前道过程3小时和后道过程4小时。可供的前道和后道过程分别为16小时和24小时。每生产一个B产品的同时,会产生两个副产品C。副产品C最多可售出5个单位,多余的必须以每个2元的价格销毁。A,B,C产品的单位利润分别为4元、10元和3元。问:如何安排生产才能使总利润最大?试建立线性规划模型。

1-4 某厂生产甲、乙两种产品,每种产品都要在A和B两道工序上加工。其中B工序可由B_1或B_2设备完成,但乙产品不能用B_1加工。生产这两种产品都需要C,D,E三种原材料,有关数据如表1-32所示。又据市场预测,甲产品每天销售不超过30件。问:应如何安排生产才能获利最大?试建立线性规划模型。

表1-32

产品		产品单耗		日供应量		单位成本	
		甲	乙	数量	单位	数量	单位
工序	A	2	1	80	工时	6	元/工时
	B_1	3	—	60	工时	2	元/工时
	B_2	1	4	70	工时	5	元/工时
原材料	C	3	12	300	米	2	元/米
	D	5	3	100	件	1	元/件
	E	4	1.5	150	千克	4	元/千克
其他费用/元		26	29				
单价/元		80	100				

1-5 炼油厂计划生产四种成品油,不同的成品油由半成品油混合而成,例如高级汽油可以由中石脑油、重整汽油和裂化汽油混合,辛烷值不低于94,每桶利润5元,如表1-33所示。

表1-33

成品油	高级汽油	一般汽油	航空煤油	一般煤油
半成品油	中石脑油 重整汽油 裂化汽油	中石脑油 重整汽油 裂化汽油	轻油、裂化油、 重油、残油	轻油、裂化油、重油、残油按 10∶4∶3∶1调和而成
辛烷值	⩾94	⩾84		
蒸汽压/($kg\cdot cm^{-2}$)			⩽1	
利润/元	5	4.2	3	1.5

半成品油的辛烷值、气压及每天可供应数量如表1-34所示。

表 1-34

半成品油	1 中石脑油	2 重整汽油	3 裂化汽油	4 轻油	5 裂化油	6 重油	7 残油
辛烷值	80	115	105				
蒸汽压/(kg · cm^{-2})				1.0	1.5	0.6	0.05
每天供应数量/桶	2 000	1 000	1 500	1 200	1 000	1 000	800

问:炼油厂每天生产多少桶成品油能使利润最大?试建立线性规划模型。

1-6 一个投资者打算用 100 000 元进行投资,有两种投资方案可供选择。第一种投资保证每 1 元投资一年后可赚 7 角钱;第二种投资保证每 1 元投资两年后可赚 2 元。但对第二种投资,投资的时间必须是两年的倍数才行。假设每年年初都可投资。为了使投资者在第三年年底赚到的钱最多,他应该怎样投资?试建立线性规划模型。

1-7 某人有 30 万元资金,在今后的三年内有以下投资项目可供参考:

(1) 允许每年年初投资,每年获利 20%,其本利可一起用于下一年的投资;

(2) 只允许在第一年年初投资,第二年年末可收回,获利 50%,投资限额 15 万元;

(3) 只允许在第二年年初投资,可于第三年年末收回,获利 60%,投资限额 20 万元;

(4) 只允许在第三年年初投资,一年回收获利 40%,投资限额 10 万元。

假设有钱就用于投资,试为该人确定一个使第三年年末本利和为最大的投资计划。

1-8 制造某机床需要 A,B,C 三种轴,其规格和需要量如表 1-35 所示。各种轴都用长 5.5 米长的圆钢来截毛坯。如果制造 100 台机床,问:最少要用多少根圆钢?试建立线性规划模型。

表 1-35

轴类	规格:长度/米	每台机床所需件数/件
A	3.1	1
B	2.1	2
C	1.2	4

1-9 用图解法求解下列线性规划并指出解的形式:

(1)
$$\max Z=5x_1+2x_2$$
$$s.t.\begin{cases}2x_1+x_2\leqslant 8\\x_1\leqslant 3\\x_2\leqslant 5\\x_1,x_2\geqslant 0\end{cases}$$

(2)
$$\max Z=x_1+4x_2$$
$$s.t.\begin{cases}x_1+4x_2\leqslant 5\\x_1+3x_2\geqslant 2\\x_1+2x_2\leqslant 4\\x_1,x_2\geqslant 0\end{cases}$$

(3)
$$\max Z=x_1+2x_2$$
$$s.t.\begin{cases}x_1-x_2\geqslant 2\\x_1\geqslant 3\\x_2\leqslant 6\\x_1,x_2\geqslant 0\end{cases}$$

(4)
$$\min Z=2x_1-5x_2$$
$$s.t.\begin{cases}x_1+2x_2\geqslant 6\\x_1+x_2\leqslant 2\\x_1,x_2\geqslant 0\end{cases}$$

1-10　将下列线性规划模型化为标准形式：

(1)
$$\min Z=x_1+6x_2-x_3$$
$$s.t.\begin{cases}x_1+x_2+3x_3\geqslant 15\\5x_1-7x_2+4x_3\leqslant 32\\10x_1+3x_2+6x_3\geqslant -5\\x_1\geqslant 0,x_2\geqslant 0,x_3\text{ 无约束}\end{cases}$$

(2)
$$\min Z=9x_1-3x_2+5x_3$$
$$s.t.\begin{cases}|6x_1+7x_2-4x_3|\leqslant 20\\x_1\geqslant 5\\x_1+8x_2=-8\\x_1,x_2,x_3\geqslant 0\end{cases}$$

1-11　分别用图解法和单纯形法求解下列线性规划问题，并指出单纯形法迭代的每一步的基可行解对应于图形上的哪一个极点。

(1)
$$\max Z=x_1+3x_2$$
$$s.t.\begin{cases}-2x_1+x_2\leqslant 2\\2x_1+3x_2\leqslant 12\\x_1,x_2\geqslant 0\end{cases}$$

(2)
$$\min Z=-3x_1-5x_2$$
$$s.t.\begin{cases}x_1+2x_2\leqslant 6\\x_1+4x_2\leqslant 10\\x_1+x_2\leqslant 4\\x_1,x_2\geqslant 0\end{cases}$$

1-12　用普通单纯形法求解下列线性规划问题：

(1)
$$\max Z=3x_1+2x_2+x_3$$
$$s.t.\begin{cases}5x_1+4x_2+6x_3\leqslant 25\\8x_1+6x_2+3x_3\leqslant 24\\x_1,x_2,x_3\geqslant 0\end{cases}$$

(2)
$$\max Z=3x_1+2x_2$$
$$s.t.\begin{cases}2x_1+x_2\leqslant 2\\3x_1+2x_2\leqslant 3\\3x_1+3x_2\leqslant 4\\x_1,x_2\geqslant 0\end{cases}$$

(3)
$$\max Z=2x_1+x_2-3x_3+5x_4$$
$$s.t.\begin{cases}x_1+5x_2+3x_3-7x_4\leqslant 30\\3x_1-x_2+x_3+x_4\leqslant 10\\2x_1-6x_2-x_3+4x_4\leqslant 20\\x_1,x_2,x_3,x_4\geqslant 0\end{cases}$$

1-13　分别用大 M 法和两阶段法求解下列线性规划问题：

(1)
$$\max Z=10x_1-5x_2+x_3$$
$$s.t.\begin{cases}5x_1+3x_2+x_3=10\\-5x_1+x_2-10x_3\leqslant 15\\x_1,x_2,x_3\geqslant 0\end{cases}$$

(2)
$$\max Z=10x_1+15x_2$$
$$s.t.\begin{cases}5x_1+3x_2\leqslant 9\\-5x_1+6x_2\leqslant 15\\2x_1+x_2\geqslant 5\\x_1,x_2\geqslant 0\end{cases}$$

1.7　课后习题参考答案

第1章习题答案

第2章

对偶规划

导入案例

某工厂资源定价与购买决策

某工厂生产甲、乙两种产品，已知生产单位产品的资源消耗、资源成本、资源拥有量及单位产品的价格如表2－0所示，假设生产出来的产品将全部售出。

表2－0

项目	甲	乙	资源成本/元	资源拥有量/kg
原材料/kg	6	4	20	24
设备/工时	4	4	35	20
销售价格/元	266	225	—	—

问：①如何安排生产才能使每周的利润最大？②如果该企业可以自己不生产，而是将资源出售或出让，应如何定价？③在市场上，原材料的价格为19.6元/kg，设备的单位工时价格为34.8元，企业是否应该购买这两种资源？

2.1　对偶问题的提出

视频－2.1 对偶问题

在现实生活和生产经营活动中，对于同一事物(或问题)，为了加深认识、理解或者实现某一目标，可以从不同角度进行分析和表述。例如，对于矩形面积和周长，既可以表述为“周长一定，面积最大的矩形是正方形”；也可以表达为“面积一定，周长最短的矩形是正方形”。这两种表达描述了一个问题的两个方面，在数学上互为对偶。一般而言，任何一个求目标函数最大值的线性规划问题都可以转化为一个求目标函数最小值的线性规划问题，反之亦然，这两个问题也是互为对偶的。对偶理论是线性规划中最重要的理论之一，是深入了解线性规划问题结构的重要理论基础。同时，由于对偶问题的提出本身所具有的经济意义，使得对偶规划成为经济分析和敏感分析的重要工具。那么，对偶问题又是怎样提出来的呢?

对于【例 1-1】,如果工厂的决策者不打算生产,而是把原本用于生产的资源出售或者出租出去,资源的价格如何确定?显然,确定价格或租金的依据是:出售或者出租资源获得的利润不应少于使用资源进行生产所带来的利润,即出售或者出租资源的机会成本越低越好。

假设出售材料 A 和 B 及出租设备 C 和 D 所得单位利润分别为 y_1, y_2, y_3, y_4(元),为解决上述问题,需要同时满足以下三个条件:

(1) 保持利润水平不降低。

若将用于生产两种产品的资源出售和出租,应不低于自行生产带来的利润,对于单位产品来说,需要满足 $2y_1+y_2+4y_3+0y_4 \geqslant 2$ 和 $2y_1+2y_2+0y_3+4y_4 \geqslant 3$。

(2) 资源价格最低。

为使资源成功出售和出租,希望价格越低越好,因此,$\min W=12y_1+8y_2+16y_3+12y_4$。

(3) 资源价格非负。

资源出售和出租的价格不能为负值,因此必须满足 $y_1, y_2, y_3, y_4 \geqslant 0$。

综上,可以得到一个新的数学模型:

$$\min W=12y_1+8y_2+16y_3+12y_4$$
$$s.t.\begin{cases}2y_1+y_2+4y_3 \geqslant 2\\ 2y_1+2y_2+4y_4 \geqslant 3\\ y_1, y_2, y_3, y_4 \geqslant 0\end{cases} \tag{2-1}$$

模型(2-1)与第 1 章中的模型(1-1)互为对偶模型。

2.2 对偶问题的数学模型

2.2.1 常规线性规划模型的对偶形式

视频-2.2 对偶问题

现在用第 1 章中的数学模型(1-11)表达原问题。若原问题具有最优解,其检验数必定小于等于零,即 $\boldsymbol{\sigma} \leqslant \mathbf{0}$ 或 $\boldsymbol{C}-\boldsymbol{C}_B\boldsymbol{B}^{-1}\boldsymbol{A} \leqslant \mathbf{0}$。令 $\boldsymbol{Y}=\boldsymbol{C}_B\boldsymbol{B}^{-1}$,则有不等式 $\boldsymbol{C}-\boldsymbol{YA} \leqslant \mathbf{0}$ 或 $\boldsymbol{YA} \geqslant \boldsymbol{C}$ 成立。由于松弛变量 $\boldsymbol{X}_S$ 对应价格向量 $\boldsymbol{C}_S=\mathbf{0}$,则有不等式 $\boldsymbol{\sigma}_S=\boldsymbol{C}_S-\boldsymbol{C}_B\boldsymbol{B}^{-1}\boldsymbol{I} \leqslant \mathbf{0}$ 或 $\boldsymbol{C}_B\boldsymbol{B}^{-1} \geqslant \mathbf{0}$(即$\boldsymbol{Y} \geqslant \mathbf{0}$)成立。同时,希望资源价格 $\boldsymbol{Y}$ 和数量 $\boldsymbol{b}$ 的乘积越小越好,即 $\min W=\boldsymbol{Yb}$,则对偶问题见数学模型(2-2),本教材称模型(1-11)和(2-2)为常规形式。

$$\min W=\boldsymbol{Yb}$$
$$s.t.\begin{cases}\boldsymbol{YA} \geqslant \boldsymbol{C}\\ \boldsymbol{Y} \geqslant \mathbf{0}\end{cases} \tag{2-2}$$

【例 2-1】已知线性规划问题的数学模型如下,请写出对偶问题的数学模型。

$$\max Z=4x_1+6x_2+2x_3$$
$$s.t.\begin{cases}x_1+2x_2+x_3 \leqslant 10\\ 2x_1+3x_2+3x_3 \leqslant 10\\ x_1, x_2, x_3 \geqslant 0\end{cases}$$

解：

已知 $\boldsymbol{C}=(4,6,2)$，$\boldsymbol{b}=(10,10)^{\mathrm{T}}$，$\boldsymbol{A}=\begin{pmatrix}1 & 2 & 1\\ 2 & 3 & 3\end{pmatrix}$。

原问题模型中存在两个约束条件，因此可设对偶问题变量分别为 y_1 和 y_2，则有 $\boldsymbol{Y}=(y_1, y_2)$，$\boldsymbol{Yb}=(y_1, y_2)\times(10,10)^{\mathrm{T}}=10y_1+10y_2$，$\boldsymbol{YA}=(y_1+2y_2, 2y_1+3y_2, y_1+3y_2)$，同时$\boldsymbol{YA}\geqslant\boldsymbol{C}$，因此，对偶问题的数学模型为：

$$\min W=10y_1+10y_2$$
$$s.t.\begin{cases}y_1+2y_2\geqslant 4\\ 2y_1+3y_2\geqslant 6\\ y_1+3y_2\geqslant 2\\ y_1, y_2\geqslant 0\end{cases}$$

2.2.2　非常规线性规划模型的对偶形式

非常规线性规划模型包括约束条件为等式和决策变量取值无约束的模型。

(1) 约束条件为等式。

若原问题模型为：

$$\max Z=\boldsymbol{CX}$$
$$s.t.\begin{cases}\boldsymbol{AX}=\boldsymbol{b}\\ \boldsymbol{X}\geqslant\boldsymbol{0}\end{cases}\tag{2-3}$$

因 $\boldsymbol{AX}=\boldsymbol{b}\Leftrightarrow\boldsymbol{b}\leqslant\boldsymbol{AX}\leqslant\boldsymbol{b}$，原模型可转化为：

$$\max Z=\boldsymbol{CX}\qquad\qquad \max Z=\boldsymbol{CX}$$
$$s.t.\begin{cases}\boldsymbol{AX}\leqslant\boldsymbol{b}\\ \boldsymbol{AX}\geqslant\boldsymbol{b}\\ \boldsymbol{X}\geqslant\boldsymbol{0}\end{cases}\qquad s.t.\begin{cases}\boldsymbol{AX}\leqslant\boldsymbol{b}\\ (-\boldsymbol{A})\boldsymbol{X}\leqslant-\boldsymbol{b}\\ \boldsymbol{X}\geqslant\boldsymbol{0}\end{cases}$$

根据模型(1－11)和(2－2)可转化为对偶形式，化简过程如下：

$$\min W=\boldsymbol{Y}'\boldsymbol{b}+\boldsymbol{Y}''(-\boldsymbol{b})\qquad \min W=(\boldsymbol{Y}'-\boldsymbol{Y}'')\boldsymbol{b}$$
$$s.t.\begin{cases}\boldsymbol{Y}'\boldsymbol{A}+\boldsymbol{Y}''(-\boldsymbol{A})\geqslant\boldsymbol{C}\\ \boldsymbol{Y}', \boldsymbol{Y}''\geqslant\boldsymbol{0}\end{cases}\qquad s.t.\begin{cases}(Y'-Y'')A\geqslant C\\ Y', Y''\geqslant\boldsymbol{0}\end{cases}$$

最终得到非常规线性规划问题的对偶模型：

$$\min W=\boldsymbol{Yb}$$
$$s.t.\begin{cases}\boldsymbol{YA}\geqslant\boldsymbol{C}\\ \boldsymbol{Y}\text{ 无约束}\end{cases}\tag{2-4}$$

【例 2－2】 已知下列线性规划问题的数学模型，请写出对偶问题的数学模型。

$$\max Z=6x_1+4x_2$$
$$s.t.\begin{cases}2x_1+x_2\leqslant 10\\ x_1+x_2=8\\ x_1, x_2\geqslant 0\end{cases}$$

解：

已知 $\boldsymbol{C}=(6,4)$，$\boldsymbol{b}=(10,8)^{\mathrm{T}}$，$\boldsymbol{A}=\begin{pmatrix}2 & 1\\ 1 & 1\end{pmatrix}$。

因原问题模型中约束条件个数为 2，可设对偶问题变量分别为 y_1 和 y_2，则有 $\boldsymbol{Y}=(y_1, y_2)$，

$Yb=(y_1,y_2)\times(10,8)^T=10y_1+8y_2$,$YA=(2y_1+y_2,y_1+y_2)$,同时$YA\geqslant C$,因此,对偶问题的数学模型为:

$$\min W=10y_1+8y_2$$
$$s.t.\begin{cases}2y_1+y_2\geqslant 6\\ y_1+y_2\geqslant 4\\ y_1\geqslant 0,y_2\text{ 无约束}\end{cases}$$

根据模型(1-11)和(2-2)的对偶关系,原问题第一个约束条件对应于对偶问题第一个变量y_1,约束条件不等式符号是"≤",因此y_1的取值范围是"≥0"。由模型(2-3)和(2-4)的对偶关系可知,原问题第二个约束条件是等式,则对偶问题第二个变量y_2取值无约束。因此,若原问题模型为:

$$\max Z=6x_1+4x_2$$
$$s.t.\begin{cases}2x_1+x_2=10\\ x_1+x_2\leqslant 8\\ x_1,x_2\geqslant 0\end{cases}$$

则对偶问题的数学模型为:

$$\min W=10y_1+8y_2$$
$$s.t.\begin{cases}2y_1+y_2\geqslant 6\\ y_1+y_2\geqslant 4\\ y_1\text{ 无约束},y_2\geqslant 0\end{cases}$$

【例2-3】写出下面线性规划问题的对偶模型。

$$\min Z=4x_1+5x_2$$
$$s.t.\begin{cases}-x_1+5x_2\geqslant 3\\ x_1+2x_2=5\\ x_1,x_2\geqslant 0\end{cases}$$

解法一:先将其化成常规形式,令$Z=Z'$,同时将$x_1+2x_2=5$写成$x_1+2x_2\leqslant 5$和$x_1+2x_2\geqslant 5$,则模型转化为:

$$\max Z'=-4x_1-5x_2$$
$$s.t.\begin{cases}x_1-5x_2\leqslant -3\\ x_1+2x_2\leqslant 5\\ -x_1-2x_2\leqslant -5\\ x_1,x_2\geqslant 0\end{cases}$$

已知$C=(-4,-5)$,$b=(-3,5,-5)^T$,$A=\begin{pmatrix}1 & -5\\ 1 & 2\\ -1 & -2\end{pmatrix}$。

因原问题中约束条件个数为3,可设对偶问题变量分别为y_1,y_2,y_3,则有$Y=(y_1,y_2,y_3)$,$Yb=(y_1,y_2,y_3)\times(-3,5,-5)^T=-3y_1+5y_2-5y_3$,$YA=(y_1+y_2-y_3,-5y_1+2y_2-2y_3)$,同时$YA\geqslant C$,因此,对偶问题的数学模型为:

$$\min W'=-3y_1+5y_2-5y_3$$
$$s.t.\begin{cases}y_1+y_2-y_3\geqslant -4\\ -5y_1+2y_2-2y_3\geqslant -5\\ y_1,y_2,y_3\geqslant 0\end{cases}$$

令 $W=-W'$，$y_2'=y_3-y_2$，则对偶问题的数学模型为：

$$\max W=3y_1+5y_2'$$
$$s.t.\begin{cases}-y_1+y_2'\leqslant 4\\5y_1+2y_2'\leqslant 5\\y_1\geqslant 0,y_2'\text{ 无约束}\end{cases}$$

需要说明的是，若令 $y_2'=y_2-y_3$，则模型将变为：

$$\max W=3y_1-5y_2'$$
$$s.t.\begin{cases}-y_1-y_2'\leqslant 4\\5y_1-2y_2'\leqslant 5\\y_1\geqslant 0,y_2'\text{ 无约束}\end{cases}$$

由于决策变量 y_2' 取值无约束，因此两种结果相同。

解法二：令 $Z=-Z'$，将原问题模型转化为：

$$\max Z'=-4x_1-5x_2$$
$$s.t.\begin{cases}x_1-5x_2\leqslant -3\\-x_1-2x_2=-5\\x_1,x_2\geqslant 0\end{cases}$$

直接使用模型(2-3)和(2-4)以及(1-11)和(2-1)的对偶关系，得到对偶模型：

$$\min W'=-3y_1-5y_2$$
$$s.t.\begin{cases}y_1-y_2\geqslant -4\\-5y_1-2y_2\geqslant -5\\y_1\geqslant 0,y_2\text{无约束}\end{cases}$$

再令 $W=-W'$，整理后模型变为：

$$\max W=3y_1+5y_2'$$
$$s.t.\begin{cases}-y_1+y_2'\leqslant 4\\5y_1+2y_2'\leqslant 5\\y_1\geqslant 0,y_2'\text{ 无约束}\end{cases}$$

由此可见，两种解法得到的结果相同，但是转化过程存在较大差异。对于第一种方法来说，模型转化过程较复杂，计算量大，但是有利于理解相关知识，如线性规划模型矩阵表达式中的参数及相互关系；对于第二种方法，由于直接使用推导结果，使模型转化过程更加简单。

(2) 决策变量取值无约束。

已知线性规划模型：

$$\max Z=\boldsymbol{CX}$$
$$s.t.\begin{cases}\boldsymbol{AX}\leqslant \boldsymbol{b}\\\boldsymbol{X}\text{ 无约束}\end{cases}\tag{2-5}$$

令 $\boldsymbol{X}=\boldsymbol{X}'-\boldsymbol{X}''$，模型转化过程如下：

$$\max Z=\boldsymbol{C}(\boldsymbol{X}'-\boldsymbol{X}'')\quad\quad \max Z=\boldsymbol{CX}'-\boldsymbol{CX}''\quad\quad \min \boldsymbol{W}=\boldsymbol{Yb}$$
$$s.t.\begin{cases}\boldsymbol{A}(\boldsymbol{X}'-\boldsymbol{X}'')\leqslant \boldsymbol{b}\\\boldsymbol{X}',\boldsymbol{X}''\geqslant \boldsymbol{0}\end{cases}\rightarrow s.t.\begin{cases}\boldsymbol{AX}'-\boldsymbol{AX}''\leqslant \boldsymbol{b}\\\boldsymbol{X}',\boldsymbol{X}''\geqslant \boldsymbol{0}\end{cases}\rightarrow s.t.\begin{cases}\boldsymbol{YA}\geqslant \boldsymbol{C}\\\boldsymbol{Y}(-\boldsymbol{A})\geqslant -\boldsymbol{C}\\\boldsymbol{Y}\geqslant \boldsymbol{0}\end{cases}$$

即

$$\min W = \boldsymbol{Yb}$$
$$s.t.\begin{cases}\boldsymbol{YA} = \boldsymbol{C}\\ \boldsymbol{Y} \geqslant \boldsymbol{0}\end{cases} \tag{2-6}$$

【例 2-4】请写出下面线性规划问题的对偶模型。

$$\max Z = x_1 + 2x_2 + x_3$$
$$s.t.\begin{cases}x_1 - x_2 + x_3 \leqslant 1\\ x_1 + x_2 - x_3 \leqslant 2\\ x_1 + 2x_2 + x_3 \leqslant 4\\ x_1, x_2 \geqslant 0, x_3 \text{ 无约束}\end{cases}$$

解:

由于 x_1 和 x_2 对应的取值均为"$\geqslant 0$",因此对偶问题的前两个约束条件不等式符号是"$\geqslant$"。x_3 对应于对偶问题的第三个约束条件,因此对偶问题中第三个约束条件不等式符号是"$=$"。综上,对偶问题的数学模型为:

$$\min W = y_1 + 2y_2 + 4y_3$$
$$s.t.\begin{cases}y_1 + y_2 + y_3 \geqslant 1\\ -y_1 + y_2 + 2y_3 \geqslant 2\\ y_1 - y_2 + y_3 = 1\\ y_1, y_2, y_3 \geqslant 0\end{cases}$$

2.2.3 原问题与对偶问题模型的对应关系

通过对常规和非常规对偶模型的推导,可得出原问题与对偶问题模型的对应关系,如表 2-1 所示。根据表 2-1 中的对应关系,不仅可以快速写出一般线性规划问题模型的对偶形式,而且可以求出特殊线性规划问题(如运输问题)模型的对偶形式。

表 2-1

<table>
<tr><td colspan="2">原问题(或对偶问题)
目标函数 max</td><td colspan="2">对偶问题(或原问题)
目标函数 min</td></tr>
<tr><td colspan="2">决策变量 n 个
约束条件 m 个
价值系数 n 个
资源数量 m 个
系数矩阵 $\boldsymbol{A}$</td><td colspan="2">约束条件 n 个
决策变量 m 个
资源数量 n 个
价值系数 m 个
系数矩阵 $\boldsymbol{A}^T$</td></tr>
<tr><td>变量取值范围</td><td>$\geqslant 0$ ⟷
$\leqslant 0$ ⟷
无约束 ⟷</td><td>$\geqslant$
$\leqslant$
$=$</td><td>约束不等式符号</td></tr>
<tr><td>约束不等式符号</td><td>$\geqslant$ ⟷
$\leqslant$ ⟷
$=$ ⟷</td><td>$\leqslant 0$
$\geqslant 0$
无约束</td><td>变量取值范围</td></tr>
</table>

【例 2-5】 将下面线性规划模型转化为对偶形式。

$$\max Z = x_1 + x_2 + x_3$$

$$s.t.\begin{cases} x_1 + x_2 + x_3 \leqslant 2 \\ x_1 - x_2 + x_3 = 1 \\ 2x_1 + x_2 + x_3 \geqslant 2 \\ x_1 \geqslant 0;x_2,x_3 \text{ 无约束} \end{cases}$$

解：

因原问题存在 3 个约束条件，可设对偶问题变量为 y_1, y_2, y_3，转化过程如下：原问题目标函数求最大值“max Z”，对偶问题目标函数求最小值“min W”，原问题资源向量为 $\boldsymbol{b}_P = (2,1,2)^{\mathrm{T}}$，对偶问题价值向量为 $\boldsymbol{C}_D = (2,1,2)$。

原问题系数矩阵 $\boldsymbol{A}$ 为：

$$\boldsymbol{A} = \begin{pmatrix} 1 & 1 & 1 \\ 1 & -1 & 1 \\ 2 & 1 & 1 \end{pmatrix}$$

对偶问题系数矩阵 $\boldsymbol{A}^{\mathrm{T}}$ 为：

$$\boldsymbol{A}^{\mathrm{T}} = \begin{pmatrix} 1 & 1 & 2 \\ 1 & -1 & 1 \\ 1 & 1 & 1 \end{pmatrix}$$

原问题价值向量为 $\boldsymbol{C}_P = (1,1,1)$，对偶资源向量为 $\boldsymbol{b}_D = (1,1,1)^{\mathrm{T}}$。

原问题第一个变量“$x_1 \geqslant 0$”，对偶问题第一个约束条件不等式符号为“$\geqslant$”。

原问题第二、三个变量“取值无约束”，对偶问题第二、三个约束条件不等式符号为“$=$”。

原问题第一个约束条件不等式符号为“$\leqslant$”，对偶问题第一个变量“$y_1 \geqslant 0$”。

原问题第二个约束条件不等式符号为“$=$”，对偶问题第二个变量“y_2取值无约束”。

原问题第三个约束条件不等式符号为“$\geqslant$”，对偶问题第三个变量“$y_3 \leqslant 0$”。

综上，对偶问题的数学模型为：

$$\min W = 2y_1 + y_2 + 2y_3$$

$$s.t.\begin{cases} y_1 + y_2 + 2y_3 \geqslant 1 \\ y_1 - y_2 + y_3 = 1 \\ y_1 + y_2 + y_3 = 1 \\ y_1 \geqslant 0, y_2 \text{ 无约束}, y_3 \leqslant 0 \end{cases}$$

【例 2-6】 将下面线性规划模型转化为对偶形式。

$$\min Z = x_1 + 5x_2 - 4x_3 + 9x_4$$

$$s.t.\begin{cases} 7x_1 - 2x_2 + 8x_3 - x_4 \leqslant 18 \\ 6x_2 - 5x_4 \geqslant 10 \\ 2x_1 + 8x_2 - x_3 = -14 \\ x_1 \text{ 无约束};x_2 \leqslant 0;x_3,x_4 \geqslant 0 \end{cases}$$

解：

因原问题存在3个约束条件,可设对偶问题变量为 y_1,y_2,y_3,转化过程如下:原问题目标函数求最小值"min Z",对偶问题目标函数求最大值"max W"。

原问题资源向量为 $\boldsymbol{b}_P=(18,10,-14)^{\mathrm{T}}$,对偶问题价值向量为 $\boldsymbol{C}_D=(18,10,-14)$。

原问题系数矩阵 $\boldsymbol{A}$ 和对偶问题系数矩阵 $\boldsymbol{A}^{\mathrm{T}}$ 分别为:

$$\boldsymbol{A}=\begin{pmatrix}7 & -2 & 8 & -1\\ 0 & 6 & 0 & -5\\ 2 & 8 & -1 & 0\end{pmatrix} \qquad \boldsymbol{A}^{\mathrm{T}}=\begin{pmatrix}7 & 0 & 2\\ -2 & 6 & 8\\ 8 & 0 & -1\\ -1 & -5 & 0\end{pmatrix}$$

原问题价值向量为 $\boldsymbol{C}_P=(1,5,-4,9)$,对偶资源向量为 $\boldsymbol{b}_D=(1,5,-4,9)^{\mathrm{T}}$。

原问题第一个变量"取值无约束",对偶问题第一个约束条件不等式符号为"="。

原问题第二个变量"$x_2\leqslant 0$",对偶问题第二个约束条件不等式符号为"$\geqslant$"。

注意目标函数求最小值与目标函数求最大值的区别。

原问题第三、四个变量"$x_3\geqslant 0,x_4\geqslant 0$",对偶问题第三、四个约束条件不等式符号为"$\leqslant$"。

原问题第一个约束条件不等式符号为"$\leqslant$",对偶问题第一个变量"$y_1\leqslant 0$"。

原问题第二个约束条件不等式符号为"$\geqslant$",对偶问题第二个变量"$y_2\geqslant 0$"。

原问题第三个约束条件不等式符号为"=",对偶问题第一个变量"y_3取值无约束"。

综上,对偶问题的数学模型为:

$$\max W=18y_1+10y_2-14y_3$$

$$s.t.\begin{cases}7y_1+2y_3=1\\ -2y_1+6y_2+8y_3\geqslant 5\\ 8y_1-y_3\leqslant -4\\ -y_1-5y_2\leqslant 9\\ y_1\leqslant 0,y_2\geqslant 0,y_3\text{ 无约束}\end{cases}$$

2.3 对偶问题的性质

2.3.1 对称性定理

对称性定理:对偶问题的对偶是原问题。

【例 2-7】证明(2-2)是模型(1-11)的对偶形式。

证明:首先对模型(2-2)做出如下处理:

目标函数等式两端同乘以"-1",则"$\min(-W)=\boldsymbol{Y}(-\boldsymbol{b})$"成立。约束条件两端同乘以"$-1$",则"$\boldsymbol{Y}(-\boldsymbol{A})\leqslant -\boldsymbol{C}$"成立,则(2-2)模型变为:

$$\min(-W)=\boldsymbol{Y}(-\boldsymbol{b})$$

$$s.t.\begin{cases}\boldsymbol{Y}(-\boldsymbol{A})\leqslant -\boldsymbol{C}\\ \boldsymbol{Y}\geqslant \boldsymbol{0}\end{cases} \tag{2-7}$$

令 $W'=-W$，则模型(2-7)变为：

$$\max W'=\boldsymbol{Y}(-\boldsymbol{b})$$
$$s.t.\begin{cases}\boldsymbol{Y}(-\boldsymbol{A})\leqslant-\boldsymbol{C}\\ \boldsymbol{Y}\geqslant\boldsymbol{0}\end{cases}\tag{2-8}$$

设对偶变量为 $\boldsymbol{X}$，$Z=-Z'$，其对偶形式如下：

$$\min Z'=(-\boldsymbol{C})\boldsymbol{X}$$
$$s.t.\begin{cases}(-\boldsymbol{A})\boldsymbol{X}\geqslant-\boldsymbol{b}\\ \boldsymbol{X}\geqslant\boldsymbol{0}\end{cases}\tag{2-9}$$

对于模型(2-9)，目标函数等式两端同乘“-1”，约束不等式两端同乘“-1”，即为模型(1-11)，证毕。

该定理说明，原问题的对偶形式对应于对偶问题，对偶问题的对偶形式是原问题。对于两个互为对偶的问题，可以将其中任何一个问题当作原问题，另外一个则是对偶问题。

2.3.2 弱对偶定理

弱对偶定理：设 $\boldsymbol{X}$ 和 $\boldsymbol{Y}$ 分别是原问题 P 和对偶问题 D 的可行解，则必有 $\boldsymbol{CX}\leqslant\boldsymbol{Yb}$。

证明：对于原问题和对偶问题模型(1-11)和(2-2)，$\boldsymbol{X}$ 是原问题的可行解，则有 $\boldsymbol{AX}\leqslant\boldsymbol{b}$，$\boldsymbol{X}\geqslant 0$；$\boldsymbol{Y}$ 是对偶问题的可行解，则有 $\boldsymbol{YA}\geqslant\boldsymbol{C}$，$\boldsymbol{Y}\geqslant 0$。在 $\boldsymbol{AX}\leqslant\boldsymbol{b}$ 两端同时左乘 $\boldsymbol{Y}$，有 $\boldsymbol{YAX}\leqslant\boldsymbol{Yb}$；在 $\boldsymbol{YA}\geqslant\boldsymbol{C}$ 两端同时右乘 $\boldsymbol{X}$，有 $\boldsymbol{YAX}\geqslant\boldsymbol{CX}$。因此，不等式 $\boldsymbol{CX}\leqslant\boldsymbol{YAX}\leqslant\boldsymbol{Yb}$ 成立，即 $\boldsymbol{CX}\leqslant\boldsymbol{Yb}$。

推论：P 和 D 有最优解的充要条件是它们同时具有可行解。

证明：

① 必要条件。若 P 和 D 有最优解，则它们同时有可行解。由于最优解是在可行解中获得的，因此有最优解，就有可行解。

② 充分条件。若 P 和 D 同时有可行解，那么它们有最优解。根据弱对偶定理($\boldsymbol{CX}\leqslant\boldsymbol{Yb}$)可知，对偶问题的任意一个可行解 $\boldsymbol{Y}$ 对应的目标函数值都是原问题目标函数值的上界，所以一定存在 $\boldsymbol{X}$，使原问题目标函数值最大，即原问题具有最优解。反之，原问题的任意一个可行解 $\boldsymbol{X}$ 对应的目标函数值都是对偶问题目标函数值的下界，因此也一定存在 $\boldsymbol{Y}$，使对偶问题目标函数值达到最小，即对偶问题具有最优解。

【例 2-8】试用对偶性质证明下面线性规划问题的最优目标函数值不大于 30。

$$\max Z=4y_1+6y_2+2y_3$$
$$s.t.\begin{cases}y_1+2y_2+y_3\leqslant 10\\ 2y_1+3y_2+3y_3\leqslant 10\\ y_1,y_2,y_3\geqslant 0\end{cases}$$

证明：若原问题最优目标函数值不大于某一数值，说明本题的最优目标函数值存在上界。根据弱对偶定理，原问题的目标函数值一定不超过其对偶问题的目标函数值。因此，证明的关键在于找到对偶问题的一个可行解，该可行解对应目标函数值等于 30。证明步骤如下：

① 写出原问题的对偶模型。

因原问题存在两个约束条件，因此设对偶问题变量为 x_1，x_2，则对偶模型为：

$$\min W=10x_1+10x_2$$

$$s.t.\begin{cases}x_1+2x_2\geqslant 4\\2x_1+3x_2\geqslant 6\\x_1+3x_2\geqslant 2\\x_1,x_2\geqslant 0\end{cases}$$

② 找到对偶问题目标函数值为30的可行解。

观察并找到对偶问题目标函数值为30的一个可行解，如 $\boldsymbol{X}^{(1)}=(1,2)^{\mathrm{T}}$ 和 $\boldsymbol{X}^{(2)}=(1.5,1.5)^{\mathrm{T}}$ 等。根据弱对偶定理，30是原问题目标函数值的上界，即原问题最优目标函数值不超过30。

2.3.3 强对偶定理

强对偶定理有如下三种常见表述形式：

第一种：原问题 $P(\max)$ 有最优解的充要条件是对偶问题 $D(\min)$ 有最优解，且两个问题的最优目标函数值相等。

证明：必要性。若原问题有最优解，则对偶问题有最优解。

① 存在性。设 $\boldsymbol{X}^*$ 是 P 的最优解，则有 $\boldsymbol{C}-\boldsymbol{C}_B\boldsymbol{B}^{-1}\boldsymbol{A}\leqslant\boldsymbol{0}$ 和 $\boldsymbol{C}_B\boldsymbol{B}^{-1}\geqslant\boldsymbol{0}$，即检验数小于或等于零。令 $\boldsymbol{Y}=\boldsymbol{C}_B\boldsymbol{B}^{-1}$，则 $\boldsymbol{YA}\geqslant\boldsymbol{C},\boldsymbol{Y}\geqslant\boldsymbol{0}$，$\boldsymbol{Y}$ 就是 D 的一个可行解，同时有 $\boldsymbol{YA}=\boldsymbol{Y}(\boldsymbol{B},\boldsymbol{N})\geqslant\boldsymbol{C}=(\boldsymbol{C}_B,\boldsymbol{C}_N)$，即 $\boldsymbol{YB}\geqslant\boldsymbol{C}_B,\boldsymbol{Y}\geqslant\boldsymbol{C}_B\boldsymbol{B}^{-1}$。可见，对偶问题的目标函数值有最小值，即对偶问题有最优解。

② 相等性。对于原问题，有 $\boldsymbol{CX}=\boldsymbol{C}_B\boldsymbol{X}_B=\boldsymbol{C}_B\boldsymbol{B}^{-1}\boldsymbol{b}$；对于对偶问题，有 $\boldsymbol{Y}^*\boldsymbol{b}=\boldsymbol{C}_B\boldsymbol{B}^{-1}\boldsymbol{b}$。

充分性可由对称性定理得到证明。证毕。

第二种：对于原问题 $P(\max)$ 和对偶问题 $D(\min)$，若 P 无界，则 D 不可行；若 D 无界，则 P 不可行。

该定理可由弱对偶定理证明。需要注意的是：该定理的逆不成立，因为当 P 无可行解时，其对偶问题或者无可行解，或者具有无界解。

第三种：若 $\boldsymbol{X}^*$ 和 $\boldsymbol{Y}^*$ 分别是 $P(\max)$ 和 $D(\min)$ 的可行解，则它们分别为原问题和对偶问题最优解的充要条件是 $\boldsymbol{CX}^*=\boldsymbol{Y}^*\boldsymbol{b}$。

证明：必要性。设 $\boldsymbol{X}^*$ 是 P 的最优解，由弱对偶定理 $\boldsymbol{CX}^*\leqslant\boldsymbol{Y}^*\boldsymbol{b}$ 可知，若 $\boldsymbol{Yb}$ 有最小值，则为 $\boldsymbol{CX}^*$。又因对偶问题有最优解，则有 $\min\boldsymbol{Yb}=\boldsymbol{Y}^*\boldsymbol{b}$，所以 $\boldsymbol{CX}^*=\boldsymbol{Y}^*\boldsymbol{b}$。

充分性。同理，对于对偶问题的任何可行解 $\boldsymbol{Y}$，存在 $\boldsymbol{Y}^*\boldsymbol{b}=\boldsymbol{CX}^*\leqslant\boldsymbol{Yb}$。由于对偶问题求的是最小值，故 $\boldsymbol{Y}^*\boldsymbol{b}$ 必为最优值，$\boldsymbol{Y}^*$ 为最优解。证毕。

强对偶定理表明，当原问题(或对偶问题)达到最优时，对偶问题(或原问题)也一定达到最优，且两者对应的最优目标函数值相等。

2.3.4 互补松弛定理

互补松弛定理：如果 $\boldsymbol{X}$ 和 $\boldsymbol{Y}$ 分别为原问题和对偶问题的可行解，它们分别为原问题和对偶问题最优解的充要条件是 $(\boldsymbol{C}-\boldsymbol{YA})\boldsymbol{X}=\boldsymbol{0}$ 与 $\boldsymbol{Y}(\boldsymbol{b}-\boldsymbol{AX})=\boldsymbol{0}$。

证明：

① 必要性。若 $\boldsymbol{X}$ 和 $\boldsymbol{Y}$ 分别为原问题和对偶问题的最优解，则 $(\boldsymbol{C}-\boldsymbol{YA})\boldsymbol{X}=\boldsymbol{0}$ 与 $\boldsymbol{Y}(\boldsymbol{b}-\boldsymbol{AX})=\boldsymbol{0}$ 同时成立。

$\boldsymbol{X}$ 和 $\boldsymbol{Y}$ 分别为原问题和对偶问题的可行解，则 $\boldsymbol{AX}\leqslant\boldsymbol{b}$，$\boldsymbol{YA}\geqslant\boldsymbol{C}$。分别引入松弛变量和剩余变量，将其标准化，有 $\boldsymbol{AX}+\boldsymbol{X}_S=\boldsymbol{b}$，$\boldsymbol{YA}-\boldsymbol{Y}_S=\boldsymbol{C}$，移项后，$\boldsymbol{X}_S=\boldsymbol{b}-\boldsymbol{AX}$，$\boldsymbol{Y}_S=\boldsymbol{YA}-\boldsymbol{C}$，分别左乘 $\boldsymbol{Y}$ 和右乘 $\boldsymbol{X}$ 后，$\boldsymbol{YX}_S=\boldsymbol{Y}(\boldsymbol{b}-\boldsymbol{AX})$，$\boldsymbol{Y}_S\boldsymbol{X}=(\boldsymbol{YA}-\boldsymbol{C})\boldsymbol{X}$。因 $\boldsymbol{X}$ 和 $\boldsymbol{Y}$ 为最优解，根据强对偶定理，$\boldsymbol{CX}=\boldsymbol{Yb}$，则 $(\boldsymbol{YA}-\boldsymbol{Y}_S)\boldsymbol{X}=\boldsymbol{Y}(\boldsymbol{AX}+\boldsymbol{X}_S)$；$\boldsymbol{YX}_S+\boldsymbol{Y}_S\boldsymbol{X}=\boldsymbol{0}$；$\boldsymbol{YX}_S=\boldsymbol{0}$，$\boldsymbol{Y}_S\boldsymbol{X}=\boldsymbol{0}$；$\boldsymbol{Y}(\boldsymbol{b}-\boldsymbol{AX})=\boldsymbol{0}$；$(\boldsymbol{C}-\boldsymbol{YA})\boldsymbol{X}=\boldsymbol{0}$。

② 充分性。如果 $\boldsymbol{X}$ 和 $\boldsymbol{Y}$ 分别为原问题和对偶问题的可行解，它们分别为原问题和对偶问题最优解的充要条件是 $(\boldsymbol{C}-\boldsymbol{YA})\boldsymbol{X}=\boldsymbol{0}$ 与 $\boldsymbol{Y}(\boldsymbol{b}-\boldsymbol{AX})=\boldsymbol{0}$。

证明：设 $\boldsymbol{X}$ 和 $\boldsymbol{Y}$ 分别为原问题和对偶问题的可行解，且满足 $(\boldsymbol{C}-\boldsymbol{YA})\boldsymbol{X}=\boldsymbol{0}$ 与 $\boldsymbol{Y}(\boldsymbol{b}-\boldsymbol{AX})=\boldsymbol{0}$，即 $\boldsymbol{CX}=\boldsymbol{YAX}$，$\boldsymbol{Yb}=\boldsymbol{YAX}$，因此，$\boldsymbol{CX}=\boldsymbol{Yb}$，由强对偶定理可知，$\boldsymbol{X}$ 和 $\boldsymbol{Y}$ 必为原问题和对偶问题的最优解。证毕。

互补松弛定理经常表示为 $\boldsymbol{Y}^*\boldsymbol{X}_S=\boldsymbol{0}$，$\boldsymbol{Y}_S\boldsymbol{X}^*=\boldsymbol{0}$。这表明，在线性规划问题的最优解中，如果对应某一约束条件的对偶变量取值为非零，则该约束条件为严格等式；反之，如果原问题约束条件为严格不等式，则其对应的对偶变量一定为零。

【例 2-9】已知下面线性规划问题的最优解 $\boldsymbol{X}^*=(1/4,0,19/4)^{\mathrm{T}}$，求其对偶问题的最优解。

$$\max Z=15x_1+20x_2+5x_3$$
$$s.t.\begin{cases}x_1+5x_2+x_3\leqslant 5\\5x_1+6x_2+x_3\leqslant 6\\3x_1+10x_2+x_3\leqslant 7\\x_1,x_2\geqslant 0;x_3\text{ 无约束}\end{cases}$$

解：

① 求原问题松弛变量。

首先，在原问题模型的约束条件中加入松弛变量 $x_4(x_{s1})$，$x_5(x_{s2})$ 和 $x_6(x_{s3})$，变成等式

$$\max Z=15x_1+20x_2+5x_3$$
$$s.t.\begin{cases}x_1+5x_2+x_3+x_4=5\\5x_1+6x_2+x_3+x_5=6\\3x_1+10x_2+x_3+x_6=7\\x_1,x_2,x_3,x_4,x_5,x_6\geqslant 0\end{cases}$$

然后，将已知条件 $x_1^*=1/4$，$x_2^*=0$，$x_3^*=19/4$ 代入原问题约束条件，求得 $x_4(x_{s1})=0$，$x_5(x_{s2})=0$，$x_6(x_{s3})=3/2>0$。

② 利用互补松弛定理求解对偶问题。

设对偶问题变量为 y_1，y_2 和 y_3，则对偶模型为：

$$\min W=5y_1+6y_2+7y_3$$
$$s.t.\begin{cases}y_1+5y_2+3y_3\geqslant 15\\5y_1+6y_2+10y_3\geqslant 20\\y_1+y_2+y_3=5\\y_1,y_2,y_3\geqslant 0\end{cases}$$

将约束条件变成等式后模型变为：

$$\min W=5y_1+6y_2+7y_3$$

$$s.t.\begin{cases}y_1+5y_2+3y_3-y_4(y_{s1})=15\\5y_1+6y_2+10y_3-y_5(y_{s2})=20\\y_1+y_2+y_3=5\\y_1,y_2,y_3,y_4,y_5\geqslant 0\end{cases}$$

由互补松弛定理 $\boldsymbol{YX_S}=0$，$y_3\times x_{s3}=0$，$y_3\times 3/2=0$，$y_3=0$；

由互补松弛定理 $\boldsymbol{Y_SX}=0$，$y_{s1}\times x_1^*=0$，$y_{s1}\times 1/4=0$，$y_{s1}(y_4)=0$。这样，对偶模型中第一、三个约束等式变为：

$$\begin{cases}y_1+5y_2=15\\y_1+y_2=5\end{cases}$$

得 $y_1=5/2$，$y_2=5/2$；再代入第二个约束条件，得 $y_5=15/2$，即 $\boldsymbol{Y}^*=(5/2,5/2,0,0,15/2)$，$\boldsymbol{W}^*=55/2$。

对于互补松弛定理，当线性规划问题达到最优时，有下列结论：

若原问题的某一约束为紧约束(松弛变量为0)，则该约束对应的对偶变量应大于0或等于0(若 $x_{si}=0$，则 $y_i>0$ 或 $y_i=0$)。

若原问题的某一约束为松约束(松弛变量大于0)，则该约束对应的对偶变量一定等于0(若 $x_{si}>0$，则 $y_i=0$)。

若原问题的某一变量大于0，则该变量对应的对偶问题的约束为紧约束(若 $x_j>0$，则 $y_{sj}=0$)。

若原问题的某一变量等于0，则该变量对应的对偶问题的约束可能为紧约束，也可能为松约束(若 $x_j=0$，则 $y_{sj}>0$ 或 $y_{sj}=0$)。

2.3.5 对偶最优解定理

对偶最优解定理可以表达出原问题最终单纯形表中变量的检验数与对偶问题最优解之间的关系。在原问题最终单纯形表中，松弛变量检验数的相反数对应于对偶问题变量的取值，原变量检验数的相反数对应于对偶问题松弛变量的取值。这个定理与两个互为对偶问题的最优解有关，因此在本教材中称其为对偶最优解定理。

例如，对于【例1-1】，最终单纯形表如表2-2所示。

根据对偶最优解定理，松弛变量(x_3,x_4,x_5,x_6)检验数($\sigma_3,\sigma_4,\sigma_5,\sigma_6$)的相反数(1/2,1,0,0)对应于对偶问题原变量(y_1,y_2,y_3,y_4)的取值，即影子价格；原问题变量(x_1,x_2)检验数(σ_1,σ_2)的相反数(0,0)对应于对偶问题松弛变量(y_5,y_6)的取值。

表2-2

c_j			2	3	0	0	0	0
$\boldsymbol{C_B}$	$\boldsymbol{X_B}$	$\boldsymbol{b}$	x_1	x_2	x_3	x_4	x_5	x_6
0	x_6	4	0	0	2	−4	0	1
2	x_1	4	1	0	1	−1	0	0
0	x_5	0	0	0	−4	4	1	0
3	x_2	2	0	1	−1/2	1	0	0
σ_j		14	0	0	−1/2	−1	0	0

在这里，可以将原问题和对偶问题模型及相对应的标准化模型写出来。

原问题：
$$\max Z=2x_1+3x_2$$
$$s.t.\begin{cases}2x_1+2x_2\leqslant 12\\x_1+2x_2\leqslant 8\\4x_1\leqslant 16\\4x_2\leqslant 12\\x_1,x_2\geqslant 0\end{cases}$$
，标准化后：
$$\max Z=2x_1+3x_2$$
$$s.t.\begin{cases}2x_1+2x_2+x_3=12\\x_1+2x_2+x_4=8\\4x_1+x_5=16\\4x_2+x_6=12\\x_j\geqslant 0(j=1,2,\cdots,6)\end{cases}$$

对偶问题：
$$\min W=12y_1+8y_2+16y_3+12y_4$$
$$s.t.\begin{cases}2y_1+y_2+4y_3\geqslant 2\\2y_1+2y_2+4y_4\geqslant 3\\y_1,y_2,y_3,y_4\geqslant 0\end{cases}$$
，

标准化后：
$$\max W'=-12y_1-8y_2-16y_3-12y_4$$
$$s.t.\begin{cases}2y_1+y_2+4y_3-y_5=2\\2y_1+2y_2+4y_4-y_6=3\\y_i\geqslant 0(i=1,2,\cdots,6)\end{cases}$$

这样，互补松弛和对偶最优解定理的关系就一目了然，如表 2－3 所示。

表 2－3

原问题松弛变量	检验数的相反数	对偶问题变量
$x_3(x_{s1})$	$-\sigma_3(1/2)$	y_1
$x_4(x_{s2})$	$-\sigma_4(1)$	y_2
$x_5(x_{s3})$	$-\sigma_5(0)$	y_3
$x_6(x_{s4})$	$-\sigma_6(0)$	y_4
对偶问题松弛变量	检验数的相反数	原问题变量
$y_5(y_{s1})$	$-\sigma_1(0)$	x_1
$y_6(y_{s2})$	$-\sigma_2(0)$	x_2

由原问题最终单纯形表 2－2 可知，原问题和对偶问题的最优解分别为 $\boldsymbol{X}^*=(4,2,0,0,0,4)^{\mathrm{T}}$，$\boldsymbol{Y}^*=(1/2,1,0,0,0,0)$，$Z^*=W^*=14$。

2.3.6 影子价格

(1) 影子价格的提出。

影子价格是荷兰经济学家詹恩·丁伯根在 20 世纪 30 年代末首次提出来的，并将其定义为“在均衡价格的意义上表示生产要素或产品内在的或真正的价格”。萨缪尔逊认为，“影子价格反映资源在得到最佳使用时的价格”。联合国把影子价格定义为“一种投入(比如资本、劳动力和外汇)的机会成本或它的供应量减少一个单位给整个经济带来的损失”。影子价格的概念被提出后，许多学者对其进行深入研究，关于其概念，比较有代表性的表述有以下几种：

① 影子价格是资源和产品在完全自由竞争市场中的供求均衡价格；

② 影子价格是没有市场价格的商品或服务的推算价格，它代表着生产或消费某种商品的

机会成本；

③ 影子价格为商品或生产要素的边际增量所引起的社会福利的增加值。

(2) 影子价格的含义。

在生产计划问题的约束条件中，右端项表示资源的限制使用量，当某一项资源增加一个数值后，目标函数得到新的最大值时，目标函数最大值的增量与资源的增量的比值，就是这项资源的影子价格。也就是说，影子价格是在其他条件不变的情况下，单位资源变化所引起的目标函数最优值的变化，即单位资源对目标函数值的贡献。影子价格可以直接利用对偶模型求得。当使用单纯形法求解线性规划问题时，对偶问题的最优解就是影子价格。

(3) 影子价格的经济解释。

在日常生活中，影子的大小随光线的不同而不同。影子价格就如同市场价格的影子，可能高于或低于市场价格。当影子价格低于市场价格时，说明某项资源用于生产所带来的收益小于用于出售获得的收益，应优先考虑出售资源；当影子价格高于市场价格时，说明某项资源用于生产所带来的收益大于用于出售获得的收益，应将资源用于生产。当影子价格大于零时，表示资源稀缺，稀缺程度越大，影子价格越高，增加此种资源，经济收益将会增加；而当影子价格为零时，表示此种资源有剩余，增加此种资源投入并不能带来经济收益。因此，影子价格在改善生产经营目标、实现系统内部资源的合理调配和新产品投产的可行性论证等方面均有广泛的应用。

由前面的论述可知，若 $\boldsymbol{B}$ 是最优基，最优目标函数值为 $Z^{*}=\boldsymbol{C_B B^{-1} b}$，检验数为 $\sigma_j=c_j-\boldsymbol{C_B B^{-1} P_j}$，其中 $\boldsymbol{C_B B^{-1}}$ 就是影子价格，列向量 $\boldsymbol{P_j}$ 表示生产一个单位产品 j 所消耗各种资源的数量，因此，$\boldsymbol{C_B B^{-1} P_j}$ 就是按影子价格计算生产一个单位产品的价值与消耗的隐含成本的差值。显然，当产品的产值大于隐含成本(即检验数大于零)时，安排生产此产品有利，否则用这些资源来生产别的产品更为有利；当所有检验数都小于等于零时，即所有资源都得到了最有利的安排，因此得到最优解，这就是检验数 σ 的含义。

(4) 影子价值与影子价格。

事实上，价值和价格是两个不同的概念，因此影子价值不同于影子价格。影子价值的含义比较广泛，既包括影子价格，又包括影子利润。因此，在解决实际问题时，应对影子价值和影子价格进行区分，若原问题求利润最大，则对偶问题最优解就是影子利润；若原问题求产值最大，则对偶问题最优解就是影子价格。影子价格和影子利润存在以下关系：

$$影子价格=资源成本+影子利润 \tag{2-10}$$

(5) 影子价格应用举例。

【例 2-10】某厂生产甲、乙两种产品，已知生产单位产品的资源消耗、资源成本、资源拥有量及单位产品的价格如表 2-4 所示，假设生产出来的产品可以全部售出。

表 2-4

项目	甲	乙	资源成本	资源拥有量
原材料/千克	9	4	20	360
设备/工时	4	5	50	200
电量/千瓦时	3	10	1	300
销售价格/元	390	352		

问：

① 如何安排甲、乙两种产品的产量，才能使每周的利润最大？

② 如果企业可以不生产，资源出让应如何定价？

③ 假设在资源市场上，原材料的价格为 18 元/千克，设备的单位工时价格为 52 元，电力资源的成本为 1.3 元/千瓦时，那么，企业是否应该购进这些资源？

解：

① 设甲、乙两种产品的产量分别为 x_1, x_2，最优生产决策的线性规划模型为：

$$\max Z = 7x_1 + 12x_2$$

$$s.t.\begin{cases}9x_1 + 4x_2 \leqslant 360 \\ 4x_1 + 5x_2 \leqslant 200 \\ 3x_1 + 10x_2 \leqslant 300 \\ x_1, x_2 \geqslant 0\end{cases}$$

初始单纯形表和最终单纯形表如表 2－5 所示，由表 2－5 可知 $\boldsymbol{X}^* = (20,24,84,0,0)^{\mathrm{T}}$，$Z^* = 428$，若生产甲产品 20，乙产品 24，利润最大为 428。同时，$x_3 = 84$（松弛变量大于零），说明第一种资源（原材料）剩余 84 千克。

表 2－5

c_j			7	12	0	0	0
$\boldsymbol{C_B}$	$\boldsymbol{X_B}$	$\boldsymbol{b}$	x_1	x_2	x_3	x_4	x_5
0	x_3	360	9	4	1	0	0
0	x_4	200	4	5	0	1	0
0	x_5	300	3	10	0	0	1
σ_j			7	12	0	0	0
0	x_3	84	0	0	1	−78/25	29/25
7	x_1	20	1	0	0	2/5	−1/5
12	x_2	24	0	1	0	−3/25	4/25
σ_j			0	0	0	−34/25	−13/25

② 如果决策者自己不生产甲、乙两种产品，而把原拟用于生产这两种产品的原材料、设备、电量资源全部出售给外单位，或者做代加工，则应如何确定这三种资源的价格呢？对于这个问题，设原材料的单位出售利润为 y_1，设备的单位出让利润为 y_2，电量的单位出售获利为 y_3，则出让决策的线性规划模型为：

$$\min W = 360y_1 + 200y_2 + 300y_3$$

$$s.t.\begin{cases}9y_1 + 4y_2 + 3y_3 \geqslant 7 \\ 4y_1 + 5y_2 + 10y_3 \geqslant 12 \\ y_1, y_2, y_3 \geqslant 0\end{cases}$$

根据对偶最优解定理：$\boldsymbol{Y}^* = (0,34/25,13/25,0,0)$，即 $\boldsymbol{Y}^* = (0,1.36,0.52,0,0)$。对于三种资源：原材料、设备、电量，影子利润分别为 0，1.36，0.52，资源成本分别为 20，50，1，根据公式（2－11），影子价格分别为 20，51.36，1.52。

③ 对于电量，影子价格（1.52）大于市场价格（1.3），且为紧缺资源（$x_5 = 0$），应考虑购进电量资源；对于设备，影子价格（51.36）小于 52（市场价格），应考虑不购进设备。

思考：是否应考虑购进原材料？

2.4 对偶单纯形法

视频-2.4 对偶单纯形法-1

视频-2.4 对偶单纯形法-2

2.4.1 原理与特点

(1) 定义与原理。

对偶单纯形法是用对偶性质求解线性规划问题的一种方法。通过对普通单纯形法和对偶单纯形法的比较，可以找到对偶单纯形法的求解思路。

普通单纯形法的思路是，在迭代过程中，在保持原问题可行($\boldsymbol{X}_B=\boldsymbol{B}^{-1}\boldsymbol{b}\geqslant\boldsymbol{0}$)的条件下，向对偶问题可行($\boldsymbol{YA}\geqslant\boldsymbol{C}$)的方向迭代，从而实现 $\boldsymbol{\sigma}=\boldsymbol{C}-\boldsymbol{C}_B\boldsymbol{B}^{-1}\boldsymbol{A}\leqslant\boldsymbol{0}$($\boldsymbol{C}-\boldsymbol{YA}\leqslant\boldsymbol{0}$ 或 $\boldsymbol{YA}\geqslant\boldsymbol{C}$)。

与此相反，对偶单纯形法的思路是在保持对偶问题可行($\boldsymbol{C}-\boldsymbol{C}_B\boldsymbol{B}^{-1}\boldsymbol{A}\leqslant\boldsymbol{0}$)的条件下，向原问题可行($\boldsymbol{B}^{-1}\boldsymbol{b}\geqslant\boldsymbol{0}$)的方向迭代，最终实现$\boldsymbol{X}_B\geqslant\boldsymbol{0}$。

(2) 特点。

对偶单纯形法具有以下特点：

① 初始解可以是非可行解，当检验数都为负数时，可以进行基变换，因不需要加入人工变量，可以简化计算。

② 对于变量较少、约束条件较多的线性规划问题，用对偶单纯形法计算可以减少计算工作量。

③ 在灵敏度分析及求解整数规划的割平面法中，有时需要用对偶单纯形法，这样可使问题的处理简化。

2.4.2 求解步骤

对偶单纯形法求解步骤如下：

① 将原问题的数学模型标准化。

② 让系统矩阵中出现单位基矩阵，基变量取值可以为负。

③ 列出初始单纯形表。

④ 判优。若所有 $\boldsymbol{B}^{-1}\boldsymbol{b}_i$ 非负，且所有检验数非正，最优；否则，进行以下步骤。

⑤ 按法则 $\boldsymbol{B}^{-1}\boldsymbol{b}_l=\min\{\boldsymbol{B}^{-1}\boldsymbol{b}_i\mid\boldsymbol{B}^{-1}\boldsymbol{b}_i<\boldsymbol{0}\}$，确定出基变量。

⑥ 按法则 $\theta_k=\min\{\sigma_j/a_{lj}\mid a_{lj}<0\}$，确定入基变量。

⑦ 以 a_{lk} 为主元素进行迭代(方法同普通单纯形法)，得到新的基可行解。

⑧ 重复上述④～⑦步，直至获得最优解。

【例 2-11】用对偶单纯形法求解下面线性规划问题。

$$\min W=2x_1+3x_2+4x_3$$

$$s.t.\begin{cases}x_1+2x_2+x_3\geqslant 3\\2x_1-x_2+3x_3\geqslant 4\\x_j\geqslant 0(j=1,2,3)\end{cases}$$

解：

① 标准化：

$$\max W' = -2x_1 - 3x_2 - 4x_3$$

$$s.t.\begin{cases} x_1 + 2x_2 + x_3 - x_4 = 3 \\ 2x_1 - x_2 + 3x_3 - x_5 = 4 \\ x_j \geqslant 0 (j = 1, 2, \cdots, 5) \end{cases}$$

为使系数矩阵中出现单位基，将约束等式两端同乘“-1”，模型变为：

$$\max W' = -2x_1 - 3x_2 - 4x_3$$

$$s.t.\begin{cases} -x_1 - 2x_2 - x_3 + x_4 = -3 \\ -2x_1 + x_2 - 3x_3 + x_5 = -4 \\ x_j \geqslant 0 (j = 1, 2, \cdots, 5) \end{cases}$$

② 初始单纯形表如表 2 - 6 所示。

表 2 - 6

c_j			-2	-3	-4	0	0
$\boldsymbol{C_B}$	$\boldsymbol{X_B}$	$\boldsymbol{b}$	x_1	x_2	x_3	x_4	x_5
0	x_4	-3	-1	-2	-1	1	0
0	x_5	-4	-2	1	-3	0	1
σ_j		0	-2	-3	-4	0	0

因有 $\boldsymbol{B}^{-1}\boldsymbol{b}_i$ 小于零，该问题没有达到最优。根据出基变量确定法则 $(\boldsymbol{B}^{-1}\boldsymbol{b})_l = \min\{(\boldsymbol{B}^{-1}\boldsymbol{b})_i \mid (\boldsymbol{B}^{-1}\boldsymbol{b})_i < 0\}$，$\min\{-3, -4\} = (\boldsymbol{B}^{-1}\boldsymbol{b})_4 = -4$，因此确定 x_5 为出基变量。根据入基变量确定法则 $\theta_k = \min\{\sigma_j / a_{lj} \mid a_{lj} < 0\}$，$\min\{(-2)/(-2), (-4)/(-3)\} = \theta_1 = 1$，确定 x_1 为入基变量，由此确定主元素“-2”，迭代结果如表 2 - 7 所示。

表 2 - 7

c_j			-2	-3	-4	0	0
$\boldsymbol{C_B}$	$\boldsymbol{X_B}$	$\boldsymbol{b}$	x_1	x_2	x_3	x_4	x_5
0	x_4	-3	-1	-2	-1	1	0
0	x_5	-4	-2	1	-3	0	1
σ_j		0	-2	-3	-4	0	0
0	x_4	-1	0	$-5/2$	$1/2$	1	$-1/2$
-2	x_1	2	1	$-1/2$	$3/2$	0	$-1/2$
σ_j		-4	0	-4	-1	0	-1

同理，该问题还没有达到最优。根据出基变量确定法则，$\min\{-1\} = (\boldsymbol{B}^{-1}\boldsymbol{b})_3 = -1$，因此确定 x_4 为出基变量。根据入基变量确定法则，$\min\{(-4)/(-5/2), (-1)/(-1/2)\} = \theta_2 = 8/5$，确定 x_2 为入基变量，由此确定主元素“$-5/2$”，迭代结果如表 2 - 8 所示。

表 2-8

c_j			-2	-3	-4	0	0
C_B	X_B	b	x_1	x_2	x_3	x_4	x_5
0	x_4	-3	-1	-2	-1	1	0
0	x_5	-4	-2	1	-3	0	1
σ_j		0	-2	-3	-4	0	0
0	x_4	-1	0	$-5/2$	$1/2$	1	$-1/2$
-2	x_1	2	1	$-1/2$	$3/2$	0	$-1/2$
σ_j		-4	0	-4	-1	0	-1
-3	x_2	$2/5$	0	1	$-1/5$	$-2/5$	$1/5$
-2	x_1	$11/5$	1	0	$7/5$	$-1/5$	$-2/5$
σ_j		16	0	0	$-9/5$	$-8/5$	$-1/5$

由于所有的 $\boldsymbol{B}^{-1}\boldsymbol{b}_i \geqslant 0$,且 $\sigma_j \leqslant 0$,该问题有最优解:$\boldsymbol{X}^* = (11/5, 2/5, 0, 0, 0)^{\mathrm{T}}$,$\boldsymbol{Y}^* = (8/5, 1/5, 0, 0, 9/5)$,$\boldsymbol{W}^* = -(-28/5) = 28/5$。

2.5 灵敏度分析与参数线性规划

线性规划研究的是一定条件下的最优化问题,但实际的资源环境和技术条件是可变的。灵敏度分析又称敏感性分析或优化后分析,用于研究数据发生波动后对最优解的影响,或者说研究最优解对数据变化的敏感程度,即最优解在多大的范围内变化才不影响最优解。因此,灵敏度分析要解决的问题包括两个方面:参数在什么范围内变化而最优解或最优基不变?已知参数的变化范围,考察最优解(最优基)是否改变?具体包括以下几项:

视频-2.5 灵敏度分析

① 可用资源的数量发生变化,会使得右边限制常数 b_i 发生变化。

② 由于市场条件发生变化,会使得价值系数 c_j 发生变化。

③ 由于生产工艺的改进,会使得单耗(约束条件系数或叫技术系数)a_{ij} 发生变化。

④ 为使资源得到充分利用,增加生产项目,会增加变量个数。

⑤ 为提高产品质量,增加资源种类,会增加约束条件个数。

因此,灵敏度分析主要是指各类因素发生变化对原规划问题最优解(原最优决策方案)的影响分析,即这些因素在什么范围内变化时,原规划问题最优解或最优基不变。各类因素发生变化可以分为两种情况:

第一种情况:多种因素同时发生变化,原最优解可能发生变化,一般从头开始迭代计算,求出新最优解。

第二种情况:单种因素单方面发生变化,原最优解可能发生变化,此时不必从头开始迭代计算,只要在原最优解表中进行分析计算,即可求出新最优解,这是学习的重点。

2.5.1 价值系数的灵敏度分析

价值系数的灵敏度分析研究的内容是 c_j 在什么范围内变化时,最优解不变。

(1) 求非基变量系数 $\boldsymbol{C_N}$ 的变化范围。

设非基变量系数的变化量为 Δc_j，达到最优解时，存在 $\sigma_j' = c_j + \Delta c_j - \boldsymbol{C_B B^{-1} P_j} \leqslant 0$，可得：$\Delta c_j \leqslant \boldsymbol{C_B B^{-1} P_j} - c_j = -\sigma_j^*$，即 $\Delta c_j \leqslant -\sigma_j^*$。

【例 2-12】 已知某线性规划问题的最终单纯形表如表 2-9 所示，试对非基变量 x_4 的系数 c_4 进行灵敏度分析。

表 2-9

c_j			3	5	0	0	0
$\boldsymbol{C_B}$	$\boldsymbol{X_B}$	$\boldsymbol{b}$	x_1	x_2	x_3	x_4	x_5
0	x_3	8	0	0	1	4/3	−2/3
5	x_2	5	0	1	0	1/2	0
3	x_1	4	1	0	0	−2/3	1/3
σ_j			0	0	0	−1/2	−1

解：

由 $\Delta c_4 \leqslant -\sigma_4^*$，代入数值，$\Delta c_4 \leqslant -(-1/2) = 1/2$，所以，当 $c_4 \leqslant 1/2$ 时，原问题最优解不变，仍为 $\boldsymbol{X}^* = (4,5,8,0,0)^{\mathrm{T}}$，$Z^* = 37$。

对于价值系数的灵敏度分析，也可直接求解。令 c_4 未知，则 $\sigma_4 = c_4 - 5\times(1/2) - 3\times(-2/3) \leqslant 0$，可得 $c_4 \leqslant 1/2$。需要说明的是，若非基变量 x_4 的系数 c_4 变化，只影响 x_4 的检验数。

(2) 求基变量系数 $\boldsymbol{C_B}$ 的变化范围。

【例 2-13】 已知某线性规划问题的最终单纯形表如表 2-10 所示，试对基变量 x_1 的系数 c_1 进行灵敏度分析。

解：

将表 2-10 中 x_1 的系数改为 c_1，然后计算非基变量 x_4 和 x_5 的检验数。

$\sigma_4 = 0 - 5\times(1/2) - c_1\times(-2/3) \leqslant 0$，得 $c_1 \leqslant 15/4$；

$\sigma_5 = 0 - 0 - c_1\times(1/3) \leqslant 0$，得 $c_1 \geqslant 0$。

综上，$0 \leqslant c_1 \leqslant 15/4$。

感兴趣的学员可自行验证，c_1 如果在 $[0,15/4]$ 范围内变化，最优解是否发生变化？

表 2-10

c_j			c_1	5	0	0	0
$\boldsymbol{C_B}$	$\boldsymbol{X_B}$	$\boldsymbol{b}$	x_1	x_2	x_3	x_4	x_5
0	x_3	8	0	0	1	4/3	−2/3
5	x_2	5	0	1	0	1/2	0
c_1	x_1	4	1	0	0	−2/3	1/3
σ_j			0	0	0	?	?

【例 2-14】某厂生产 A,B,C,D 四种产品,相关数据如表 2-11 所示,试对价值系数 c_1 和 c_3 进行灵敏度分析。

表 2-11

产品原料	A	B	C	D	限额
甲	3	2	10	4	18
乙	0	0	2	1/2	3
单位利润	9	8	50	19	

解:

设 A,B,C,D 四种产品的产量分别为 x_1,x_2,x_3,x_4,则该问题的数学模型为:

$$\max Z=9x_1+8x_2+50x_3+19x_4$$

$$\begin{cases}3x_1+2x_2+10x_3+4x_4\leqslant 18\\2x_3+\dfrac{1}{2}x_4\leqslant 3\\x_j\geqslant 0(j=1,2,3,4)\end{cases}$$

标准化:

$$\max Z=9x_1+8x_2+50x_3+19x_4+0x_5+0x_6$$

$$\begin{cases}3x_1+2x_2+10x_3+4x_4+x_5=18\\2x_3+\dfrac{1}{2}x_4+x_6=3\\x_j\geqslant 0(j=1,2,\cdots,6)\end{cases}$$

单纯形法求解过程如表 2-12 所示。由表 2-12 可知,该问题具有唯一最优解 $\boldsymbol{X}^*=(0,0,1,2,0,0)^{\mathrm{T}}$, $Z^*=88$。

表 2-12

	c_j		9	8	50	19	0	0
$\boldsymbol{C_B}$	$\boldsymbol{X_B}$	$\boldsymbol{b}$	x_1	x_2	x_3	x_4	x_5	x_6
0	x_5	18	3	2	10	4	1	0
0	x_6	3	0	0	2	1/2	0	1
	σ_j		9	8	50	19	0	0
0	x_5	3	3	2	0	3/2	1	−5
50	x_3	3/2	0	0	1	1/4	0	1/2
	σ_j		9	8	0	13/2	0	−25
9	x_1	1	1	2/3	0	1/2	1/3	−5/3
50	x_3	3/2	0	0	1	1/4	0	1/2
	σ_j		0	2	0	2	−3	−10
19	x_4	2	2	4/3	0	1	2/3	−10/3
50	x_3	1	−1/2	−1/3	1	0	−1/6	4/3
	σ_j		−4	−2/3	0	0	−13/3	−10/3

对于非基变量系数 c_1：

$\Delta c_1 \leqslant -\sigma_1^* = 4$，或者 $\sigma_1 = c_1 - 19 \times 2 - 50 \times (-1/2) \leqslant 0, c_1 \leqslant 13$，或者 $c_1 \in [-\infty, 13]$。

对于基变量系数 c_3，计算非基变量 x_1, x_2, x_5, x_6 的检验数。

$\sigma_1 = 9 - 19 \times 2 - (50 + \Delta c_3) \times (-1/2) \leqslant 0, \Delta c_3 \leqslant 8$；

$\sigma_2 = 8 - 19 \times (4/3) - (50 + \Delta c_3) \times (-1/3) \leqslant 0, \Delta c_3 \leqslant 2$；

$\sigma_5 = 0 - 19 \times (2/3) - (50 + \Delta c_3) \times (-1/6) \leqslant 0, \Delta c_3 \leqslant 26$；

$\sigma_6 = 0 - 19 \times (-10/3) - (50 + \Delta c_3) \times (4/3) \leqslant 0, \Delta c_3 \geqslant -5/2$；

综上，$-5/2 \leqslant \Delta c_3 \leqslant 2, c_3 \in [47.5, 52]$。

2.5.2　资源限量的灵敏度分析

某一资源限量的灵敏度分析的研究内容是 b_i 在什么范围内变化时，最优解不变。最优解不变，即最优解对应的决策变量不变，但决策变量的取值可能会发生变化。对于实际问题，就是生产的产品的品种不发生变化，但是受资源限额变化的影响，产量可能会发生变化。为保证最优解不变，就必须保证 $\boldsymbol{X_B} = \boldsymbol{B}^{-1}\boldsymbol{b} \geqslant \boldsymbol{0}$。

【例 2－15】 对【例 2－14】中 b_1 进行灵敏度分析。

解：

假设 b_1 经过迭代变为 $b_1' = 18 + \Delta b_1$，根据题意，应保持 $\boldsymbol{B}^{-1}b_1' \geqslant \boldsymbol{0}$，即 $\boldsymbol{B}^{-1}b_1' = \boldsymbol{B}^{-1}(b_1 + \Delta b_1)$，代入数值后：

$$\begin{pmatrix} 2/3 & -10/3 \\ -1/6 & 4/3 \end{pmatrix} \begin{pmatrix} 18 + \Delta b_1 \\ 3 + 0 \end{pmatrix} \geqslant \boldsymbol{0}$$

则有：

$(2/3) \times (18 + \Delta b_1) + (-10/3) \times 3 \geqslant 0$，得 $\Delta b_1 \geqslant -3$；

$(-1/6) \times (18 + \Delta b_1) + (4/3) \times 3 \geqslant 0$，得 $\Delta b_1 \leqslant 6$。

综上，$-3 \leqslant \Delta b_1 \leqslant 6$，即 b_1 在 $[15, 24]$ 范围内变化时，最优解不变。

感兴趣的学员可自行验证，b_1 如果在 $[15, 24]$ 范围内变化，最优解是否发生变化？

2.5.3　工艺系数的灵敏度分析

(1) 增加一个变量的灵敏度分析。

增加一个变量的灵敏度分析的研究内容是新增一个决策变量时，对原问题最优解的影响。研究方法是在原问题最终单纯形表中加入新增变量，计算其检验数。若检验数小于 0，说明新增变量不能入基。以生产计划问题为例，新增产品产量的增加会使总利润减少，故不安排新产品的生产。

【例 2－16】 对于【例 2－14】，考虑生产新产品 E，已知生产单位产品 E 消耗的甲、乙原料分别为 3，1，单位产品利润为 10，问：是否生产新产品 E？

解：

由已知条件可知 $c_7 = 10, \boldsymbol{P}_7 = (3, 1)^{\mathrm{T}}$，因此可计算检验数：$\sigma_7 = c_7 - \boldsymbol{C_B}\boldsymbol{B}^{-1}\boldsymbol{P}_7$，代入数值后：

$$\sigma_7 = 10 - (19, 50)\begin{pmatrix} 2/3 & -10/3 \\ -1/6 & 4/3 \end{pmatrix}\begin{pmatrix} 3 \\ 1 \end{pmatrix} = -\frac{19}{3}$$

由于 σ_7 小于零，所以不安排生产新产品 E。那么，在什么条件下可以安排生产新产品 E

呢？此时，应考虑 σ_7 大于零时 c_7 的取值范围，即

$$\sigma_7=c_7-(19,50)\begin{pmatrix}2/3 & -10/3\\ -1/6 & 4/3\end{pmatrix}\begin{pmatrix}3\\1\end{pmatrix}>0$$

求解结果为 $c_7>49/3$，所以，利润 c_7 大于 $49/3$，才安排生产新产品 E。

(2) 增加一个约束条件的灵敏度分析。

增加一个约束条件的灵敏度分析的研究内容是新增约束条件对原问题最优解的影响。研究方法是将原最优解代入新约束条件中，若满足新约束条件，则最优解不变；若不满足新约束条件，则最优解已经不可行，需要经过迭代获得最优解。

【例 2-17】 对于【例 2-14】，若增加一个约束条件 $4x_1+3x_2+5x_3+2x_4\leqslant 8$，对最优解有无影响？

解：

将原问题最优解 $\boldsymbol{X}^*=(0,0,1,2,0,0)^{\mathrm{T}}$ 代入 $4x_1+3x_2+5x_3+2x_4\leqslant 8$ 后，发现不满足该约束条件，此时将该约束条件标准化 $4x_1+3x_2+5x_3+2x_4+x_7=8$ 后，代入原问题最终单纯形表 2-13 中(见加粗部分)，然后用单纯形法求解，得 $\boldsymbol{X}^*=(0,0,4/3,2/3,2,0,0)^{\mathrm{T}}$，$Z^*=238/3$。结果表明，增加了一个新的约束条件后，最优解和最优值都发生了变化，目标函数值(238/3)小于原问题的目标函数值(88)，因此，决策者需要考虑是否加入此约束条件。

表 2-13

c_j			9	8	50	19	0	0	0
$\boldsymbol{C_B}$	$\boldsymbol{X_B}$	$\boldsymbol{b}$	x_1	x_2	x_3	x_4	x_5	x_6	x_7
19	x_4	2	2	4/3	0	1	2/3	−10/3	0
50	x_3	1	−1/2	−1/3	1	0	−1/6	4/3	0
0	x_7	8	4	3	5	2	0	0	1
σ_j			−4	−2/3	0	0	−13/3	−10/3	0
19	x_4	2	2	4/3	0	1	2/3	−10/3	0
50	x_3	1	−1/2	−1/3	1	0	−1/6	4/3	0
0	x_7	−1	5/2	2	0	0	−1/2	0	1
σ_j			−4	−2/3	0	0	−13/3	−10/3	0
19	x_4	2/3	16/3	4	0	1	0	−10/3	4/3
50	x_3	4/3	−4/3	−1	1	0	0	4/3	−1/3
0	x_5	2	−5	−4	0	0	−1	0	2
σ_j			−77/2	−18	0	0	0	−10/3	−26/3

2.5.4 参数线性规划

若在线性规划问题的价值系数与资源限量中附加一个参数 μ：$\boldsymbol{C}=\boldsymbol{C}'+\boldsymbol{C}''\mu$ 或 $\boldsymbol{b}=\boldsymbol{b}'+\boldsymbol{b}''\mu$，可以分析参数在不同取值区间内最优解的变化。参数规划就是研究最优解对于参数波动的一种灵敏度分析方法。参数线性规划问题的分析步骤如下：

第一步，令 $\lambda=0$，求得最终单纯形表。

第二步，将 λC^* 或 λb^* 项反映到最终单纯形表中。

第三步，随 λ 值的增大或减小，观察原问题或对偶问题，一是确定单纯形表中现有解(基)允许 λ 值的变动范围；二是当 λ 值的变动超出这个范围时，用单纯形法或对偶单纯形法求得新的解。

重复第三步，一直到 λ 值继续增大或减小时，单纯形表中的解(基)不再出现变化时为止。

【例 2-18】已知下面线性规划问题，分析 λ 值变化时最优解的变化。

$$\max Z(\lambda)=(2+\lambda)x_1+(1+2\lambda)x_2$$

$$\begin{cases}5x_2\leqslant 15\\6x_1+2x_2\leqslant 24\\x_1+x_2\leqslant 5\\x_j\geqslant 0(j=1,2)\end{cases}$$

解：

第一步，先令 $\lambda=0$，求出最优解，如表 2-14 所示。

表 2-14

c_j			2	1	0	0	0	θ
C_B	X_B	b	x_1	x_2	x_3	x_4	x_5	
0	x_3	15	0	5	1	0	0	—
0	x_4	24	6	2	0	1	0	4
0	x_5	5	1	1	0	0	1	5
σ_j			2	1	0	0	0	
0	x_3	15	0	5	1	0	0	3
2	x_1	4	1	1/3	0	1/6	0	12
0	x_5	1	0	2/3	0	−1/6	1	3/2
σ_j			0	1/3	0	−1/3	0	
0	x_3	15/2	0	0	1	5/4	−15/2	
2	x_1	7/2	1	0	0	1/4	−1/2	
1	x_2	3/2	0	1	0	−1/4	3/2	
σ_j			0	0	0	−1/2	−1/2	

第二步，将 λC^* 反映到最终单纯形表中，如表 2-15 所示。当 $-1/5\leqslant\lambda\leqslant 1$ 时，有最优解 $X^*=(7/2,3/2,15/2,0,0)^{\mathrm{T}}$，$Z^*=17/2+13\lambda/2$。

第三步，分别计算 $\lambda>1$ 和 $\lambda\leqslant -1/5$ 时的最优解。

当 $\lambda>1$ 时，x_4 入基，x_3 出基，迭代过程如表 2-16 所示。当 $\lambda\geqslant 1$ 时，可得最优解 $X^*=(7/2,3/2,0,6,0)^{\mathrm{T}}$，$Z^*=7+8\lambda$。

当 $\lambda\leqslant -1/5$ 时，x_5 入基，x_2 出基，迭代过程如表 2-17 所示。由于一定满足 $1/3+5\lambda/3\leqslant 0$，同时 $-1/3-\lambda/6\geqslant 0$，所以 x_4 入基，x_1 出基。可见，当 $-2\leqslant\lambda\leqslant -1/5$ 时，$Z=8+4\lambda$；当 $\lambda\leqslant -2$ 时，$Z=0$。目标函数值 Z 随 λ 变化的情况如图 2-1 所示。

表 2-15

		c_j	$2+\lambda$	$1+2\lambda$	0	0	0	
C_B	X_B	b	x_1	x_2	x_3	x_4	x_5	
0	x_3	15/2	0	0	1	5/4	$-15/2$	
$2+\lambda$	x_1	7/2	1	0	0	1/4	$-1/2$	$-1/5\leqslant\lambda\leqslant 0$
$1+2\lambda$	x_2	3/2	0	1	0	$-1/4$	3/2	
σ_j			0	0	0	$-1/4+\lambda/4$	$-1/2-5\lambda/2$	

表 2-16

		c_j	$2+\lambda$	$1+2\lambda$	0	0	0	
C_B	X_B	b	x_1	x_2	x_3	x_4	x_5	
0	x_3	15/2	0	0	1	5/4	$-15/2$	
$2+\lambda$	x_1	7/2	1	0	0	1/4	$-1/2$	
$1+2\lambda$	x_2	3/2	0	1	0	$-1/4$	3/2	
σ_j			0	0	0	$-1/4+\lambda/4$	$-1/2-5\lambda/2$	
0	x_4	6	0	0	4/5	1	-6	
$2+\lambda$	x_1	2	1	0	$-1/5$	0	1	$\lambda\geqslant 1$
$1+2\lambda$	x_2	3	0	1	1/5	0	0	
σ_j			0	0	$1/5-\lambda/5$	0	$-2-\lambda$	
0	x_4	6	0	0	4/5	1	-6	
2	x_1	7/2	1	0	0	1/4	$-1/2$	
1	x_2	3/2	0	1	0	$-1/4$	3/2	
σ_j			0	1/3	0	$-1/2$	$-1/2$	

表 2-17

		c_j	$2+\lambda$	$1+2\lambda$	0	0	0	
C_B	X_B	b	x_1	x_2	x_3	x_4	x_5	
0	x_3	15/2	0	0	1	5/4	$-15/2$	
$2+\lambda$	x_1	7/2	1	0	0	1/4	$-1/2$	
$1+2\lambda$	x_2	3/2	0	1	0	$-1/4$	3/2	
σ_j			0	0	0	$-1/4+\lambda/4$	$-1/2-5\lambda/2$	
0	x_3	15	0	5	1	0	0	
$2+\lambda$	x_1	4	1	1/3	0	1/6	0	$-2\leqslant\lambda\leqslant -1/5$
0	x_5	1	0	2/3	0	$-1/6$	1	
σ_j			0	$1/3+5\lambda/3$	0	$-1/3-\lambda/6$	0	

续表

c_j			$2+\lambda$	$1+2\lambda$	0	0	0	
C_B	X_B	b	x_1	x_2	x_3	x_4	x_5	
0	x_3	15	0	5	1	0	0	
0	x_4	24	6	2	0	1	0	$\lambda\leqslant-2$
0	x_5	5	1	1	0	0	1	
σ_j			$2+\lambda$	$1+2\lambda$	0	0	0	

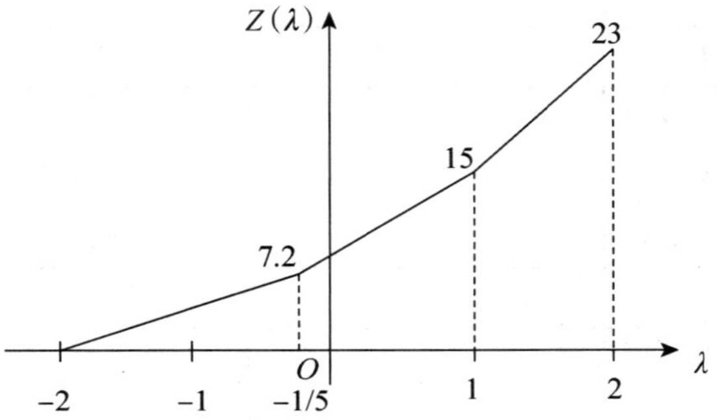

图 2－1

【例 2－19】已知下面线性规划问题，分析 λ 值变化时最优解的变化。

$$\max Z(\lambda)=2x_1+x_2$$

$$\begin{cases}5x_2\leqslant 15\\6x_1+2x_2\leqslant 24+\lambda\\x_1+x_2\leqslant 5\\x_j\geqslant 0(j=1,2)\end{cases}$$

解：

第一步，先令 $\lambda=0$，求出最优解，如表 2－14 所示。

第二步，计算 $\boldsymbol{b}$ 的变化值，将 $\lambda\boldsymbol{b}^*$ 项反映到最终单纯形表中。

$$\Delta\boldsymbol{b}'=\boldsymbol{B}^{-1}\Delta\boldsymbol{b}=\begin{pmatrix}1 & 5/4 & -15/2\\0 & 1/4 & -1/2\\0 & -1/4 & 3/2\end{pmatrix}\begin{pmatrix}0\\\lambda\\0\end{pmatrix}=\begin{pmatrix}5\lambda/4\\\lambda/4\\-\lambda/4\end{pmatrix}$$

要保证最优解不变，有 $-6\leqslant\lambda\leqslant 6$（$15/2+5\lambda/4\geqslant 0,\lambda\geqslant -6;7/2+\lambda/4\geqslant 0,\lambda\geqslant -7;3/2-\lambda/4\geqslant 0,\lambda\leqslant 6$），此时 $Z^*=17/2+\lambda/4$，如表 2－18 所示。

表 2－18

c_j			2	1	0	0	0	θ
C_B	X_B	b	x_1	x_2	x_3	x_4	x_5	
0	x_3	$15/2+5\lambda/4$	0	0	1	5/4	−15/2	
2	x_1	$7/2+\lambda/4$	1	0	0	1/4	−1/2	
1	x_2	$3/2-\lambda/4$	0	1	0	−1/4	3/2	
σ_j			0	0	0	−1/2	−1/2	

第三步,分别计算 $\lambda>6$ 和 $\lambda<-6$ 时的最优解。当 $\lambda>6$ 时,基变量 $x_2<0$,用对偶单纯形法求解,x_2 出基,x_4 入基,$Z^*=10$,如表 2-19 所示。当 $\lambda<-6$ 时,基变量 $x_3<0$,用对偶单纯形法求解,x_3 出基,x_5 入基,$Z^*=9+\lambda/3(-18\leqslant\lambda\leqslant-6)$;当 $\lambda<-18$ 时,基变量 $x_1<0$,用对偶单纯形法求解,x_1 出基,x_3 入基,$Z^*=12+\lambda/2(-24\leqslant\lambda\leqslant-18)$;当 $\lambda<-24$ 时,基变量 $x_2<0$,其所在行元素均非负,不能做分母,无法选择入基变量进行迭代(不可行,因为 Z 不能为负值),如表 2-20 所示。

表 2-19

c_j			2	1	0	0	0	θ
C_B	X_B	b	x_1	x_2	x_3	x_4	x_5	
0	x_3	$15/2+5\lambda/4$	0	0	1	5/4	−15/2	
2	x_1	$7/2+\lambda/4$	1	0	0	1/4	−1/2	
1	x_2	$3/2-\lambda/4$	0	1	0	−1/4	3/2	
σ_j			0	0	0	−1/2	−1/2	
0	x_3	15	0	5	1	0	0	
2	x_1	5	1	1	0	0	1	$\lambda\geqslant6$
0	x_4	$-6+\lambda$	0	−4	0	1	−6	
σ_j		10	0	−1	0	0	−2	

表 2-20

c_j			2	1	0	0	0	θ
C_B	X_B	b	x_1	x_2	x_3	x_4	x_5	
0	x_3	$15/2+5\lambda/4$	0	0	1	5/4	−15/2	
2	x_1	$7/2+\lambda/4$	1	0	0	1/4	−1/2	
1	x_2	$3/2-\lambda/4$	0	1	0	−1/4	3/2	
σ_j			0	0	0	−1/2	−1/2	
0	x_5	$-1-\lambda/6$	0	0	−2/15	−1/6	1	
2	x_1	$3+\lambda/6$	1	0	−1/15	1/6	0	$-18\leqslant\lambda\leqslant-6$
1	x_2	3	0	1	1/5	0	0	
σ_j			0	0	−1/15	−1/3	0	
0	x_5	$-7-\lambda/2$	−2	0	0	−1/2	1	
0	x_3	$-45-5\lambda/2$	−15	0	1	−5/2	0	$-24\leqslant\lambda\leqslant-18$
1	x_2	$12+\lambda/2$	3	1	0	1/2	0	
σ_j			−3	0	0	−1/2	0	

综上,目标函数值 Z 随 λ 变化的情况如图 2-2 所示。

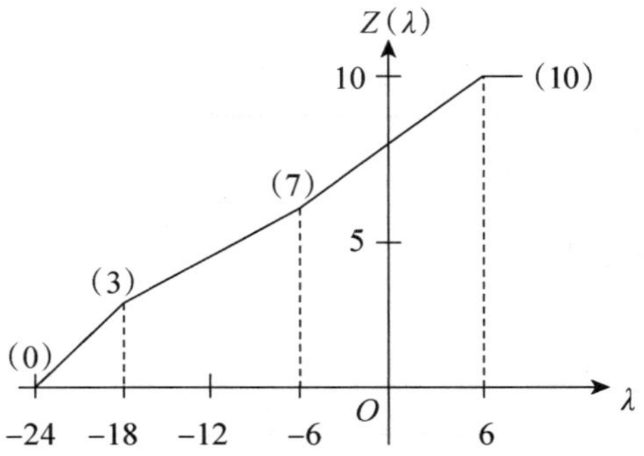

图 2－2

2.6　本章小结

本章主要包括以下内容：

(1) 对偶问题模型的建立、转化与求解。

以生产计划问题为例，以资源定价决策引出对偶问题模型。同时，提出线性规划模型与其对偶模型之间的对应关系和转化方法。利用强对偶定理、互补松弛定理和对偶最优解定理等对偶性质求解对偶问题，同时利用对偶性质引出对偶单纯形法，用于求解约束较少、变量较多的线性规划问题。

(2) 对偶问题最优解——影子价格的经济含义与资源购买决策。

影子价格是对偶问题的最优解，是一种边际价格，是某种资源增加一个单位时目标函数值的增加值。影子价格可用于资源购买决策，一般而言，当某项资源的影子价格大于市场价格时，应考虑购买该项资源；当某项资源的影子价格小于市场价格时，应考虑售出该项资源，此时机会成本最小。

(3) 对偶单纯形法。

对偶单纯形法与普通单纯形法的求解思路正好相反，即在保持对偶问题可行的条件下，逐步使原问题可行，即 $\boldsymbol{B}^{-1}\boldsymbol{b}$ 从小于零到大于零。因此，对偶单纯形法适合于标准化后模型出现单位基矩阵且基变量取值为负的情况。在换基过程中要注意，先确定出基变量，再确定入基变量。

(4) 灵敏度分析与参数线性规划。

灵敏度分析主要研究某一价值系数、资源限量、技术系统、变量发生变化或者增加一个约束条件时，原方案是否会发生变化。例如，某一价值系数在多大范围内变化，最优解不变；某一资源限量在多大范围内变化，最优解不变。参数线性规划则是在价值系数和资源限量中增加参数后，分析不同取值区间内最优值 Z 的变化。

2.7　课后习题

2－1　某人根据医嘱，每天需补充 A，B，C 三种营养，A 不少于 80 单位，B 不少于 150 单位，C 不少于 180 单位。此人准备每天从六种食物中摄取这三种营养成分。已知六种食物每百克的营养成分含量及食物价格如表2-21所示。

表2-21

食物种类	一	二	三	四	五	六	需要量
A	13	25	14	40	8	11	⩾80
B	24	9	30	25	12	15	⩾150
C	18	7	21	34	10	0	⩾180
食物单价/元	0.5	0.4	0.8	0.9	0.3	0.2	

(1) 试建立此人在满足健康需要的基础上花费最少的数学模型。

(2) 假定有一个厂商计划生产一中药丸,售给此人服用,药丸中包含A,B,C三种营养成分,试为该厂商制定一个药丸的合理价格,既使此人愿意购买,又使厂商能获得最大利益,建立数学模型。

2-2 写出下面线性规划问题的对偶模型。

(1)
$$\max Z=2x_1+x_2-4x_3+3x_4$$
$$s.t.\begin{cases}10x_1+x_2-x_3-4x_4\geqslant 14\\7x_1+6x_2-2x_3-5x_4\leqslant 20\\4x_1-8x_2+6x_3+x_4=9\\x_1,x_2\geqslant 0;x_3\text{ 无约束};x_4\leqslant 0\end{cases}$$

(2)
$$\min Z=3x_1+2x_2-3x_3+4x_4$$
$$s.t.\begin{cases}x_1-2x_2+3x_3+4x_4\leqslant 3\\x_2+3x_3+4x_4\geqslant -5\\2x_1-3x_2-7x_3-4x_4=2\\x_1\geqslant 0;x_4\leqslant 0;x_2,x_3\text{ 无约束}\end{cases}$$

2-3 已知下面线性规划问题,应用对偶理论证明该问题最优解的目标函数值不大于25。

$$\max Z=4x_1+7x_2+2x_3$$
$$s.t.\begin{cases}x_1+2x_2+x_3\leqslant 10\\2x_1+3x_2+3x_3\leqslant 10\\x_1,x_2,x_3\geqslant 0\end{cases}$$

2-4 已知下面线性规划问题,已知其对偶问题的最优解为 $y_1^*=4/5,y_2^*=3/5,Z=5$。试用对偶性质求解原问题。

$$\min W=2x_1+3x_2+5x_3+2x_4+3x_5$$
$$s.t.\begin{cases}x_1+x_2+2x_3+x_4+3x_5\geqslant 4\\2x_1-x_2+3x_3+x_4+x_5\geqslant 3\\x_j\geqslant 0(j=1,2,\cdots,5)\end{cases}$$

2-5 已知下面线性规划问题,已知原问题的最优解为 $\boldsymbol{X}^*=(2,2,4,0)^{\mathrm{T}}$,试用对偶理论求出对偶问题的最优解。

$$\max Z=2x_1+4x_2+x_3+x_4$$
$$s.t.\begin{cases}x_1+3x_2+x_4\leqslant 8\\2x_1+x_2\leqslant 6\\x_1+x_2+x_3\leqslant 9\\x_2+x_3+x_4\leqslant 6\\x_j\geqslant 0(j=1,2,3,4)\end{cases}$$

2－6　某厂拟生产甲、乙、丙三种产品，都需要在 A，B 两种设备上加工，有关数据如表 2－22 所示。

表 2－22

产品	单耗/(台时·件$^{-1}$)			设备有效台时
	甲	乙	丙	
A	1	2	1	400
B	2	1	2	500
产值/(千元·每件$^{-1}$)	3	2	1	

利用对偶性质分析以下问题：

(1) 如何充分发挥设备潜力，才能使产品的总产值最大？

(2) 该厂如果以每台时 350 元的租金租外厂的 A 设备，是否合算？

2－7　用对偶单纯形法求解下面线性规划问题。

(1)
$$\min Z=2x_1+4x_2$$
$$s.t.\begin{cases}2x_1+3x_2\leqslant 24\\ x_1+2x_2\geqslant 10\\ x_1+3x_2\geqslant 18\\ x_1,x_2\geqslant 0\end{cases}$$

(2)
$$\min Z=2x_1+3x_2+5x_3+6x_4$$
$$s.t.\begin{cases}x_1+2x_2+3x_3+x_4\geqslant 2\\ -2x_1+x_2-x_3+3x_4\leqslant -3\\ x_j\geqslant 0(j=1,2,3,4)\end{cases}$$

(3)
$$\min W=2x_1+3x_2+4x_3$$
$$s.t.\begin{cases}x_1+2x_2+x_3\geqslant 3\\ 2x_1-x_2+3x_3\geqslant 4\\ x_j\geqslant 0(j=1,2,3)\end{cases}$$

(4)
$$\min W=15x_1+24x_2+5x_3$$
$$s.t.\begin{cases}6x_2+x_3\geqslant 2\\ 5x_1+2x_2+x_3\geqslant 1\\ x_j\geqslant 0(j=1,2,3)\end{cases}$$

2－8　已知下面线性规划问题，要求：

(1)求最优解。(2)求 c_2 和 c_3 的变化范围，使得最优解不变。

$$\max Z=x_1+x_2+3x_3$$
$$s.t.\begin{cases}x_1+x_2+2x_3\leqslant 40\\ x_1+2x_2+x_3\leqslant 20\\ x_2+x_3\leqslant 15\\ x_j\geqslant 0(j=1,2,3)\end{cases}$$

2－9　已知下面线性规划问题和最终单纯形表如表 2－23 所示，其中 x_4，x_5 分别为第一、第二约束方程的松弛变量，要求：

(1) 对 b_2 和 c_3 进行灵敏度分析。

(2) 增加约束条件 $x_1+2x_2+2x_3\leqslant 12$，最优解是否变化？若变化，求出最优解。

$$\max Z=6x_1+2x_2+12x_3$$
$$s.t.\begin{cases}4x_1+x_2+3x_3\leqslant 24\\ 2x_1+6x_2+3x_3\leqslant 30\\ x_j\geqslant 0(j=1,2,3)\end{cases}$$

表 2-23

c_j			6	2	12	0	0
C_B	X_B	b	x_1	x_2	x_3	x_4	x_5
12	x_3	8	4/3	1/3	1	1/3	0
0	x_5	6	−2	5	0	−1	1
σ_j			−10	−2	0	−4	0

2-10　某厂利用原料 A,B 生产甲、乙、丙三种产品,已知生产单位产品所需原料数、单件利润及有关数据如表 2-24 所示。

表 2-24

产品	甲	乙	丙	原料拥有量
A	6	3	5	45
B	3	4	5	30
单件利润/元	4	1	5	—

要求:

(1) 求使该厂获利最大的生产计划。

(2) 若产品乙、丙的单件利润不变,产品甲的利润在什么范围内变化,最优解不变?

(3) 若原料 A 市场紧缺,除拥有量外,一时无法购进,而原料 B 如数量不足可去市场购买,单价为 0.5 元,问:该厂是否应购买?以购进多少为宜?

2-11　某文教用品厂利用原材料白坯纸生产原稿纸、日记本和练习本三种产品。该厂现有工人 100 人,每天白坯纸的供应量为 30 000 千克。如果单独生产各种产品时,每个工人每天可生产原稿纸 30 捆或日记本 30 打或练习本 30 箱。已知原材料消耗量为:每捆原稿纸用白坯纸 10/3 千克,每打日记本用白坯纸 40/3 千克,每箱练习本用白坯纸 80/3 千克。已知生产各种产品的盈利为:每捆原稿纸 2 元,每打日记本 3 元,每箱练习本 1 元。试讨论在现有生产条件下,使该厂盈利最大的方案。如果白坯纸供应量充足,而工人数量不足,可从市场上招收临时工,临时工费用为每人每天 15 元,该厂应招收多少临时工为宜?

2-12　已经下面线性规划问题,要求:

(1)求参数 $\mu=0$ 时的最优解。

(2)讨论 μ 在区间$(-\infty,+\infty)$内解的变化。

$$\max Z=5x_1+3x_2+6x_3$$

$$\begin{cases}3x_1+4x_2+6x_3\leqslant 60+2\mu\\4x_1+2x_2+5x_3\leqslant 50+\mu\\x_j\geqslant 0(j=1,2,3)\end{cases}$$

2 - 13　试分析当参数 $t \geqslant 0$ 时，下面参数线性规划问题的最优解变化。

$$\max Z(t)=(3+2t)x_1+(5-t)x_2$$

$$\begin{cases} x_1 \leqslant 4 \\ 2x_2 \leqslant 12 \\ 3x_1+2x_2 \leqslant 18 \\ x_j \geqslant 0(j=1,2) \end{cases}$$

2 - 14　分析在 $t \geqslant 0$ 时，下面线性规划问题最优解的变化。

$$\max Z=x_1+3x_2$$

$$\begin{cases} x_1+x_2 \leqslant 6-t \\ -x_1+2x_2 \leqslant 6+t \\ x_j \geqslant 0(j=1,2) \end{cases}$$

2.8　课后习题参考答案

第 2 章习题答案

第3章

运输问题

在生产活动中，不可避免地会发生物资调运工作，例如，在某时期内将供应地的煤、钢铁、粮食等各类物资，分别运到需要这些物资的地区。如果已知各地的生产量和需要量以及各地之间的单位运输费用，能否制定一个运输方案，使总的运输费用最小呢？由此产生了运输问题。运输问题中供应地的产量和需求地的销量往往是不同的，本章首先学习产销平衡运输问题，再在此基础上学习产销不平衡运输问题。

导入案例

某公司的仓库选址问题

某公司现有三个工厂A,B,C位于不同的城市，已有两个仓库P和Q也位于不同的城市，现准备在W城或Z城再建一个仓库，请根据表3-0中的资料，选择最佳仓库地点。

表3-0

工厂	从工厂到各仓库的单位运费/元				工厂生产能力/(吨·月$^{-1}$)
	仓库P	仓库Q	W城仓库X	Z城仓库Y	
A	17	6	9	10	800
B	13	9	8	7	900
C	15	11	7	8	800
需求	900	700	600	600	—

3.1 产销平衡运输问题与数学模型

3.1.1 产销平衡运输问题

【例3-1】现有A_1,A_2两个产粮区，可供应粮食分别为200,250，现将粮食运往B_1,B_2,B_3

三个地区,需求量分别为 100,150,200。产粮地到需求地的单位运价如表 3－1 所示,问如何安排运输计划,才能使总的运输费用最少?

表 3－1

产地	销地			产量
	B_1	B_2	B_3	
A_1	90	70	100	200
A_2	80	65	75	250
需求量	100	150	200	

解:

(1) 设置决策变量。

这是一个典型的产销平衡运输问题,已知每条运输路线的单位运价,为获得总的运输费用,需要确定每条运输路线的运输量,因此可设 $x_{ij}(i=1,2;j=1,2,3)$ 为第 i 个产粮地运往第 j 个需求地的运输量,如表 3－2 所示。

表 3－2

产地	销地			产量
	B_1	B_2	B_3	
A_1	x_{11}	x_{12}	x_{13}	200
A_2	x_{21}	x_{22}	x_{23}	250
需求量	100	150	200	450/450

(2) 建立目标函数。

该问题的总费用为:

$$S=90x_{11}+70x_{12}+100x_{13}+80x_{21}+65x_{22}+75x_{23}$$

总费用最小值为:

$$\min S=90x_{11}+70x_{12}+100x_{13}+80x_{21}+65x_{22}+75x_{23}$$

(3) 确定约束条件。

由于每个产地的产量都要运到各个需求地,因此有如下等式成立:

$$x_{11}+x_{12}+x_{13}=200$$

$$x_{21}+x_{22}+x_{23}=250$$

同时,每个需求地的需求量均得到满足,因此有如下等式成立:

$$x_{11}+x_{21}=100$$

$$x_{12}+x_{22}=150$$

$$x_{13}+x_{23}=200$$

另外,从第 i 个产粮地运往第 j 个需求地的运输量均为非负。

综上,得到该产销平衡运输问题的数学模型:

$$\min S=90x_{11}+70x_{12}+100x_{13}+80x_{21}+65x_{22}+75x_{23}$$

$$s.t.\begin{cases}x_{11}+x_{12}+x_{13}=200\\x_{21}+x_{22}+x_{23}=250\\x_{11}+x_{21}=100\\x_{12}+x_{22}=150\\x_{13}+x_{23}=200\\x_{ij}\geqslant 0(i=1,2;j=1,2,3)\end{cases}$$

有些问题与运输问题看似没有关系,但也可以建立与运输问题形式相同的数学模型。

【例3-2】三台机床加工三种零件,计划第 A_i 台的生产任务为 $a_i(i=1,2,3)$ 个零件,第 j 种零件的需要量为 $b_j(j=1,2,3)$,第 A_i 台机床加工第 B_j 种零件需要的时间为 c_{ij},如表3-3所示。问如何安排生产任务,才能使总的加工时间最少?

表3-3

机床	零件			a_i
	B_1	B_2	B_3	
A_1	5	2	3	50
A_2	6	4	1	40
A_3	7	3	4	60
b_j	70	30	50	150/150

解:

设 $x_{ij}(i=1,2,3;j=1,2,3)$ 为第 A_i 台机床加工第 B_j 个零件的数量,则模型为:

$$\min S=5x_{11}+2x_{12}+3x_{13}+6x_{21}+4x_{22}+x_{23}+7x_{31}+3x_{32}+4x_{33}$$

$$s.t.\begin{cases}x_{11}+x_{12}+x_{13}=50\\x_{21}+x_{22}+x_{23}=40\\x_{31}+x_{32}+x_{33}=60\\x_{11}+x_{21}+x_{31}=70\\x_{12}+x_{22}+x_{32}=30\\x_{13}+x_{23}+x_{33}=50\\x_{ij}\geqslant 0(i=1,2,3;j=1,2,3)\end{cases}$$

可见,遇到多方供应和多方需求的实际问题,可以考虑用产销平衡运输问题模型来进行描述。

3.1.2 产销平衡运输问题模型特征

(1) 一般模型。

对于一般的产销平衡运输问题,可以描述为:有 m 个产地($A_1,A_2,A_3,\cdots,A_m$),生产或供应某种物资,其产量分别为 $a_1,a_2,\cdots,a_m$;有 n 个销地($B_1,B_2,\cdots,B_n$),其需要量分别为 $b_1,b_2,\cdots,b_n$;总的产量等于总的销量;已知从第 i 个产地到第 j 个销地的单位运价为 c_{ij},在满足各地需要的前提下,求总运输费用最小的调运方案。

对于产销平衡运输问题，通常设 $x_{ij}(i=1,2,\cdots,m;j=1,2,\cdots,n)$ 为第 i 个产地到第 j 个销地的运量，则数学模型为：

$$\min S=\sum_{i=1}^{m}\sum_{j=1}^{n}c_{ij}x_{ij}$$

$$\begin{cases}x_{11}+x_{12}+\cdots+x_{1n}=a_1\\x_{21}+x_{22}+\cdots+x_{2n}=a_2\\\qquad\vdots\\x_{m1}+x_{m2}+\cdots+x_{mn}=a_m\\x_{11}+x_{21}+\cdots+x_{m1}=b_1\\x_{12}+x_{22}+\cdots+x_{m2}=b_2\\\qquad\vdots\\x_{1n}+x_{2n}+\cdots+x_{mn}=b_n\\x_{ij}\geqslant 0(i=1,2,\cdots,m;j=1,2,\cdots,n)\end{cases}\tag{3-1}$$

模型(3—1)可简写为：

$$\min S=\sum_{i=1}^{m}\sum_{j=1}^{n}c_{ij}x_{ij}$$

$$\begin{cases}\sum\limits_{j=1}^{n}x_{ij}=a_i\\\sum\limits_{i=1}^{m}x_{ij}=b_j\\x_{ij}\geqslant 0(i=1,2,\cdots,m;j=1,2,\cdots,n)\end{cases}\tag{3-2}$$

对于【例 3 - 2】，该模型的系数矩阵为：

$$\begin{pmatrix}x_{11}&x_{12}&x_{13}&x_{21}&x_{22}&x_{23}&x_{31}&x_{32}&x_{33}\\1&1&1&&&&&&\\&&&1&1&1&&&\\&&&&&&1&1&1\\1&&&1&&&1&&\\&1&&&1&&&1&\\&&1&&&1&&&1\end{pmatrix}_{6\times 9}\tag{3-3}$$

(2) 模型特征。

以【例 3 - 2】的系数矩阵(3 - 3)为例，说明产销平衡运输问题模型的特征。

① 决策变量个数 $m\times n$ ($3\times 3=9$)，其中 m 为产地的数量，n 为销地的数量。

② 约束条件个数 $m+n$ ($3+3=6$)。

③ 系数矩阵为 $6(m+n)$ 行、$9(m\times n)$ 列，而且具有特殊的结构：

a. 矩阵中所有元素要么为“1”，要么为“0”；

b. 矩阵(3 - 3)中，每一列中都只有两个元素为“1”，分别位于第 i 行和第 $m+j$ 行；例如，在 $x_{12}(x_{ij})$ 对应的列向量中，元素“1”分别位于第 $1(i=1)$ 行和第 $5(m=3,j=2,m+j=5)$ 行；对于 x_{21}，元素“1”分别位于

基变量
$m+n-1$

第 2($i=2$)行和第 4($m=3,j=1,m+j=4$)行。

c. 基变量的个数为 $m+n-1$。

(3) 运输问题模型的对偶形式。

对于 m 个产地、n 个销地的运输问题，其对偶模型为：

$$
\begin{aligned}
&\max W=\sum_{i=1}^{m}u_i a_i+\sum_{j=1}^{n}v_j b_j \\
&s.t.\begin{cases}u_i+v_j\leqslant c_{ij}\\ u_i,v_j\ \text{无约束}(i=1,2,\cdots,m;j=1,2,\cdots,n)\end{cases}
\end{aligned}
\tag{3-4}
$$

运输问题模型的对偶形式

3.2 产销平衡运输问题求解——表上作业法

从模型上可以看到，运输问题也是线性规划问题，可用单纯形法求解，但由于运输问题数学模型具有特殊的结构，因此存在更简便的计算方法——表上作业法，其实质也是单纯形法，求解思路如图 3-1 所示。

与单纯形法类似，如何确定初始方案(初始基可行解)、如何判别一个方案是否最优、如何对方案进行调整是求解的关键所在。因此，表上作业法包括三个步骤：确定初始方案、检验运输方案(判优)和调整运输方案。

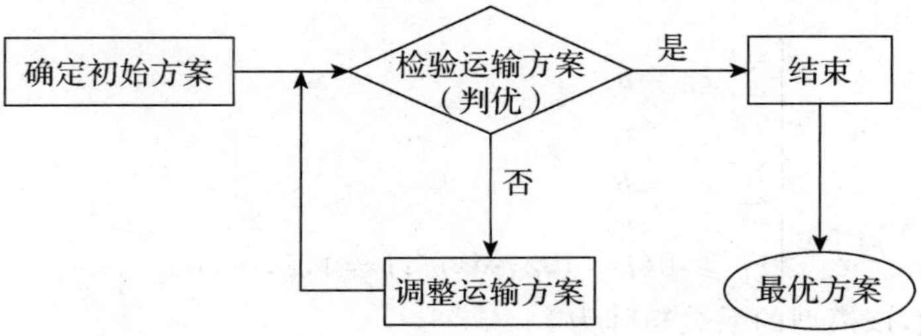

图 3-1

3.2.1 确定初始方案

确定初始方案的方法有很多，在这里只介绍三种较为常用的方法：最小元素法、西北角法和伏格尔法。

视频-3.2.1 表上作业法-1-确定初始方案-最小元素法

(1) 最小元素法(Matrix Minimum)。

最小元素法的基本思想是，就近供应，即优先考虑(最大可能满足)单位运价最小(或运距最短)的供销路线，最大限度地满足其需求量。从单位运价中最小的运价开始确定供销关系，然后次小，一直到求出初始基本可行解(初始方案)为止。具体步骤如下：

视频-3.2.1 表上作业法-2-确定初始方案-西北角法

首先，找出运价表中最小的元素，在对应的格中填入最多可以供应的数量，若某行(列)的产量(销量)已满足，则把所在行(列)划去；然后，再从未划去的元素中找到最小值，重复上述步骤，直至得到一个初始方案(基本可行解)。

【例 3-3】用最小元素法确定【例 3-1】中运输问题的初始方案。

解：

第一步，首先找到表中最小元素“65”，考察产销路线 $A_2\rightarrow B_2$，需求为“150”，产量为“250”，

为最大限度满足 B_1 的需求，应在空格中填入“150”，此时 B_2 需求满足，因此将 B_2 所在列划去(即不再考虑 B_2 列元素)，标注第①步，A_2 产量由“250”减少到“100”，如表 3－4 所示。

表 3－4

	B_1	B_2	B_3	产量
A_1	90	70	100	200
A_2	80	65 150	75	100
销量	100	150	200	

①（划去 B_2 列）

第二步，在表 3－4 中，找到最小元素“75”(min{90，100，80，75})，对于路线 $A_2 \rightarrow B_3$，需求为“200”，产量为“100”(A_2 已用 150)，为最大限度满足 B_3 的需求，应在空格中填入“100”(因 A_2 仅剩余 100)，此时 A_2 产量用完，因此将 A_2 所在行划去(不再考虑 A_2 行)，标注第②步，B_3 的需求由“200”减少为“100”，如表 3－5 所示。

表 3－5

	B_1	B_2	B_3	产量
A_1	90	70	100	200
A_2	80	65 150	75 100	100
销量	100	150	100	

②（划去 A_2 行）　①（划去 B_2 列）

第三步，在表 3－5 中，找到最小元素“90”(min{90，100})，考察产销路线 $A_1 \rightarrow B_1$，需求为“100”，产量为“200”，为最大限度满足 B_1 的需求，应在空格中填入“100”，此时 B_1 需求全部满足，因此将 B_1 所在列划去，标注第③步，A_1 可提供的产量由“200”变为“100”，如表 3－6 所示。

表 3－6

	B_1	B_2	B_3	产量
A_1	90 100	70	100	100
A_2	80	65 150	75 100	100
销量	100	150	100	

②（划去 A_2 行）　③（划去 B_1 列）　①（划去 B_2 列）

第四步，在表 3－6 中，找到最小元素“100”(只有一个数)，考察产销路线 $A_1 \rightarrow B_3$，需求为“100”，产量为“100”，为最大限度满足 B_3 的需求，应在空格中填入“100”，此时 B_3 需求全部满足,因此将 B_3 所在列划去,因 A_1 的产量用完,同时将 B_3 所在列和 A_1 所在行划去,标注第④步,如表 3-7 所示。

表 3-7

		B_1	B_2	B_3	产量
④	A_1	90 / 100	70	100 / 100	100
②	A_2	80	65 / 150	75 / 100	100
	销量	100	150	100	
		③	①	④	

由最小元素法确定的初始方案为:

$$\boldsymbol{X}^{(0)}=\begin{pmatrix}100 & 0 & 100\\ 0 & 150 & 100\end{pmatrix}$$

$$S^{(0)}=100\times 90+100\times 100+150\times 65+100\times 75=36\ 250$$

调运方案为 $A_1\rightarrow B_1(100)$,$A_1\rightarrow B_3(100)$,$A_2\rightarrow B_2(150)$,$A_2\rightarrow B_3(100)$,其他路线调运量为零,总费用为 36 250。

注意:在此方案中,x_{11},x_{13},x_{22},x_{23} 为基变量(个数等于 $m+n-1=2+3-1=4$),其他为非基变量。基变量对应数字格,非基变量对应空格。

使用最小元素法的主要缺点是,为了节约一处的费用,有时造成在其他处要多花几倍的运费。例如,在 $A_2\rightarrow B_2$ 路线上花费了 9 750(150×65),虽然比 $A_1\rightarrow B_2$ 节省了 750(150×5),但在 $A_1\rightarrow B_3$ 路线上的费用却为 10 000(100×100)。

(2) 西北角法。

西北角法是确定初始调运方案的基本方法之一,其基本思想是优先满足运价表中西北角(左上角,空格)的产销路线,从运价表的西北角位置开始,依次安排调运量。

【例 3-4】 用西北角法确定【例 3-1】中运输问题的初始方案?

解:

第一步,首先找到表 3-8 中左上角元素"90",考察产销路线 $A_1\rightarrow B_1$,需求为"100",产量为"200",在空格中填入"100",此时 B_1 需求满足,将 B_1 所在列划去,标注第①步,A_1 可提供的产量由"200"变为"100"。

表 3-8

	B_1	B_2	B_3	产量
A_1	90 / 100	70	100	100
A_2	80	65	75	250
销量	100	150	200	
	①			

第二步，在剩余元素中继续寻找左上角元素“70”，考察产销路线 $A_1 \to B_2$，需求为“150”，产量剩余“100”，在空格中填入“100”，此时 A_1 产量用完，因此将 A_1 所在行划去，标注第②步，B_2 的需求由“150”变为“50”，如表 3-9 所示。

表 3-9

	B_1	B_2	B_3	产量
② A_1	90 100	70 100	100	100
A_2	80	65	75	250
销量	100	50	200	
	①			

第三步，找到左上角元素“65”，考察产销路线 $A_2 \to B_2$，需求为“50”，产量为“250”，在空格中填入“50”，此时 B_2 需求全部满足，因此将 B_2 所在列划去，标注第③步，A_2 可提供的产量由“250”变为“200”，如表 3-10 所示。

表 3-10

	B_1	B_2	B_3	产量
② A_1	90 100	70 100	100	100
A_2	80	65 50	75	200
销量	100	50	200	
	①	③		

第四步，考察最后的产销路线 $A_2 \to B_3$，需求为“200”，产量为“200”，在空格中填入“200”，A_2 产量用完，B_3 需求满足，同时划去一行和一列，如表 3-11 所示。

表 3-11

	B_1	B_2	B_3	产量
② A_1	90 100	70 100	100	100
④ A_2	80	65 50	75 200	200
销量	100	50	200	
	①	③	④	

由西北角法确定的初始方案为：

$$\boldsymbol{X}^{(0)} = \begin{pmatrix} 100 & 100 & 0 \\ 0 & 50 & 200 \end{pmatrix}$$

$$S^{(0)}=100\times90+100\times70+50\times65+200\times75=34\ 250$$

调运方案为 $A_1 \to B_1(100)$，$A_1 \to B_2(100)$，$A_2 \to B_2(50)$，$A_2 \to B_3(200)$，其他路线调运量为零，总费用为 34 250。

(3) 伏格尔法(Vogel's Approximation Method)。

伏格尔法又称差值法，基本思想是若某供应地的物资不能按最小运费就近供应，就要考虑次小运费，最小运费和次小运费之间的差额越大，说明未按最小运费调运所增加的运费越多，因此，对于差额最大产销路线，应尽量采用最小运费进行调运。伏格尔法的具体计算步骤如下：

① 算出各行各列中最小元素和次小元素的差额，选出最大的差额(若几个差额同为最大，可任取其一)。

② 让差额最大的行或列中的最小元素处的调运量尽量大。

③ 对未划去的行列重复以上步骤，直到得到一个初始方案。

由此可见，伏格尔法同最小元素法除在确定供求关系的原则上不同外，其余步骤相同。一般来说，伏格尔法给出的初始解比用最小元素法给出的初始方案更接近最优方案。

【例 3-5】用伏格尔法确定【例 3-1】中运输问题的初始方案。

解：

第一步，找出各行和各列的最小运价和次小运价，分别计算差值。如表 3-12 中第 1 列(B_1)中，最小运价为 80，次小运价为 90，两者差值为 10(90－80＝10)，其他计算结果如表 3-12 所示。

表 3-12

	B_1	B_2	B_3	产量	行差额
A_1	90	70	100	200	20
A_2	80	65	75	250	10
销量	100	150	200		
列差额	10	5	25		

第二步，在行和列的差值中找出最大值，并找出该最大值所在行或列中的最小元素。如表 3-12 中第三列 B_3 是最大差值(25)所在列，在该列中找到最小元素“75”，优先满足产销路线 $A_2 \to B_3$ 的需求量，在对应空格中填入“200”，此时 B_3 需求满足，将 B_3 所在列划掉，标注第①步，A_2 产量由“250”变为“50”，第二行差值变为 15，如表 3-13 所示。

表 3-13

	B_1	B_2	B_3	产量	行差额
A_1	90	70	100	200	20
A_2	80	65	75 200	50	15
销量	100	150	200		
列差额	10	5	25		
			①		

第三步，考察差值为 20（20，15，10，5 中的最大值）的第 1 行（A_1），找到最小元素“70”，尽可能满足产销路线 $A_1 \rightarrow B_2$ 的需求量，在对应空格中填入“150”，此时 B_2 的需求量已满足，将 B_2 所在列划掉，标注第②步，A_1 的产量由“200”变为“50”，如表 3－14 所示。

表 3－14

		B_1	B_2	B_3	产量	行差额
	A_1	90	70 150	100	200	20
	A_2	80	65	75 200	50	15
	销量	100	150	200		
	列差额	10	5			
			②	①		

此时，在表 3－14 中，只有 B_1 列有最小运价和次小运价。

第四步，考察 B_1 列中的元素“80”，满足 $A_2 \rightarrow B_1$ 的需求量，在对应空格中填入“50”，A_2 产量用完，将 A_2 所在行划掉，标注第③步，B_1 的需求量由“100”变为“50”，如表 3－15 所示。

表 3－15

		B_1	B_2	B_3	产量	行差额
	A_1	90	70 150	100	50	90
③	A_2	80 50	65	75 200	50	80
	销量	50	150	200		
	列差额	10				
			②	①		

第五步，只差一个元素“90”，满足产销路线 $A_1 \rightarrow B_1$ 的需求量，在对应空格中填入“50”，同时划去一行和一列，标注第④步，如表 3－16 所示。

表 3－16

		B_1	B_2	B_3	产量	行差额
④	A_1	90 50	70 150	100	50	
③	A_2	80 50	65	75 200	50	80
	销量	50	150	200		
	列差额	10				
		④	②	①		

由伏格尔法确定的初始方案为：

$$X^{(0)}=\begin{pmatrix}50 & 150 & 0\\ 50 & 0 & 200\end{pmatrix}$$

$$S^{(0)}=50\times 90+150\times 70+50\times 80+200\times 75=34\ 000$$

调运方案为 $A_1\to B_1(50)$，$A_1\to B_2(150)$，$A_2\to B_1(50)$，$A_2\to B_3(200)$，其他路线的调运量为零，总费用为 34 000。

(4) 退化解及“0”元素的添加。

在确定初始方案时，每次填入数字后，都只划去一行或一列，只有在填入最后一个元素时除外(同时划去一行和一列)。但有时会出现退化解(基变量取值为零)的情形。例如，在确定初始方案的过程中，当遇到某行及某列的供需余量相等的情形时，这样填上运量后应当划去该行及该列，为了保证基变量个数，在将它们同时划去时，须在所划去的列或行某个空格中填入一个“0”运量。

需要注意的是，“0”的位置确定不是随意的，需要遵循一定的规则，否则会影响接下来的计算。有学者认为，这个“0”应填在不与其他数字格构成闭回路的空格里，且对应单位运价最小。例如，表 3－17 和表 3－18 是用最小元素法确定某运输问题初始方案的前四步和最后结果。在进行第三步时，将“3”填入空格后，A_3 产量(3)用完，B_2 需求量(3)满足，此时应同时划掉一列(③)和一行(④)，并在所在行和列的空格中填入“0”，以补齐基变量的个数，因此可将“0”填在对应 $A_2\to B_2$ 的空格处。

表 3－17

	B_1	B_2	B_3	B_4	产量	
A_1	3 1	7	6	4	5	
A_2	2 2	4 0	3	2	2	①
A_3	4	3 3	8	5	3	④
销量	3	3	2	2		
	②	③				

在确定初始方案后，需要考察这个“0”与其他数字格(基变量)是否构成闭回路(关于闭回路的概念将在接下来的内容中介绍)，如表 3－18 所示，该“0”与其他数字格没有构成闭回路。对于本例，也可在其他空格处中填入“0”，均不会构成闭回路，如 $A_1\to B_2$，$A_3\to B_3$，$A_3\to B_4$ 的空格处。

表 3－18

	B_1	B_2	B_3	B_4	产量	
A_1	3 1	7	6 2	4 2	5	⑥
A_2	2 2	4 0	3	2	2	①
A_3	4	3 3	8	5	3	④
销量	3	3	2	2		
	②	③	⑥	⑤		

3.2.2　检验运输方案

视频-3.2.2 表上作业法-3-检验运输方案-闭回路法-1

视频-3.2.2 表上作业法-3-检验运输方案-闭回路法-2

确定运输方案后，可使用闭回路法和位势（对偶）变量法来进行检验，判断是否最优。

（1）闭回路法。

考察运输方案对应的运输表，从某个空格出发，沿水平或垂直方向前进，当遇到代表基变量的数字格时，顺时针或逆时针旋转 90 度，然后继续寻找数字格，直至回到出发点，由此形成的封闭折线叫作闭回路。例如，某一运输方案中非基变量 x_{11} 所对应的闭回路如表 3－19 所示。

表 3－19

	B_1	B_2	B_3	B_4
A_1		x_{12}		
A_2			x_{23}	x_{24}
A_3	x_{13}			x_{34}
A_4		x_{42}	x_{43}	

闭回路法的思路是，计算非基变量（空格）的检验数，当所有非基变量的检验数均大于等于零（非负）时，运输方案达到最优。由于任意基变量是非基变量的唯一线性组合，因此对于某一空格，有且只有唯一的闭回路。

在计算检验数时规定，起始顶点（空格）为偶数次顶点，与偶数次顶点相邻的顶点则为奇数顶点，偶数次顶点和奇数次顶点交错排列。对于闭回路来说，偶数次顶点的个数等于奇数次顶点的个数。非基变量检验数通过公式（3－5）求得。

非基变量 x_{ij} 的检验数 σ_{ij}＝偶数次顶点运距之和－奇数次顶点运距之和　　（3－5）

判定定理 1：当所有非基变量的检验数均大于零时，运输问题具有唯一最优方案。

判定定理 2：当所有非基变量的检验数均大于等于零且有等于零的情况时，运输问题具有最优方案不唯一。

注意：对于产销平衡运输问题，其模型与线性规划标准化模型有一点区别，就是目标函数求最小值，因此判定定理也有区别，即当所有非基变量检验数大于等于零时获得最优方案。

【例 3－6】用闭回路法判断【例 3－3】获得的初始方案是否最优？

解：

求解过程如表 3－20 和表 3－21 所示。

表 3-20

	B_1	B_2	B_3	产量
A_1	90 100	70	100 100	200
A_2	80	65 150	75 100	250
销量	100	150	200	

$$\sigma_{12}=(70+75)-(100+65)=-20$$

表 3-21

	B_1	B_2	B_3	产量
A_1	90 100	70	100 100	200
A_2	80	65 150	75 100	250
销量	100	150	200	

$$\sigma_{21}=(80+100)-(90+75)=15$$

可见，由于非基变量 x_{12} 的检验数 σ_{12} 小于零(−20)，所以该方案不是最优。

(2) 位势(对偶)变量法(以下简称位势法)。

① 原理。

见式(3-4)，运输问题模型的检验数 $\boldsymbol{\sigma}=\boldsymbol{C}-\boldsymbol{C_B}\boldsymbol{B}^{-1}\boldsymbol{A}$，因 $\boldsymbol{Y}=\boldsymbol{C_B}\boldsymbol{B}^{-1}$，$\boldsymbol{\sigma}=\boldsymbol{C}-\boldsymbol{YA}$，所以有 $\sigma_{ij}=c_{ij}-(u_i+v_j)$。

对于基变量，由于检验数为零，所以 $c_{ij}=u_i+v_j$。

对于非基变量，$\sigma_{ij}=c_{ij}-(u_i+v_j)$。

由于 u_i 和 v_j 取值无约束，可令 u_1 为常数(一般令 $u_1=0$)，求得 u_i 和 v_j。

② 步骤。

第一步，构造位势方程组：$c_{ij}=u_i+v_j$，此时 c_{ij} 对应于基变量。

第二步，令 u_1 为 0，求得 u_i 和 v_j。

第三步，求非基变量检验数 $\sigma_{ij}=c_{ij}-(u_i+v_j)$，此时 c_{ij} 对应于非基变量。

【例 3-7】用位势变量法判断【例 3-3】获得的初始方案(见表 3-7)是否最优？

解：

考察基变量 $x_{11}, x_{13}, x_{22}, x_{23}$，构造位势方程组：$c_{ij}=u_i+v_j$。

$$c_{11}=u_1+v_1=90$$
$$c_{13}=u_1+v_3=100$$
$$c_{22}=u_2+v_2=65$$
$$c_{23}=u_2+v_3=75$$

令 $u_1=0$，则 $u_2=-25$，$v_1=90, v_2=90, v_3=100$。

$$\sigma_{12}=c_{12}-(u_1+v_2)=70-(0+90)=-20$$
$$\sigma_{21}=c_{21}-(u_2+v_1)=80-(-25+90)=15$$

可见，用闭回路法和位势变量法求得的检验数是相同的。

3.2.3　调整运输方案

视频-3.2.3 表上作业法-3-调整运输方案-闭回路法

根据判定定理，当非基变量的检验数中有负数时，说明当前方案不是最优方案，因此需要调整，闭回路法是常用的调整方法，步骤如下：

① 对于某一非基变量 x_{ij}，若 $\sigma_{ij}<0$，则以该空格为起始顶点做闭回路。

② 确定调整量 θ，$\theta=\min\{$该闭回路中奇数次顶点调运量$\}$。

③ 在闭回路内，将奇数次顶点对应的调运量减去 θ，偶数次顶点对应的调运量加上 θ。调整后，某一奇数次顶点对应的调运量将变为 0，另有一偶数次顶点对应的调运量变为 $x_{ij}+\theta$，前者出基，后者入基。

注意：如果存在两个或两个以上的 $\sigma_{ij}<0$，应选择最小的 σ_{ij} 做闭回路进行调整。

【例 3-8】 用闭回路法对【例 3-3】的初始方案进行调整。

解：

由检验结果可知，【例 3-3】的初始方案不是最优，因此需要对其进行调整，过程如下：

因 $\sigma_{12}=-20<0$，因此以 x_{12} 空格为顶点做出闭回路，如表 3-22 所示。调整量为 $\theta=\min\{100,150\}=100$，调整后的结果如表 3-23 所示。

表 3-22

	B_1	B_2	B_3	产量
A_1	90 100	70 x_{12}	100 100	200
A_2	80	65 150	75 100	250
销量	100	150	200	

从表 3-23 中可以看出，原非基变量 x_{12} 入基（0→100），原基变量 x_{13} 出基（100→0）。

新的运输方案为：

$$\boldsymbol{X}^{(1)}=\begin{pmatrix}100 & 100 & 0\\ 0 & 50 & 200\end{pmatrix}$$

$$S^{(1)}=100\times90+100\times70+50\times65+200\times75=34\ 250$$

即 $A_1\to B_1(100)$，$A_1\to B_2(100)$，$A_2\to B_2(50)$，$A_2\to B_3(200)$，其他路线调运量为零，总费用为 34 250。

表 3-23

	B_1	B_2	B_3	产量
A_1	90 100	70 100	100 x_{13}	200
A_2	80	65 50	75 200	250
销量	100	150	200	

接下来的计算步骤请读者自己完成,参考答案为:

第二次检验,$\sigma_{13}=20$,$\sigma_{21}=-5$。

第二次调整后方案为:

$$X^{(2)}=\begin{pmatrix}50 & 150 & 0\\ 50 & 0 & 200\end{pmatrix}$$

$$S^{(2)}=34\ 000$$

第三次检验,$\sigma_{13}=15$,$\sigma_{22}=5$。

因所有非基变量检验数均大于零,该运输问题得到的最优方案为:

$$X^{*}=\begin{pmatrix}50 & 150 & 0\\ 50 & 0 & 200\end{pmatrix}$$

$$S^{*}=34\ 000$$

3.3 产销不平衡运输问题

视频-3.3 产销不平衡运输问题-1

视频-3.3 产销不平衡运输问题-2

视频-3.3 产销不平衡运输问题-3

表上作业法仅用于求解产销平衡运输问题。对于产销不平衡运输问题,不能直接使用表上作业法求解,需要先转化为产销平衡运输问题,然后再使用表上作业法求解。

3.3.1 产量大于销量的运输问题

产量大于销量的运输问题可以描述为,有 m 个产地($A_1,A_2,A_3,\cdots,A_m$),生产或供应某种物资,其产量分别为 $a_1,a_2,\cdots,a_m$;有 n 个销地($B_1,B_2,\cdots,B_n$),其需要量分别为 b_1,$b_2,\cdots,b_n$;总的产量大于总的销量(即 $\sum a_i > \sum b_j$),已知从第 i 个产地到第 j 个销地的单位运价为 c_{ij},在满足各地需要的前提下,求总运输费用最小的调运方案。产量大于销量的运输问题模型为:

$$\min S=\sum_{i=1}^{m}\sum_{j=1}^{n}c_{ij}x_{ij}$$

$$\begin{cases}\sum\limits_{j=1}^{n}x_{ij}\leqslant a_i\\ \sum\limits_{i=1}^{m}x_{ij}=b_j\\ x_{ij}\geqslant 0(i=1,2,\cdots,m;j=1,2,\cdots,n)\end{cases} \tag{3-6}$$

转化方法:假想一个销地(如供应方仓库),相当于供方将未售出的产品就地储存,数量(需求量)为 $b_{n+1}=\sum a_i-\sum b_j$,运费为零。在用表上作业法求解时,在原表中增加 1 列。产量大于销量的运输问题模型可转化为:

$$\min S = \sum_{i=1}^{m} \sum_{j=1}^{n+1} c_{ij} x_{ij}$$

$$\begin{cases} \sum_{j=1}^{n+1} x_{ij} = a_i \\ \sum_{i=1}^{m} x_{ij} = b_j \\ x_{ij} \geqslant 0 (i = 1, 2, \cdots, m; j = 1, 2, \cdots, n+1) \end{cases} \tag{3-7}$$

【例 3 - 9】请将表 3 - 24 所示的产销不平衡运输问题转化为产销平衡运输问题。

表 3 - 24

产地	销地				产量
	B_1	B_2	B_3	B_4	
A_1	3	12	3	4	8
A_2	11	2	5	9	5
A_3	6	7	1	5	9
销量	4	3	5	6	

解：

这是一个产销不平衡运输问题，两个产地，三个销地，总产量 22，总销量 18。假想一个销地 B_5，销量为 4(22—18)，在表 3 - 24 中增加假想列 B_5，同时从两个产地到假想销地的运价为零。转化结果如表 3 - 25 所示。

表 3 - 25

产地	销地					产量
	B_1	B_2	B_3	B_4	B_5	
A_1	3	12	3	4	0	8
A_2	11	2	5	9	0	5
A_3	6	7	1	5	0	9
销量	4	3	5	6	4	

注意：在使用最小元素法确定初始方案时，仅考虑除假想列“0”以外的最小元素。

3.3.2　销量大于产量的运输问题

销量大于产量（$\sum b_j > \sum a_i$）的运输问题模型为：

$$\min S = \sum_{i=1}^{m} \sum_{j=1}^{n} c_{ij} x_{ij}$$

$$\begin{cases} \sum_{j=1}^{n} x_{ij} = a_i \\ \sum_{i=1}^{m} x_{ij} \leqslant b_j \\ x_{ij} \geqslant 0 (i = 1, 2, \cdots, m; j = 1, 2, \cdots, n) \end{cases} \tag{3-8}$$

转化方法如下：

假想一个产地，产量 $a_{m+1}=\sum b_j-\sum a_i$，运费为 M(M 为任意大的正数)。在用表上作业法求解时，在原表中增加 1 行。销量大于产量的运输问题模型可转化为：

$$\min S=\sum_{i=1}^{m+1}\sum_{j=1}^{n}c_{ij}x_{ij}$$

$$\begin{cases}\sum_{j=1}^{n}x_{ij}=a_i\\ \sum_{i=1}^{m+1}x_{ij}=b_j\\ x_{ij}\geqslant 0(i=1,2,\cdots,m+1;j=1,2,\cdots,n)\end{cases}\tag{3-9}$$

【例 3-10】 请将表 3-26 所示的产销不平衡运输问题转化为产销平衡运输问题。

表 3-26

产地	销地			产量
	B_1	B_2	B_3	
A_1	175	195	208	1 500
A_2	160	182	215	4 000
销量	3 500	1 100	2 400	

解：

运输问题中产量(5 500)小于销量(7 000)，因此可增加一个假想的产地 A_3，在表 3-26 中加入一行。事实上，不允许从假想的产地供应产品(如 $A_3\to B_1$，$A_3\to B_2$ 和 $A_3\to B_3$)，即三条路线禁运(或此路不通)，为避免这些运输路线的运量大于零，可添加运价 M 作为惩罚系数，则一旦从 A_3 向 B_1，B_2，B_3 运输产品时，该运输方案的费用无穷大，即无法获得最小费用的最优方案。转化后的运输问题如表 3-27 所示。

表 3-27

产地	销地			产量
	B_1	B_2	B_3	
A_1	175	195	208	1 500
A_2	160	182	215	4 000
A_3	M	M	M	1 500
销量	3 500	1 100	2 400	

思考：在【例 3-10】中，若 B_1 的需求量可减少 0～900，B_2 的需求量必须满足，B_3 的需求量不能少于 1 600，应如何将其转化为产销平衡运输问题？请画出产销平衡运输表。

3.4 转运问题

在实际问题中，常常会遇到这种情况，需要先将物品由产地运到某个中间转运站，然后再转运到目的地。有时，经过转化的运输方案比直接运到目的地的方案更加经济。如果假定 m 个产地 $A_1, A_2, \cdots, A_m$ 和 n 个销地 $B_1, B_2, \cdots, B_n$ 都可以作为中间转运站使用，那么发送物品的地点和接收物品的地点就变成了 $m+n$ 个。令 a_i 为第 i 个产地的产量（净供应量），b_j 为第 j 个销地的销量（净需求量），x_{ij} 为由第 i 个发送地运到第 j 个接收地的物品数量，c_{ij} 为由第 i 个发送地到第 j 个接收地的单位运价，c_i 为第 i 个地点转运单位物品的费用。若将产地和销地统一编号，产地在前，销地在后，则有：

$$a_{m+1} = a_{m+2} = \cdots = a_{m+n} = 0, b_1 = b_2 = \cdots = b_m = 0$$

若产销平衡，即有：

$$\sum_{i=1}^{n} a_i = \sum_{j=m+1}^{m+n} b_j = Q$$

运输表和运价表如表 3－28 和表 3－29 所示。

在不考虑转运费用时，可令 $c_i = 0 (i = 1, 2, \cdots, m+n)$。

表 3－28　运输表

发送		产地			销地			发送量
		1	⋯	m	$m+1$	⋯	$m+n$	
产地	1	x_{11}	⋯	x_{1m}	$x_{1,m+1}$	⋯	$x_{1,m+n}$	$Q+a_1$
	⋮	⋮		⋮	⋮		⋮	⋮
	m	x_{m1}	⋯	x_{mm}	$x_{m,m+1}$	⋯	$x_{m,m+n}$	$Q+a_m$
销地	$m+1$	$x_{m+1,1}$	⋯	$x_{m+1,m}$	$x_{m+1,m+1}$	⋯	$x_{m+1,m+n}$	Q
	⋮	⋮		⋮	⋮		⋮	⋮
	$m+n$	$x_{m+n,1}$	⋯	$x_{m+n,m}$	$x_{m+n,m+1}$	⋯	$x_{m+n,m+n}$	Q
销量		Q	⋯	Q	$Q+b_{m+1}$	⋯	$Q+b_{m+n}$	

表 3－29　运价表

发送		产地			销地			发送量
		1	⋯	m	$m+1$	⋯	$m+n$	
产地	1	$-c_1$	⋯	c_{1m}	$c_{1,m+1}$	⋯	$c_{1,m+n}$	$Q+a_1$
	⋮	⋮		⋮	⋮		⋮	⋮
	m	c_{m1}	⋯	$-c_m$	$c_{m,m+1}$	⋯	$c_{m,m+n}$	$Q+a_m$
销地	$m+1$	$c_{m+1,1}$	⋯	$c_{m+1,m}$	$-c_{m+1}$	⋯	$c_{m+1,m+n}$	Q
	⋮	⋮		⋮	⋮		⋮	⋮
	$m+n$	$c_{m+n,1}$	⋯	$c_{m+n,m}$	$c_{m+n,m+1}$	⋯	$-c_{m+n}$	Q
销量		Q	⋯	Q	$Q+b_{m+1}$	⋯	$Q+b_{m+n}$	

【例 3－11】某运输系统如图 3－2 所示，包括两个产地（A_1 与 A_2）、两个销地（B_1 与 B_2）和一个中间转运站（C），各产地的产量和各销地的销量用相应结点处箭线旁的数字表示，结点连线上的数字表示其间的运输单价，结点旁数字为该地的转运单价（不能直接到达，则用 M 表示运费），试确定最优运输方案。

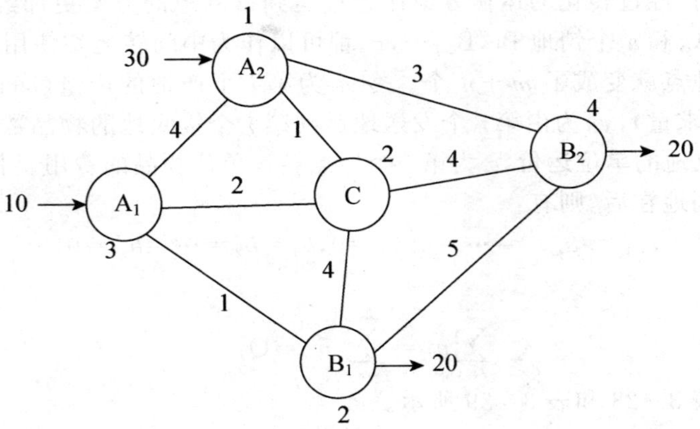

图 3-2

解：

根据题意，有 $a_{A_1}=10, a_{A_2}=30, a_C=a_{B_1}=a_{B_2}=0, b_{A_1}=b_{A_2}=b_C=0, b_{B_1}=20, b_{B_2}=20$，$Q=10+30=20+20=40$，根据表3-29计算发送量和接收量，列出运输表，如表3-30所示。

表 3-30

发送		产地		转运	销地		发送量
		A_1	A_2	C	B_1	B_2	
产地	A_1	-3	4	2	1	M	50
	A_2	4	-1	1	M	3	70
转运	C	2	1	-2	4	4	40
销地	B_1	1	M	4	-2	5	40
	B_2	M	3	4	5	-4	40
接收量		40	40	40	60	60	

用表上作业法求解(请读者自己完成)，最终结果如表3-31所示。

表 3-31

发送		产地		转运	销地		发送量
		A_1	A_2	C	B_1	B_2	
产地	A_1	40			10		50
	A_2		40	10		20	70
转运	C			30	10		40
销地	B_1				40		40
	B_2					40	40
接收量		40	40	40	60	60	

最优运输方案和费用如下：

最优运输方案 $A_1 \to B_1$：10，费用：10×1＝10；

最优运输方案 $A_2 \to B_2$：20，费用：20×3＝60；

最优运输方案 $A_2 \to C$：10，费用：10×1＝10；

最优运输方案 $C \to B_1$：10，费用：10×4＝40；

以上运输费用加上转运费用（经过 C 的转运量为 10，转运单位为 2，10×2＝20），得到总费用 140。

3.5　本章小结

在本章，应学会以下三方面内容：

（1）产销平衡运输问题模型和求解方法。

产销平衡运输问题具有特殊结构，基变量个数为 $m+n-1$，因此使用表上作业法求解。表上作业法包括三个步骤：首先确定初始方案，主要方法有最小元素法、西北角法和伏格尔法（要求坚持原则，始终如一）；然后检验运输方案（判优），主要有闭回路法和位势变量法；最后调整运输方案（使用闭回路法）。

（2）如何将产销不平衡运输问题转化为产销平衡运输问题。

对于产销不平衡运输问题，不能直接使用表上作业法求解，应首先将其转化为产销平衡运输问题后再使用表上作业法求解。对于产量大于销量的运输问题，假想一个销地，在表中增加一列，运价为零。对于销量大于产量的运输问题，假想一个产地，在表中增加一行，在真实产地调运时，运价为零；在假想产地调运时，运价无穷大，即禁止从假想产地向真实销地调运物品。

（3）有转运的运输问题。

此类问题有两点假设：①产地兼中转地的输出量超过输入量。比如设运到各产地的输入量都为 Q（Q 是大于或等于 a_i 总和的一个数），则产地 i 的输出量为 a_i+Q。②各销地的输入量超过输出量。比如设各销地的输出量为 Q，则销地 j 的输出量为 b_j+Q。另外，在求总费用时，应加上转运费用，即转运点旁数字与转运量的乘积。

3.6　课后习题

3-1　用表上作业法求解下列产销平衡运输问题，要求用伏格尔法确定初始方案，用闭回路法检验，用闭回路法调整。

（1）产销平衡运输问题如表 3-32 所示。

表 3-32

销地	产地			产量
	B_1	B_2	B_3	
A_1	5	8	7	30
A_2	4	6	9	45
销量	10	45	20	

(2) 产销平衡运输问题如表 3-33 所示。

表 3-33

产地	销地				产量
	B_1	B_2	B_3	B_4	
A_1	4	1	4	6	8
A_2	1	2	5	0	8
A_3	3	7	5	1	4
销量	6	5	6	3	

(3) 产销平衡运输问题如表 3-34 所示。

表 3-34

加工厂	门市部				产量
	B_1	B_2	B_3	B_4	
A_1	3	11	3	10	7
A_2	1	9	2	8	4
A_3	7	4	10	5	9
销量	3	6	5	6	

3-2　用表上作业法求解下列产销平衡运输问题,如表 3-35 和表 3-36 所示。

(1) 用最小元素法和西北角法确定初始方案,用闭回路法检验,用闭回路法调整。

表 3-35

产地	销地				产量
	B_1	B_2	B_3	B_4	
A_1	10	5	2	3	70
A_2	4	3	1	2	80
A_3	5	6	4	4	30
需求量	60	60	40	20	

(2) 用最小元素法和西北角法确定初始方案,用闭回路法和位势变量法检验,用闭回路法调整。

表 3-36

产地	销地				产量
	B_1	B_2	B_3	B_4	
A_1	5	3	8	6	16
A_2	10	7	12	15	24
A_3	17	4	8	9	30
需求量	20	25	10	15	

3－3　求解下面产销不平衡运输问题，如表 3－37 所示，要求首先将其转化为产销平衡运输问题，再用最小元素法确定初始方案，用位势变量法检验，用闭回路法调整。

表 3－37

产地	销地				产量
	B_1	B_2	B_3	B_4	
A_1	5	5	9	12	40
A_2	11	8	13	13	30
A_3	5	18	16	20	30
销量	5	15	35	50	

3－4　A，B，C 三个城市每年需分别供应电量 320，250，350 单位，由Ⅰ，Ⅱ两个电站提供，最大可供电量分别为 400，450 单位，单位费用如表 3－38 所示。由于需要量大于可供量，城市 A 的供应量可减少 0～30 单位，城市 B 的供应量不变，城市 C 的供应量不能少于 270 单位。试建立该问题数学模型并自选方法求解。

表 3－38

电站	城市			产量
	A	B	C	
Ⅰ	15	18	22	400
Ⅱ	21	25	16	450
销量	320	250	350	

3－5　某一运输系统如图 3－3 所示，包括产地 A_1，A_2，销地 B_1，B_2 和中间转运站 C，箭头数字表示产地产量或销地销量，连线数字表示运费，结点旁数字表示转运单价（不能直接到达，则用 M 表示运费）。

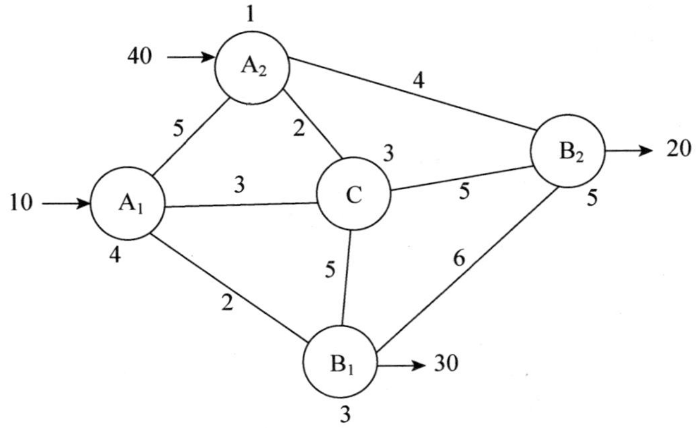

图 3－3

3.7 课后习题参考答案

第 3 章习题答案

第4章

整数规划

在前面提到的线性规划模型中，对决策变量没有特殊要求。但对于某些实际问题，要求变量的取值必须是整数，例如，机器的台数、工作的人数或装货的车数等，整数规划问题也由此产生，并在 1958 年高莫利提出割平面法之后形成独立分支。整数规划可以解决许多问题，如生产基地规划问题、项目投资选择问题、互斥约束问题、租赁问题、人员安排问题、背包问题、选址问题、指派问题等，不仅在工程设计和科学研究方面有许多应用，而且在计算机设计、系统可靠性分析、编码和经济分析等方面也有新的应用。整数规划(Integer Programming，IP)问题是要求全部或部分决策变量的取值必须为整数的线性规划或非线性规划问题，在本章中仅阐述线性整数规划问题。

导入案例

某航空公司最优飞行方案的制定

某航空公司经营 A,B,C 三个城市之间的航线，这些航线每天班机起飞与到达时间如表 4－0 所示，设飞机在机场停留的损失费用与停留时间的平方大致成正比，又每架飞机从降落到下一班起飞至少需要 2 小时的准备时间，请确定一个使停留的损失费用为最小的飞行方案。

表 4－0

航班号	起飞城市	起飞时间	到达城市	到达时间
101	A	09:00	B	12:00
102	A	10:00	B	13:00
103	A	15:00	B	18:00
104	A	20:00	C	24:00
105	A	22:00	C	02:00
106	B	04:00	A	07:00
107	B	11:00	A	14:00
108	B	15:00	A	18:00
109	C	07:00	A	11:00
110	C	15:00	A	19:00
111	B	13:00	C	18:00
112	B	18:00	C	23:00
113	C	15:00	B	20:00
114	C	07:00	B	12:00

4.1 整数规划问题与数学模型

4.1.1 纯整数规划问题

若全部决策变量取值都为整数,此类线性规划问题称为纯整数规划问题或全整数规划问题。

视频-4.1 整数规划问题与数学模型-1

【例 4-1】某企业利用材料和设备生产甲、乙两种产品,其工艺消耗系数和单台产品的获利能力如表 4-1 所示,问如何安排,利润最大?

表 4-1

产品	甲	乙	现有量/台
A	2	1	9
B	5	7	35
单台利润/元	6	5	

解:

设 x_1 为甲产品的台数,x_2 为乙产品的台数,则该问题模型为:

$$\max Z=6x_1+5x_2$$

$$s.t.\begin{cases}2x_1+x_2\leqslant 9\\5x_1+7x_2\leqslant 35\\x_1\geqslant 0,x_2\geqslant 0\text{ 且为整数}\end{cases}$$

4.1.2 0—1 整数规划问题

若要求决策变量的取值为 0 或 1,这类问题称 0—1 整数规划问题。

【例 4-2】登山队员在出发之前,需要考虑携带 7 种物品,每种物品的重量和重要性如表 4-2 所示,且每个队员最大负重为 25 千克,问选择携带哪些物品,重要性最大?

表 4-2

序号	1	2	3	4	5	6	7
物品	食品	氧气	冰镐	绳索	帐篷	相机	设备
重量/千克	5	5	2	6	12	2	4
重要性系数	20	15	18	14	8	4	10

解:

对于每一种物品,无非有两种状态:携带或不携带,因此不妨设:

$$x_j=\begin{cases}1,\text{携带第 } j \text{ 种物品}\\0,\text{不携带第 } j \text{ 种物品}\end{cases},\text{其中 } j=1,2,\cdots,7$$

则该 0—1 整数规划问题的模型为:

$$\max Z=20x_1+15x_2+18x_3+14x_4+8x_5+4x_6+10x_7$$

$$s.t.\begin{cases}5x_1+5x_2+2x_3+6x_4+12x_5+2x_6+4x_7\leqslant 25\\x_j=0\text{ 或 }1(j=1,2,\cdots,7)\end{cases}$$

4.1.3　混合整数规划问题

仅要求部分决策变量的取值为整数的线性规划问题,称为混合整数规划问题。

【例 4-3】 某产品有 n 个区域市场,各区域市场的需求量为 b_j 吨/月。现拟在 m 个地点中选址建生产厂,一个地方最多只能建一家工厂。若选 i 地建厂,生产能力为 a_i 吨/月,其运营固定费用为 F_i 元/月。已知从地址 i 至 j 区域市场的运价为 c_{ij} 元/吨,问如何选址和安排调运,可使总费用最小?

视频-4.1 整数规划问题与数学模型-2

解:

设从地址 i 至区域市场 j 的运输量为 x_{ij},同时设:

$$y_i=\begin{cases}1,\text{选择在 } i \text{ 址建厂}\\0,\text{不选择在 } i \text{ 址建厂}\end{cases}$$

其中 $i=1,2,\cdots,m$,$j=1,2,\cdots,n$,则该问题的数学模型为:

$$\min Z=\sum_{i=1}^{m}y_iF_i+\sum_{i=1}^{m}\sum_{j=1}^{n}c_{ij}x_{ij}$$

$$s.t.\begin{cases}\sum_{j=1}^{n}x_{ij}\leqslant y_ia_i\\\sum_{i=1}^{m}x_{ij}=b_j\\x_{ij}\geqslant 0,y_i=0\text{ 或 }1(i=1,2,\cdots,m;j=1,2,\cdots,n)\end{cases}$$

4.1.4　建模举例

视频-4.1 整数规划问题与数学模型-3

视频-4.1 整数规划问题与数学模型-4

视频-4.1 整数规划问题与数学模型-5

(1) 生产基地规划问题。

【例 4-4】 某公司拟建设 A,B 两种类型的生产基地若干个,每个基地占地面积、所需经费、建成后生产能力及现有资源情况如表 4-3 所示,问 A,B 两种类型的生产基地各建设多少个,可使总生产能力最大?

表 4-3

生产基地类型	A	B	资源限制
占地/平方米	2	5	13
费用/万元	5	4	24
生产能力/(百件·年$^{-1}$)	20	10	

解:

设A,B两种类型的生产基地各建设 x_1,x_2 个,则其模型为:

$$\max Z=20x_1+10x_2$$

$$s.t.\begin{cases}2x_1+5x_2\leqslant 13\\5x_1+4x_2\leqslant 24\\x_1\geqslant 0,x_2\geqslant 0\text{ 且为整数}\end{cases}$$

(2) 人员安排问题。

【例4-5】某服务部门各时段(2小时一时段)需要服务员人数如表4-4所示,服务员连续工作8小时(4个时段)为一班。问如何安排服务员的工作时间,可使服务员总数最少?

表4-4

时段	1	2	3	4	5	6	7	8
服务员最少数量/人	10	8	9	11	13	8	5	3

解:

设第 j 时段开始时上班的服务员人数为 x_j,第 j 时段来上班的服务员将在第 $j+3$ 时段结束时下班,故决策变量只有 x_1,x_2,x_3,x_4 和 x_5,则其模型为:

$$\min Z=x_1+x_2+x_3+x_4+x_5$$

$$s.t.\begin{cases}x_1\geqslant 10\\x_1+x_2\geqslant 8\\x_1+x_2+x_3\geqslant 9\\x_1+x_2+x_3+x_4\geqslant 11\\x_2+x_3+x_4+x_5\geqslant 13\\x_3+x_4+x_5\geqslant 8\\x_4+x_5\geqslant 5\\x_5\geqslant 3\\x_j\geqslant 0\text{ 且为整数}(j=1,2,\cdots,5)\end{cases}$$

(3) 项目投资选择问题。

【例4-6】现有600万元,计划投资5个项目,每个项目收益如表4-5所示,求利润最大的投资方案。

表4-5

项目	投资额/万元	项目收益/万元	约束条件
Ⅰ	210	160	项目Ⅰ,Ⅱ,Ⅲ中只能选择一项; 项目Ⅲ,Ⅳ中只能选择一项; 选择项目Ⅴ,必先选择项目Ⅰ
Ⅱ	300	210	
Ⅲ	150	60	
Ⅳ	130	80	
Ⅴ	260	180	

解：

设变量为 $x_j, j=1,2,\cdots,5$。

$$x_j=\begin{cases}0, \text{不选择第 } j \text{ 个项目}\\1, \text{选择第 } j \text{ 个项目}\end{cases}$$

则其模型为：

$$\max Z=160x_1+210x_2+60x_3+80x_4+180x_5$$

$$s.t.\begin{cases}210x_1+300x_2+150x_3+130x_4+260x_5\leqslant 600\\x_1+x_2+x_3=1\\x_3+x_4=1\\x_1-x_5\geqslant 0\\x_j=0 \text{ 或 } 1(j=1,2,\cdots,5)\end{cases}$$

本题难点在于确定约束条件"$x_1\geqslant x_5$"，即选择项目Ⅴ，必先选择项目Ⅰ，如表 4 - 6 所示。

表 4 - 6

可能的选择	x_1 和 x_5 的取值		x_1 和 x_5 的比较
①选择项目Ⅰ，选择项目Ⅴ	$x_1=1$	$x_5=1$	$x_1=x_5$
②选择项目Ⅰ，不选择项目Ⅴ	$x_1=1$	$x_5=0$	$x_1>x_5$
③不选择项目Ⅰ，不选择项目Ⅴ	$x_1=0$	$x_5=0$	$x_1=x_5$
综合情况①②③的三种结果	$x_1\geqslant x_5$		

（4）互斥约束问题。

【例 4 - 7】某企业拟建热力车间，供热材料可以选择煤或天然气。若用煤加热，约束条件为 $4x_1+5x_2\leqslant 200$；若用天然气加热，约束条件为 $3x_1+5x_2\leqslant 180$。管理人员针对热力车间的建设问题建立了相关数学模型，但缺少关于供热材料的约束条件，原因是关于供热材料的选择尚未确定，且只能在两种材料中选择一种。请根据已知条件增加供热材料的约束条件。

解：

根据题意可知，只能在煤和天然气中选择一种作为供热材料，因此题中所给的两个约束条件是互相排斥的。对于此类问题，可做数学上的处理。设变量为 y，即

$$y=\begin{cases}0, \text{若采用天然气加热}\\1, \text{若采用煤加热}\end{cases}$$

同时引入 M（M 为任意大的正数），则约束条件为：

$$\begin{cases}4x_1+5x_2\leqslant 200+(1-y)M\\3x_1+5x_2\leqslant 180+yM\end{cases}$$

从模型中可以看出，当采用煤加热时，$y=1$，则约束条件"$4x_1+5x_2\leqslant 200$"起作用，约束条件"$3x_1+5x_2\leqslant 180+yM$"失效。当采用天然气加热时，$y=0$，则约束条件"$3x_1+5x_2\leqslant 180$"起作用，约束条件"$4x_1+5x_2\leqslant 200+(1-y)M$"失效。

（5）租赁问题。

【例 4 - 8】某服装公司租用生产线拟生产 T 恤、衬衫和裤子，已知每种产品的资源消耗、售价、成本以及生产线租金等数据如表 4 - 7 所示，若每年可使用劳动力 8 200 h，布料 8 800 m^2，问如何安排，才能使利润最大？

表 4-7

产品	T恤	衬衫	裤子
劳动力/h	3	2	6
布料/m^2	0.8	1.1	1.5
售价/元	250	400	600
可变成本/元	100	180	300
生产线租金/万元	20	15	10

解:

设第 j 种服装生产量为 x_j,同时

$$y_j=\begin{cases}0,\text{不租用第 } j \text{ 条生产线}\\1,\text{租用第 } j \text{ 条生产线}\end{cases},\text{其中 } j=1,2,3$$

则其模型为:

$$\max Z=150x_1+220x_2+300x_3-200\ 000y_1-150\ 000y_2-100\ 000y_3$$

$$\begin{cases}3x_1+2x_2+6x_3\leqslant 8\ 200\\0.8x_1+1.1x_2+1.5x_3\leqslant 8\ 800\\x_1\leqslant My_1\\x_2\leqslant My_2\\x_3\leqslant My_3\\x_1,x_2,x_3\geqslant 0\text{ 且为整数}\\y_1,y_2,y_3=0\text{ 或 }1\\M\text{ 为任意大的正数}\end{cases}$$

在建立模型时,容易出现的错误是缺少约束条件 $x_j\leqslant My_j$ $(j=1,2,3)$,此约束条件是为了防止出现 $x_j>0$ 且 $y_j=0$ 的情况。例如,生产T恤,$x_1>0$,此时一定租用生产线,即 $y_1=1$,如果 $y_1=0$,则不能满足约束条件 $x_1\leqslant My_1$。

(6) 指派问题。

【例 4-9】甲、乙、丙、丁四个人都能完成A,B,C,D四项任务,一项任务只能由一个人完成,一个人只能完成一项任务,每个人完成各项任务的时间各不相同,如表 4-8 所示,问如何指派,花费的总时间最短?

表 4-8

任务	A	B	C	D
甲	3	5	8	4
乙	6	8	5	4
丙	2	5	8	5
丁	9	2	5	2

解:

引入 0—1 变量 x_{ij},即

$$x_{ij}=\begin{cases}0,\text{不指派第 } i \text{ 个人完成第 } j \text{ 项任务}\\1,\text{指派第 } i \text{ 个人完成第 } j \text{ 项任务}\end{cases},\text{其中},i=1,2,3,4;j=1,2,3,4$$

分析过程如下：

① 完成任务所花费的总时间为：

$$Z=3x_{11}+5x_{12}+8x_{13}+4x_{14}+6x_{21}+8x_{22}+5x_{23}+4x_{24}+2x_{31}+5x_{32}+8x_{33}+5x_{34}+9x_{41}+2x_{42}+5x_{43}+2x_{44}$$

② 一项任务只能由一个人完成。

$x_{11}+x_{21}+x_{31}+x_{41}=1$；$x_{12}+x_{22}+x_{32}+x_{42}=1$；$x_{13}+x_{23}+x_{33}+x_{43}=1$；$x_{14}+x_{24}+x_{34}+x_{44}=1$

③ 一个人只能完成一项任务。

$x_{11}+x_{12}+x_{13}+x_{14}=1$；$x_{21}+x_{22}+x_{23}+x_{24}=1$；$x_{31}+x_{32}+x_{33}+x_{34}=1$；$x_{41}+x_{42}+x_{43}+x_{44}=1$

则该问题的数学模型为：

$$\min Z=3x_{11}+5x_{12}+8x_{13}+4x_{14}+6x_{21}+8x_{22}+5x_{23}+4x_{24}+2x_{31}+5x_{32}+8x_{33}+5x_{34}+9x_{41}+2x_{42}+5x_{43}+2x_{44}$$

$$s.t.\begin{cases} x_{11}+x_{21}+x_{31}+x_{41}=1 \\ x_{12}+x_{22}+x_{32}+x_{42}=1 \\ x_{13}+x_{23}+x_{33}+x_{43}=1 \\ x_{14}+x_{24}+x_{34}+x_{44}=1 \\ x_{11}+x_{12}+x_{13}+x_{14}=1 \\ x_{21}+x_{22}+x_{23}+x_{24}=1 \\ x_{31}+x_{32}+x_{33}+x_{34}=1 \\ x_{41}+x_{42}+x_{43}+x_{44}=1 \\ x_{ij}=0 \text{ 或 } 1(i=1,2,3,4;j=1,2,3,4) \end{cases}$$

4.2　整数规划问题求解方法

4.2.1　舍入化整法与穷举整数法

视频-4.2.1 整数规划问题求解-1-舍入化整法

舍入化整法采用类似四舍五入的方法对整数规划问题求解。对于【例 4－1】的模型，可以用舍入化整法求解，步骤如下：

① 求出对应松弛问题的最优解。所谓松弛问题，是指整数规划问题有决策变量解除整数限制后的线性规划问题（某一整数规划对应的线性规划问题称为松弛问题，即不考虑决策变量整数限制的整数规划问题）。本例可使用图解法求解，结果如图 4－1 所示。

对于本例，松弛问题的最优解为 $\boldsymbol{X}^*=(28/9,25/9)^{\mathrm{T}}$，$Z^*=293/9$。

② 对松弛问题的最优解做四舍五入处理。显然，当 $x_1=3$，$x_2=3$ 时，不满足约束条件"$5x_1+7x_2\leqslant 35$"，因此不可行。

③ 对变量依次取值。

对于"$x_1=3,x_2=2,Z=28$"，满足约束条件，是可行解。

对于"$x_1=4,x_2=1,Z=29$"，满足约束条件，是最优解。

虽然，从数学模型上看，整数规划是线性规划的一种特殊形式，求解只需在线性规划的基础上,通过舍入化整,寻求满足整数要求的解,但实际上两者却有很大的不同,通过舍入化整得到的整数解也不一定就是最优解,有时甚至不能保证所得到的解是整数可行解。因此,舍入化整法并不是对整数规划问题对应松弛问题的最优解进行四舍五入就可以获得的。

穷举整数法是指找出松弛问题所有的整数解并通过比较函数值获得最优解的方法。对于【例 4-1】的模型,可以用穷举整数法求解,步骤①与舍入化整法相同,在此基础上列出所有整数可行解(包括可行域边界),然后比较函数值,在 D 点获得最优解,如图 4-2 所示。

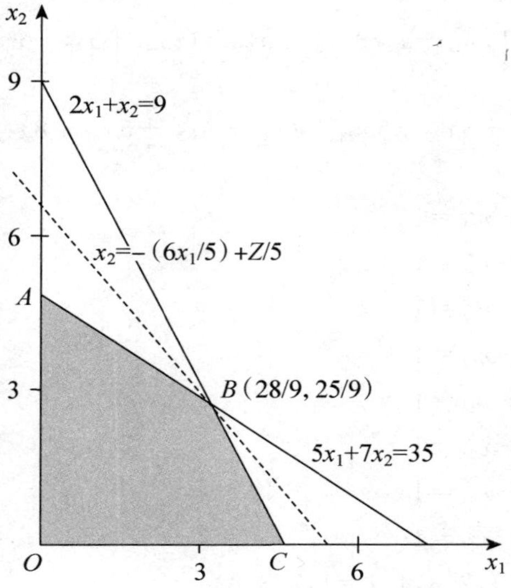

图 4-1

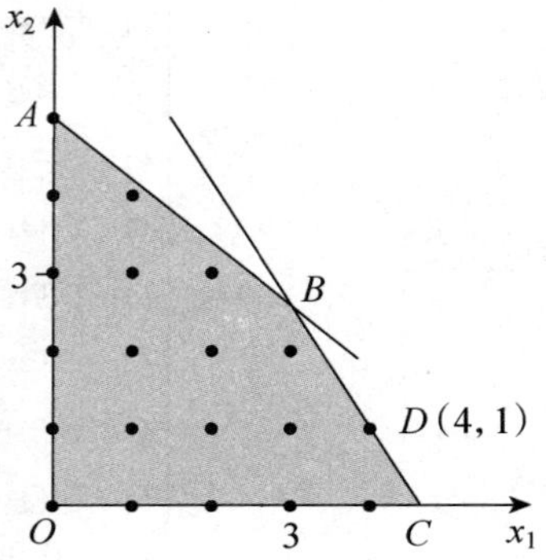

图 4-2

4.2.2 分枝定界法

分枝定界法(Branch and Bound)是求解整数规划问题的常用方法。这种方法不但可以求解纯整数规划问题,还可以求解混合整数规划问题。用分枝定界法(分支定界法)求解整数规划问题的基本思路是,在松弛问题的可行域中寻找使目标函数值达到最优的整数解,这种思路依据下面的定理:

视频-4.2.2 整数规划问题求解-2-分枝定界法

定理: 对于某一求 max(或 min)的整数规划问题,其目标函数最优值不超过(低于)其松弛问题的目标函数最优值。

【例 4-10】 用分枝定界法求解【例 4-1】的整数规划问题模型。

解:

第一步,第一次定界。不考虑整数限制,求出整数规划问题对应松弛问题的最优解,若符合整数要求,则是整数规划问题的最优解,计算结束。否则进行第二步,同时将松弛问题最优解所对应的目标函数值作为整数规划问题的最优目标函数的上界,因变量取值非负,因此将零作为下界。

第二步,第一次分枝。对于松弛问题最优解中取值非整数的变量,一般选择对应系数较大的进行分枝。在【例 4-1】中,x_1 的系数为 6,大于 x_2 的系数,且 $x_1^*=28/9$,则分枝结果为 $x_1\leqslant 3$,$x_1\geqslant 4$。然后将“$x_1\leqslant 3$”和“$x_1\geqslant 4$”作为约束条件加入松弛问题的模型(4-1)中求解,求解结果如

图 4-3 所示，原可行域划分为两个区域，在“$3<x_1<4$”区域，没有整数解，故删去。两个区域分别为 LP_1 和 LP_2，最优解分别为：$\boldsymbol{X}^{(1)}=(3,20/7)^T$，$Z^{(1)}=226/7$；$\boldsymbol{X}^{(2)}=(4,1)^T$，$Z^{(2)}=29$。

$$LP_1:\ \max Z=6x_1+5x_2 \quad s.t.\begin{cases}5x_1+7x_2\leqslant 35\\2x_1+x_2\leqslant 9\\x_1\leqslant 3\\x_1,x_2\geqslant 0\end{cases} \qquad LP_2:\ \max Z=6x_1+5x_2 \quad s.t.\begin{cases}5x_1+7x_2\leqslant 35\\2x_1+x_2\leqslant 9\\x_1\geqslant 4\\x_1,x_2\geqslant 0\end{cases} \tag{4-1}$$

第三步，第二次定界。由于 $Z^{(1)}>Z^{(2)}$，因此上界为 226/7（大于 32）。若分枝后求出整数解，则该整数解对应的目标函数值作为下界（本题中为 29）。由于 29 小于 32，说明还没有找到最优整数解，需要进一步分枝。需要说明的是，在分枝定界的过程中，上界始终为松弛问题的最优解对应的目标函数值，且逐渐减小；下界始终为整数可行解对应的目标值，且逐渐增加，当上界和下界相等时，整数规划问题达到最优。

第四步，第二次分枝。由于 LP_2 已经得到整数解，因此需要对 LP_1 进行分枝。在 LP_1 中，x_1 的取值已是整数(3)，故只需要对 x_2(20/7)进行分枝，见模型(4-2)和图 4-4。

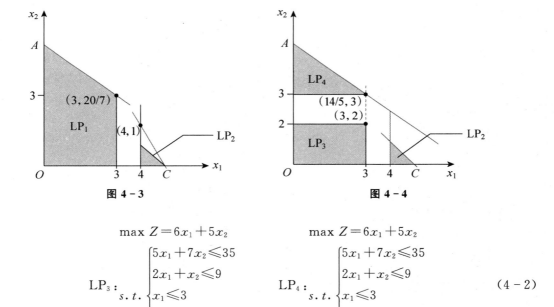

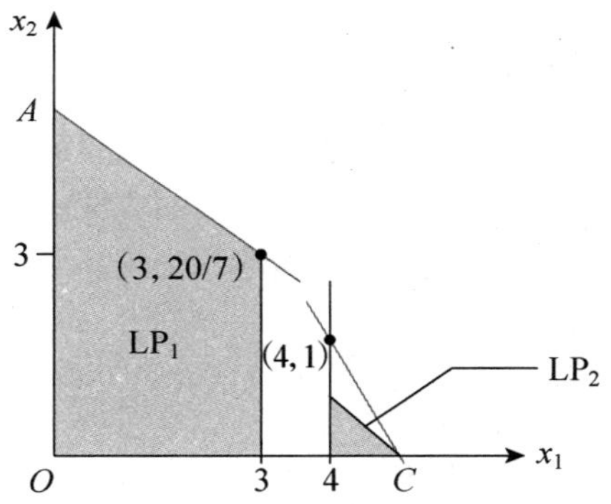

图 4-3

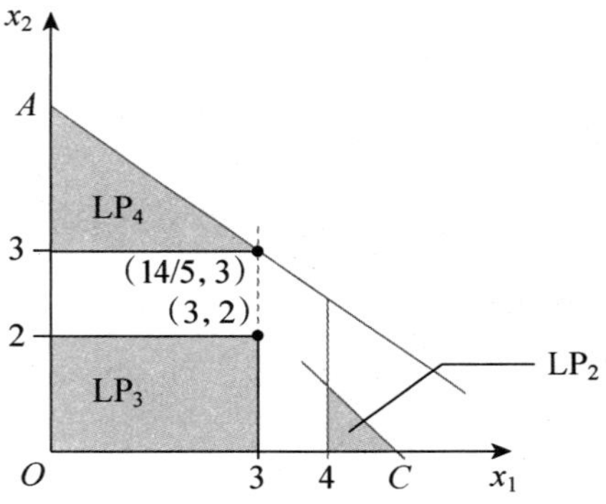

图 4-4

$$LP_3:\ \max Z=6x_1+5x_2 \quad s.t.\begin{cases}5x_1+7x_2\leqslant 35\\2x_1+x_2\leqslant 9\\x_1\leqslant 3\\x_2\leqslant 2\\x_1,x_2\geqslant 0\end{cases} \qquad LP_4:\ \max Z=6x_1+5x_2 \quad s.t.\begin{cases}5x_1+7x_2\leqslant 35\\2x_1+x_2\leqslant 9\\x_1\leqslant 3\\x_2\geqslant 3\\x_1,x_2\geqslant 0\end{cases} \tag{4-2}$$

LP_1 分为 LP_3 和 LP_4，最优解分别为：$\boldsymbol{X}^{(3)}=(3,2)^T$，$Z^{(3)}=28$；$\boldsymbol{X}^{(4)}=(14/5,3)^T$，$Z^{(4)}=159/5$。

第五步，第三次定界。由于 $Z^{(1)}>Z^{(4)}>Z^{(3)}$，因此上界为 159/5，下界不变。

第六步，第三次分枝。由于 LP_3 已经得到整数解，只需要对 LP_4 进行分枝。在 LP_4 中，x_2 的取值已是整数(3)，故只需要对 x_2(14/5)进行分枝，过程可见模型(4-3)和图 4-5。LP_4 分解为两个区域 LP_5 和 LP_6，LP_5 的最优解为：$\boldsymbol{X}^{(5)}=(2,25/7)^T$，$Z^{(5)}=209/7$；对于 LP_6，点(3,3)不在松弛问题的可行域内，因此无可行解。

$$\mathrm{LP}_5:\ \max Z=6x_1+5x_2\quad s.t.\begin{cases}5x_1+7x_2\leqslant 35\\2x_1+x_2\leqslant 9\\x_1\leqslant 3\\x_2\geqslant 3\\x_1\leqslant 2\\x_1,x_2\geqslant 0\end{cases}\qquad \mathrm{LP}_6:\ \max Z=6x_1+5x_2\quad s.t.\begin{cases}5x_1+7x_2\leqslant 35\\2x_1+x_2\leqslant 9\\x_1\leqslant 3\\x_2\geqslant 3\\x_1\geqslant 3\\x_1,x_2\geqslant 0\end{cases}\tag{4-3}$$

第七步,第四次定界。由于 $Z^{(5)}>Z^{(3)}$,因此上界为 209/7。由于 LP_5 没有得到整数解,下界仍为 29。

第八步,第四次分枝。对 LP_5 进行分枝,在 LP_5 中,x_1 的取值已是整数(2),故只需要对 x_2(25/7)进行分枝,过程可见模型(4-4)和图 4-6。LP_5 分解为两个区域 LP_7 和 LP_8,最优解分别为:$\boldsymbol{X}^{(7)}=(2,3)^{\mathrm{T}}$,$Z^{(7)}=27$;$\boldsymbol{X}^{(8)}=(7/5,4)^{\mathrm{T}}$,$Z^{(8)}=142/5$。

$$\mathrm{LP}_7:\ \max Z=6x_1+5x_2\quad s.t.\begin{cases}5x_1+7x_2\leqslant 35\\2x_1+x_2\leqslant 9\\x_1\leqslant 3\\x_2\geqslant 3\\x_1\leqslant 2\\x_2\leqslant 3\\x_1,x_2\geqslant 0\end{cases}\qquad \mathrm{LP}_8:\ \max Z=6x_1+5x_2\quad s.t.\begin{cases}5x_1+7x_2\leqslant 35\\2x_1+x_2\leqslant 9\\x_1\leqslant 3\\x_2\geqslant 3\\x_1\leqslant 2\\x_2\geqslant 4\\x_1,x_2\geqslant 0\end{cases}\tag{4-4}$$

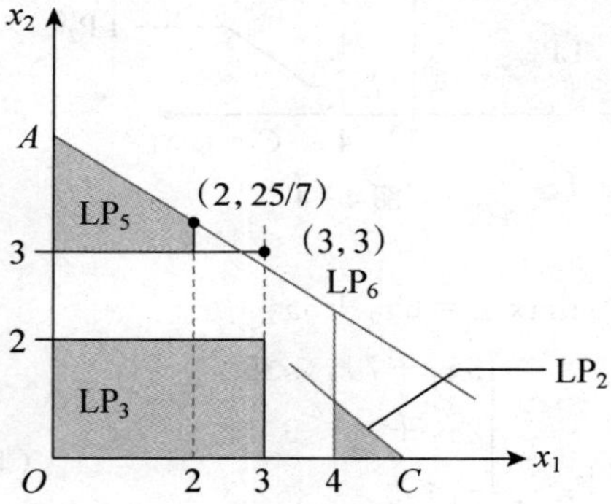

图 4-5

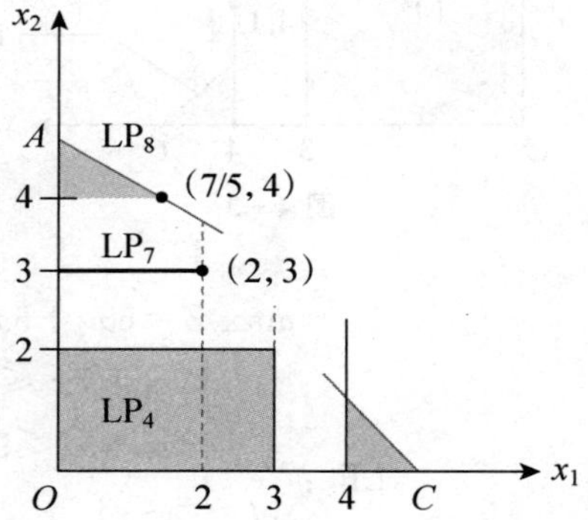

图 4-6

第九步,第五次定界。由于 $Z^{(2)}>Z^{(8)}$,因此上界为 29,下界仍为 29,此时该整数规划问题得到唯一最优解:$\boldsymbol{X}^*=(4,1)^{\mathrm{T}}$,$Z^*=29$,分枝定界过程如图 4-7 所示。

现将分枝定界法求解步骤总结如下:

步骤 1:整数规划问题为 A,其松弛问题为 B,设定问题 A(max)的初始下界(min 问题为上界)。

步骤 2:求解问题 B,有三种情况:

(a)B 无可行解,此时问题 A 也无可行解,停止。

(b)B 有最优解且为整数,则问题 B 的最优解就是问题 A 的最优解,停止。

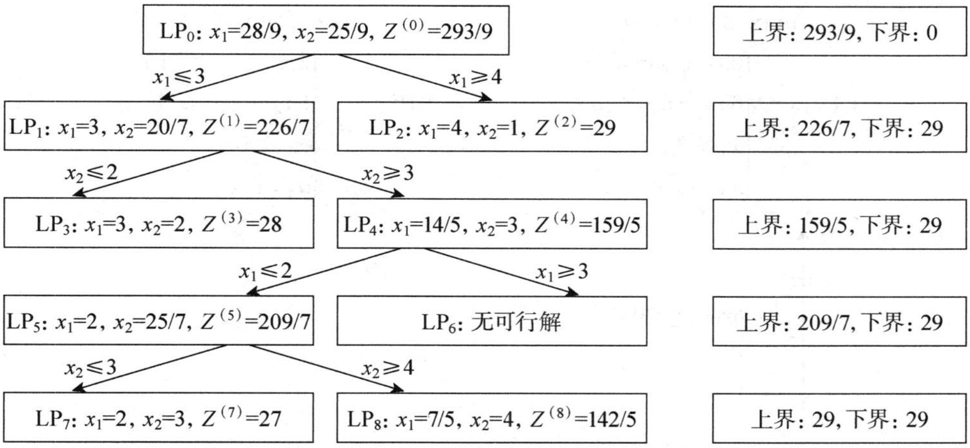

图 4－7

(c)B 有最优解但不是整数，设目标函数值为问题 A 的上(下)界，转入步骤 3。

步骤 3：分枝、定界。

步骤 4：比较、剪枝。

步骤 5：重复步骤 3 和 4，直至求出最优整数解。

对于整数规划问题，经常会出现最优整数解不唯一的情况，因此分枝一定要彻底。

【例 4－11】 用分枝定界法求解下面整数规划问题。

$$\max Z = x_1 + x_2$$

$$s.t.\begin{cases} 2x_1 + 5x_2 \leqslant 16 \\ 6x_1 + 5x_2 \leqslant 30 \\ x_1, x_2 \geqslant 0 \text{ 且为整数} \end{cases}$$

解：

用图解法求解松弛问题，如图 4－8 所示，最优解为：$\boldsymbol{X}^* = (7/2, 9/5)^{\mathrm{T}}$，$Z^* = 53/10$。上界为 53/10，下界为 0。第一次分枝，如图 4－8 所示，LP_1 最优解为：$\boldsymbol{X}^{(1)} = (3,2)^{\mathrm{T}}$，$Z^{(1)} = 5$；$LP_2$ 最优解为：$\boldsymbol{X}^{(2)} = (4, 6/5)^{\mathrm{T}}$，$Z^{(2)} = 26/5$。上界为 26/5，下界为 5。分枝定界过程可见模型(4－5)和图 4－9。

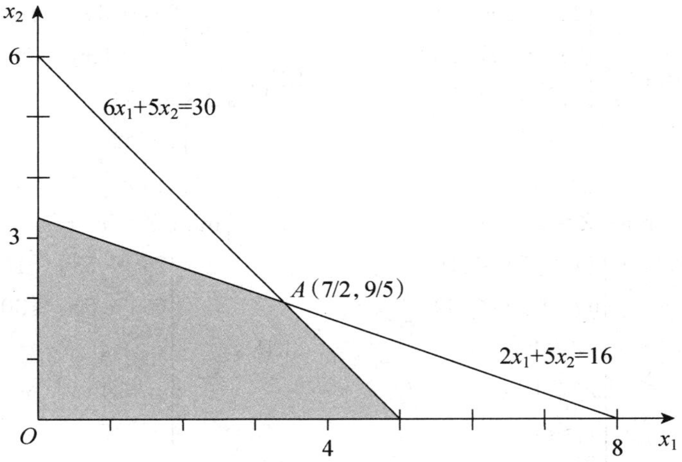

图 4－8

$$\mathrm{LP}_1:\ \max Z=x_1+x_2 \quad s.t.\begin{cases}2x_1+5x_2\leqslant 16\\6x_1+5x_2\leqslant 30\\x_1\leqslant 3\\x_1,x_2\geqslant 0\end{cases}\qquad \mathrm{LP}_2:\ \max Z=x_1+x_2 \quad s.t.\begin{cases}2x_1+5x_2\leqslant 16\\6x_1+5x_2\leqslant 30\\x_1\geqslant 4\\x_1,x_2\geqslant 0\end{cases} \tag{4-5}$$

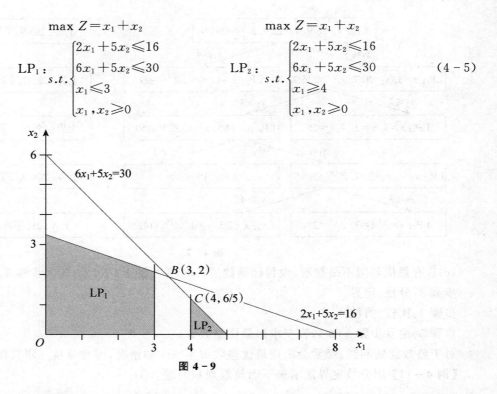

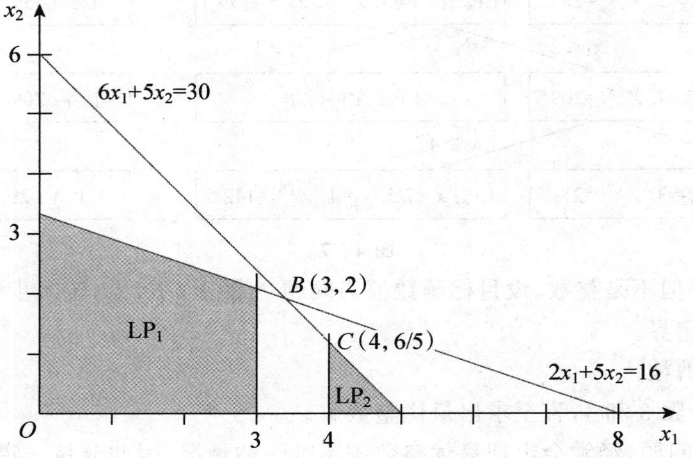

图 4-9

第一次分枝得到整数解和目标函数值 5，同时上界为 26/5(5.2)，即最优目标函数值不超过 5，可以判断此时已经获得最优整数解。此时，计算尚未结束，只有当上界和下界相等并且同为整数时，计算才结束。

第二次分枝(对 LP_2)。如图 4-10 所示，LP_3 最优解为：$\boldsymbol{X}^{(3)}=(25/6,1)^{\mathrm{T}}$，$Z^{(3)}=31/6$；$\mathrm{LP}_4$ 无可解。上界为 31/6，下界为 5。分枝定界过程可见模型(4-6)和图 4-10。

第三次分枝(对 LP_3)。LP_5 最优解为：$\boldsymbol{X}^{(5)}=(4,1)^{\mathrm{T}}$，$Z^{(5)}=5$；$\mathrm{LP}_6$ 最优解为：$\boldsymbol{X}^{(6)}=(5,0)^{\mathrm{T}}$，$Z^{(6)}=5$。上界为 5，下界为 5，见模型(4-7)和图 4-11，分枝定界过程如图 4-12 所示。因此该问题最优整数解不唯一，$\boldsymbol{X}^{(1)*}=(3,2)^{\mathrm{T}}$，$\boldsymbol{X}^{(2)*}=(4,1)^{\mathrm{T}}$，$\boldsymbol{X}^{(3)*}=(5,0)^{\mathrm{T}}$，$Z^*=5$。

$$\mathrm{LP}_3:\ \max Z=x_1+x_2 \quad s.t.\begin{cases}2x_1+5x_2\leqslant 16\\6x_1+5x_2\leqslant 30\\x_1\geqslant 4\\x_2\leqslant 1\\x_1,x_2\geqslant 0\end{cases}\qquad \mathrm{LP}_4:\ \max Z=x_1+x_2 \quad s.t.\begin{cases}2x_1+5x_2\leqslant 16\\6x_1+5x_2\leqslant 30\\x_1\geqslant 4\\x_2\geqslant 2\\x_1,x_2\geqslant 0\end{cases} \tag{4-6}$$

$$\mathrm{LP}_5:\ \max Z=x_1+x_2 \quad s.t.\begin{cases}2x_1+5x_2\leqslant 16\\6x_1+5x_2\leqslant 30\\x_1\geqslant 4\\x_2\leqslant 1\\x_1\leqslant 4\\x_1,x_2\geqslant 0\end{cases}\qquad \mathrm{LP}_6:\ \max Z=x_1+x_2 \quad s.t.\begin{cases}2x_1+5x_2\leqslant 16\\6x_1+5x_2\leqslant 30\\x_1\geqslant 4\\x_2\leqslant 1\\x_1\geqslant 5\\x_1,x_2\geqslant 0\end{cases} \tag{4-7}$$

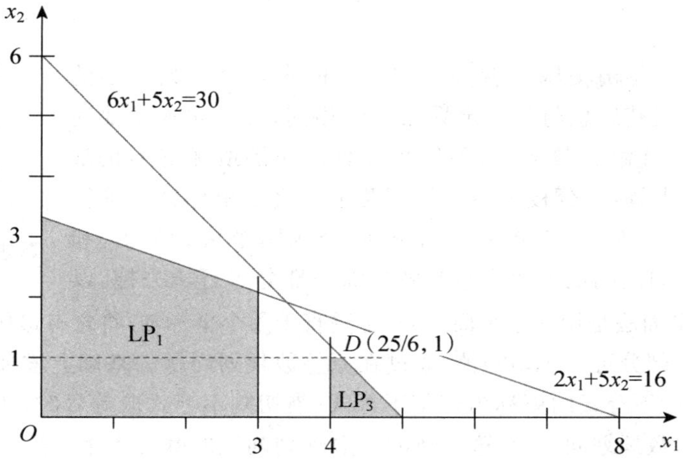

图 4 - 10

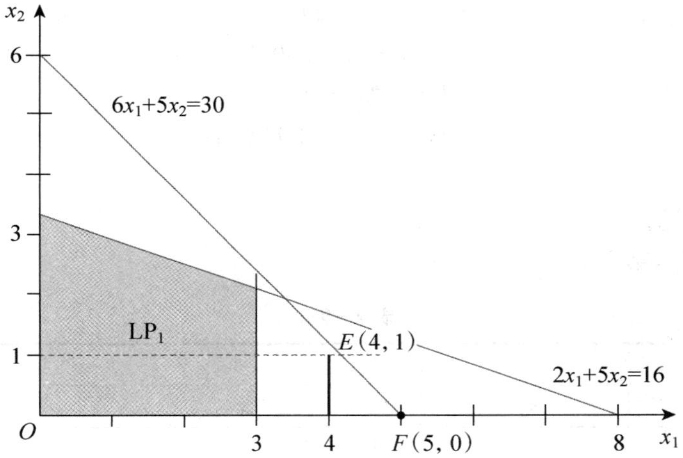

图 4 - 11

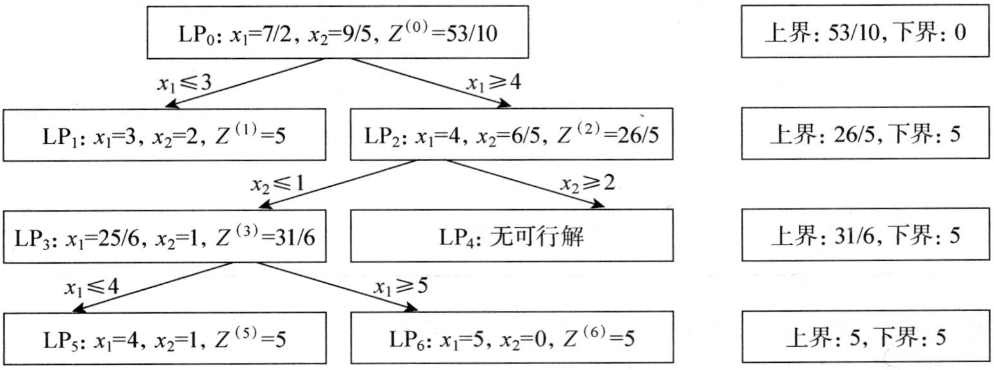

图 4 - 12

4.2.3 割平面法

割平面法是 1958 年由美国学者高莫利提出的求解全整数规划的一种比较简单的方法,其思想与分枝定界法大致相同,都是先求松弛问题的最优解。如果最优解为整数解,则停止计算。如果最优解不是整数解,可用两种方法求解:①分枝定界法是用两个垂直于坐标轴的平行平面 $x_k=[b_k]$ 和 $x_k=[b_k]+1$ 将原可行域 R 分成两个可行域 R_1 和 R_2,并将两个平行平面之间的不含有整数解的那一部分可行域去掉,以缩小可行域。②割平面法是用一张平面(不一定垂直于某个坐标轴)将含有最优解的点但不含任何整数可行解的那一部分可行域切割掉,通过在原整数规划问题的基础上增加适当的线性不等式约束来实现,该线性不等式约束称为切割不等式,当切割不等式取等号时,叫作割平面。然后继续求解这个新的整数规划问题,在这个新的整数规划问题的基础上增加适当的线性不等式约束,直至求得最优整数解为止。需要指出的是,割平面约束可能不是一次就可以找到的。

视频-4.2.3 整数规划问题求解-3-割平面法

【例 4-12】用割平面法求解下面整数规划问题。

$$\max Z=4x_1+3x_2$$

$$s.t.\begin{cases}6x_1+4x_2\leqslant 30\\ x_1+2x_2\leqslant 10\\ x_1,x_2\geqslant 0 \text{ 且为整数}\end{cases}$$

解:

① 求解松弛问题。

用单纯形法求解,结果如表 4-9 所示。

表 4-9

	c_j		4	3	0	0
C_B	X_B	b	x_1	x_2	x_3	x_4
0	x_3	30	6	4	1	0
0	x_4	10	1	2	0	1
	σ_j		4	3	0	0
4	x_1	5	1	2/3	1/6	0
0	x_4	5	0	4/3	−1/6	1
	σ_j		0	1/3	−2/3	0
4	x_1	5/2	1	0	1/4	−1/2
3	x_2	15/4	0	1	−1/8	3/4
	σ_j		0	0	−5/8	−1/4

松弛问题最优解为:$\boldsymbol{X}^*=(5/2,15/4,0,0)^{\mathrm{T}}$,$Z^*=85/4$。

② 寻找割平面约束。

在最终单纯形表中找到任意一个约束条件,如“$x_1+0x_2+(1/4)x_3-(1/2)x_4=5/2$”,将此约束等式划分为整数和非整数部分,转化过程如下:

$$x_1+(1/4)x_3+(-1+1/2)x_4=2+1/2$$
$$x_1-x_4-2=1/2-(x_3/4+x_4/2)$$

思考:等式左端在什么条件下有可能为整数?

当等式右端的 $x_3/4+x_4/2$ 取值分别是 $1/2,(0,1/2)$ 和 $(1/2,\infty)$ 时,等式左端的取值范围分别为"$=0$"">0"和"<0",如模型(4-8)和(4-9)所示。

$$\frac{1}{4}x_3+\frac{1}{2}x_4=\begin{cases}1/2\\(0,1/2)\\(1/2,\infty)\end{cases} \tag{4-8}$$

$$x_1-x_4-2\rightarrow\begin{cases}=0\\>0\\<0\end{cases} \tag{4-9}$$

模型(4-8)左端若为整数,则需 $1/2-(x_3/4+x_4/2)\leqslant 0$,即 $-x_3/4-x_4/2\leqslant -1/2$,标准化后变为 $-x_3/4-x_4/2+x_5=-1/2$,这就是割平面约束。将割平面约束添加到最终单纯形表中,继续求解,过程如表 4-10 所示,可知该整数规划问题最优解为:$\boldsymbol{X}^*=(3,3,0,1,0)^{\mathrm{T}}$,$Z^*=21$。

表 4-10

c_j			4	3	0	0	0
$\boldsymbol{C_B}$	$\boldsymbol{X_B}$	$\boldsymbol{b}$	x_1	x_2	x_3	x_4	x_5
4	x_1	5/2	1	0	1/4	−1/2	0
3	x_2	15/4	0	1	−1/8	3/4	0
0	x_5	−1/2	0	0	−1/4	1/2	1
σ_j			0	0	−5/8	−1/4	0
4	x_1	3	1	0	1/2	0	−1
3	x_2	3	0	1	−1/2	0	3/2
0	x_4	1	0	0	1/2	1	−2
σ_j			0	0	−1/2	0	−1/2

割平面法求解步骤总结:

① 用单纯形法求解松弛问题;

② 在松弛问题最终单纯形表中任选一约束条件,构造新的约束条件(割平面约束);

③ 将新的约束条件加入最终单纯形表中,直至求得最优整数解。

对于本题,割平面约束"$-x_3/4-x_4/2\leqslant -1/2$",可变形为"$x_3+2x_4\geqslant 2$",再将松弛问题原约束"$6x_1+4x_2+x_3=30$"和"$x_1+2x_2+x_4=10$"代入"$x_3+2x_4\geqslant 2$"中,可得"$x_1+x_2\leqslant 6$"(割平面约束),因此原整数规划问题可转化为模型(4-10)。

$$\max Z=4x_1+3x_2$$
$$s.t.\begin{cases}6x_1+4x_2\leqslant 30\\x_1+2x_2\leqslant 10\\x_1+x_2\leqslant 6\\x_1,x_2\geqslant 0\end{cases} \tag{4-10}$$

使用图解法对模型(4－10)求解,结果如图 4－13 所示。可见,通过构造一系列平面来切割不含有任何整数可行解的部分,将得到一个新的可行域,顶点对应最优整数解。

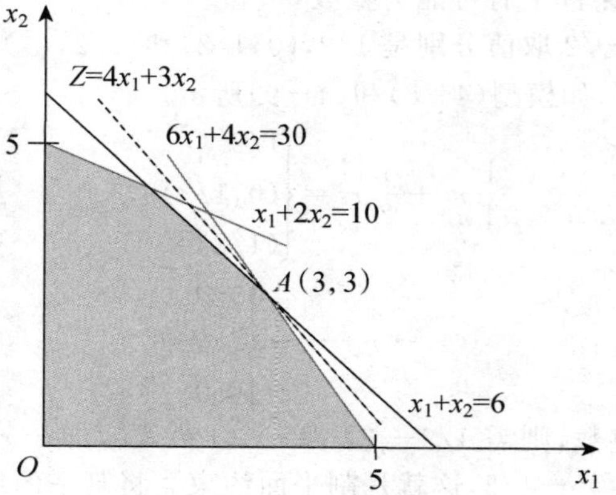

图 4－13

4.2.4 隐枚举法

视频－4.2.4 整数规划问题求解－4－隐枚举法

在线性规划问题的模型中,当变量的取值只能是"0"或"1"时,称之为"0—1 整数规划问题"(或 0—1 规划问题)。对于 0—1 整数规划问题,有一种极其简单的解法,就是将变量取值为 0 或 1 的所有组合列出,然后分别代入目标函数,选出其中能使目标函数最优化的组合,即为最优解。如果变量较少(如不超过 3 个),是不难枚举的,但是当变量较多时,可能解将呈指数剧增,如果靠经验枚举求解,难以做到快捷有效。

为解决 0—1 规划的求解问题,Balas E 在 1965 年提出了隐枚举法,目前隐枚举法(Implicit Enumeration Algorithm)已经成为求解"0—1 整数规划问题"的常见方法,其基本思想是通过增加过滤约束舍弃一定不是最优解的解组合(简称组合)以求得最优解。"隐"的含义是指在检验可能解的可行性和非劣性过程中,增加一个过滤条件,以加快筛选过程,其应用前提是要枚举出所有可能解的集合。对具有 n 个变量的 0—1 整数规划问题来说,可能解的个数为 2^n。下面举例说明隐枚举法的求解步骤。

(1) 目标函数求"max"的 0—1 整数规划问题。

【例 4－13】 求下面 0—1 整数规划问题的最优解。

$$\max Z=3x_1-2x_2+5x_3$$

$$s.t.\begin{cases}x_1+2x_2-x_3\leqslant 2\\ x_1+4x_2+x_3\leqslant 4\\ x_1+x_2\leqslant 3\\ 4x_2+x_3\leqslant 6\\ x_1,x_2,x_3=0 \text{ 或 } 1\end{cases}$$

解:

① 寻找目标函数值下界。可以判断,当可行解 $\boldsymbol{X}=(0,1,0)^{\mathrm{T}}$ 时,该问题的目标函数值(－2)最小,因此可以确定目标函数值下界,即 $3x_1-2x_2+5x_3\geqslant -2$。

② 构造过滤约束,并将其加入原约束条件中。

因目标函数值大于等于 -2，因此可能是 0 [$\boldsymbol{X}=(0,0,0)^T$]，3[$\boldsymbol{X}=(1,0,0)^T$]和5[$\boldsymbol{X}=(0,0,1)^T$]等，可先构造过滤约束“$3x_1-2x_2+5x_3\geqslant 3$”，则原模型变为：

$$\max Z=3x_1-2x_2+5x_3$$

$$s.t.\begin{cases}3x_1-2x_2+5x_3\geqslant 3\\x_1+2x_2-x_3\leqslant 2\\x_1+4x_2+x_3\leqslant 4\\x_1+x_2\leqslant 3\\4x_2+x_3\leqslant 6\\x_1,x_2,x_3=0\text{ 或 }1\end{cases}$$

③ 写出所有解组合，比较目标函数值 Z，并检查是否满足约束条件和过滤条件，得出最优解。过滤约束“$3x_1-2x_2+5x_3\geqslant 3$”的求解过程如表 4－11 所示。

在表 4－11 中，从上往下看，Z 值为零，小于过滤约束对应的目标值，因此隐去。当 $\boldsymbol{X}=(0,0,1)^T$ 时，满足所有约束条件(包括过滤约束)，因此在表 4－11 中对应位置填入“√”，此时目标函数值 Z 为“5”。接下来，目标函数值为“-2”“3”“3”，均小于 5，因此隐去。当 $\boldsymbol{X}=(1,0,1)^T$ 时，满足所有约束条件，因此在表 4－11 中对应位置添入“√”，此时目标函数值 Z 为“8”。接下来，目标函数值均小于 8，所以隐去，于是该问题的最优解为：$\boldsymbol{X}^*=(1,0,1)^T$，$Z^*=8$。

表 4－11

解组合 $(x_1,x_2,x_3)^T$	Z 值	是否隐去	约束条件	过滤约束
$(0,0,0)^T$	0	是		
$(0,0,1)^T$	5	否	√	√
$(0,1,0)^T$	-2	是		
$(0,1,1)^T$	3	是		
$(1,0,0)^T$	3	是		
$(1,0,1)^T$	8	否	√	√
$(1,1,0)^T$	1	是		
$(1,1,1)^T$	6	是		

可见，添加过滤约束可以加快筛选过程，隐去不可能成为最优解的解组合，以简化求解过程。但需注意，过滤约束一定要满足原约束条件。同时，为保证解组合不遗漏，可参照二进制的表达方法，将所有解依次列出，本题因有三个变量，故解组合的数量为 $2^3=8$。

也可构造过滤约束“$3x_1-2x_2+5x_3\geqslant 5$”[$\boldsymbol{X}=(0,0,1)^T$]，也可以按表 4－11 中从下到上的顺序寻找最优解，求解过程如表 4－12 所示。

表 4－12

解组合 $(x_1,x_2,x_3)^T$	Z 值	是否隐去	约束条件	过滤约束
$(0,0,0)^T$	0	是		
$(0,0,1)^T$	5	否	√	√
$(0,1,0)^T$	-2	是		

续表

解组合 $(x_1,x_2,x_3)^T$	Z 值	是否隐去	约束条件	过滤约束
$(0,1,1)^T$	3	是		
$(1,0,0)^T$	3	是		
$(1,0,1)^T$	8	否	√	√
$(1,1,0)^T$	1	是		
$(1,1,1)^T$	6	是		

当然,对于本题如果构造过滤约束"$3x_1-2x_2+5x_3\geqslant 8$"[$\boldsymbol{X}=(1,0,1)^T$],求解过程将更加快捷。因此,在目标函数求最大值的"0—1 整数规划问题"时,为使求解过程更加简捷,应在多个过滤约束中选取右端常数较大的过滤约束,过滤约束右端项越大,求解越快捷。

(2) 目标函数求"min"的 0—1 整数规划问题。

对于目标函数求最小值的"0—1 整数规划问题",求解步骤与求最大值时有所区别,应首先寻找目标函数值上界,其他步骤则与求最大值相同。主要技巧是在可能构造的多个过滤约束中选取右端常数较小的过滤约束,过滤约束右端项越小,求解越快捷。

【例 4-14】求以下 0—1 整数规划问题的最优解。

$$\min Z=2x_1+5x_2+3x_3+4x_4$$

$$s.t.\begin{cases}-4x_1+x_2+x_3+x_4\geqslant 0\\-2x_1+4x_2+2x_3+4x_4\geqslant 4\\x_1+x_2-x_3+x_4\geqslant 1\\x_1,x_2,x_3,x_4=0\text{ 或 }1\end{cases}$$

解:

对于本题(解组合数量为 $2^4=16$),可构造过滤约束"$2x_1+5x_2+3x_3+4x_4\leqslant 4$"[$\boldsymbol{X}=(0,0,0,1)^T$],求解过程(从上到下顺序)如表 4-13 所示,结果为 $\boldsymbol{X}^*=(0,0,0,1)^T$,$Z^*=4$。

表 4-13

解组合 $(x_1,x_2,x_3,x_4)^T$	Z 值	是否隐去	约束条件	过滤约束
$(0,0,0,0)^T$	0	否	×	
$(0,0,0,1)^T$	4	否	√	√
$(0,0,1,0)^T$	3	否	×	
$(0,0,1,1)^T$	7	是		
$(0,1,0,0)^T$	5	是		
$(0,1,0,1)^T$	9	是		
$(0,1,1,0)^T$	8	是		
$(0,1,1,1)^T$	12	是		
$(1,0,0,0)^T$	2	否	×	

续表

解组合 $(x_1,x_2,x_3,x_4)^T$	Z 值	是否隐去	约束条件	过滤约束
$(1,0,0,1)^T$	6	是		
$(1,0,1,0)^T$	5	是		
$(1,0,1,1)^T$	9	是		
$(1,1,0,0)^T$	7	是		
$(1,1,0,1)^T$	11	是		
$(1,1,1,0)^T$	10	是		
$(1,1,1,1)^T$	14	是		

4.2.5 匈牙利法

视频-4.2.5 整数规划求解-5-匈牙利法

1955 年，库恩(W.W.Kuhn)根据匈牙利数学家康尼格(D.Koumlnig)得出的结论，提出了求解指派问题的方法——匈牙利法(Hungarian Method)，即康尼格定理，用于求解目标函数最小化的指派问题。其理论依据是若指派问题的系数矩阵 $\boldsymbol{C}=(c_{ij})_{n\times n}$ 的某行(或某列)各元素分别加上一个常数 k(可以为正数，也可以为负数)，得到一个新的矩阵 $\boldsymbol{C}'=(c'_{ij})_{n\times n}$，则这两个矩阵所对应的指派问题的最优解相同。在求解时遵循康尼格定理：矩阵中独立零元素的最多个数等于能覆盖所有零元素的最少直线数。根据这个定理，对于 n 阶效率矩阵，匈牙利法求解指派问题的步骤如下：

(1) 首先让效率矩阵中的每行(列)都出现零元素。

若效率矩阵某行(列)中没有零元素，则该行(列)所有元素都减去该行(列)中的最小元素。

(2) 寻找独立零元素。

独立零元素有狭义和广义之分。狭义的独立零元素，是指若某行(列)中只有一个零，那么这个零就是独立零元素，而且各个独立零元素应分别位于不同的行或列中，即每行(列)中只有一个独立零元素。当独立零元素的数量等于 n 时，计算停止，此时将效率矩阵中独立零元素变为"1"，其他元素变为"0"，则获得最优解。若独立零元素的数量小于 n，则重复第(3)步，直至找到 n 个独立零元素为止。

(3) 继续寻找独立零元素。

若独立零元素的数量小于 n，说明在进行第(2)步时，同列(行)不同行(列)都出现了独立零元素，此时只能选择某一行(列)的"0"作为独立零元素，因而放弃选择其他行(列)的独立零元素，因此，应以这两行(列)为对象做进一步的处理。将这两行(列)中的元素都减去除"0"以外的最小元素，同时对出现负元素的列(行)中的元素都加上一个元素(即负值中绝对值最大的相反数)，目的是使该列(行)中的元素均为非负且出现零元素。重复步骤(2)和步骤(3)，直到独立零元素的数量等于 n。

需要说明的是，在继续寻找独立零元素的过程中，独立零元素可能从狭义变为广义，下面举例说明匈牙利法的求解过程。

【例 4-15】已知某指派问题的效率矩阵如公式(4-11)所示，请用匈牙利法求解。

$$
C=\begin{pmatrix}4 & 8 & 7 & 15 & 12\\ 7 & 9 & 17 & 14 & 10\\ 6 & 9 & 12 & 8 & 7\\ 6 & 7 & 14 & 6 & 10\\ 6 & 9 & 12 & 10 & 6\end{pmatrix} \tag{4-11}
$$

解：

第一步，每行元素都减去该行中最小元素“4”，“7”，“6”，“6”和“6”，则矩阵 $\boldsymbol{C}$ 转化为公式(4-12)。

$$
C\rightarrow\begin{pmatrix}0 & 4 & 3 & 11 & 8\\ 0 & 2 & 10 & 7 & 3\\ 0 & 3 & 6 & 2 & 1\\ 0 & 1 & 8 & 0 & 4\\ 0 & 3 & 6 & 4 & 0\end{pmatrix} \tag{4-12}
$$

第二步，对于公式(4-12)，第2、第3列元素都减去该列中最小元素“1”和“3”，则矩阵 $\boldsymbol{C}$ 转化为公式(4-13)。

$$
C\rightarrow\begin{pmatrix}0 & 3 & 0 & 11 & 8\\ 0 & 1 & 7 & 7 & 3\\ 0 & 2 & 3 & 2 & 1\\ 0 & 0 & 5 & 0 & 4\\ 0 & 2 & 3 & 4 & 0\end{pmatrix} \tag{4-13}
$$

第三步，寻找独立零元素。对于公式(4-13)，选择狭义独立零元素，见公式(4-14)。

$$
C\rightarrow\begin{pmatrix}0 & 3 & (0) & 11 & 8\\ (0) & 1 & 7 & 7 & 3\\ 0 & 2 & 3 & 2 & 1\\ 0 & 0 & 5 & (0) & 4\\ 0 & 2 & 3 & 4 & (0)\end{pmatrix} \tag{4-14}
$$

在公式(4-14)中，第2行和第3行的第1列(或第2列和第4列的第4行)均存在狭义独立零元素，不妨选择第2行中的独立零元素。由于独立零元素的数量“4”小于效率矩阵 $\boldsymbol{C}$ 的阶数“5”，因此需要继续寻找独立零元素。

第四步，将第2行和第3行的所有元素分别减去除“0”以外的最小元素“1”，得到公式(4-15)。

$$
C\rightarrow\begin{pmatrix}0 & 3 & 0 & 11 & 8\\ -1 & 0 & 6 & 6 & 2\\ -1 & 1 & 2 & 1 & 0\\ 0 & 0 & 5 & 0 & 4\\ 0 & 2 & 3 & 4 & 0\end{pmatrix} \tag{4-15}
$$

第五步，将公式(4-15)中第1列所有元素都加上“1”$\{\max[-(-1),-(-1)]\}$，得到公式(4-16)。

$$
C\rightarrow\begin{pmatrix}1 & 3 & 0 & 11 & 8\\ 0 & 0 & 6 & 6 & 2\\ 0 & 1 & 2 & 1 & 0\\ 1 & 0 & 5 & 0 & 4\\ 1 & 2 & 3 & 4 & 0\end{pmatrix} \tag{4-16}
$$

第六步，对于公式(4－16)，寻找独立零元素，见公式(4－17)。

$$\begin{pmatrix} 1 & 3 & (0) & 11 & 8 \\ 0 & (0) & 6 & 6 & 2 \\ (0) & 1 & 2 & 1 & 0 \\ 1 & 0 & 5 & (0) & 4 \\ 1 & 2 & 3 & 4 & (0) \end{pmatrix} \tag{4-17}$$

第七步，将公式(4－17)中的独立零元素均变为“1”，其他元素变为“0”，得到该指派问题的最优解，见公式(4－18)。

$$\boldsymbol{X}^* = \begin{pmatrix} 0 & 0 & 1 & 0 & 0 \\ 0 & 1 & 0 & 0 & 0 \\ 1 & 0 & 0 & 0 & 0 \\ 0 & 0 & 0 & 1 & 0 \\ 0 & 0 & 0 & 0 & 1 \end{pmatrix} \tag{4-18}$$

综上，该指派问题的最优方案为第 1 个人完成第 3 项任务，第 2 个人完成第 2 项任务，第 3 个人完成第 1 项任务，第 4 个人完成第 4 项任务，第 5 个人完成第 5 项任务，花费的成本(或时间)为 34(7＋9＋6＋6＋6)。

对于求最大值、人数和任务数不相等以及不可接受的配置(如某个人不能完成某项任务)等特殊指派问题，要对效率矩阵通过适当变换后使用匈牙利法求解。

(1) 求最大化的指派问题。

如果指派问题求最大值，用 M(效率矩阵中的最大元素)减去效率矩阵 $\boldsymbol{C}$ 中所有元素得到矩阵 $\boldsymbol{B}=(b_{ij})$，$b_{ij}=M-c_{ij}$，求矩阵 $\boldsymbol{B}$ 的最小值，矩阵 $\boldsymbol{B}$ 与矩阵 $\boldsymbol{C}$ 的最优解相同。

【例 4－16】人事部门打算安排甲、乙、丙、丁 4 个人到 A，B，C，D 4 个不同的岗位工作，每个岗位一个人。经考核，4 个人在不同岗位的成绩如表 4－14 所示，问如何安排他们的工作，才使得总成绩最好？

表 4－14

人员	A	B	C	D
甲	85	92	73	90
乙	95	87	78	95
丙	82	83	79	90
丁	86	90	80	88

解：

令 $M=\max\{c_{ij}\}=95$，$b_{ij}=95-c_{ij}\geqslant 0$，则有：

$$\boldsymbol{B}=\begin{pmatrix} 10 & 3 & 22 & 5 \\ 0 & 8 & 17 & 0 \\ 13 & 12 & 16 & 5 \\ 9 & 5 & 15 & 7 \end{pmatrix}$$

求解结果为：

$$\boldsymbol{B}\rightarrow\begin{pmatrix}7&0&19&2\\0&8&17&0\\8&7&1&0\\7&0&0&2\end{pmatrix},\boldsymbol{X}^*=\begin{pmatrix}0&1&0&0\\1&0&0&0\\0&0&0&1\\0&0&1&0\end{pmatrix}$$

综上，$Z^*=92+95+90+80=357$，最优指派方案为甲完成任务B，乙完成任务A，丙完成任务D，丁完成任务C，最高成绩为357。

(2) 人数和任务数不相等的指派问题。

这类问题的处理方式类似产销不平衡的运输问题。假设指派问题人数为 m，任务数为 n。当 $m\neq n$ 时，将指派问题转化成 $m=n$ 的问题，再用匈牙利法求解。一般来说，当 $m>n$ 时，虚拟 $m-n$ 项工作，对应的效率为零；当 $m<n$ 时，虚拟 $n-m$ 个人，对应的效率为零；当某个人不能完成某项任务时，对应的效率为 M。

【例4-17】某商业集团计划在市内4个点投资4个专业超市，考虑的商品有电器、服装、食品、家具及计算机5个类别。通过评估，家具超市不能放在第3个点，计算机超市不能放在第4个点，不同类别的商品投资到各点的年利润(万元)预测值如表4-15所示。问该商业集团如何做出投资决策，才能使年利润最大？

表4-15

商品	1	2	3	4
电器	120	300	360	400
服装	80	350	420	260
食品	150	160	380	300
家具	90	200	—	180
计算机	220	260	270	—

解：

根据题意，$c_{43}=c_{54}=0$，则效率矩阵为：

$$\boldsymbol{C}=\begin{pmatrix}120&300&360&400\\80&350&420&260\\150&160&380&300\\90&200&0&180\\220&260&270&0\end{pmatrix}$$

令 $M=420$，将该指派最大化问题转化为最小化问题，同时虚拟一个地点5，则效率矩阵转化为：

$$\boldsymbol{C}'=\begin{pmatrix}300&120&60&20&0\\340&70&0&160&0\\270&260&40&120&0\\330&220&420&240&0\\200&160&150&420&0\end{pmatrix}$$

用匈牙利法求解过程和结果如下：

$$\boldsymbol{C}' \rightarrow \begin{pmatrix} 100 & 50 & 60 & 0 & 0 \\ 140 & 0 & 0 & 140 & 0 \\ 70 & 190 & 40 & 100 & 0 \\ 130 & 150 & 420 & 220 & 0 \\ 0 & 90 & 150 & 400 & 0 \end{pmatrix} \rightarrow \begin{pmatrix} 100 & 0 & 20 & 0 & 0 \\ 140 & -50 & -40 & 140 & 0 \\ 70 & 140 & 0 & 100 & 0 \\ 130 & 100 & 380 & 220 & 0 \\ 0 & 40 & 110 & 400 & 0 \end{pmatrix} \rightarrow \begin{pmatrix} 100 & 0 & 20 & 0 & 0 \\ 190 & 0 & 10 & 190 & 50 \\ 70 & 140 & 0 & 100 & 0 \\ 130 & 100 & 380 & 220 & 0 \\ 0 & 40 & 110 & 400 & 0 \end{pmatrix}$$

$$\boldsymbol{X}^{*} = \begin{pmatrix} 0 & 0 & 0 & 1 \\ 0 & 1 & 0 & 0 \\ 0 & 0 & 1 & 0 \\ 0 & 0 & 0 & 0 \\ 1 & 0 & 0 & 0 \end{pmatrix}$$

$$Z^{*} = 400 + 350 + 380 + 220 = 1\,350\text{（万元）}$$

4.3　本章小结

学完本章，应重点掌握以下内容：

（1）整数规划问题的含义和种类。

整数规划问题要求决策变量的取值是整数，但不一定是全部决策变量，既可以是部分决策变量，也可以是全部决策变量，即只要决策变量有取值为整数的要求就是整数规划问题。部分决策变量取值为整数的称为混合整数规划问题，全部决策变量取值都为整数的称为全整数规划。0—1 整数规划问题虽然是一种特殊的整数规划问题，但是应用非常广泛。

（2）整数规划问题模型。

整数规划问题应用广泛，模型种类也非常多，不仅包括生产基地规划问题、项目投资选择问题、互斥约束问题、租赁问题，还包括人员安排问题、背包问题、选址问题、指派问题，等等。不仅要读懂、理解问题，还要合理设置变量，甚至要利用数学技巧，使模型既能够准确描述问题，又简洁明了。本章例题省略了建模过程，读者可参考第 1 章内容加以补充，有助于掌握建模过程。

（3）整数规划问题求解方法。

线性规划问题求解与整数规划问题求解相比，前者较为成熟，而整数规划问题求解目前还处于探索之中，特别是全整数规划问题的求解方法较难。本章中主要介绍了求解全整数规划问题的分枝定界法和割平面法，以及求解 0—1 整数规划问题的隐枚举法和求解指派问题的匈牙利法。

4.4　课后习题

4-1　高压容器公司制造小、中、大三种尺寸的金属容器，所用资源为金属板、劳动力和机器设备，制造一个容器所需的各种资源的数量如表 4-16 所示。不考虑固定费用，每种容器售出一只所得的利润分别为 4 万元、5 万元、6 万元，可使用的金属板有 500 吨，劳动力有 300 人/月，机器有 100 台/月，此外，不管每种容器制造的数量是多少，都要支付一笔固定的费用，小号是 100 万元，中号为 150 万元，大号为 200 万元。试制定一个生产计划，使获得的利润为最大，并建立相关数学模型。

表 4-16

资源	小号容器	中号容器	大号容器
金属板/吨	2	4	8
劳动力/(人·月$^{-1}$)	2	3	4
机器设备/(台·月$^{-1}$)	1	2	3

4-2 某产品有 A_1 和 A_2 两种型号,需经过 B_1,B_2,B_3 三道工序,单位工时、利润、各工序每周工时限制如表 4-17 所示,问工厂如何安排生产,才能使总利润最大?(B_3 工序有两种加工方式 B_{31} 和 B_{32},只能选择其中一种;产品单位为件)

表 4-17

型号	B_1	B_2	B_3		利润/元
			B_{31}	B_{32}	
A_1	3	2	3	2	25
A_2	7	1	5	4	40
每周工时/小时	250	100	150	120	

4-3 某厂可生产四种产品,对于三种主要资源的单位消耗及单位利润如表 4-18 所示,如果生产产品 3 需要用一种特殊的机器,这种机器的固定成本(启用成本)为 3 000 元,生产产品 2 和产品 4 同样需要共用一种特殊的机器加工,其固定成本(启用成本)为 1 000 元,写出求利润最大的线性规划模型。

表 4-18

资源	产品				产量
	1	2	3	4	
钢	1	10	3	0	5 000
人力	2	6	4	1	3 000
能源	2	0	2	5	3 000
单位利润/元	1	7	8	4	

4-4 某公司今后三年内有五项工程可以考虑投资,每项工程的预期收入和年度费用如表 4-19 所示。

表 4-19

工程	费用			收入/万元
	第 1 年	第 2 年	第 3 年	
1	5	1	8	30
2	4	7	2	40
3	5	9	6	20

续表

工程	费用			收入/万元
	第 1 年	第 2 年	第 3 年	
4	7	5	2	15
5	8	6	9	30
资金拥有量/万元	30	25	30	

每项工程都需要三年完成，问应选择哪些项目，才能使总收入最大？试建立该问题的数学模型。

4－5　某部门一周中每天需要不同数目的雇员，周一到周四每天至少需要 50 人，周五至少需要 80 人，周六、周日每天至少需要 90 人，现规定应聘者需要连续工作 5 天，试确定聘用方案，即周一到周日每天聘用多少人，使得在满足需要的条件下，聘用总人数最少？请建立相关的数学模型。

4－6　一辆货车的有效载重量是 20 吨，载货有效空间是 8 m×2 m×1.5 m。现有六件货物可供选择运输，每件货物的重量、体积及收入如表 4－20 所示。另外，在货物 4 和 5 中优先运货物 5，货物 1 和货物 2 不能混装，货物 3 和货物 6 要么都不装，要么同时装。问怎样安排货物运输方案，才能使收入最大？并建立相关的数学模型。

表 4－20

货物号	1	2	3	4	5	6
重量/T	6	5	3	4	7	2
体积/m^3	3	7	4	5	6	2
收入/百元	3	7	2	5	8	3

4－7　京成畜产品公司计划在市区的东、西、南、北四区建立销售门市部，有 10 个位置 $A_j(j=1,2,\cdots,10)$ 可供选择，考虑到各地区居民的消费水平及居民居住密集度，规定在东区从 A_1，A_2，A_3 三个点中至多选两个，在西区从 A_4，A_5 两个点中至少选一个，在南区从 A_6，A_7 两个点中至少选一个，在北区从 A_8，A_9，A_{10} 三个点中至少选两个。A_j 各点的设备投资及每年可获利润由于地点不同都是不一样的，预测情况如表 4－21（单位：万元）所示。但投资总额不能超过 720 万元，问应选择哪几个销售点，可使每年获得的利润最大？请建立相关的数学模型。

表 4－21

位置	A_1	A_2	A_3	A_4	A_5	A_6	A_7	A_8	A_9	A_{10}
投资额	100	120	150	80	70	90	80	140	160	180
利润	36	40	50	22	20	30	25	48	58	61

4－8　以汉江、长江为界将武汉市划分为汉口、汉阳和武昌三镇。某商业银行计划投资 9 000 万元在武汉市备选的 12 个点考虑设立支行，如图 4－14 所示。每个点的投资额与一年的收益如表 4－22 所示。计划汉口投资设立 2～3 个支行，汉阳投资设立 1～2 个支行，武昌投资设立 3～4 个支行。问如何投资，可使总收益最大？试建立该问题的数学模型，并回答是什么模型？

可以用什么方法求解?

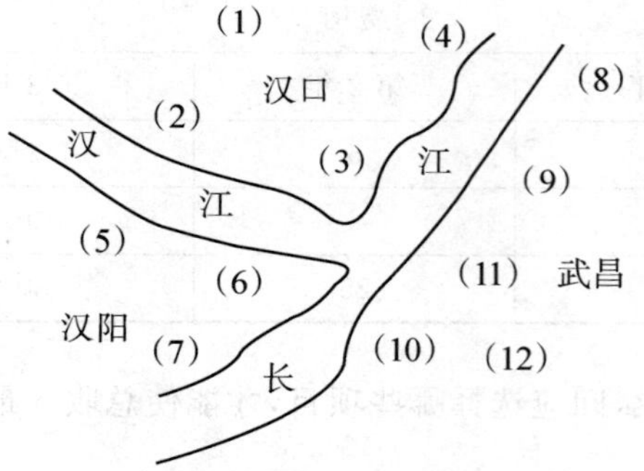

图 4-14

表 4-22

地址	1	2	3	4	5	6	7	8	9	10	11	12
投资额/万元	900	1 200	1 000	750	680	800	720	1 150	1 200	1 250	850	1 000
收益/万元	400	500	450	350	300	400	320	460	500	510	380	400

4-9 女子体操团体赛规定:

① 每个代表队由 5 名运动员组成,比赛项目是高低杠、平衡木、鞍马及自由体操。

② 每个运动员最多只能参加 3 个项目并且每个项目只能参赛一次;

③ 每个项目至少要有人参赛一次,并且总的参赛人次数等于 10;

④ 每个项目采用 10 分制记分,将 10 次比赛的得分求和,按其得分高低排名,分数越高,成绩越好。

已知代表队 5 名运动员各单项的预赛成绩如表 4-23 所示。问怎样安排运动员的参赛项目,使团体总分最高?试建立该问题的数学模型。

表 4-23

项目	高低杠	平衡木	鞍马	自由体操
甲	8.6	9.7	8.9	9.4
乙	9.2	8.3	8.5	8.1
丙	8.8	8.7	9.3	9.6
丁	8.5	7.8	9.5	7.9
戊	8.0	9.4	8.2	7.7

4-10 甲、乙、丙、丁四人加工 A,B,C,D 四种工件所需时间(分钟)如表 4-24 所示,问应指派何人加工何种工件,才能使总的加工时间最少?要求建立数学模型并求解。

表 4-24

工件	A	B	C	D
甲	14	9	4	15
乙	11	7	9	10
丙	13	2	10	5
丁	17	9	15	13

4-11　某电子系统由 3 种元件组成，为了使系统正常运转，每个元件都必须工作良好，如一个或多个元件安装几个备用件将提高系统的可靠性，已知系统运转可靠性为各元件可靠性的乘积，而每个元件的可靠性是备用件数量的函数，具体如表 4-25 所示。3 种元件的价格分别为 30 元/件、40 元/件和 50 元/件，重量分别为 2 kg/件、4 kg/件和 6 kg/件。而全部备用件的费用预算限制为 220 元，重量限制为 20 kg，问每种元件各安装多少个备用件，可使系统可靠性最大？试建立该问题的整数(非线性)规划数学模型。

表 4-25

备用件数/件	元件可靠性		
	1	2	3
0	0.5	0.6	0.7
1	0.6	0.8	0.9
2	0.75	0.9	1.0
3	0.9	1.0	1.0
4	1.0	1.0	1.0

4-12　用分枝定界法求解下列整数规划问题。

(1)
$$\max Z=x_1+x_2$$
$$s.t.\begin{cases}3x_1+2x_2\leqslant 9\\2x_1+4x_2\leqslant 8\\x_1,x_2\geqslant 0\text{ 且为整数}\end{cases}$$

(2)
$$\max Z=2x_1+x_2$$
$$s.t.\begin{cases}3x_1+x_2\leqslant 10\\5x_1+6x_2\leqslant 30\\x_1,x_2\geqslant 0\text{ 且为整数}\end{cases}$$

(3)
$$\min Z=x_1+2x_2$$
$$s.t.\begin{cases}3x_1+x_2\leqslant 10\\5x_1+6x_2\geqslant 30\\x_1,x_2\geqslant 0\text{ 且为整数}\end{cases}$$

(4)
$$\max Z=x_1+x_2$$
$$s.t.\begin{cases}-x_1+x_2\leqslant 1\\3x_1+x_2\leqslant 4\\x_1,x_2\geqslant 0\text{ 且为整数}\end{cases}$$

4-13　用割平面法求解下列整数规划问题。

(1)
$$\max Z=x_1+x_2$$
$$s.t.\begin{cases}-x_1+x_2\leqslant 1\\3x_1+x_2\leqslant 4\\x_1,x_2\geqslant 0\text{ 且为整数}\end{cases}$$

(2)
$$\max Z=2x_1+x_2$$
$$s.t.\begin{cases}4x_1+2x_2\leqslant 14\\2x_1+x_2\leqslant 10\\x_1,x_2\geqslant 0\text{ 且为整数}\end{cases}$$

(3)
$$\min Z=2x_1+3x_2$$
$$s.t.\begin{cases}x_1+2x_2\geqslant 9\\2x_1+x_2\geqslant 10\\x_1,x_2\geqslant 0\text{ 且为整数}\end{cases}$$

4-14　用隐枚举法求解下列 0—1 整数规划问题。

(1)
$$\max Z=4x_1+3x_2+4x_3$$
$$s.t.\begin{cases}5x_1+2x_2+x_3\geqslant 6\\4x_1+2x_2+3x_3\leqslant 8\\x_j=0\text{ 或 }1(j=1,2,3)\end{cases}$$

(2)
$$\min Z=8x_1+2x_2+4x_3+7x_4+5x_5$$
$$s.t.\begin{cases}-3x_1-3x_2+x_3+2x_4+3x_5\leqslant -2\\-5x_1-3x_2-2x_3-x_4+x_5\leqslant -4\\x_j=0,1(j=1,2,\cdots,5)\end{cases}$$

4－15 用匈牙利法求解下列指派问题。

(1) $\begin{pmatrix} 10 & 9 & 6 & 17 \\ 15 & 14 & 10 & 20 \\ 18 & 13 & 13 & 19 \\ 16 & 8 & 12 & 26 \end{pmatrix}$(求 min)

(2) $\begin{pmatrix} 10 & 9 & 8 & 7 \\ 3 & 4 & 5 & 6 \\ 2 & 1 & 1 & 2 \\ 4 & 3 & 5 & 6 \end{pmatrix}$(求 max)

4－16 有五个工人甲、乙、丙、丁、戊，要指派他们完成四项工作 A,B,C,D,每项工作只能由1个工人承担，每人做各项工作所耗的成本如表 4－26 所示。问如何指派，才能使成本最小。

表 4－26

工作	A	B	C	D
甲	7	2	8	11
乙	9	12	11	9
丙	8	5	6	8
丁	7	3	9	6
戊	4	6	5	11

4－17 现有四个人、五项工作，每人做每项工作所耗时间如表 4－27 所示，问如何指派，才能使总时间最短？

表 4－27

工作	B_1	B_2	B_3	B_4	B_5
A_1	10	11	4	2	8
A_2	7	11	10	14	12
A_3	5	6	9	12	14
A_4	13	15	11	10	7

4－18 由建筑公司 A_1,A_2,A_3 来承建 B_1,B_2,B_3,B_4,B_5 五项工程，相关资料如表 4－28 所示，现允许每家建筑公司承建一项或两项工程，求使总费用最少的指派方案。

表 4－28

工程	B_1	B_2	B_3	B_4	B_5
A_1	4	8	7	15	12
A_2	7	9	17	14	10
A_3	6	9	12	8	7

4－19　分配甲、乙、丙、丁四个人去完成 A,B,C,D,E 五项任务,每人完成各项任务的时间如表 4－29 所示。由于任务重,人数少,需要考虑以下要求:

① 任务 E 必须完成,其他四项任务可选三项完成,但甲不能做 A 项任务;

② 其中有一人完成两项任务,其他人每人完成一项任务。

试确定最优指派方案,使完成任务的总时间最少。

表 4－29

任务	A	B	C	D	E
甲	25	29	31	42	37
乙	39	38	26	20	33
丙	34	27	28	40	32
丁	24	42	36	23	45

4.5　课后习题参考答案

第 4 章习题答案

第 5 章

目标规划

如前所述，线性规划是研究一个线性目标函数在一组线性约束条件下的最优问题，最优解存在的前提条件是存在可行域。因此，线性规划在应用时存在着一些局限性。

① 线性规划的最优解是绝对意义下的最优，为求得最优解，可能需要花费大量的人力、物力和财力。而在实际问题中，却不一定需要找这种最优解。

② 线性规划的约束条件都同等重要，不分主次，要求全部满足，也称为硬约束。约束条件不能互相矛盾，否则线性规划问题无可行解。而在实际问题中，往往存在相互矛盾的约束条件，这使得线性规划的应用受到了限制。

针对线性规划在应用时的局限性，1952 年美国学者查纳斯(A.Charnes)提出了目标规划(Goal Programming，GP)的概念，并在 1961 年与库珀(Cooper)一起提出了求解方法。作为线性规划的一种特殊应用，目标规划能够处理单个目标与多个目标并存，以及多个主目标与多个次目标并存的问题。在实际问题中，多个目标和多个约束条件往往不是同等重要的，而是有轻重缓急和主次之分的，目标规划所要讨论的问题就是如何在这些相互矛盾的约束条件下，找到一个满意解，使其更符合实际需要。因此，目标规划模型有助于确切描述和解决经营管理中的许多实际问题。

导入案例

某工厂周生产计划的制定

某工厂生产甲、乙两种产品，由 A，B 两组人员来生产。A 组人员中技术熟练的工人比较多，工作效率高，成本高；B 组人员中新手较多，工作效率较低，成本较低，相关资料如表 5－0 所示。

表 5－0

产品	甲		乙	
	效率/(件·小时$^{-1}$)	成本/(元·件$^{-1}$)	效率/(件·小时$^{-1}$)	成本/(元·件$^{-1}$)
A 组	10	50	8	45
B 组	8	45	5	40
产品售价/(元·件$^{-1}$)	80		75	

两组人员每天正常工作时间都是 8 小时，每周 5 天。一周内每组最多可以加班 10 小时，加班生产的产品每件增加成本 5 元。在依次满足下列目标的前提下，如何制订周生产计划？

① 每周供应市场甲产品 400 件，乙产品 300 件；

② 每周利润指标不低于 500 元；

③ 两组都尽可能少加班，如必须加班，由 A 组优先加班。

5.1　目标规划问题的数学模型

5.1.1　问题的提出

视频-5.1.1 目标规划问题的数学模型

【例 5-1】 某工厂计划在一个周期内生产 A，B 两种产品，已知单位产品所需资源数、资源可用量及每件产品可获得的利润如表 5-1 所示。

要求：

① 制订出利润最大的生产计划。

② 市场部负责人提出两点意见供决策者参考：a.根据市场预测，产品 A 的销路不是太好，应尽可能少生产；b.产品 B 的销路较好，应尽可能多生产，在考虑这些问题的基础上应如何调整原计划？

试建立以上两个问题的数学模型。

表 5-1

产品	A	B	资源可用量
原料/kg	2	3	24
设备/台时	3	2	26
单位产品的利润/元	4	3	—

解：

对于问题①，可令 A，B 两种产品的产量为 x_1 和 x_2，其数学模型为：

$$\max Z = 4x_1 + 3x_2$$
$$s.t.\begin{cases} 2x_1 + 3x_2 \leqslant 24 \\ 3x_1 + 2x_2 \leqslant 26 \\ x_1, x_2 \geqslant 0 \end{cases}$$

对于问题②，只需要在问题①的基础上，增加两个目标函数 $\boldsymbol{Z}_1$ 和 $\boldsymbol{Z}_2$，即数学模型为：

$$\begin{aligned} &\max Z_1 = 4x_1 + 3x_2 \\ &\min Z_2 = x_1 \\ &\max Z_3 = x_2 \\ &s.t.\begin{cases} 2x_1 + 3x_2 \leqslant 24 \\ 3x_1 + 2x_2 \leqslant 26 \\ x_1, x_2 \geqslant 0 \end{cases} \end{aligned} \tag{5-1}$$

显然，模型(5-1)是一个多目标的线性规划模型，目标函数既求最大又求最小，相互矛盾。

由此可见,目标规划问题的模型的一般形式可以表达为:

$$\max(\text{或 }\min)Z_1=c_{11}x_1+c_{12}x_2+\cdots+c_{1n}x_n$$
$$\max(\text{或 }\min)Z_2=c_{21}x_1+c_{22}x_2+\cdots+c_{2n}x_n$$
$$\vdots$$
$$\max(\text{或 }\min)Z_l=c_{l1}x_1+c_{l2}x_2+\cdots+c_{ln}x_n$$
$$s.t.\begin{cases}a_{11}x_1+a_{12}x_2+\cdots+a_{1n}x_n\leqslant(=,\geqslant)b_1\\a_{21}x+a_{22}x_2+\cdots+a_{2n}x_n\leqslant(=,\geqslant)b_2\\\vdots\\a_{m1}x_1+a_{m2}x_2+\cdots+a_{mn}x_n\leqslant(=,\geqslant)b_m\\x_j\geqslant0(j=1,2,\cdots,n)\end{cases}\tag{5-2}$$

这种模型用原有的线性规划方法难以求解,因此需要构建新的模型表达方式,用于求解目标规划问题。

5.1.2 基本概念与模型要素

视频-5.1.2 基本概念-1　　视频-5.1.2 基本概念-2　　视频-5.1.2 基本概念-3

【例5-2】某工厂计划在生产期内生产A,B两种产品,已知生产单位产品所需资源量、资源可用量及每单位产品可获得的利润如表5-2所示。

表5-2

产品	A	B	资源限制量
原材料/kg	5	10	60
设备/台时	4	4	40
单位产品的利润/元	6	8	—

此外,决策者需要考虑如下意见:①希望A的产量不超过6,B的产量不超过3(要求按利润大小确定权重);②最好能节约4个设备工时;③计划利润不少于48元。

对于该问题,首先需要设置决策变量,令A,B两种产品的产量为x_1和x_2。

在描述目标函数和约束条件之前,还需要学习以下概念:

(1) 决策值与目标值。

决策值也称实际值,是指决策之后产生的实际结果,即决策变量的取值;目标值又称期望值,是指希望达到的目标。在【例5-2】中,约束条件“A的产量不超过6”可表示为“$x_1\leqslant6$”,决策值为“x_1”,目标值为“6”;同理,约束条件“B的产量不超过3”可表示为“$x_2\leqslant3$”,决策值为“x_2”,目标值为“3”。对于约束条件“节约4个设备工时”,决策值为“$4x_1+4x_2$”,目标值为“36”。对于约束条件“计划利润不少于48元”,决策值为“$6x_1+8x_2$”,目标值为“48”。

(2) 偏差变量。

偏差变量用于表示决策值与目标值之间的差异，用 d 来表示，且规定 $d \geqslant 0$。若决策值超过目标值，则出现正偏差变量（d^+）；若决策值低于目标值，则出现负偏差变量（d^-）。

对于第 k 个约束条件：

若决策值超过目标值，则 $d_k^+ > 0, d_k^- = 0$；

若决策值低于目标值，则 $d_k^- > 0, d_k^+ = 0$；

若决策值等于目标值，则 $d_k^+ = 0, d_k^- = 0$。

因此，有 $d_k^+ d_k^- = 0$。

(3) 目标约束和系统约束。

【例 5－2】中的第一（$k=1$）个目标约束"A 的产量不超过 6"，即决策值"x_1"的期望值为"6"：

当决策值大于 6 时，$d_1^+ > 0$ 且 $d_1^- = 0$，有"$x_1 - d_1^+ = 6$"成立；

当决策值小于 6 时，$d_1^- > 0$ 且 $d_1^+ = 0$，有"$x_1 + d_1^- = 48$"成立；

当决策值等于 6 时，$d_1^+ = d_1^- = 0$，有"$x_1 = 6$"成立；

因此，可将以上三个等式统一表示为"$x_1 + d_1^- - d_1^+ = 6$"。

同理，第一个目标约束 $x_2 + d_2^- - d_2^+ = 3$；第二个目标约束 $4x_1 + 4x_2 + d_3^- - d_3^+ = 36$；第三个目标约束 $6x_1 + 8x_2 + d_4^- - d_4^+ = 48$。

目标约束含有正负偏差变量而且是等式，也称软约束。

如果没有特殊说明，原材料不能超出限制量，因此有"$5x_1 + 10x_2 \leqslant 60$"，称之为系统约束。系统约束是指模型中必须严格满足的约束条件，决定解的可行性（可行域），是硬约束。

(4) 优先因子和权系数。

优先因子和权系数均出现在目标函数中，其中，优先因子用来表示不同目标的主次（重要程度），用 P_k 表示，P_k 不是具体数值。$P_k \gg P_{k+1}$，说明下标越小，优先级越大，如 $P_1 \gg P_2$，表示第一个目标优先于第二个目标，应考虑优先完成第一个目标。目标的主次往往根据问题的目标来进行判断，在【例 5－2】中，"A 的产量不超过 6 和 B 的产量不超过 3"为第一个目标 P_1，应优先满足，"节约 4 个设备工时"和"利润不少于 48 元"为第二个目标 P_2 和第三个目标 P_3。

权系数表示同一个目标中各个子目标的主次（重要程度），用 W_{ki} 表示。即在第 k 个目标中，$W_{k1} > W_{k2}$，表明第一个子目标优先于第二个子目标，权系数越大，重要程度越大。

在【例 5－2】中，"A 的产量不超过 6 和 B 的产量不超过 3"为第一个目标中的两个子目标，应该对两个子目标的权重加以区分，由于生产一个 A 产品的利润是 6 元，生产一个 B 产品的利润为 8 元，说明 B 产品比 A 产品重要，因此"B 的产量不超过 3"比"A 的产量不超过 6"重要，需要使用不同的权系数在目标函数中进行表达。

(5) 目标达成函数。

由于目标规划的目的是使决策值尽可能接近或达到目标值，即需要各个偏差变量尽可能小，因此目标函数是求偏差变量之和的最小值，这样的目标函数称为目标达成函数。若要求尽可能达到规定的目标值，则正负偏差变量 d_k^+ 和 d_k^- 都尽可能小，即 $\min G_k = d_k^+ + d_k^-$；若希望某目标的决策值不低于期望值，则只要求负偏差变量 d_k^- 尽可能小，即 $\min G_k = d_k^-$；若允许某个目标的决策值不超过期望值，则只要求正偏差变量 d_k^+ 尽可能小，即 $\min G_k = d_k^+$。

对于【例 5－2】，目标达成函数为 $\min G = P_1(d_1^+ + 2d_2^+) + P_2 d_3^+ + P_3 d_4^-$。因此，模型为：

$$\min G=P_1(d_1^+ +2d_2^+)+P_2d_3^+ +P_3d_4^-$$

$$s.t.\begin{cases}5x_1+10x_2\leqslant 60\\x_1+d_1^- -d_1^+ =6\\x_2+d_2^- -d_2^+ =3\\4x_1+4x_2+d_3^- -d_3^+ =36\\6x_1+8x_2+d_4^- -d_4^+ =48\\x_1,x_2,d_k^-,d_k^+\geqslant 0(k=1,2,3,4)\end{cases}$$

综上所述,目标规划问题建模的步骤如下:

① 根据问题设置决策变量;

② 根据已知条件,确定目标值(期望值),引入偏差变量,列出目标约束与系统约束;

③ 给各级目标赋予相应的优先因子 P_k,对同一优先级的各目标,按重要程度不同赋予相应的权系数 W_{ki};

④ 确定决策变量和偏差变量的取值范围。

值得注意的是,对于某一目标,确定偏差变量的取值范围需要遵照以下规则:

① 决策值恰好达到目标值,希望“$d_k^- +d_k^+$”越小越好,若 $d_k^- +d_k^+ =0$,则 $d_k^- =d_k^+ =0$;

② 决策值超过目标值,希望 d_k^- 越小越好,因为只有 d_k^- 等于零,才可能实现 d_k^+ 大于零;

③ 决策值不允许超过目标值,希望 d_k^+ 越小越好,只有 d_k^+ 等于零,才可能实现 d_k^- 大于零。

5.1.3 建模举例

视频-5.1.3 举例-1　　视频-5.1.3 举例-2　　视频-5.1.3 举例-3

【例 5-3】某企业计划生产 A,B 两种产品,这些产品需要使用两种材料,要在两种不同设备上加工,相关资料如表 5-3 所示。

表 5-3

资源	产品		资源限制量
	A	B	
材料Ⅰ/kg	3	0	12
材料Ⅱ/kg	0	4	16
设备 A/h	2	2	12
设备 B/h	5	3	15
产品利润/元	20	40	—

问:在材料不能超用的条件下,企业如何安排生产计划?要求尽可能满足下列目标:

① 力求使利润指标不低于 80 元;

② 考虑到市场需求,两种产品的产量需相等(或保持 1∶1 的比例);

③ 设备 A 既要求充分利用(即设备 A 使用时间等于 12),又尽可能不加班;

④ 设备 B 必要时可以加班,但加班时间尽可能少。

解:

设 A,B 两种产品的产量分别为 x_1,x_2件,建模过程如下:

系统约束(硬约束):$3x_1 \leqslant 12$;$4x_2 \leqslant 16$。

目标约束(软约束):

P_1:由于"力求使利润指标不低于 80 元",即希望 $d_1^+ \geqslant 0$,目标函数中应出现 d_1^-,则有 $20x_1+40x_2+d_1^- - d_1^+ = 80$,对应目标 $\min\{d_1^-\}$;

P_2:由于"两种产品的产量相等",即希望 $d_2^- = d_2^+ = 0$,目标函数应出现 d_2^- 和 d_2^+,且权系数相等,则有 $x_1 - x_2 + d_2^- - d_2^+ = 0$,对应目标 $\min\{d_2^- + d_2^+\}$;

P_3:由于"设备 A 使用时间等于 12",即希望 $d_3^- = d_3^+ = 0$,目标函数应出现 d_3^- 和 d_3^+,且权系数相等,则有 $2x_1 + 2x_2 + d_3^- - d_3^+ = 12$,对应目标 $\min\{d_3^- + d_3^+\}$;

P_4:由于"设备 B 必要时可以加班,但加班时间尽可能少",说明 d_4^+ 可以大于零,同时又要求 d_4^+ 越小越好。如果目标函数中出现 d_4^-,则只能满足"d_4^+ 可以大于零",但是 d_4^+ 的取值不受任何限制,不能满足"加班时间尽可能少"的要求,在这种情况下,目标函数只能出现 d_4^+,因此有 $5x_1 + 3x_2 + d_4^- - d_4^+ = 15$,对应目标 $\min\{d_4^+\}$。

综上:该目标规划问题的模型为:

$$\min G = P_1 d_1^- + P_2(d_2^- + d_2^+) + P_3(d_3^- + d_3^+) + P_4 d_4^+$$

$$s.t.\begin{cases}3x_1 \leqslant 12\\4x_2 \leqslant 16\\20x_1+40x_2+d_1^- - d_1^+ = 80\\x_1 - x_2 + d_2^- - d_2^+ = 0\\2x_1 + 2x_2 + d_3^- - d_3^+ = 12\\5x_1 + 3x_2 + d_4^- - d_4^+ = 15\\x_1, x_2, d_k^-, d_k^+ \geqslant 0 \text{ 且为整数}(k=1,2,3,4)\end{cases}$$

【例 5-4】某计算机公司计划这个月生产 A,B,C 三种型号的电脑。这三种型号的电脑需要在复杂的装配线上生产,生产 1 台 A,B,C 三种型号的电脑分别需要 5 h、8 h 和 12 h。公司装配线正常的生产时间是每月 1 700 h。公司营业部门估计 A,B,C 三种型号的电脑的利润分别是每台 1 000 元、1 440 元、2 520 元,而且,公司预测这个月生产的电脑能够全部售出。公司经理需要考虑以下目标:

P_1:充分利用正常的生产能力,避免开工不足;

P_2:优先满足老客户的需求:A,B,C 三种型号的电脑 50 台、50 台和 80 台,同时根据三种型号的电脑的单位时间利润分配不同的权系数;

P_3:限制装配线加班时间,最好不要超过 200 h;

P_4:满足三种型号电脑的销售目标:A,B,C 三种型号的电脑分别为 100 台、120 台和 100 台,再根据三种型号电脑的单位时间利润分配不同的权系数;

P_5:装配线的加班时间尽可能少。

请建立目标规划问题的数学模型。

解:

根据已知条件,画出表 5-4 供建模时参考,并设 A,B,C 三种型号的电脑产量分别为 x_1,x_2,x_3台,分析过程如下:

对于目标 P_1"充分利用正常的生产能力，避免开工不足"，可建立目标约束 $5x_1+8x_2+12x_2+d_1^- -d_1^+=1\ 700$，希望 $d_1^+\geqslant 0$，也就是希望在目标函数中的 d_1^- 越小越好，$d_1^-=0$ 则是目标，即 $\min\{d_1^-\}$。根据 $d_1^-\times d_1^+=0$，只有当 $d_1^-=0$ 时，才可能实现 $d_1^+\geqslant 0$ 的目标。

对于目标 P_2，可建立目标约束："$x_1+d_2^- -d_2^+=50$"，"$x_2+d_3^- -d_3^+=50$"和"$x_3+d_4^- -d_4^+=80$"。由于用于生产 A,B,C 三种型号电脑的单位时间利润分别为 200 元、180 元和 210 元，所以在该目标下，权系数应为 20,18 和 21。满足客户的需要，就是希望 d_2^+，d_3^+ 和 d_4^+ 均大于等于零，因此在目标函数中应出现 $\min\{20d_2^-+18d_3^-+21d_4^-\}$。

表 5-4

产品	A	B	C	资源限制量
装配线/(小时·台$^{-1}$)	5	8	12	1 700
利润 /(元·台$^{-1}$)	1 000	1 440	2 520	—
单位时间利润/(元·小时$^{-1}$)	200	180	210	—

同理，对于其他目标：

P_3：$5x_1+8x_2+12x_2+d_5^- -d_5^+=1\ 900$，对应目标 $\min\{d_5^+\}$。

P_4："$x_1+d_6^- -d_6^+=100$"，"$x_2+d_7^- -d_7^+=120$"和"$x_3+d_8^- -d_8^+=100$"，对应目标 $\min\{20d_6^-+18d_7^-+21d_8^-\}$。

P_5：$5x_1+8x_2+12x_2+d_1^- -d_1^+=1\ 700$，对应目标 $\min\{d_1^+\}$。

综上，该目标规划问题的模型为：

$$\min G=P_1d_1^-+P_2(20d_2^-+18d_3^-+21d_4^-)+P_3d_5^++P_4(20d_6^-+18d_7^-+21d_8^-)+P_5d_1^+$$

$$s.t.\begin{cases}5x_1+8x_2+12x_3+d_1^- -d_1^+=1\ 700\\ x_1+d_2^- -d_2^+=50\\ x_2+d_3^- -d_3^+=50\\ x_3+d_4^- -d_4^+=80\\ 5x_1+8x_2+12x_3+d_5^- -d_5^+=1\ 900\\ x_1+d_6^- -d_6^+=100\\ x_2+d_7^- -d_7^+=120\\ x_3+d_8^- -d_8^+=100\\ x_1,x_2,x_3\geqslant 0,\in I\\ d_k^-,d_k^+\geqslant 0,\in I(k=1,2,\cdots,8)\end{cases}$$

思考：该模型目标函数中的权系数还可以如何表达？

【例 5-5】 有三个产地向四个销地供应物资。产地 A_i $(i=1,2,3)$ 的供应量 a_i、销地 B_j $(j=1,2,3,4)$ 的需要量 b_j、各产销地之间的单位物资 c_{ij} 如表 5-5 所示。a_i 和 b_j 的单位为吨，c_{ij} 的单位为元/吨。编制调运方案时需要依次考虑下列六个目标：

P_1：B_4 是重点保证单位，其需要量应尽可能全部满足；

P_2：A_3 向 B_1 提供的物资不少于 100 吨；

P_3：每个销地得到的物资数量不少于其需要量的 80%；

P_4：实际的总运费不超过最小总运费的 110%(不考虑 P_1 至 P_6 各目标)；

P_5：因路况原因，尽量避免安排 A_2 的物资运往 B_4；

P_6：对 B_1 和 B_3 的供应率要尽可能相同。

试建立该问题的目标规划模型。

表 5-5

销地	B_1	B_2	B_3	B_4	a_i
A_1	5	2	6	7	300
A_2	3	5	4	6	200
A_3	4	5	2	3	400
b_j	200	100	450	250	—

解：

设第 i 个产地向第 j 个销地的物资调运量为 $x_{ij}(i=1,2,3;j=1,2,3,4)$，在不考虑 P_1 至 P_6 各目标时求解运输问题，得知最优方案不唯一，其中一个方案为：

$$X^*=\begin{pmatrix}50 & 100 & 0 & 150\\150 & 0 & 50 & 0\\0 & 0 & 400 & 0\end{pmatrix}\qquad S^*=2\ 950$$

建模过程如下：

$P_1: x_{14}+x_{24}+x_{34}-d_1^- -d_1^+=250$　　$[\min d_1^-]$

$P_2: x_{31}+d_2^- -d_2^+=100$　　$[\min d_2^-]$

$P_3: x_{11}+x_{21}+x_{31}+d_3^- -d_3^+=200\times 80\%$　　$[\min(d_3^-+d_4^-+d_5^-)]$此时不考虑 B_4

$x_{12}+x_{22}+x_{32}+d_4^- -d_4^+=100\times 80\%$

$x_{13}+x_{23}+x_{33}+d_5^- -d_5^+=450\times 80\%$

$P_4: \sum\sum c_{ij}\times x_{ij}+d_6^- -d_6^+=2\ 950\times 110\%$　　$[\min d_6^+]$

$P_5: x_{24}+d_7^- -d_7^+=0$　　$[\min(d_7^-+d_7^+)]$

$P_6: (x_{11}+x_{21}+x_{31})/200-(x_{13}+x_{23}+x_{33})/100+d_8^- -d_8^+=0$　　$[\min(d_8^-+d_8^+)]$

同时考虑系统约束，得到该问题的目标规划模型为：

$$\min G=P_1d_1^-+P_2d_2^-+P_3(d_3^-+d_4^-+d_5^-)+P_4d_6^++P_5(d_7^-+d_7^+)+P_6(d_8^-+d_8^+)$$

$$s.t.\begin{cases}x_{11}+x_{21}+x_{31}\leqslant 200\\x_{12}+x_{22}+x_{32}\leqslant 100\\x_{13}+x_{23}+x_{33}\leqslant 450\\x_{14}+x_{24}+x_{34}\leqslant 250\\x_{14}+x_{24}+x_{34}+d_1^- -d_1^+=250\\x_{31}+d_2^- -d_2^+=100\\x_{11}+x_{21}+x_{31}+d_3^- -d_3^+=160\\x_{12}+x_{22}+x_{32}+d_4^- -d_4^+=80\\x_{13}+x_{23}+x_{33}+d_5^- -d_5^+=360\\\sum_{i=1}^{3}\sum_{j=1}^{4}c_{ij}x_{ij}+d_6^- -d_6^+=3\ 245\\x_{24}+d_7^- -d_7^+=360\\(x_{11}+x_{21}+x_{31})/200-(x_{13}+x_{23}+x_{33})/100+d_8^- -d_8^+=0\\x_{ij}\geqslant 0(i=1,2,3;j=1,2,3,4)\\d_k^-,d_k^+\geqslant 0(k=1,2,\cdots,8)\end{cases}$$

综上,对于 n 个决策变量、m 个系统约束、k 个目标、i 个优先等级的目标规划问题,模型一般包括以下要素:

目标达成函数:$\min G = \sum_{i=1}^{i} P_i \sum_{k=1}^{L} (W_{ki}^{-} d_k^{-} + W_{ki}^{+} d_k^{+})$

目标约束:$\sum_{j=1}^{n} a_{ij} x_j + d_k^{-} - d_k^{+} = e_l (k = 1,2,\cdots,L)$

系统约束:$\sum_{j=1}^{m} a_{ij} x_j \leqslant (\geqslant, =) b_i (i = 1,2,\cdots,m)$

变量取值范围:$x_j \geqslant 0 (j=1,2,\cdots,n)$;$d_k^{-}, d_k^{+} \geqslant 0 (k=1,2,\cdots,L)$。

5.2 目标规划问题的求解

5.2.1 图解法

视频-5.2.1 目标规划图解法-1　视频-5.2.1 目标规划图解法-2　视频-5.2.1 目标规划图解法-3　视频-5.2.1 目标规划图解法-4 练习

对于两个变量的目标规划问题,可以用图解法求解,步骤如下:

第一步,按照系统(绝对)约束画出可行域;

第二步,先不考虑正负偏差变量,画出目标约束对应的边界线,然后在边界线上标出正负偏差变量;

第三步,按优先级和权重依次分析各级目标,寻找满意解。

【例 5-6】用图解法求解【例 5-3】中的目标规划问题。

$$\min G = P_1 d_1^{-} + P_2 (d_2^{-} + d_2^{+}) + P_3 (d_3^{-} + d_3^{+}) + P_4 d_4^{+}$$

$$s.t.\begin{cases} 3x_1 \leqslant 12 \\ 4x_2 \leqslant 16 \\ 20x_1 + 40x_2 + d_1^{-} - d_1^{+} = 80 \\ x_1 - x_2 + d_2^{-} - d_2^{+} = 0 \\ 2x_1 + 2x_2 + d_3^{-} - d_3^{+} = 12 \\ 5x_1 + 3x_2 + d_4^{-} - d_4^{+} = 15 \\ x_1, x_2, d_k^{-}, d_k^{+} \geqslant 0 (k=1,2,3,4) \end{cases}$$

解:

第一步,确定可行域,如图 5-1 所示。

第二步,画出目标约束对应的边界线,并标出正负偏差变量的方向,如图 5-2 所示。

第三步,确定满意解。满足目标 $P_1(d_1^{-}=0)$ 的区域为一个多边形,如图 5-3 中的阴影部分。满足目标 $P_2(d_2^{-}=d_2^{+}=0)$ 的区域为一条线段 AB,如图 5-4 所示。满足目标 $P_3(d_3^{-}=$

$d_3^+=0$)的区域如图 5-5 所示，该问题在 C 点处获得满意解。

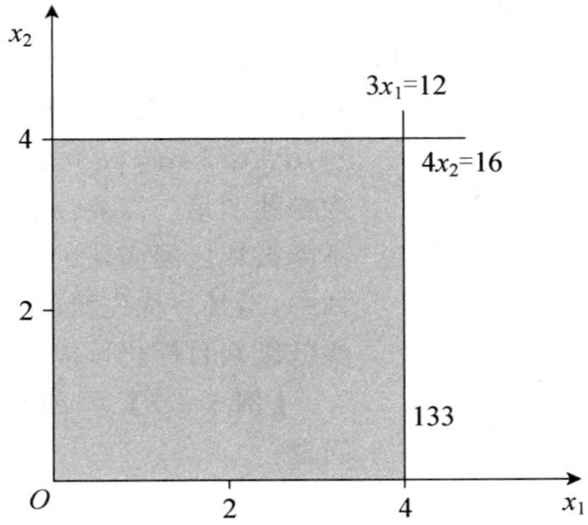

图 5-1

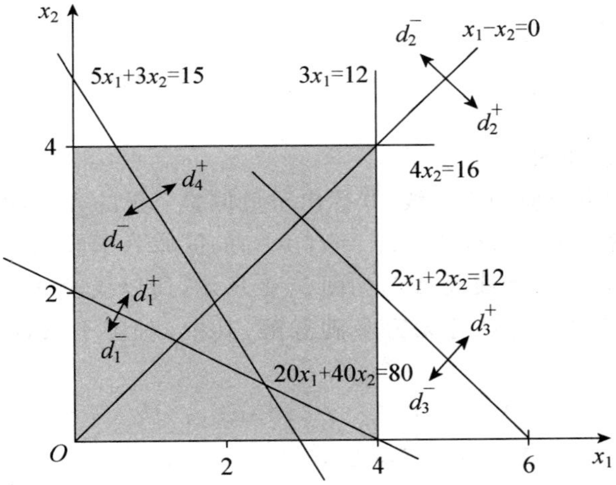

图 5-2

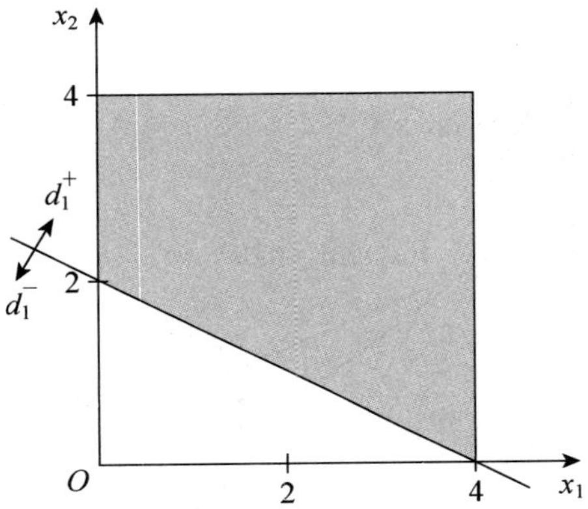

图 5-3

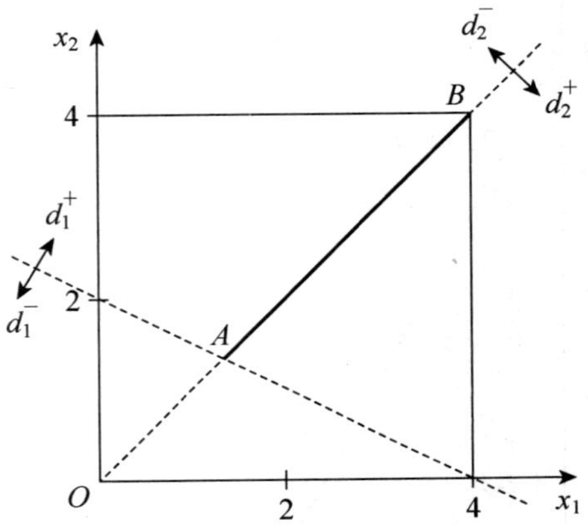

图 5-4

从求解过程可知,该问题获得唯一满意解,因为只满足题中前三个目标 P_1,P_2 和 P_3,第四个目标没有达成。同时将 $x_1=3$ 和 $x_2=3$ 代入模型各约束条件中,可求出该满意解为:

$$\boldsymbol{X}=(3,3,3,4,0,100,0,0,0,0,0,9)^{\mathrm{T}}$$

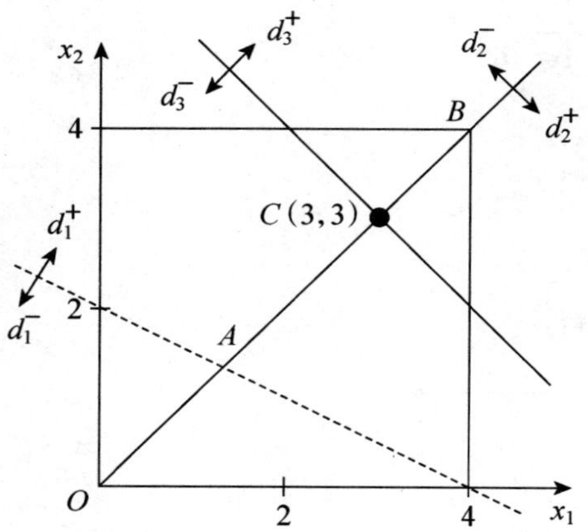

图 5-5

其中,变量应按出场顺序排列,如 $\boldsymbol{X}=(x_1,x_2,x_3,x_4,d_1^-,d_1^+,d_2^-,d_2^+,d_3^-,d_3^+,d_4^-,d_4^+)^{\mathrm{T}}$,$x_3$ 和 x_4 为松弛变量。需要注意的是,考虑低级别目标时,不能破坏已经满足的高级别目标。在有些目标规划中,当某一优先级的目标不能满足时,其后的某些低级别目标仍可能被满足。

【例 5-7】用图解法求解下面目标规划问题。

$$\min G=P_1(d_1^-+d_1^+)+P_2d_2^-$$

$$s.t.\begin{cases}10x_1+12x_2+d_1^--d_1^+=66\\10x_1+20x_2+d_2^--d_2^+=100\\2x_1+x_2\leqslant 8\\x_1,x_2,d_1^-,d_1^+,d_2^-,d_2^+\geqslant 0\end{cases}$$

解:

第一步,确定可行域,如图 5-6 所示。

第二步,画出目标约束对应的边界线,并标出正负偏差变量的方向,如图 5-7 所示。

第三步,寻找满意解。满足目标 $P_1(d_1^-=d_1^+=0)$ 的区域为线段 AB,如图 5-8 所示。满足目标 $P_2(d_2^-=0)$ 的区域为一条线段 AC,如图 5-9 所示,所以线段 AC 上任意一点都对应于满意解。可见,该目标规划问题具有无穷多满意解,其中,对应于 A,C 两个点的两个满意解为:

$$\boldsymbol{X}^{(1)}=(0,5.5,2.5,0,0,0,10)^{\mathrm{T}}$$
$$\boldsymbol{X}^{(2)}=(1.5,4.25,0.75,0,0,0,0)^{\mathrm{T}}$$

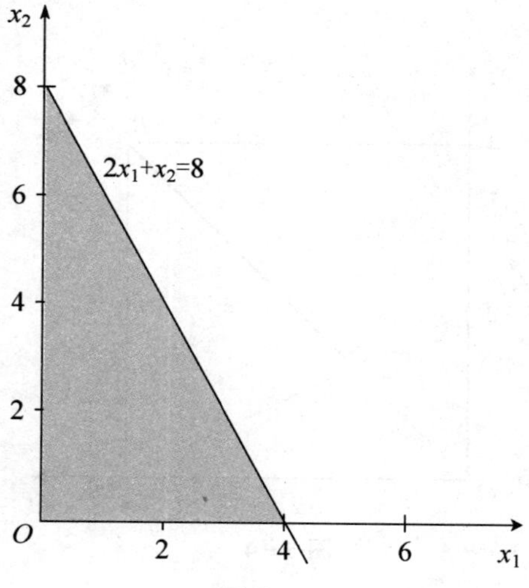

图 5-6

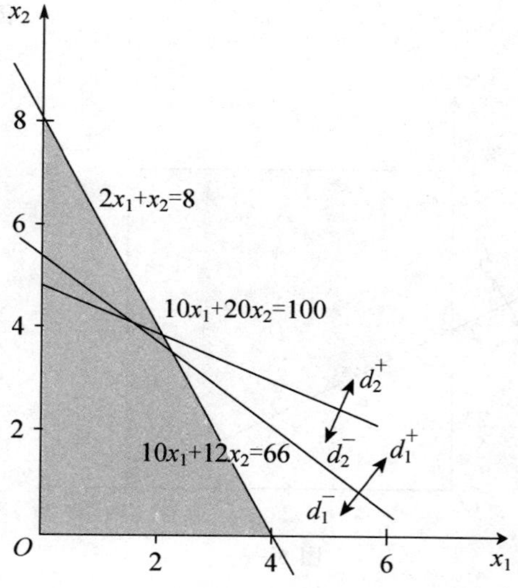

图 5-7

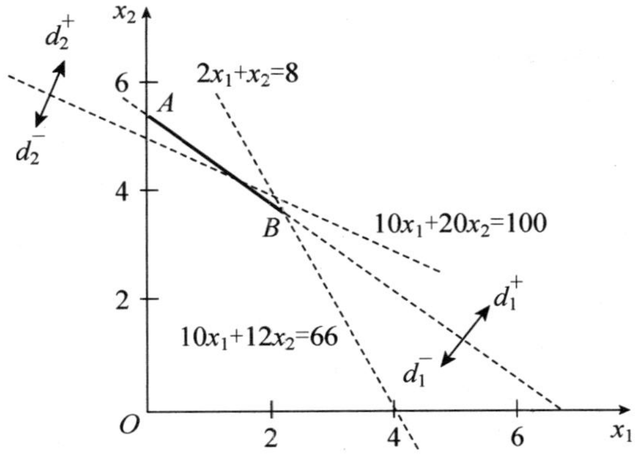

图 5 - 8

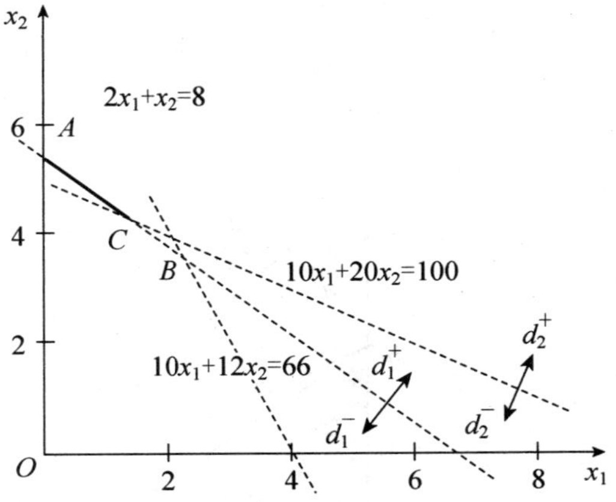

图 5 - 9

【例 5 - 8】用图解法求解下面目标规划问题。

$$\min G = P_1 d_1^- + P_2 d_2^+ + P_3 d_3^-$$

$$s.t.\begin{cases} 5x_1 + 10x_2 \leqslant 60 \\ x_1 - 2x_2 + d_1^- - d_1^+ = 0 \\ 4x_1 + 4x_2 + d_2^- - d_2^+ = 36 \\ 6x_1 + 8x_2 + d_3^- - d_3^+ = 48 \\ x_1, x_2 \geqslant 0, d_k^+, d_k^- \geqslant 0 \quad (k = 1, 2, 3) \end{cases}$$

解：

第一步，确定可行域，如图 5 - 10 所示。

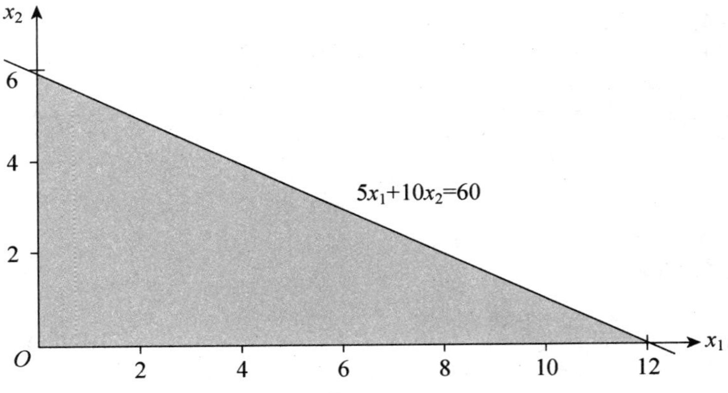

图 5 - 10

第二步，画出目标约束对应的边界线，并标出正负偏差变量的方向，如图 5 - 11 所示。

第三步，确定满意解。满足目标 $P_1(d_1^-=0)$ 的区域如图 5 - 12 所示，满足目标 $P_2(d_2^+=0)$ 的区域如图 5 - 13 所示，满足目标 $P_3(d_3^-=0)$ 的区域如图 5 - 14 所示，所以多边形 $ABCD$ 上任意一点都对应于满意解。

所以该目标规划问题具有无穷多满意解，其中，对应于 A，B，C，D 四个点的满意解分别为：

$$X^{(1)}=(6,3,0,0,0,0,0,0,12)^T$$
$$X^{(2)}=(4.8,2.4,12,0,0,7.2,0,0,0)^T$$
$$X^{(3)}=(8,0,20,0,8,4,0,0,0)^T$$
$$X^{(4)}=(9,0,15,0,9,0,0,0,6)^T$$

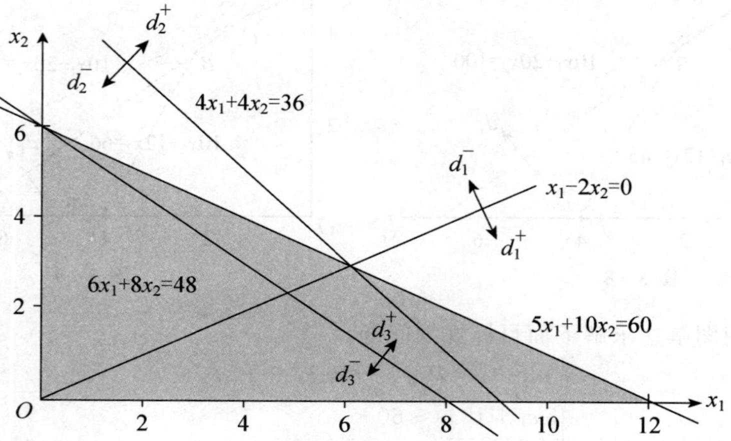

图 5-11

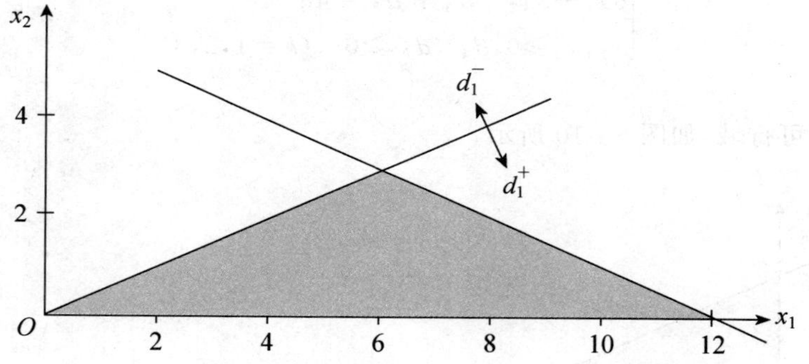

图 5-12

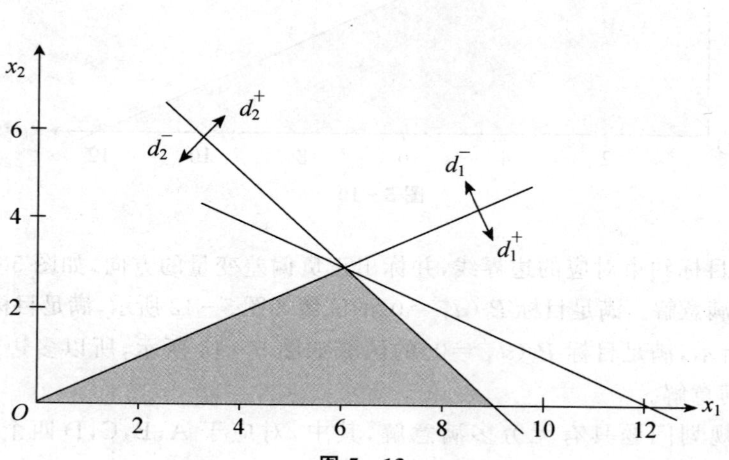

图 5-13

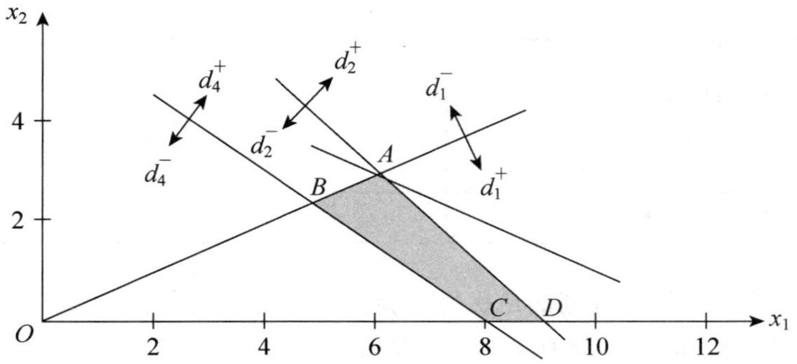

图 5 - 14

5.2.2　目标规划单纯形法

视频- 5.2.2 目标规划单纯形法

下面举例说明目标规划单纯形法的求解步骤。

【例 5 - 9】用单纯形法求解【例 5 - 8】的目标规划问题。

$$\min G = P_1 d_1^- + P_2 d_2^+ + P_3 d_3^-$$

$$s.t.\begin{cases}5x_1 + 10x_2 \leqslant 60 \\ x_1 - 2x_2 + d_1^- - d_1^+ = 0 \\ 4x_1 + 4x_2 + d_2^- - d_2^+ = 36 \\ 6x_1 + 8x_2 + d_3^- - d_3^+ = 48 \\ x_1, x_2, x_3 \geqslant 0, d_k^-, d_k^+ \geqslant 0, (k=1,2,3)\end{cases}$$

解：

标准化的模型为：

$$\max G' = -P_1 d_1^- - P_2 d_2^+ - P_3 d_3^-$$

$$s.t.\begin{cases}5x_1 + 10x_2 + x_3 = 60 \\ x_1 - 2x_2 + d_1^- - d_1^+ = 0 \\ 4x_1 + 4x_2 + d_2^- - d_2^+ = 36 \\ 6x_1 + 8x_2 + d_3^- - d_3^+ = 48 \\ x_1, x_2, x_3 \geqslant 0, d_k^-, d_k^+ \geqslant 0, (k=1,2,3)\end{cases}$$

第一步，确定初始基(同线性规划单纯形法)，计算检验数。

例如，$\sigma_1 = 0 - (0, -P_1, 0, -P_3)(5,1,6,4) = P_1 + 6P_3$，同理求出其他非基变量的检验数，如表 5 - 6 所示。

表 5 - 6

c_j			0	0	0	$-P_1$	0	0	$-P_2$	$-P_3$	0
C_B	X_B	b	x_1	x_2	x_3	d_1^-	d_1^+	d_2^-	d_2^+	d_3^-	d_3^+
0	x_3	60	5	10	1	0	0	0	0	0	0
$-P_1$	d_1^-	0	1	-2	0	1	-1	0	0	0	0
0	d_2^-	36	4	4	0	0	0	1	-1	0	0
$-P_3$	d_3^-	48	6	8	0	0	0	0	0	1	-1

续表

c_j		0	0	0	$-P_1$	0	0	$-P_2$	$-P_3$	0
σ_j	P_1	1	−2	0	0	−1	0	0	0	0
	P_2	0	0	0	0	0	0	−1	0	0
	P_3	6	8	0	0	0	0	0	0	−1

第二步，最优性检验。目标规划的最优性检验是分优先级进行的，从 P_1 级开始依次到 P_k 级为止，具体检验 P_i 级目标时，可能有下述三种情况：

① 若检验数矩阵的 P_i 行系数均小于等于 0，则 P_i 级目标已达最优，应转入对 P_{i+1} 级目标的寻优，直到 $i=k$，计算结束。

② 若检验数矩阵的 P_j 中有正系数，且正系数所在列的前 $i-1$ 行优先因子的系数全为 0，可判定该检验数为正，则选该系数(若此类正系数有多个，则可选绝对值最大者)所在列对应的非基变量为入基变量，继续进行基变换。如表 5-6 所示，确定初始基后，从检验数可确定出 x_1 为入基变量，按最小比值法，则确定 d_1^- 为出基变量，继续进行迭代变换。

③ 若检验数矩阵的 P_i 行中有正系数，但正系数所在列的前 $i-1$ 行优先因子的系数为 0，也有正数(没有负数)，即整个检验数的值可判为正(因 $P_{i-1} \gg P_i$)，故也应转入对 P_{i+1} 级目标的寻优，否则会使高优先级别的目标函数值劣化。

第三步，基变换同线性规划的单纯形法，主元素的确定及迭代变换均同线性规划的单纯形法。

第四步，从表 5-6 中找到基本可行解和相应于各优先级的目标函数值。每个单纯形表中常数列 $\boldsymbol{b}$，即为各基变量的相应取值。本题最后一个单纯形表已为最优，它对应的满意解：$x_1=24/5$，$x_2=12/5$，$x_3=12$，$d_2^-=36/5$，其他变量为零，即 $\boldsymbol{X}=(24/5, 12/5, 12, 0, 0, 36/5, 0, 0, 0)^{\mathrm{T}}$，与图解法得到的结果一致。以上求解过程如表 5-7～表 5-11 所示。

表 5-7

c_j			0	0	0	$-P_1$	0	0	$-P_2$	$-P_3$	0
$\boldsymbol{C_B}$	$\boldsymbol{X_B}$	$\boldsymbol{b}$	x_1	x_2	x_3	d_1^-	d_1^+	d_2^-	d_2^+	d_3^-	d_3^+
0	x_3	60	0	20	1	−5	5	0	0	0	0
0	x_1	0	1	−2	0	1	−1	0	0	0	0
0	d_2^-	36	0	12	0	−4	4	1	−1	0	0
$-P_3$	d_3^-	48	0	20	0	−6	6	0	0	1	−1
σ_j		P_1	0	0	0	−1	0	0	0	0	0
		P_2	0	0	0	0	0	0	−1	0	0
		P_3	0	20	0	−6	6	0	0	0	−1

在最优单纯形表 5-8 中，非基变量 d_1^+ 和 d_3^+ 的检验数都是零，故知本题有无穷多个满意解，如以 d_1^+ 为入基变量继续迭代，可得单纯形表 5-9，对于已得到的满意解($x_1=8$，$x_3=20$，$d_1^+=8$，$d_2^-=4$)，其他变量为零，即 $\boldsymbol{X}=(8, 0, 20, 0, 8, 4, 0, 0, 0)^{\mathrm{T}}$。如以 d_3^+ 为入基变量继续迭代，可得单纯形表 5-10，因此获得一个新的满意解($x_1=6$，$x_2=3$，$d_2^-=0$，$d_3^+=12$)，其他变量为零，即 $\boldsymbol{X}=(6, 3, 0, 0, 0, 0, 0, 0, 12)^{\mathrm{T}}$。再以单纯形表 5-9 中的 d_3^+ 作为入基变量，以 d_2^- 作为

出基变量继续迭代，还可以获得新的满意解（$x_1=9, x_3=15, d_1^+=9, d_3^+=6$），其他变量为零，即 $\boldsymbol{X}=(9,0,15,0,9,0,0,0,6)^{\mathrm{T}}$，如表 5－11 所示。以上四个满意解对应于图解法求解过程的四个顶点，如图 5－14 所示。

表 5－8

c_j			0	0	0	$-P_1$	0	0	$-P_2$	$-P_3$	0
$\boldsymbol{C_B}$	$\boldsymbol{X_B}$	$\boldsymbol{b}$	x_1	x_2	x_3	d_1^-	d_1^+	d_2^-	d_2^+	d_3^-	d_3^+
0	x_3	12	0	0	1	1	−1	0	0	−1	1
0	x_1	24/5	1	0	0	2/5	−2/5	0	0	1/10	−1/10
0	d_2^-	36/5	0	0	0	−2/5	2/5	1	−1	−3/5	3/5
0	x_2	12/5	0	1	0	−3/10	3/10	0	0	1/20	−1/20
σ_j		P_1	0	0	0	−1	0	0	0	0	0
		P_2	0	0	0	0	0	0	−1	0	0
		P_3	0	0	0	0	0	0	0	−1	0

表 5－9

c_j			0	0	0	$-P_1$	0	0	$-P_2$	$-P_3$	0
$\boldsymbol{C_B}$	$\boldsymbol{X_B}$	$\boldsymbol{b}$	x_1	x_2	x_3	d_1^-	d_1^+	d_2^-	d_2^+	d_3^-	d_3^+
0	x_3	20	0	10/3	1	0	0	0	0	−5/6	5/6
0	x_1	8	1	4/3	0	0	0	0	0	1/6	−1/6
0	d_2^-	4	0	−4/3	0	0	0	1	−1	−2/3	2/3
0	d_1^+	8	0	10/3	0	−1	1	0	0	1/6	−1/6
σ_j		P_1	0	0	0	−1	0	0	0	0	0
		P_2	0	0	0	0	0	0	−1	0	0
		P_3	0	0	0	0	0	0	0	−1	0

表 5－10

c_j			0	0	0	$-P_1$	0	0	$-P_2$	$-P_3$	0
$\boldsymbol{C_B}$	$\boldsymbol{X_B}$	$\boldsymbol{b}$	x_1	x_2	x_3	d_1^-	d_1^+	d_2^-	d_2^+	d_3^-	d_3^+
0	d_3^+	12	0	0	1	1	−1	0	0	−1	1
0	x_1	6	1	0	1/10	1/2	−1/2	0	0	0	0
0	d_2^-	0	0	0	−3/5	−1	1	1	−1	0	0
0	x_2	3	0	1	1/20	−1/4	1/4	0	0	0	0
σ_j		P_1	0	0	0	−1	0	0	0	0	0
		P_2	0	0	0	0	0	0	−1	0	0
		P_3	0	0	0	0	0	0	0	−1	0

表 5-11

c_j			0	0	0	$-P_1$	0	0	$-P_2$	$-P_3$	0
C_B	X_B	b	x_1	x_2	x_3	d_1^-	d_1^+	d_2^-	d_2^+	d_3^-	d_3^+
0	x_3	15	0	5	1	0	0	$-5/4$	$5/4$	0	0
0	x_1	9	1	1	0	0	0	$1/4$	$-1/4$	0	0
0	d_3^+	6	0	-2	0	0	0	$3/2$	$-3/2$	-1	1
0	d_1^+	9	0	3	0	-1	1	$1/4$	$-1/4$	0	0
σ_j		P_1	0	0	0	-1	0	0	0	0	0
		P_2	0	0	0	0	0	0	-1	0	0
		P_3	0	0	0	0	0	0	0	-1	0

【例 5-10】用单纯形法求解下面目标规划问题。

$$\min G=P_1d_1^-+P_2(2d_2^-+d_3^-)$$

$$s.t.\begin{cases}3x_1+5x_2+d_1^--d_1^+=30\\x_2+d_2^--d_2^+=4\\x_1+d_3^--d_3^+=6\\2x_1\leqslant 16\\2x_2\leqslant 10\\3x_1+4x_2\leqslant 30\\x_1,x_2,d_k^-,d_k^+\geqslant 0(k=1,2,3)\end{cases}$$

解:

首先标准化,使用单纯形法求解,过程如表 5-12 和表 5-13 所示。

$$\max G'=-P_1d_1^--P_2(2d_2^-+d_3^-)$$

$$s.t.\begin{cases}3x_1+5x_2+d_1^--d_1^+=30\\x_2+d_2^--d_2^+=4\\x_1+d_3^--d_3^+=6\\2x_1+x_3=16\\2x_2+x_4=10\\3x_1+4x_2+x_5=32\\x_1,x_2,x_3,x_4,x_5\geqslant 0,d_k^-,d_k^+\geqslant 0(k=1,2,3)\end{cases}$$

表 5-12

c_j			0	0	0	0	0	$-P_1$	0	$-2P_2$	0	$-P_2$	0
C_B	X_B	b	x_1	x_2	x_3	x_4	x_5	d_1^-	d_1^+	d_2^-	d_2^+	d_3^-	d_3^+
$-P_1$	d_1^-	30	3	5	0	0	0	1	-1	0	0	0	0
$-2P_2$	d_2^-	4	0	1	0	0	0	0	0	1	-1	0	0
$-P_2$	d_3^-	6	1	0	0	0	0	0	0	0	0	1	-1
0	x_3	16	2	0	1	0	0	0	0	0	0	0	0

续表

c_j			0	0	0	0	0	$-P_1$	0	$-2P_2$	0	$-P_2$	0
$\boldsymbol{C_B}$	$\boldsymbol{X_B}$	$\boldsymbol{b}$	x_1	x_2	x_3	x_4	x_5	d_1^-	d_1^+	d_2^-	d_2^+	d_3^-	d_3^+
0	x_4	10	0	2	0	1	0	0	0	0	0	0	0
0	x_5	32	3	4	0	0	1	0	0	0	0	0	0
σ_j		P_1	3	5	0	0	0	-1	0	0	0	0	0
		P_2	1	2	0	0	0	0	0	-2	0	-1	0

表 5 - 13

c_j			0	0	0	0	0	$-P_1$	0	$-2P_2$	0	$-P_2$	0
$\boldsymbol{C_B}$	$\boldsymbol{X_B}$	$\boldsymbol{b}$	x_1	x_2	x_3	x_4	x_5	d_1^-	d_1^+	d_2^-	d_2^+	d_3^-	d_3^+
0	x_1	16/3	1	0	0	0	1/3	0	0	$-4/3$	4/3	0	0
0	x_2	4	0	1	0	0	0	0	0	1	-1	0	0
$-P_2$	d_3^-	2/3	0	0	0	0	$-1/3$	0	0	4/3	$-4/3$	1	-1
0	x_3	16/3	0	0	1	0	$-2/3$	0	0	8/3	$-8/3$	0	0
0	x_4	2	0	0	0	1	0	0	0	-2	2	0	0
0	d_1^+	6	0	0	0	0	1	-1	1	1	-1	0	0
σ_j		P_1	0	0	0	0	0	-1	0	0	0	0	0
		P_2	0	0	0	0	$-1/3$	0	0	$-2/3$	$-4/3$	0	-1

由表 5 - 13 可知，$d_1^-=0,d_2^-=0,d_3^-=2/3$，即第二个目标中的第二个子目标没有满足。该问题具有唯一满意解：$\boldsymbol{X}=(16/3,4,16/3,2,0,0,6,0,0,2/3,0)^{\mathrm{T}}$。

【例 5 - 11】用单纯形法求解下面目标规划问题。

$$\min G=P_1d_1^+ +P_2(d_2^- +d_2^+)+P_3d_3^-$$

$$s.t.\begin{cases}2x_1+x_2\leqslant 11\\ x_1-x_2+d_1^- -d_1^+ =0\\ x_1+2x_2+d_2^- -d_2^+ =10\\ 8x_1+10x_2+d_3^- -d_3^+ =56\\ x_1,x_2,d_k^-,d_k^+\geqslant 0(k=1,2,3)\end{cases}$$

解：

先将模型标准化，求解过程如表 5 - 14～表 5 - 16 所示。

$$\max G'=-P_1d_1^+ -P_2(d_2^- +d_2^+)-P_3d_3^-$$

$$s.t.\begin{cases}2x_1+x_2+x_3=11\\ x_1-x_2+d_1^- -d_1^+ =0\\ x_1+2x_2+d_2^- -d_2^+ =10\\ 8x_1+10x_2+d_3^- -d_3^+ =56\\ x_1,x_2,x_3,d_k^-,d_k^+\geqslant 0(k=1,2,3)\end{cases}$$

表 5-14

c_j			0	0	0	0	$-P_1$	$-P_2$	$-P_2$	$-P_3$	0
C_B	X_B	b	x_1	x_2	x_3	d_1^-	d_1^+	d_2^-	d_2^+	d_3^-	d_3^+
0	x_3	11	2	1	1	0	0	0	0	0	0
0	d_1^-	0	1	−1	0	1	−1	0	0	0	0
$-P_2$	d_2^-	10	1	2	0	0	0	1	−1	0	0
$-P_3$	d_3^-	56	8	10	0	0	0	0	0	1	−1
σ_j		P_1	0	0	0	0	−1	0	0	0	0
		P_2	1	2	0	0	0	0	−2	0	0
		P_3	8	10	0	0	0	0	0	0	−1

表 5-15

c_j			0	0	0	0	$-P_1$	$-P_2$	$-P_2$	$-P_3$	0
C_B	X_B	b	x_1	x_2	x_3	d_1^-	d_1^+	d_2^-	d_2^+	d_3^-	d_3^+
0	x_3	6	3/2	0	1	0	0	−1/2	1/2	0	0
0	d_1^-	5	3/2	0	0	1	−1	1/2	−1/2	0	0
0	x_2	5	1/2	1	0	0	0	1/2	−1/2	0	0
$-P_3$	d_3^-	6	3	0	0	0	0	−5	5	1	−1
σ_j		P_1	0	0	0	0	−1	0	0	0	0
		P_2	0	0	0	0	0	−1	−1	0	0
		P_3	3	0	0	0	0	5	5	0	−1

表 5-16

c_j			0	0	0	0	$-P_1$	$-P_2$	$-P_2$	$-P_3$	0
C_B	X_B	b	x_1	x_2	x_3	d_1^-	d_1^+	d_2^-	d_2^+	d_3^-	d_3^+
0	x_3	3	0	0	1	0	0	2	−2	−1/2	1/2
0	d_1^-	2	0	0	0	1	−1	3	−3	−1/2	1/2
0	x_2	4	0	1	0	0	0	4/3	−4/3	−1/6	1/6
0	x_1	2	1	0	0	0	0	−5/3	5/3	1/3	−1/3
σ_j		P_1	0	0	0	0	−1	0	0	0	0
		P_2	0	0	0	0	0	−1	−1	0	0
		P_3	3	0	0	1	0	0	2	−2	−1/2

唯一满意解：$\boldsymbol{X}=(2,4,3,2,0,0,0,0,0)^{\mathrm{T}}$。

5.3　本章小结

本章的主要内容如下：

(1) 目标规划问题模型。

目标规划问题模型(简称目标规划模型)与前面提到的线性规划模型有较大区别，为了比较决策值和目标值，引入了偏差变量，需要强调的是，无论是正偏差变量，还是负偏差变量，取值都是非负。在约束条件中，目标规划模型中必须存在目标约束，目标约束是关于决策变量和偏差变量的等式。在目标规划模型中，目标约束和系统约束可能同时存在，也可能没有系统约束，此时目标规划问题没有可行域，即无可行解，但仍然具有满意解。

(2) 目标规划问题求解。

对于两个变量的目标规划问题，仍然可以用图解法求解。如果模型中存在系统约束，则有可行域，则接下来获得的满意解一定在可行域当中；若模型中没有系统约束，则根据目标约束和目标函数寻找满意解，满意解包括唯一满意解和无穷多满意解。需要注意的是，在使用图解法寻找满意解时，原则是满足优先等级高的目标，若已经满足优先等级高的目标，同时所寻找的区域已经缩小到某一点、线段或多边形，则可以不用考虑优先等级低的目标。

(3) 目标规划问题与一般线性规划问题的区别。

① 目标不同。目标规划问题只求最小值，线性规划问题既可以求最小值，也可以求最大值。

② 约束不同。目标规划问题既有目标约束，又有系统约束；线性规划问题只有系统约束。

③ 变量不同。目标规划问题既有决策变量，又有偏差变量；线性规划问题只有决策变量。

④ 解不同。目标规划问题求满意解，线性规划问题求最优解。

5.4　课后习题

5-1　某公司生产甲、乙两种产品，分别由Ⅰ，Ⅱ两个车间生产。已知除外购外，生产一件甲产品需要Ⅰ车间加工 4 小时，Ⅱ车间装配 2 小时；生产一件乙产品需要Ⅰ车间加工 1 小时，Ⅱ车间装配 3 小时，这两种产品生产出来以后均需要经过检验和销售等环节。已知每件甲产品的检验和销售费用需 40 元，每件乙产品的检验和销售费用需 50 元。Ⅰ车间每月可利用的工时为 150 小时，每小时的费用为 80 元；Ⅱ车间每月可利用的工时为 200 小时，每小时的费用为 20 元，估计下一年度平均每月可销售甲产品 100 台、乙产品 80 台。该公司根据这些实际情况制订月度计划的目标如下：

P_1：检验和销售费用每月不超过 6 000 元；

P_2：每月售出甲产品不少于 100 件；

P_3：Ⅰ，Ⅱ两车间的生产工时应该得到充分利用；

P_4：Ⅰ车间加班时间不超过 30 小时；

P_5：每月乙产品的销售不少于 80 件。

问为完成上述目标，该公司应如何制订月度生产计划？

5-2　某工厂在计划期内要生产甲、乙两种产品，现有的资源及两种产品的技术消耗定额、单位利润如表 5-17 所示，试确定计划期内的生产计划，使利润最大，同时厂领导为适应市场需求,尽可能扩大甲产品的生产,甲的产量越大越好,权重分别为 10 和 2,减少乙产品的生产,若提出目标 P_1(利润)的期望值 $e_1=45\ 000$ 元,P_2(甲产量)的期望值 $e_2=250$ 件,P_3(乙产量)的期望值 $e_3=200$ 件,试建立该问题的数学模型。

表 5-17

产品	甲/件	乙/件	现有资源
钢材/kg	9	4	3 600
木材/m^3	4	5	2 000
设备负荷/(台·小时$^{-1}$)	3	10	3 000
单位产品利润/元	70	120	

5-3 某制药公司有甲、乙两个工厂,现要生产 A,B 两种药品,均需在两个工厂生产。A 药品在甲厂加工 2 h,然后送到乙厂检测包装 2.5 h 才能成品,B 药品在甲厂加工 4 h,再到乙厂检测包装 1.5 h 才能成品。A,B 药品在公司内每月储存费分别为 8 元和 15 元。甲厂有 12 台制造机器,每台每天工作 8 h,每月正常工作 25 天,乙厂有 7 台检测包装机,每天每台工作 16 h,每月正常工作 25 天,每台机器每小时运行成本:甲厂为 18 元,乙厂为 15 元,单位产品 A 销售利润为 20 元,B 为 23 元,根据市场预测,次月 A,B 两种药品的销售量估计分别为 1 500 单位和 1 000 单位。

该公司以下列次序为目标的优先次序,以实现次月的生产与销售目标:

P_1:厂内的储存成本不超过 23 000 元。

P_2:A 药品的销售量必须完成 1 500 单位。

P_3:甲、乙两个工厂的设备应全力运转,避免有空闲时间,把两个工厂的单位运转成本当作它们的权系数。

P_4:甲厂超过作业时间全月不宜超过 30 h。

P_5:B 药品的销量必须完成 1 000 单位。

P_6:两个工厂的超时工作时间总和要求限制,其限制的比率以各厂每小时运转成本为准。

P_7:利润不少于 55 000 元。

试确定 A,B 两种药品各生产多少,才能使目标达到最好?建立目标规划模型。

5-4 某公司生产 A,B 两种药品,这两种药品每小时的产量均为 1 000 盒,该公司每天采用两班制生产,每周最大工作时间为 80 小时,按预测,每周市场最大销量分别为 70 000 盒和 45 000 盒,A 种药品每盒利润为 2.5 元,B 种药品每盒利润为 1.5 元。试确定公司每周 A,B 两种药品的生产量 x_1 和 x_2(单位:千盒),使公司的下列目标得以实现:

P_1:避免每周 80 小时生产能力的过少使用;

P_2:加班的时间限制在 10 小时以内;

P_3:A,B 两种药品的每周产量尽量分别达到 70 000 盒和 45 000 盒,但不得超出,其权系数以它们每盒的利润为准;

P_4:尽量减少加班时间。

5-5 某医用器械厂生产甲、乙两种仪器,甲仪器每件可获利 600 元,乙每件可获利 400 元。生产每件甲、乙仪器所需机器台时数分别为 2 和 3 个单位,需劳动工时数分别为 4 和 2 个单位。假设厂方在计划期内可提供机器台时数 100 个单位，劳动工时数 120 个单位，如果劳动力不足，尚可组织工人加班，厂领导制定了下列目标：

P_1：计划期内利润达到 18 000 元；

P_2：机器台时数充分利用；

P_3：尽量减少加班的工时数；

P_4：甲产品产量达 22 件，乙产品产量达 18 件。

请建立目标规划问题的数学模型，并用图解法求解。

5－6　某电台根据政策每天允许播出 12 小时，其中商业节目每分钟可收入 250 元，新闻节目每分钟支出 40 元，音乐节目每播一分钟支出 17.5 元。依政策规定，正常情况下商业节目只能占广播时间的 20%，而每小时至少要安排 5 分钟的新闻节目。问该电台每天应如何安排节目？其优先级目标如下：

P_1：满足政策的要求；

P_2：每天的纯收入最大。

建立此问题的目标规划模型。

5－7　一个公司需要从两个仓库调拨同一种零部件给下属的三个工厂，每个仓库的供应能力、每个工厂的需求数量以及从每个仓库到每个工厂之间的单位运费如表 5－18 所示（表 5－18 中方格内的数字为单位运费）。

表 5－18

仓库	工厂			供应量
	1	2	3	
1	10	4	12	3 000
2	8	10	3	4 000
需求量	2 000	1 500	4 000	

公司提出的目标要求是：

P_1：尽量满足工厂 3 的全部需求；

P_2：其他两个工厂的需求至少分别满足 75%；

P_3：总运费要求最少；

P_4：仓库 2 给工厂 1 的供应量至少为 1 000 单位；

P_5：工厂 1 和工厂 2 的需求量满足程度尽可能平衡。

试建立该问题的目标规划模型。

5－8　有三个产地向四个销地供应物资，产地 A_i（$i=1,2,3$）的供应量 a_i、销地 B_j（$j=1,2,3,4$）的需要量 b_j、各产销地之间的单位物资 c_{ij} 如表 5－19 所示。a_i 和 b_j 的单位为吨，c_{ij} 的单位为元/吨。编制调运方案时需要依次考虑下列六个目标：

P_1：B_3 是重点保证单位，其需要量应尽可能全部满足；

P_2：A_3 向 B_3 提供的物资不少于 200 吨；

P_3：每个销地得到的物资数量不少于其需要量的 80%；

P_4：因路况原因，尽量避免安排 A_2 的物资运往 B_1；

P_5:对 B_2 和 B_3 的供应率要尽可能相同;

P_6:实际的总运费不超过最小总运费(假设不考虑 $P_1 \sim P_6$ 各目标的最小运输费用 S)。

试建立该问题的目标规划模型。

表 5-19

产地	销地				a_i
	B_1	B_2	B_3	B_4	
A_1	5	2	6	7	560
A_2	3	5	4	6	400
A_3	4	5	2	3	750
b_j	320	240	480	380	1 420/1 710

5-9 用图解法求解下列目标规划问题。

(1)
$$\min G = P_1 d_1^+ + P_2 d_2^- + P_3(d_3^- + d_3^+)$$
$$s.t.\begin{cases} 2x_1 + 1.5x_2 \leqslant 50 \\ x_2 + d_1^- - d_1^+ = 10 \\ 80x_1 + 100x_2 + d_2^- - d_2^+ = 1\ 600 \\ x_1 + 2x_2 + d_3^- - d_3^+ = 40 \\ x_1, x_2, d_k^-, d_k^+ \geqslant 0 (k=1,2,3) \end{cases}$$

(2)
$$\min G = P_1 d_2^+ + P_2 d_2^- + P_3 d_1^-$$
$$s.t.\begin{cases} x_1 + 2x_2 + d_1^- - d_1^+ = 10 \\ 10x_1 + 12x_2 + d_2^- - d_2^+ = 62.4 \\ 2x_1 + x_2 \leqslant 8 \\ x_1, x_2, d_k^-, d_k^+ \geqslant 0 (k=1,2) \end{cases}$$

(3)
$$\min G = P_1 d_1^- + P_2(d_2^+ + 2d_3^-)$$
$$s.t.\begin{cases} 8x_1 + 4x_2 + d_1^- - d_1^+ = 160 \\ x_1 + 2x_2 + d_2^- - d_2^+ = 30 \\ x_1 + 2x_2 + d_3^- - d_3^+ = 40 \\ x_1, x_2, d_k^-, d_k^+ \geqslant 0 (k=1,2,3) \end{cases}$$

(4)
$$\min G = P_1(d_3^+ + d_4^+) + P_2 d_1^- + P_3 d_2^-$$
$$s.t.\begin{cases} x_1 + x_2 + d_1^- - d_1^+ = 40 \\ x_1 + x_2 + d_2^- - d_2^+ = 60 \\ x_1 + d_3^- - d_3^+ = 30 \\ x_2 + d_4^- - d_4^+ = 20 \\ x_1, x_2, d_k^-, d_k^+ \geqslant 0 (k=1,2,3,4) \end{cases}$$

(5)
$$\min G = P_1 d_1^+ + P_2 d_3^+ + P_3 d_2^+$$
$$s.t.\begin{cases} -x_1 + 2x_2 + d_1^- - d_1^+ = 4 \\ x_1 - 2x_2 + d_2^- - d_2^+ = 4 \\ x_1 + 2x_2 + d_3^- - d_3^+ = 8 \\ x_1, x_2 \geqslant 0; \quad d_k^+, d_k^- \geqslant 0 (k=1,2,3) \end{cases}$$

(6)
$$\min G = P_1(2d_1^+ + 3d_2^+) + P_2 d_4^+ + P_3 d_3^-$$
$$s.t.\begin{cases} x_1 + x_2 + d_1^- - d_1^+ = 10 \\ x_1 + d_2^- - d_2^+ = 4 \\ 5x_1 + 3x_2 + d_3^- - d_3^+ = 56 \\ x_1 + x_2 + d_4^- - d_4^+ = 12 \\ x_1, x_2, d_k^-, d_k^+ \geqslant 0 (k=1,2,3,4) \end{cases}$$

5-10 用单纯形法求解下列目标规划问题。

(1)
$$\min G = P_1(2d_1^+ + 3d_2^+) + P_2 d_4^+ + P_3 d_3^-$$
$$s.t.\begin{cases} x_1 + x_2 + d_1^- - d_1^+ = 10 \\ x_1 + d_2^- - d_2^+ = 4 \\ 5x_1 + 3x_2 + d_3^- - d_3^+ = 56 \\ x_1 + x_2 + d_4^- - d_4^+ = 12 \\ x_1, x_2, d_k^-, d_k^+ \geqslant 0 (k=1,2,3,4) \end{cases}$$

(2)
$$\min G = P_1(d_1^- + d_1^+) + P_2 d_2^-$$
$$s.t.\begin{cases} 10x_1 + 12x_2 + d_1^- - d_1^+ = 66 \\ 10x_1 + 20x_2 + d_2^- - d_2^+ = 100 \\ 2x_1 + x_2 \leqslant 8 \\ x_1, x_2, d_1^-, d_1^+, d_2^-, d_2^+ \geqslant 0 \end{cases}$$

(3)
$$\min G=P_1(d_1^-+d_2^+)+P_2(d_2^-+d_3^-)+P_3(d_1^++d_3^+)$$
$$s.t.\begin{cases}x_1+x_2+2x_3+d_1^--d_1^+=40\\x_1+x_2-x_3+d_2^--d_2^+=60\\x_1+x_3+d_3^--d_3^+=30\\x_1,x_2,d_k^-,d_k^+\geqslant 0(k=1,2,3)\end{cases}$$

(4)
$$\min G=P_1(2d_1^++d_2^-)+P_2d_3^-$$
$$s.t.\begin{cases}x_1+2x_2\leqslant 6\\x_1-x_2+d_1^--d_1^+=2\\-x_1+2x_2+d_2^--d_2^+=2\\x_2+d_3^--d_3^+=4\\x_1,x_2,d_k^-,d_k^+\geqslant 0(k=1,2,3)\end{cases}$$

5-11　已知下面目标规则问题，分别用图解法和单纯形法求解。

$$\min G=P_1d_1^-+P_2d_2^++P_3(5d_3^-+3d_4^-)+P_4d_1^+$$
$$s.t.\begin{cases}x_1+2x_2+d_1^--d_1^+=6\\x_1+2x_2+d_2^--d_2^+=9\\x_1-2x_2+d_3^--d_3^+=4\\x_2+d_4^--d_4^+=2\\x_1,x_2,d_k^-,d_k^+\geqslant 0(k=1,2,3,4)\end{cases}$$

5.5　课后习题参考答案

第 5 章习题答案

第6章

网络分析

18 世纪，在德国普鲁士哥尼斯堡的一个公园里，有七座桥将普雷格尔河中两个岛与河岸连接起来，如图 6－0(a)所示。当时人们提出问题：一个散步者能否从某地出发，走遍七座桥且每座桥恰好经过一次，最后回到原地？问题提出后，很多人对此很感兴趣，纷纷进行尝试，但是没有成功，“七桥问题”(Seven Bridges Problem)由此产生。1736 年，29 岁的莱昂哈德·欧拉(Leonhard Euler)向圣彼得堡科学院递交了《哥尼斯堡的七座桥》的论文。他将“七桥问题”抽象为一个图，如图 6－0(b)所示，用点来代替陆地和岛，用线来代替桥，称其为“一笔画”问题。欧拉认为，对于一个图来说(如七桥图)，若每个点均有奇数条边相连，“一笔画”问题无法解决，这就是图论的起源。从那时起人们开始利用图论解决实际问题。

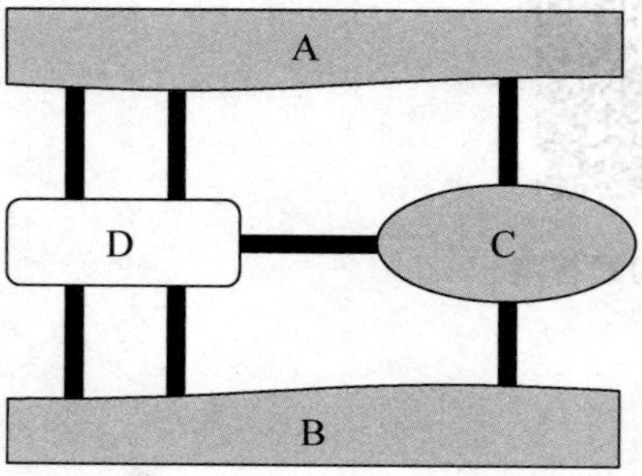

(a)

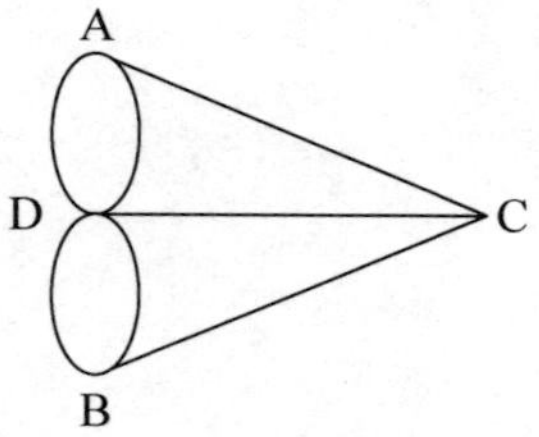

(b)

图 6－0

导入案例

某电力公司增建输电线路问题

某地的电力公司有三个发电站，它们负责 5 个城市的供电任务，其输电网络如图 6－1 所示。城市 8 由于经济的发展，要求供应电力 65 MW，三个发电站在满足城市 4,5,6,7 的用电需要量后，它们还分别剩余 15 MW,10 MW,40 MW，输电网络剩余的输电能力见图 6－1 结点上的数字。三个发电站在满足城市 4,5,6,7 的用电需要量后,剩余发电能力共有 65 MW,与城市 8 的用电量刚好相等。问:输电网络的输电能力是否满足输电 65 MW 的电力,如不满足,需要增建或改建哪一段输电线路?

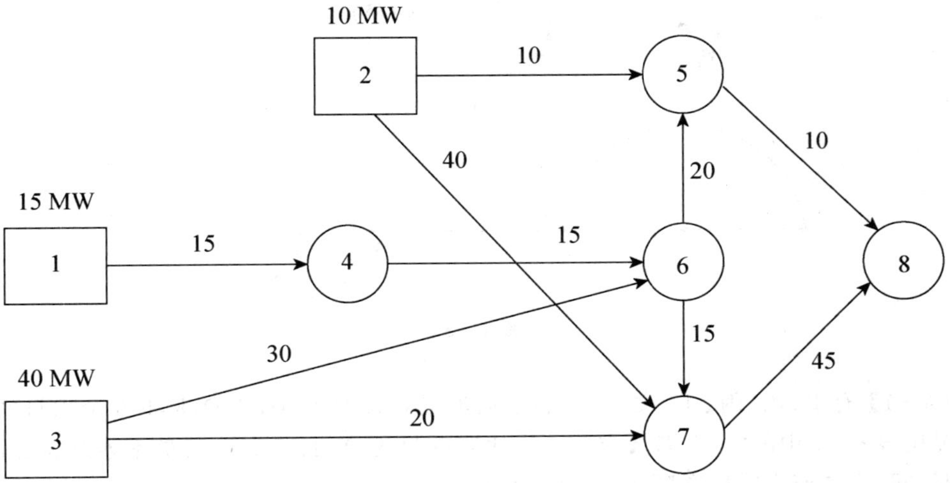

图 6-1

6.1 基本概念与定理

6.1.1 图的定义

图论中的图与一般几何图形不同,是由一些点(v_i)和连接点的线(e_j)所组成的"图形"。图中点和线的位置是任意的,线的曲直、长短与实际无关,代表的只是点与点之间的相互关系。例如,图 6-2(a)、(b)、(c)均可表示苏州 v_1、杭州 v_2、上海 v_3、南京 v_4 4 个仓储网点之间的物流运输线路。

又例如,图 6-3(a)、(b)均可表示赵、钱、孙、李、周、吴、陈 7 个人之间相互认识的关系。

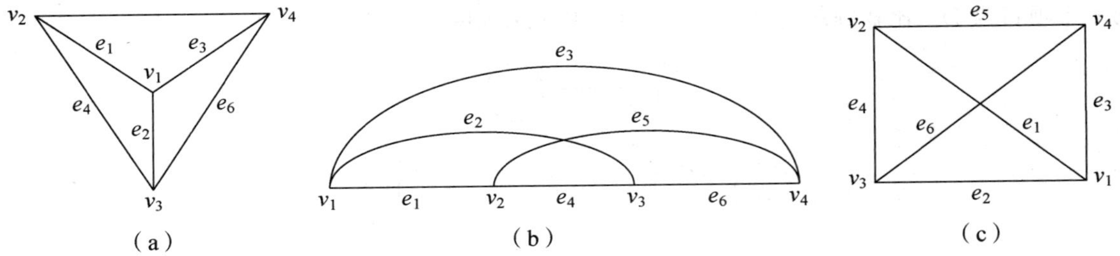

图 6-2

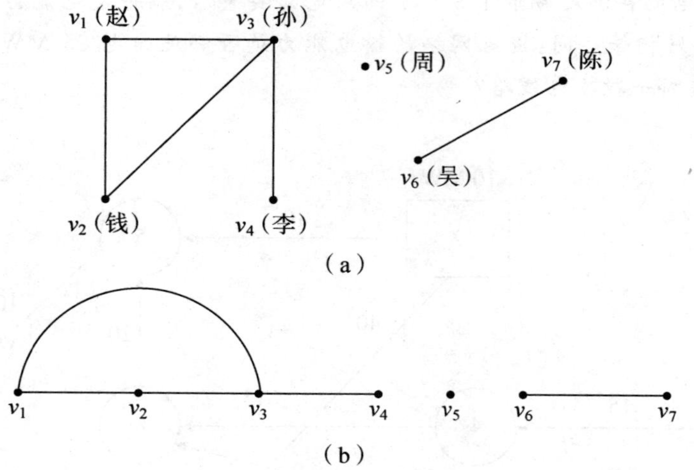

图 6-3

【例 6-1】有甲、乙、丙、丁、戊、己 6 名运动员报名参加 A,B,C,D,E,F 6 个项目的比赛。报名情况见表 6-1 中的“*”,若要求第 1 个比赛项目为 A,且每名运动员不连续参加两个项目的比赛,问:应如何安排比赛顺序?请画图说明。

表 6-1

项目	A	B	C	D	E	F
甲	*			*		*
乙	*	*		*		
丙			*		*	
丁	*				*	
戊	*	*			*	
己			*	*		*

解:

根据题意,运动员甲、乙、丁、戊报名参加第 1 个比赛项目 A,只有丙和己才可以参加第 2 个项目 C 的比赛,如表 6-1 所示。同理,第 3 个项目为 B,第 4 个项目为 F,第 5 个项目为 E,第 6 个项目为 D。比赛顺序为 A→C→B→F→E→D,如图 6-4 所示。

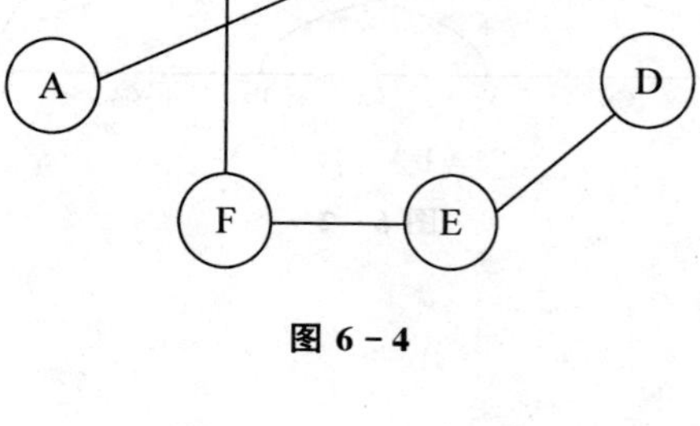

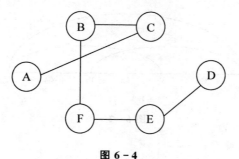

图 6-4

【例 6－2】某医院需对 A,B,C,D,P,R,S,T 8 种药品进行保管,为了安全起见,下列 14 组药品不能存放在同一储藏室内:A－R,A－C,A－T,R－P,P－S,S－T,T－B,B－D,D－C,R－S,R－B,P－D,S－C,S－D,问:存放这 8 种药品至少需要几个储藏室?

解:

如图 6－5 所示,因 S,P,R 三点两两相邻,故三种药品应单独存放。其中,与 S 不相邻、且彼此也不相邻的点有 A,B;与 P 不相邻、且彼此也不相邻的点有 D,T;点 C 与 P 不相邻,可与 P 放在一起。因此,至少需要 3 个储藏室。

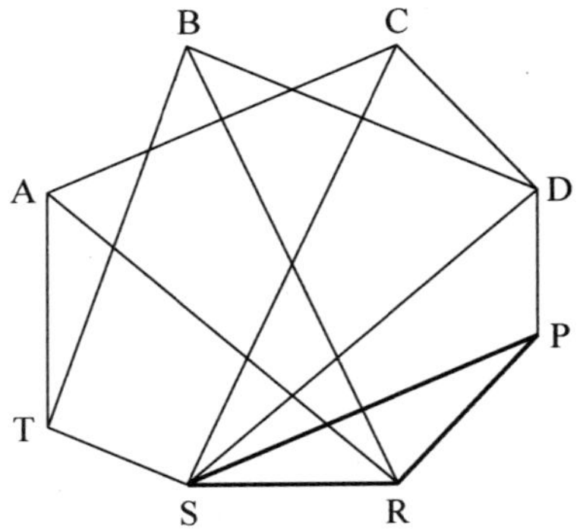

图 6－5

6.1.2　图的分类

(1) 无向图。

无向图由点和边的集合所构成,不带箭头的连线称为“边”或“双向边”,即没有规定方向,如公路运输线路。一般用 v_i 表示点,用 e_j 或 $[v_i, v_j]$ 表示边。在无向图中,点和边的交替序列称为链,闭合(首尾相接)的链构成圈。如图 6－6 所示,$v_1, e_2, v_3, e_6, v_4, e_7, v_5$ 表示一条链,$v_1, e_2, v_3, e_3, v_2, e_1, v_1$ 则表示一个圈。

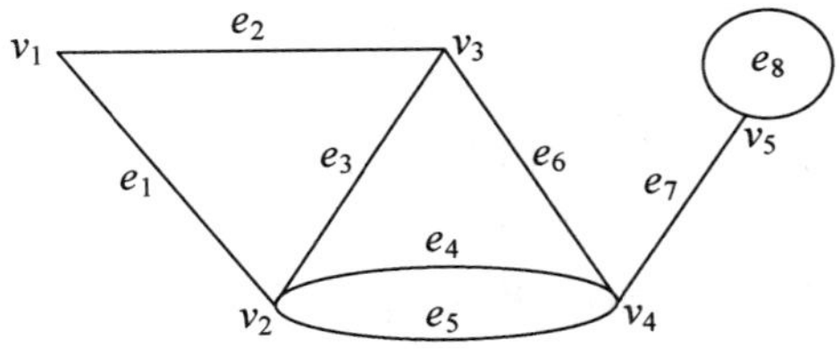

图 6－6

(2) 有向图。

有向图由点和弧的集合所构成,一般用 a_j 或 (v_i, v_j) 表示弧。在有向图中,前后相继并且方向一致的点弧序列称为路径,闭合的路径构成回路。如图 6－7 所示,$v_1, a_2, v_3, a_3, v_2, a_5, v_5$ 表示一条路径,$v_3, a_3, v_2, a_5, v_5, a_6, v_4, a_4, v_3$ 则表示一个回路。

思考题:有个人带了一只狼、一只羊、一棵白菜,想要从南岸过河到北岸,河上只有一条独木舟,每次渡河除了人以外,只能带一样东西。如果人不在,狼就要吃羊,羊就要吃白菜,问应该怎样安排渡河,才能保证把所有东西都运过河,又要使渡河次数最少?要求画图求解。

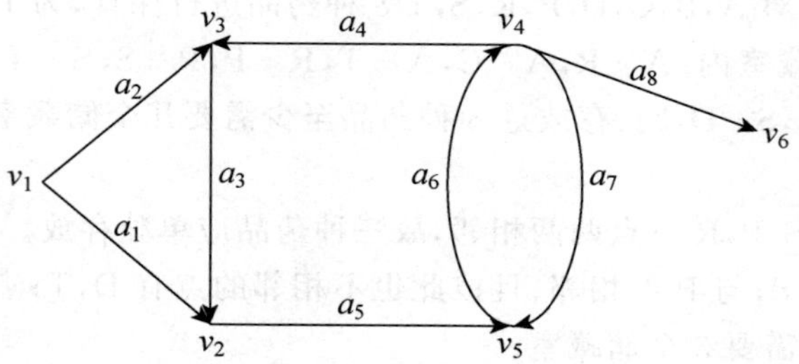

图 6-7

6.1.3 相关概念

(1) 关联边。

在无向图中,若 v_i 和 v_j 是边 e 的两个结点,称 e 是 v_i 和 v_j 的关联边。例如,在图 6-6 中,e_1 是 v_1 和 v_2 的关联边。

(2) 相邻。

若 v_i 和 v_j 与同一关联边相连,则称点 v_i 和 v_j 相邻;若边 e_i 和 e_j 有共同的结点,则称边 e_i 和 e_j 相邻。例如,在图 6-6 中,点 v_1 和 v_2 关于边 e_1 相邻,边 e_2 和 e_3 关于点 v_3 相邻。

(3) 环。

若一条边 e 的两个结点相重叠,称 e 为环。在图 6-6 中,边 e_8 首尾相接,因此称为环。

(4) 多重边。

若两点之间存在两条以上关联边,则称该两点具有多重边。在图 6-6 中,边 e_4 和 e_5 是关于点 v_2 和 v_4 的多重边。

(5) 多重图。

含多重边的图称为多重图,图 6-6 为多重图。

(6) 简单图。

不含环和多重边的图称为简单图。

(7) 次。

点 v_i 关联边的个数,称为点 v_i 的次,也称度,一般记为 $d(v_i)$。一个环计算两个次(或度)。

(8) 奇点和偶点。

次为奇数的点称为奇点,次为偶数的点称为偶点。

(9) 悬挂点和孤立点。

次为 1 的点称为悬挂点,悬挂点的关联边为悬挂边。次为 0 的点称为孤立点。

(10) 权。

与边或弧相关的数量指标称为权,如距离、费用、流量。

(11) 赋权图。

点、边、权的总体称为赋权图。

(12) 完全图、子图和支撑子图。

对于一个简单图,若图中任意两点之间均有边相连,则称为完全图。图 6-8(a)为完全图($G_1=[V_1,E_1]$)。对于 $G_2=[V_2,E_2]$[图 6-8(b)],如果 $V_2\subseteq V_1$,$E_2\subseteq E_1$,则称 G_2 是 G_1 的一个子图;若 $V_3=V_1$,$E_3\subseteq E_1$,则称 G_3 是 G_1 的一个支撑子图[图 6-8(c)]。

(13) 网络。

规定起点、终点和中间点的连通赋权图称为网络，包括有向网络、无向网络和混合网络。

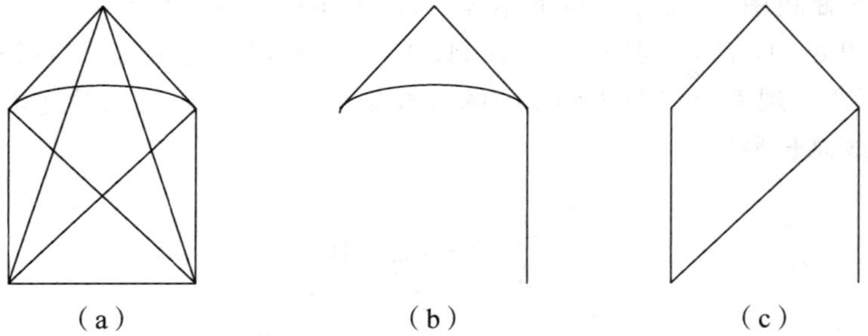

图 6-8　完全图、子图和支撑子图

6.2　最小树问题

最小树问题是网络分析的典型问题之一，可用来解决管路铺设、线路安装等实际问题。

6.2.1　树的定义与性质

在无向图中，无圈连通图称为树，树是无向图的支撑子图，并有以下性质：

性质 1： 任何树至少有一个悬挂点。

性质 2： 树中任意两点之间有且只有一条链。

性质 3： 在树中任意两个不相邻的结点之间增加一条边，则形成唯一的圈。

性质 4： 如果树的结点是 m 个，则边的个数是 $m-1$ 个。

性质 5： 在树中任意去掉一条边，将得到一个非连通图。

6.2.2　最小树及求解方法

在无向图中，权数总和(以下简称总权)最小的树称为最小支撑树，简称最小树。例如，在图 6-9 中，图 6-9(b)就是图 6-9(a)的一个树，若总权最小，则为最小支撑树。关于最小树的求解方法有两种：破圈法和避圈法。

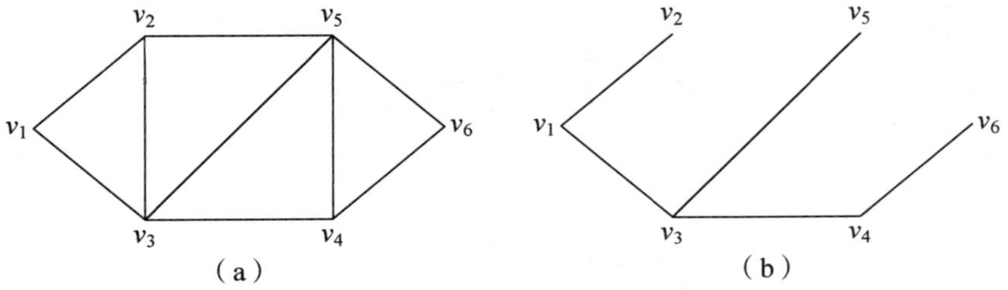

图 6-9　无向图和树

(1) 破圈法。

步骤：①任取一圈，去掉权数最大的边；②重复步骤①，直至获得最小树。

(2) 避圈法。

避圈法又称加边法,求解步骤为:①将图中的边按权数从小到大排序;②画出图中所有点;③从小到大依次加边且不能生成圈,直到获得最小树。

注意:在同一个赋权图中,最小树可能不唯一,但最小树的总权数是唯一的。

【例 6-3】如图 6-10 所示,点 S,A,B,C,D,E,T 分别代表村镇名字,村镇之间的连线上赋予的权值表示距离。现需要沿图 6-10 中的连线架设电线,向各村镇输送电量,问:如何架设电线,才能使电线总长最短?

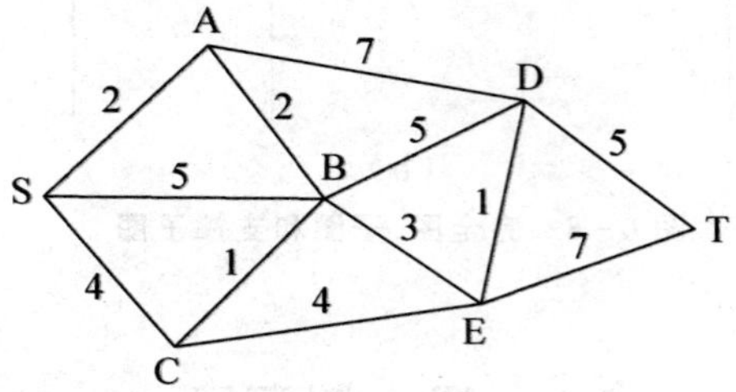

图 6-10

解:

在现行方案中,电线总长 46。现在的任务是改进方案,既要完成输电任务,又要使电线总长最短。

(1) 破圈法求解。

① 对于圈 ABSA,去掉权最大的边 BS,如图 6-11 所示。

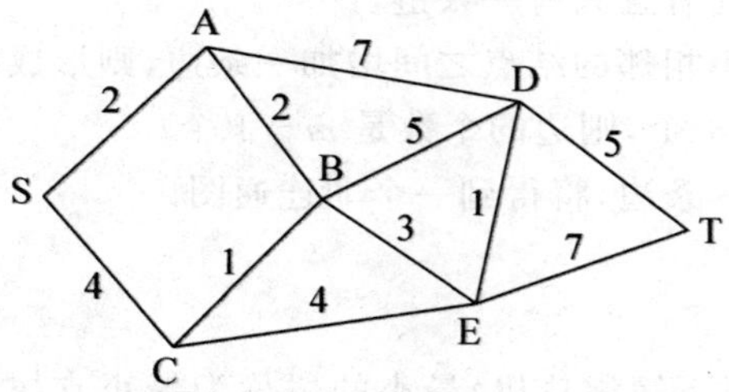

图 6-11

② 对于圈 ABCSA,去掉权最大的边 CS,如图 6-12 所示。

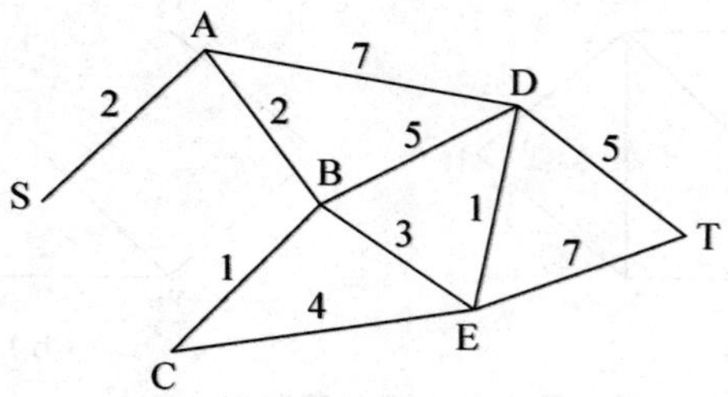

图 6-12

③ 对于圈 ABDA,去掉权最大的边 AD,如图 6-13 所示。

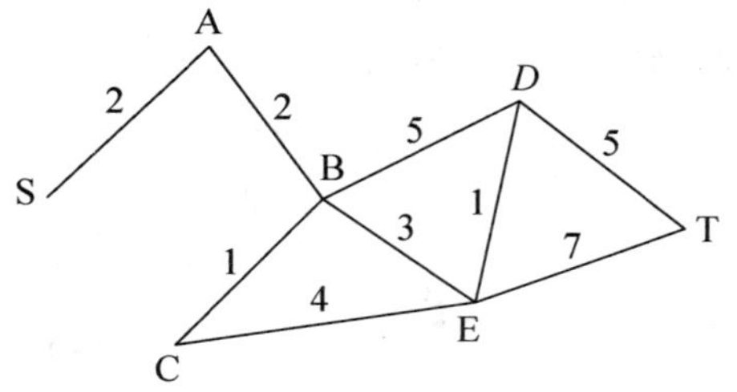

图 6－13

④ 对于圈 BECB，去掉权最大的边 CE，如图 6－14 所示。

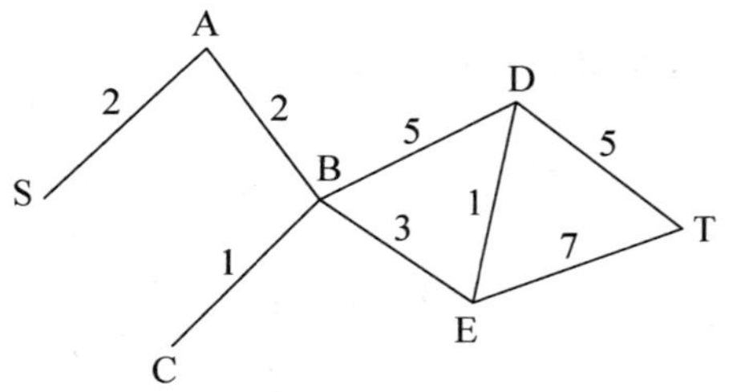

图 6－14

⑤ 对于圈 BDEB，去掉权最大的边 BD，如图 6－15 所示。

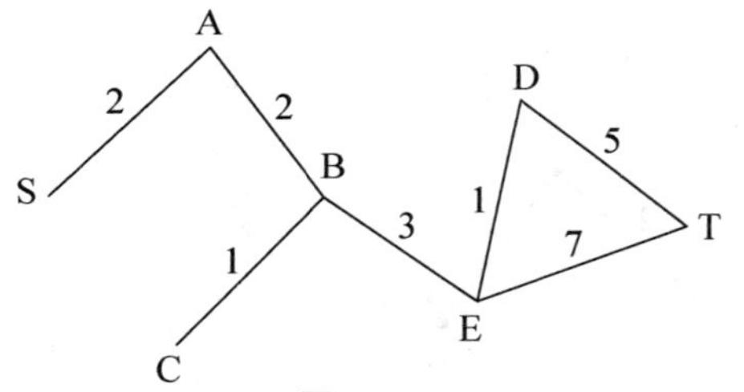

图 6－15

⑥ 对于圈 DTED，去掉权最大的边 ET，如图 6－16 所示。此时已获得最小树（无圈连通），总权最小为 14（2＋2＋1＋3＋1＋5＝14）。该方案与初始方案相比，电线总长减少了 32。

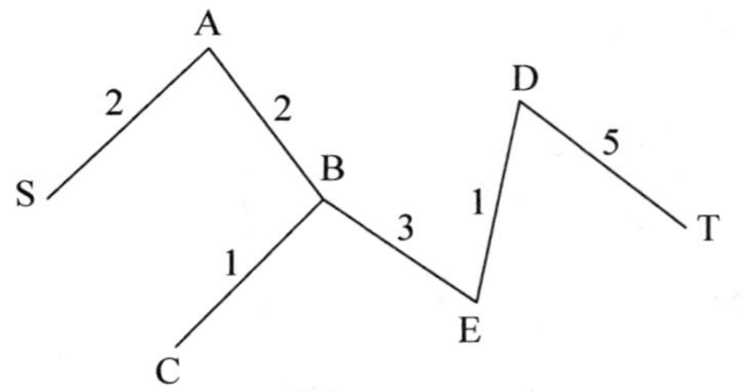

图 6－16

（2）避圈法求解。

① 首先将图 6－10 中的边按权数从小到大排序。

[C,B](1)，[D,E](1)，[A,B](2)，[A,S](2)，[B,E](3)，[C,E](4)，[C,S](4)，[B,S]

(5),[B,D](5),[D,T](5),[A,D](7),[T,E](7)。

② 画出图 6-10 中所有点,如图 6-17 所示。

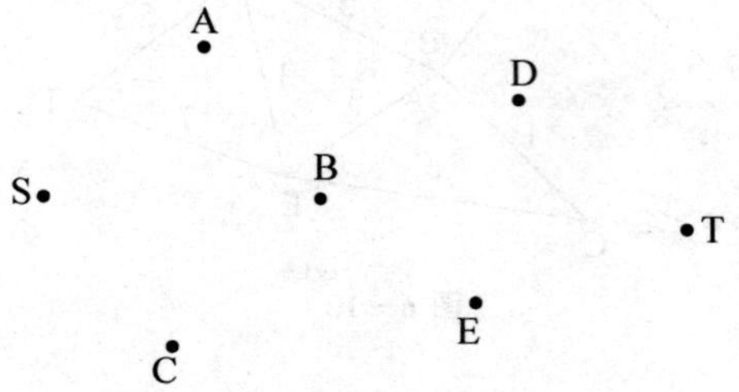

图 6-17

③ 加边 CB 和 DE(权为 1),如图 6-18 所示。

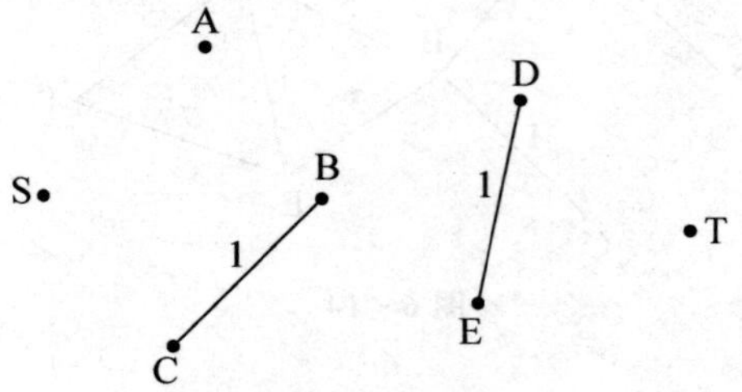

图 6-18

④ 加边 AB 和 AS(权为 2),如图 6-19 所示。

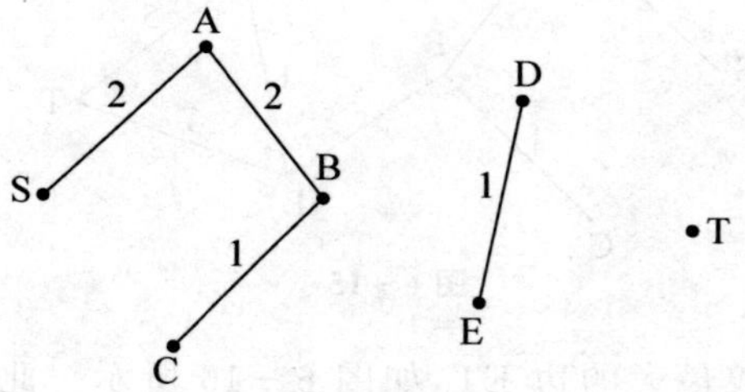

图 6-19

⑤ 加边 BE(权为 3),如图 6-20 所示。

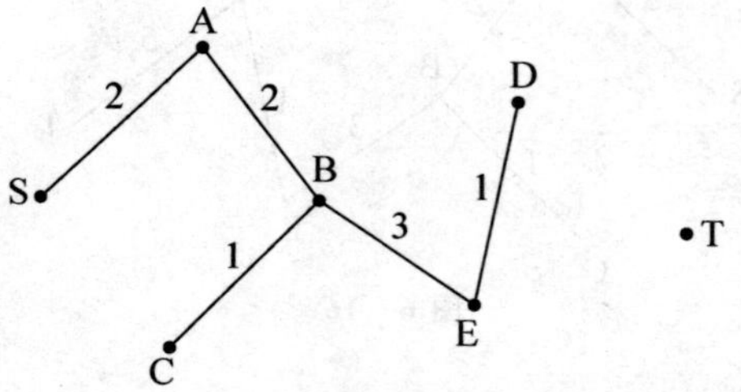

图 6-20

⑥ 若加边 CE 和 CS(权为 4),则构成圈 CEBC 和圈 SABCS,因此不能加边 CE 和 CS。

⑦ 加边 DT(权为 5),即获得最小树,如图 6-16 所示。

注意:若加边 BS 和 BD(权为 5),则构成圈 ASBA 和圈 BDEB;若加边 AD 和 TE(权为 7),则构成圈 ADEBA 和圈 DTED。

6.3　最短路问题

最短路问题(Short-path problem)是指 v_i 和 v_j 为某一网络中的两点(通常是始点和终点),求该两点间的一条路,其总权数(长度、成本、时间等)是从 v_i 到 v_j 所有路中最短的。最短路问题是网络分析的典型问题之一,可用来解决线路优化和设备更新等实际问题。本节只讲述路权大于零的情况,对于路权为负值的最短路求法,可以参见相关书籍。

6.3.1　无向图最短路的求解

狄克斯特拉(Dijkstra)标号算法(以下简称 D 算法)是狄克斯特拉在 1959 年提出的,适合于求解所有弧权 $w_{ij} \geqslant 0$ 的最短路问题。其基本思想是:最短路的子路一定还是最短路。规定:始点为 v_s,终点为 v_t;T 标号为临时性标号;P 标号为永久性标号。永久性标号表示从点 v_s 到 v_j $(j=1,2,\cdots,t)$ 的最短路权;临时性标号表示从点 v_s 到 v_j 最短路权的上界。

无向图最短路(链)的 D 算法步骤为:

(1) 对始点 v_s 做 P 标号:$P(v_s)=0$;同时对其余各点均做 T 标号:$T(v_j)=\infty$。

(2) 对于已做 P 标号的点,考虑与之相邻的点(不含已做 P 标号的点),修改 T 标号:$T'(v_j)=\min[T(v_j),P(v_i)+w_{ij}]$。

(3) 比较所有已做 T 标号的点,对权最小的 T 标号做 P 标号:$P(v_j)=\min[T(v_j)]$。

(4) 当所有点都做了 P 标号,计算停止,否则转到步骤(2),直到求出最短路。

【例 6-4】 用 D 算法求图 6-21 中 v_s 到 v_t 的最短路。

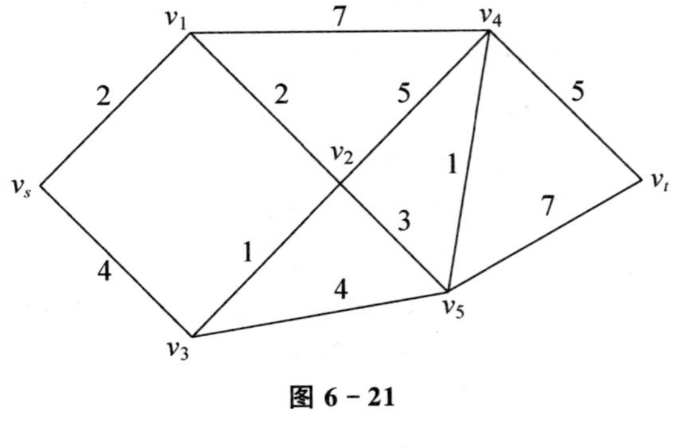

图 6-21

解:

① 如图 6-22 所示,对始点 v_s 做 P 标号:$P(v_s)=0$,在(0)下面画一横线,表示对始点 v_s 已做 P 标号;对其余各点做 T 标号:$T(v_j)=\infty$,$j=1,2,3,4,5,t$。

② 对于已做 P 标号的点 v_s,考虑与之相邻的点,修改 T 标号:$T'(v_j)=\min[T(v_j),P(v_i)+w_{ij}]$,如图 6-23 所示,其中,$T'(v_1)=\min[T(v_1),P(v_s)+w_{s1}]=\min[\infty,0+2]=2$;$T'(v_3)=\min[T(v_3),P(v_s)+w_{s3}]=\min[\infty,0+4]=4$。

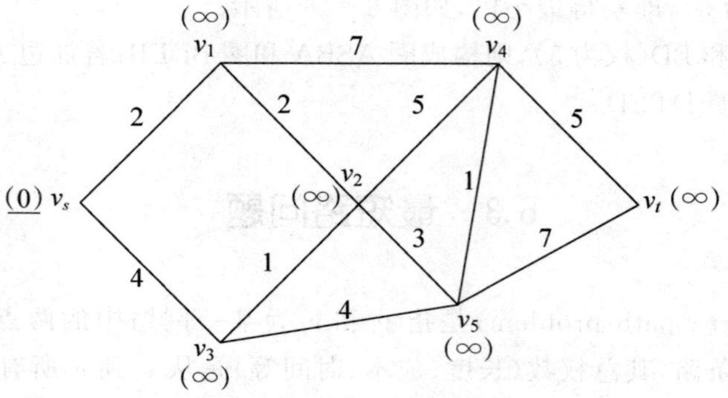

图 6-22

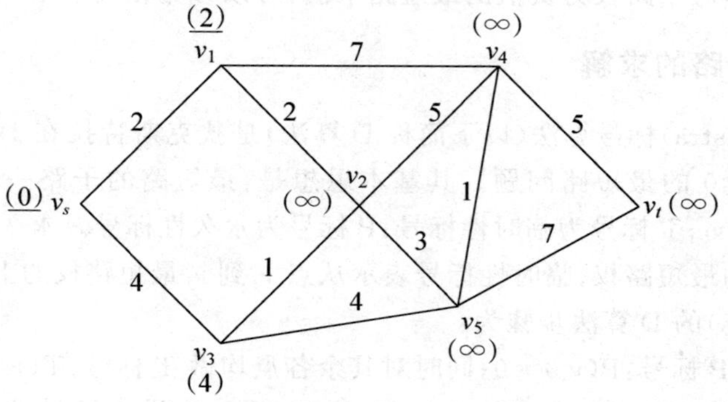

图 6-23

③ 比较所有已做 T 标号的点,对权最小的 T 标号做 P 标号:$P(v_j)=\min[T(v_j)]$。如图 6-23所示,$P(v_j)=\min[2,4,\infty,\infty,\infty,\infty]=P(v_1)=2$,在(2)下面画一横线,表示已做 P 标号。

④ 对已做 P 标号的点 v_1,考虑与之相邻的点,修改 T 标号:$T'(v_j)=\min[T(v_j),P(v_i)+w_{ij}]$,如图 6-24 所示,其中 $T'(v_2)=\min[T(v_2),P(v_1)+w_{12}]=\min[\infty,2+2]=4$,$T'(v_4)=\min[T(v_4),P(v_1)+w_{14}]=\min[\infty,2+7]=9$。

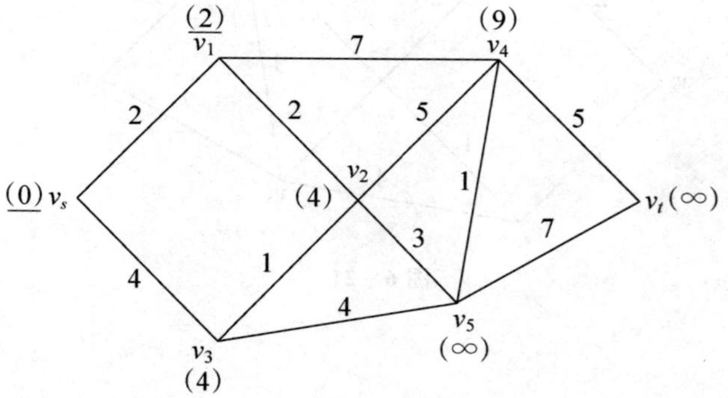

图 6-24

⑤ 比较所有已做 T 标号的点,对权最小的 T 标号做 P 标号:$P(v_j)=\min[T(v_j)]$,如图 6-25 所示,$P(v_j)=\min[4,4,9,\infty,\infty,\infty]=P(v_2)=P(v_3)=4$。先对点 v_2 做 P 标号,同时修改 v_4 的标号。

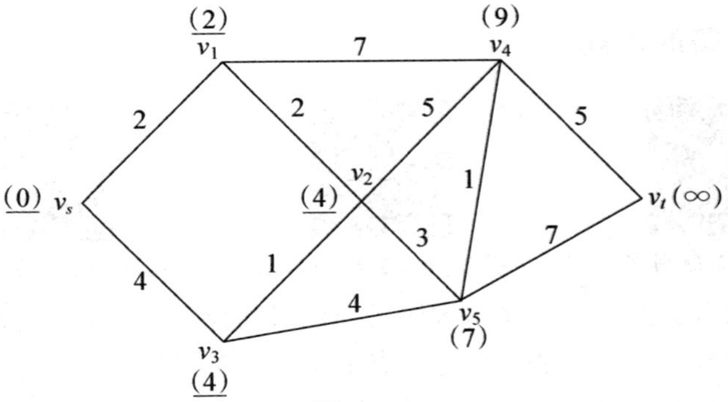

图 6－25

再对点 v_3 做 P 标号，由于相邻点已做 P 标号，不能再做修改，同时 $T'(v_5)=\min[T(v_5), P(v_3)+w_{35}]=\min[7,4+4]=7$，因此不用修改标号。重复上述步骤，最终标号结果如图 6－26 所示。

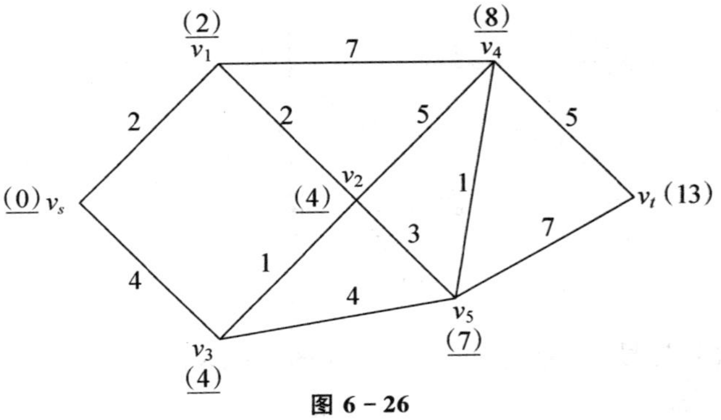

图 6－26

最后，按标号寻找从 v_s 到 v_t 的最短路(链)，从 v_t 开始向前依次寻找最短路中的各条边，如图 6－26 所示，$v_s \to v_1 \to v_2 \to v_5 \to v_4 \to v_t$ 为从 v_s 到 v_t 的最短路(链)，总权为 13。需要说明的是，使用 D 算法，不仅可以求出网络中从始点到终点的最短路径和路权，而且可以求出从始点到各个点的最短路径和最短路权。对于本例，从始点到其他各点的最短路径和最短路权如表 6－2 所示，其中，只有 $v_s \to v_3$ 不是从 v_s 到 v_t 最短路的子路，这符合 D 算法的基本思想："最短路的子路一定还是最短路"。

需要指出的是，最短路问题与最小树问题有区别，由图 6－16 可知，最小树方案(权为 14)必须包括原图中所有结点，但最短路方案(权为 13)一般不包括所有结点。

表 6－2

项目	最短路径	最短路权	说明
$v_s \to v_1$	$v_s \to v_1$	2	最短路的子路
$v_s \to v_2$	$v_s \to v_1 \to v_2$	4	最短路的子路
$v_s \to v_3$	$v_s \to v_3$	4	—
$v_s \to v_4$	$v_s \to v_1 \to v_2 \to v_5 \to v_4$	8	最短路的子路
$v_s \to v_5$	$v_s \to v_1 \to v_2 \to v_5$	7	最短路的子路
$v_s \to v_t$	$v_s \to v_1 \to v_2 \to v_5 \to v_4 \to v_t$	13	最短路的子路

6.3.2 有向图最短路的求解

视频-6.3.2 最短路-1　　视频-6.3.2 最短路-2　　视频-6.3.2 最短路-3

对于有向图最短路问题，计算步骤与求解无向图最短路问题相同，主要区别在于：无向图最短路问题使用单标号法，单标号法是对每一点赋予一个路权标号；而有向图最短路问题使用双标号法，双标号法是对每一点赋予两个标号：路径和路权。

【例 6-5】用双标号法求解图 6-27 中从 v_s 到 v_t 的最短路。

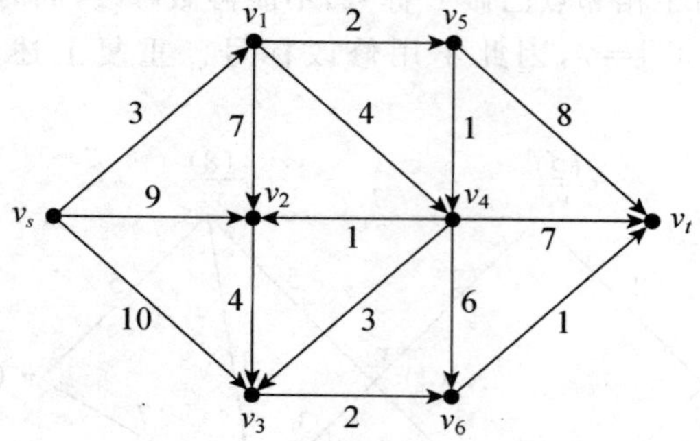

图 6-27

解：

第一步，对始点做 P 标号，其他点做 T 标号，如图 6-28 所示。

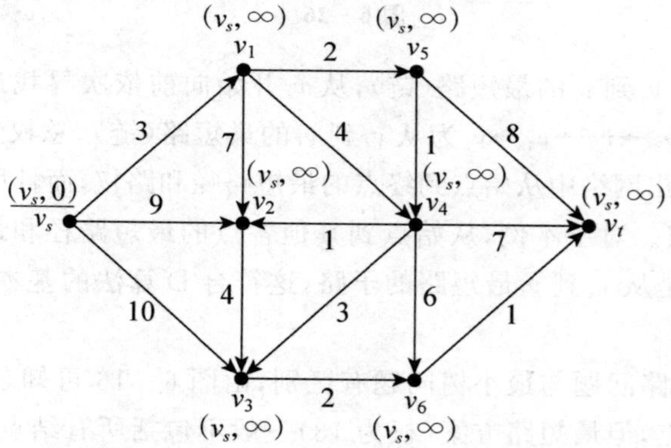

图 6-28

第二步，考察点 v_s 的相邻点(即从 v_s 出发可以到达的点 v_1，v_2 和 v_3)，修改 v_1，v_2 和 v_3 的 T 标号，然后比较所有已做 T 标号的点，对路权最小的点 v_1 进行 P 标号，如图 6-29 所示。修改 T 标号的原则：若新的路权小于原路权，则修改标号，若新的路权等于或大于原路权，则不修改。

第三步，考察点 v_1 的相邻点(v_2，v_4 和 v_5)，修改 v_4 和 v_5 的 T 标号，由于 $v_s \to v_1 \to v_2$ 的路权(10)大于原路权(9)，所以不修改 v_2 标号，然后比较所有已做 T 标号的点，对路权最小的点 v_5 进行 P 标号，如图 6-30 所示。

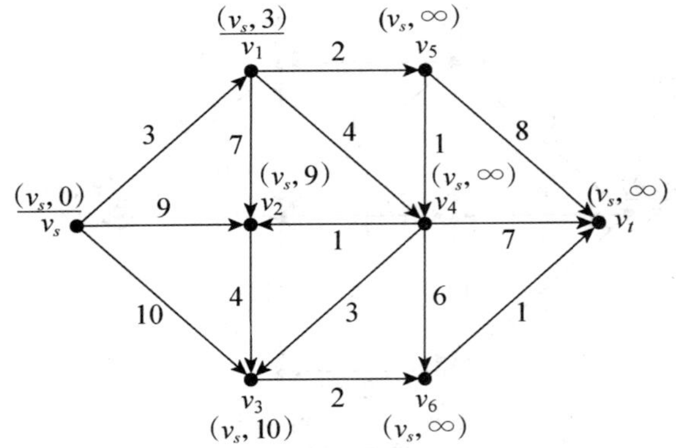

图 6-29

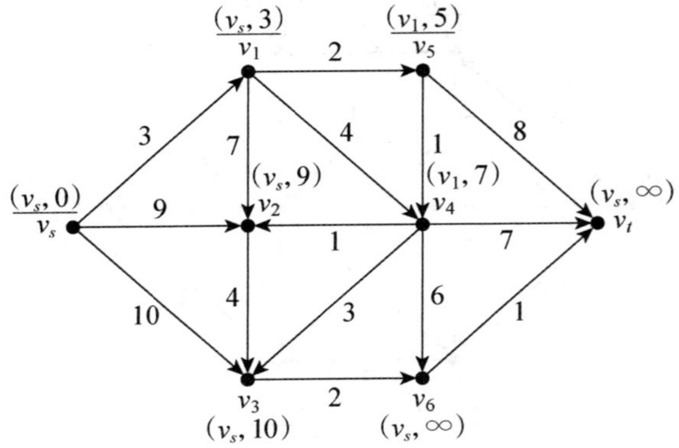

图 6-30

第四步，考察点 v_5 的相邻点（v_4 和 v_t），修改 v_4 和 v_t 的 T 标号，然后比较所有已做 T 标号的点，对路权最小的点 v_4 进行 P 标号，如图 6-31 所示。

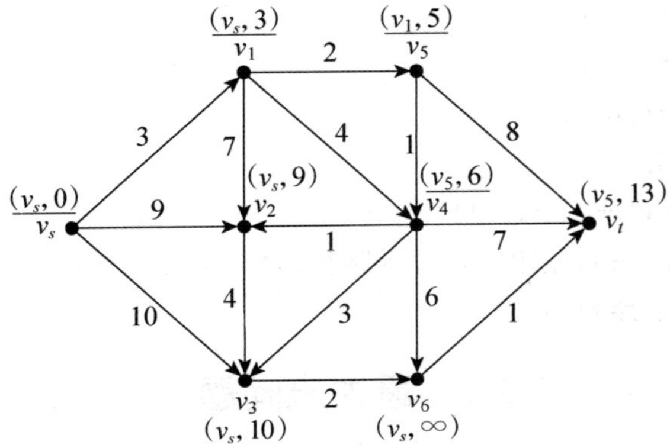

图 6-31

第五步，考察点 v_4 的相邻点（v_2，v_3，v_6 和 v_t），修改 v_2，v_3 和 v_6 的 T 标号，因新路权与原路权相等，则不修改 v_t 的 T 标号，比较所有已做 T 标号的点，对路权最小的点 v_2 进行 P 标号，如图 6-32 所示。

第六步，考察点 v_2 的相邻点（v_3），不用修改 T 标号，再对点 v_3 进行 P 标号。考察点 v_3 的相邻点 v_6，修改点 v_6 的 T 标号，再对点 v_6 进行 P 标号，最后对点 v_t 做 P 标号，如图 6-33 所示。

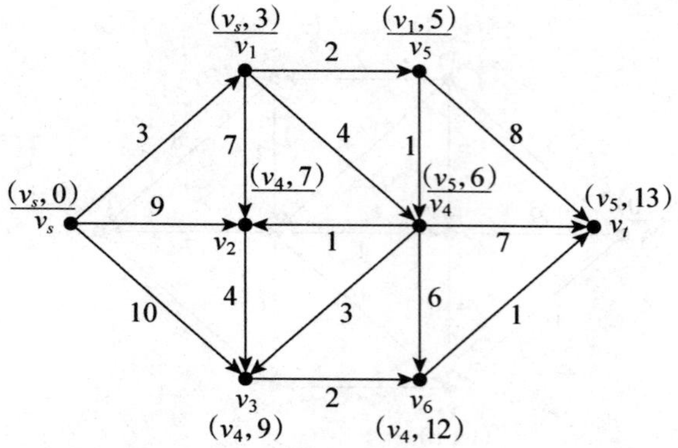

图 6-32

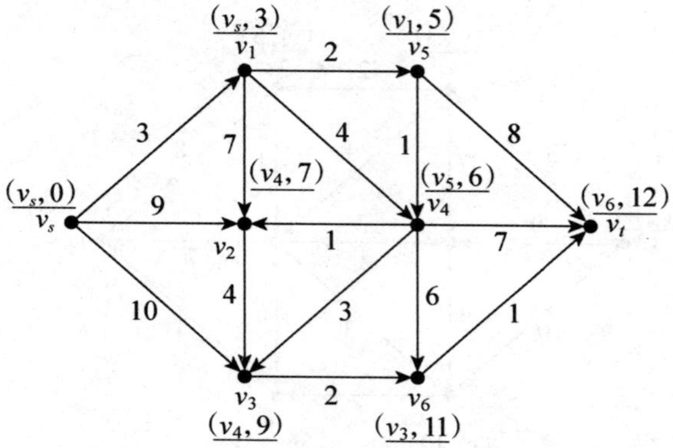

图 6-33

反向追踪,可以得到从 v_s 到 v_t 的最短路径为 $v_s \to v_1 \to v_5 \to v_4 \to v_3 \to v_6 \to v_t$,最短路权为12,同时,从始点到其他各点的最短路径和最短路权为:

$v_s \to v_1 : v_s \to v_1(3)$;

$v_s \to v_2 : v_s \to v_1 \to v_5 \to v_4 \to v_2(7)$;

$v_s \to v_3 : v_s \to v_1 \to v_5 \to v_4 \to v_3(9)$;

$v_s \to v_4 : v_s \to v_1 \to v_5 \to v_4(6)$;

$v_s \to v_5 : v_s \to v_1 \to v_5(5)$;

$v_s \to v_6 : v_s \to v_1 \to v_5 \to v_4 \to v_3 \to v_6(11)$。

注意:对于双标号(左、右),左边元素表示路径,是该结点的前一个结点,右边元素表示路权,表示从始点到该点的总路权。

6.4 最大流问题

6.4.1 相关概念与定理

视频-6.4.1 最大流-概念 1　　视频-6.4.1 最大流-概念 2　　视频-6.4.1 最大流-概念 3

(1) 弧容量与容量网络。

弧容量:对于有向图 $D=(V,A)$,弧 $a_{ij}(v_i,v_j)$的容量 c_{ij} 表示弧的最大流通能力。

容量网络:在 V 中指定一点称为发点(记为 v_s),另一点称收点(记为 v_t),其余点称中间点,这样的赋权有向图就称为一个容量网络,记为 $N=(V,A,C)$。图 6-34 所示为一个容量网络,每段弧上有权,左边表示容量,右边表示流量,左边大于等于右边。

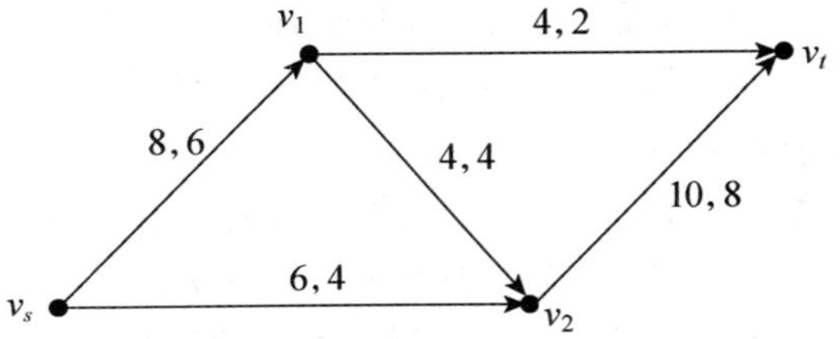

图 6-34

(2) 弧的流量与可行流。

弧的实际通过量称为该弧的流量。弧集 A 上的流量集合 $f=\{x_{ij}\}$称为网络上的流。满足下述三个条件的流称为可行流:

① 容量限制条件:对每条弧$(v_i,v_j)\in A$,都有 $0\leqslant x_{ij}\leqslant c_{ij}$;

② 中间点平衡条件:对于任意中间点,流出量=流入量;

③ 发点流出量=收点流入量。

(3) 前向弧与后向弧。

设 μ 是从 v_s 到 v_t 的路,方向从 $v_s\to v_t$,则路 μ 上的弧分为以下两类:

① 前向弧:弧的方向与路 μ 的方向相同,记为 μ^+。

② 后向弧:弧的方向与路 μ 的方向相反,记为 μ^-。

(4) 饱和弧与非饱和弧。

若将弧(v_i,v_j)的流量 x_{ij} 与其容量 c_{ij} 进行比较,则满足 $x_{ij}=c_{ij}$ 的弧称为饱和弧,弧的流量不允许增加;满足 $x_{ij}<c_{ij}$ 的弧称为非饱和弧,弧的流量允许增加。

(5) 零弧与非零弧。

满足 $x_{ij}=0$ 的弧称为零弧。由于 $x_{ij}=0$,因此零弧的流量不能减小;满足 $x_{ij}>0$ 的弧称为非零弧。弧的流量可以减小,但要满足 $x_{ij}\geqslant 0$。

(6) 可以扩充流量的路(增广链)。

设 $f=\{x_{ij}\}$是一个可行流,μ 是从 v_s 到 v_t 的路,若 μ 满足以下两个条件,则称其是一条关于可行流 f 的可以扩充流量的路,通常称为增广链。

① μ 上所有的前向弧为非饱和弧,即满足 $0\leqslant x_{ij}<c_{ij}$,μ 可以扩充流量;

② μ 上所有的后向弧为非零弧,即满足 $0<x_{ij}\leqslant c_{ij}$,μ 可以减少流量。

(7) 网络流量与最大流。

在可行流中,网络发点的流出量(或网络收点的流入量)就是网络的流量。一个容量网络中,网络流量中最大的可行流,称为最大流,可记为 f^*。

(8) 网络最大流定理。

设 $f=\{x_{ij}\}$是网络 N 中的一个可行流,并且对于$\{x_{ij}\}$来说,不存在可以扩充流量的路(增广链),则$\{x_{ij}\}$为最大流。

6.4.2 求解最大流的标号算法

1956年,福特和富尔克逊提出了寻求网络最大流的基本方法,称为福特—富尔克逊算法(Fold - Fulkerson Algorithm),该方法适用于求解弧权非负的最大流问题,求解过程如下:

视频-6.4.2 最大流-4 求解

(1) 标号。

对于一个给定可行流 $f=\{x_{ij}\}$,可以通过标号判断有无增广链,步骤如下:

① 对发点 v_s 标号"$(+v_s,\infty)$","v_s"表示路径是从 v_s 到 v_s,"+"表示 $v_s\to v_s$ 为前向弧,"∞"为流量调整的上限,其余点未做标号。

② 考察与发点 v_s 相邻的点 v_i,(v_s,v_i)一般为前向弧,若(v_s,v_i)可以扩充流量,即 $x_{si}<c_{si}$,则对 v_i 进行标号"$(+v_s,\theta_{si})$",此时流量的调整值为 $\theta_{si}=c_{si}-x_{si}$。

③ 考察与 v_i 相邻的点 v_j(尚未标号)。v_j 得到标号必须满足以下条件:若(v_i,v_j)为前向弧且 $x_{ij}<c_{ij}$,则对 v_j 进行标号"$(+v_i,\theta_{ij})$",流量的调整值为 $\theta_{ij}=\min\{\theta_{si},c_{ij}-x_{ij}\}$;若$(v_i,v_j)$为后向弧且 $x_{ij}>0$,则对 v_j 进行标号"$(-v_i,\theta_{ij})$",流量的调整值为 $\theta_{ij}=\min\{\theta_{si},x_{ij}\}$。

④ 重复步骤③。若收点 v_t 得到标号,则存在可以扩充流量的路(增广链),说明当前的可行流不是最大流,则进行步骤②;若 v_t 得不到标号,则不存在可以扩充流量的路(增广链),说明当前的可行流是最大流。

(2) 流量调整。

考察增广链 μ 的所有弧,调整其流量。对于前向弧 μ^+,流量调整值为 $\theta=\min\{c_{ij}-x_{ij}\}$;对于后向弧 μ^-,流量调整值为 $\theta=\min\{x_{ij}\}$。调整后的流量为:对于前向弧 μ^+,$x_{ij}+\theta$;对于后向弧 μ^-,$x_{ij}-\theta$。此时得到新的可行流 $f'=\{x'_{ij}\}$,再重复步骤①和②,直至获得最大流。

【例6-6】求图6-35中的网络最大流,弧权表示容量(流量)。

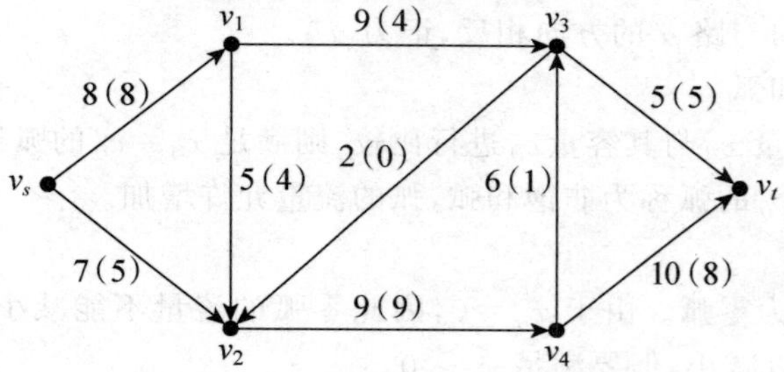

图6-35

解:

第一步,对发点 v_s 标号$(+v_s,\infty)$,考察与 v_s 相邻的点 v_1 和 v_2,前向弧 $v_s\to v_1$ 饱和,不满足标号条件,因此只对 v_2 进行标号$(+v_s,2)$,其中,"2"是"∞"和"7−5"的最小值,如图6-36所示。

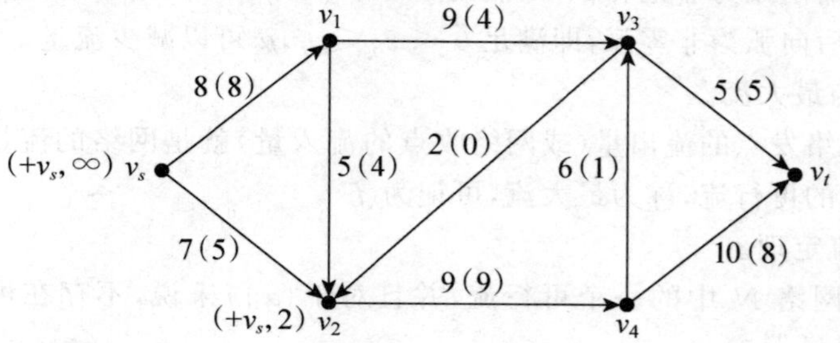

图6-36

第二步，考察与 v_2 相邻的点 v_1，v_3 和 v_4，前向弧 $v_2 \to v_4$ 饱和，后向弧 $v_2 \to v_3$ 为零弧，均不满足标号条件。对于后向弧 $v_2 \to v_1$，因流量非零，故可对 v_1 进行标号$(-v_2, 2)$，其中，“2”是“2”和“4”的最小值，如图 6-37 所示。

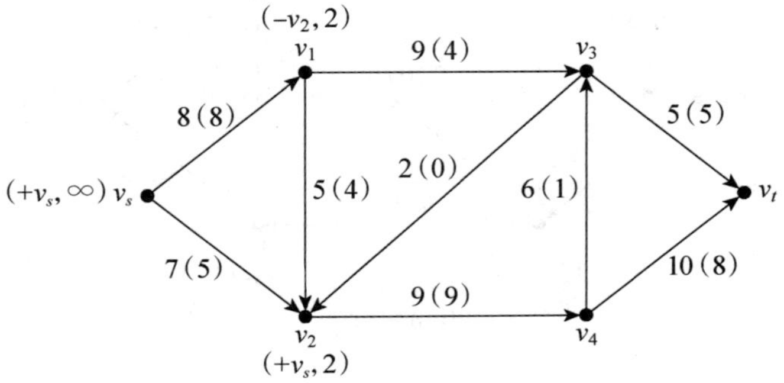

图 6-37

第三步，考察与 v_1 相邻且未做标号的点 v_3，前向弧 $v_1 \to v_3$ 没有饱和，因此可对 v_3 进行标号$(+v_1, 2)$，其中，“2”是“2”和“9－4”的最小值，如图 6-38 所示。

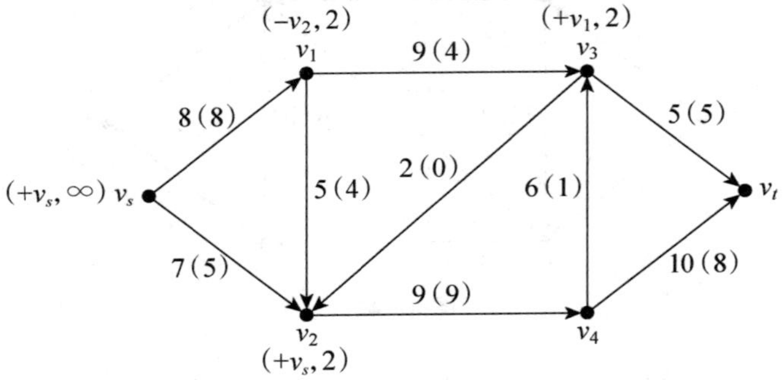

图 6-38

第四步，考察与 v_3 相邻且未做标号的点 v_4 和 v_t，前向弧 $v_3 \to v_t$ 饱和，不满足标号条件。对于后向弧 $v_3 \to v_4$，因流量非零，故可对 v_4 进行标号$(-v_3, 1)$，其中，“1”是“2”和“1”的最小值，如图 6-39 所示。

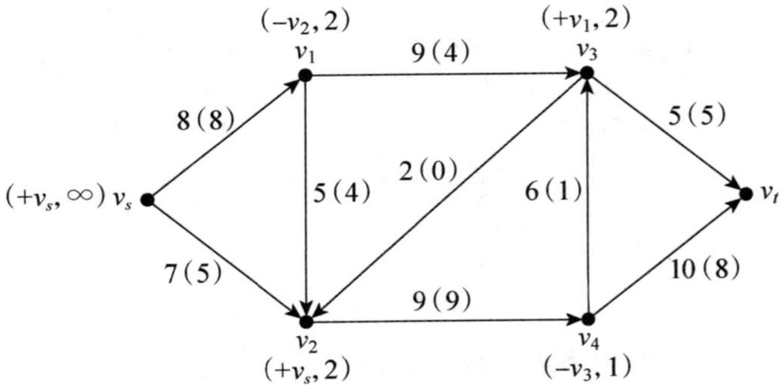

图 6-39

第五步，考察与 v_4 相邻且未做标号的点 v_t，前向弧 $v_4 \to v_t$ 未饱和，满足标号条件。因此可

对 v_t 进行标号 $(+v_4,1)$,其中,“1”是“1”和“10－8”的最小值,如图 6－40 所示。

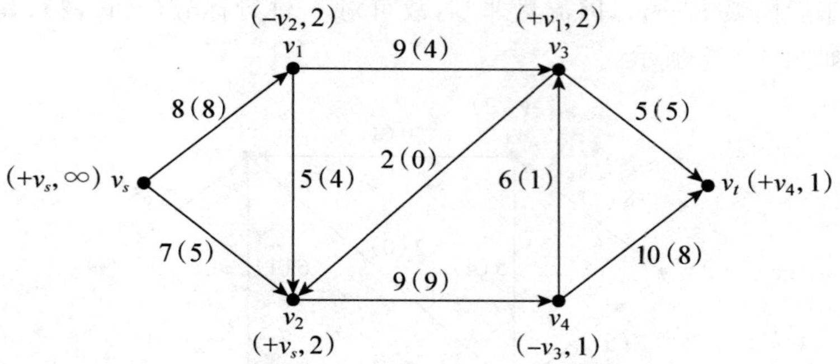

图 6－40

第六步,因收点 v_t 得到标号,故该网络存在增广链 $v_s \to v_2 \to v_1 \to v_3 \to v_4 \to v_t$,流量可以扩充,前向弧 (v_s,v_2)、(v_1,v_3) 和 (v_4,v_t) 均增加一个流量,后向弧 (v_2,v_1) 和 (v_3,v_4) 均减少一个流量,调整后的流量增加至 14,如图 6－41 所示。

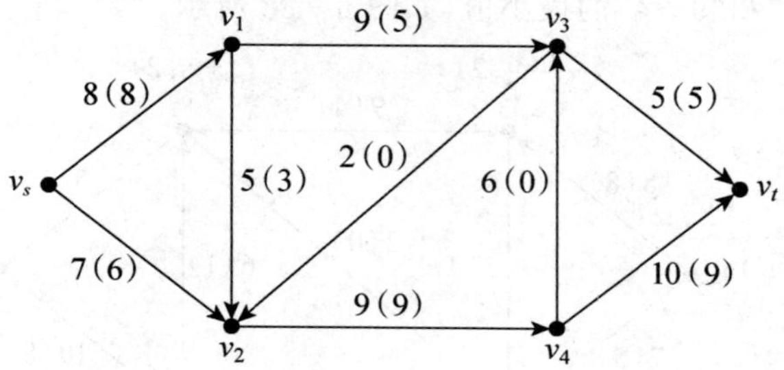

图 6－41

第七步,对图 6－41 进行标号,结果如图 6－42 所示。由于收点 v_t 得不到标号,故不存在增广链,最大流等于发点的流出量(8＋6＝14)或收点的流入量(5＋9＝14)。

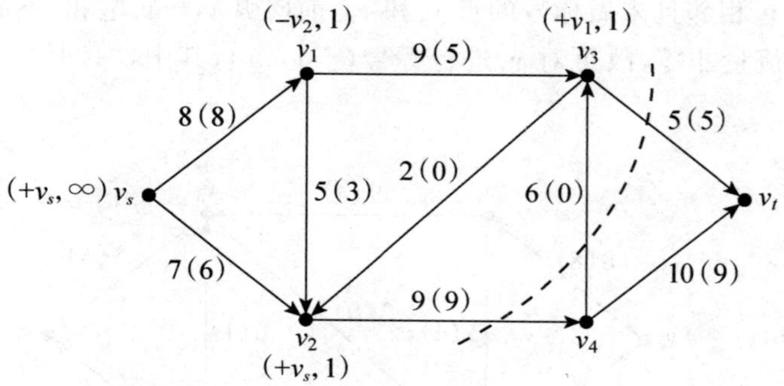

图 6－42

【例 6－7】求图 6－43 中的网络最大流。弧权表示容量。

解:

假设初始可行流为零,因此可逐渐增加可行流,然后再用双标号法算出最大流。选择路径 $v_s \to v_1 \to v_6 \to v_t$,流量增加“14”;选择路径 $v_s \to v_3 \to v_4 \to v_t$,流量增加“4”;选择路径 $v_s \to v_3 \to$

$v_2 \to v_4 \to v_t$，流量增加“5”；选择路径 $v_s \to v_2 \to v_5 \to v_6 \to v_t$，流量增加“8”。流量增加过程如图 6－44 所示，得到可行流后进行标号，如图 6－45 所示，由于收点得到标号，因此方案非最大流方案(31)。

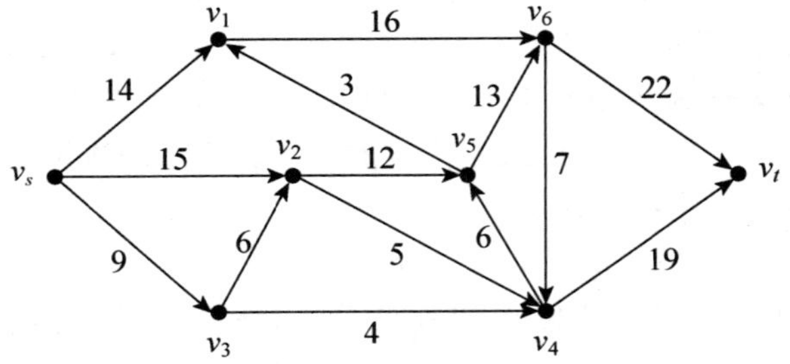

图 6－43

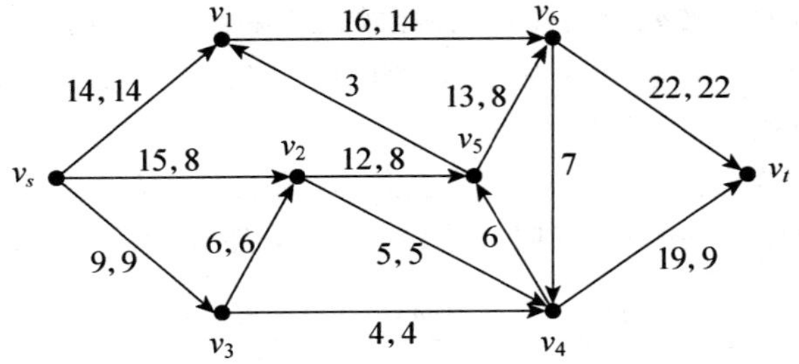

图 6－44

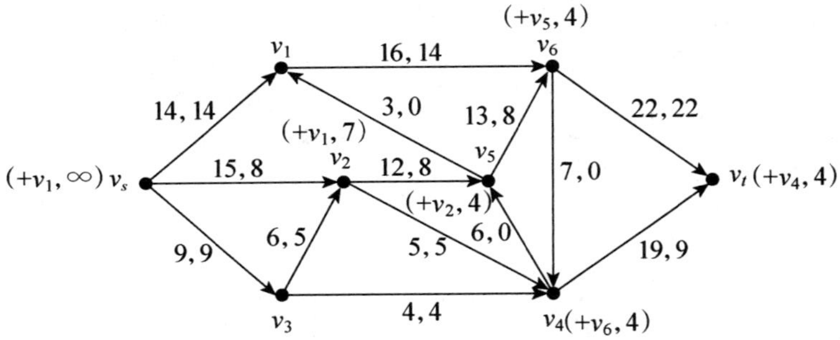

图 6－45

调整方案如图 6－46 所示，再对该方案进行标号，由于收点得不到标号，因此获得最大流方案(35)。

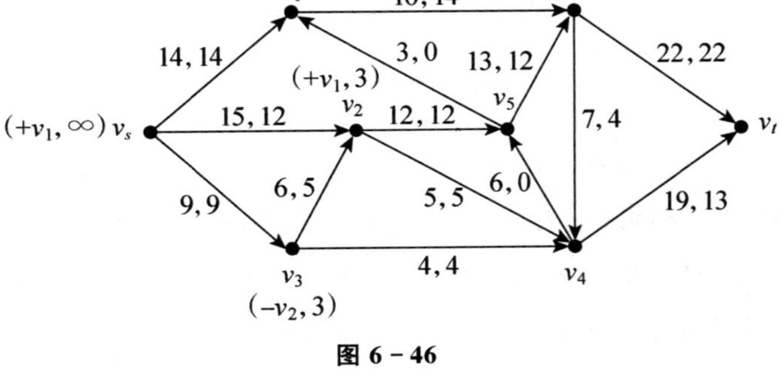

图 6－46

6.4.3 割集与最小割集

对于网络 $N=(V,A,C)$，将 V 分为两个非空集合 S 和 S'，且 $S\cap S'=\varnothing$，使发点 $v_s\in S$，收点 $v_t\in S'$，则发点属于 S 而收点属于 S' 的弧的集合称为割集(S,S')，也称截集。割集(S,S')中所有前向弧的容量之和 $r(S,S')$ 称为割量，割量最小的割集称为最小割集。在网络中，最大流等于最小割集的容量，即最大流—最小割定理。可见，最小割量的大小影响总的流量。

视频-6.4.3 最大流-1 割集

视频-6.4.3 最大流-2 最小割集

【例 6-8】找出图 6-35 中所有割集。

解：

根据割集的定义，只要将图中的发点和收点分开，所截的前向弧就构成割集。按照这个思路可以找到图 6-35 中所有割集，过程如图 6-47～图 6-55 所示，所得到的割集如表 6-3 所示。

在寻找割集时，只需考察被截断的弧，选择相关的参照点，判断前向弧和后向弧。参照点为截线的左侧(左上或左下)，对于某一参照点，流出的弧为前向弧，流入的弧为后向弧。

在图 6-48 中，以 v_1 为参照点，(v_1,v_3)是前向弧(流出)。以 v_2 为参照点，(v_2,v_4)为前向弧(流出)，(v_3,v_2)为后向弧(流入)。同时，从被割的左半部分，看不到源头 v_3。

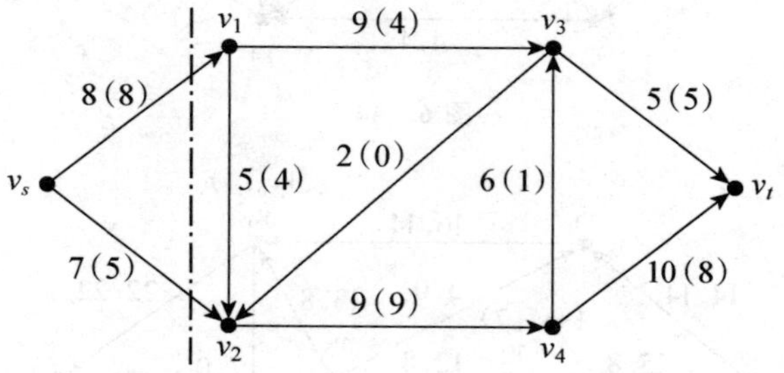

图 6-47

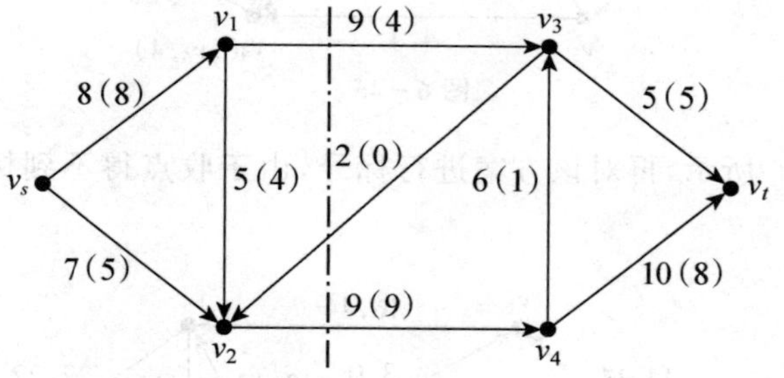

图 6-48

在图 6-50 中，以 v_s 为参照点，(v_s,v_1)是前向弧。以 v_2 为参照点，(v_2,v_4)为前向弧(流出)，(v_1,v_2)和(v_3,v_2)为后向弧(流入)。由于被割断，看不到点 v_1 和 v_3。

在图 6-51 中，以 v_s 为参照点，(v_s,v_1)是前向弧。以 v_2 为参照点，(v_1,v_2)和(v_3,v_2)为后向弧(流入)。以 v_4 为参照点，(v_4,v_3)和(v_4,v_t)为前向弧(流出)。

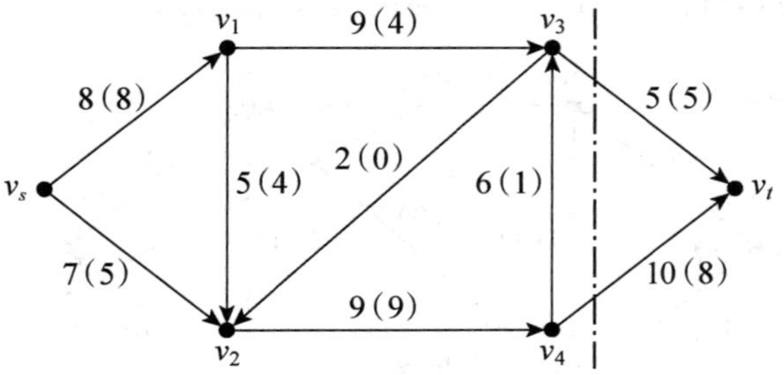

图 6 - 49

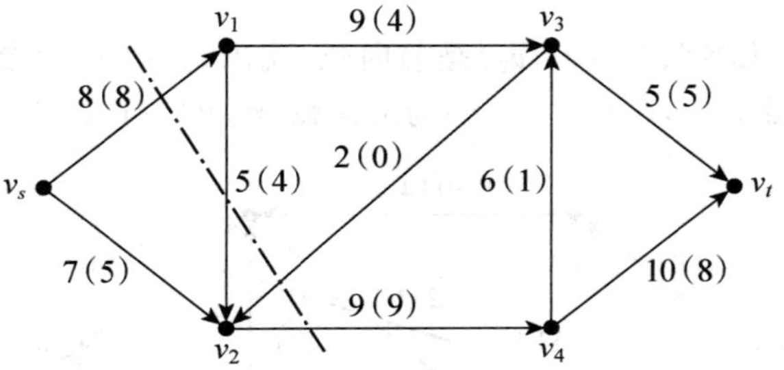

图 6 - 50

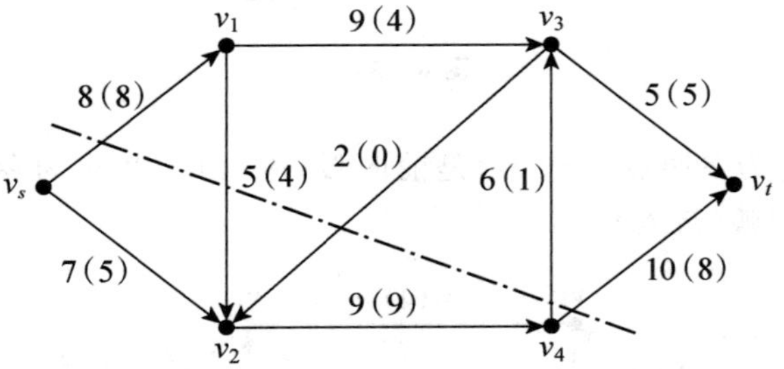

图 6 - 51

在图 6 - 52 中，以 v_s 为参照点，(v_s，v_2)是前向弧。以 v_1 为参照点，(v_1，v_2)和(v_1，v_3)为前向弧(流出)。

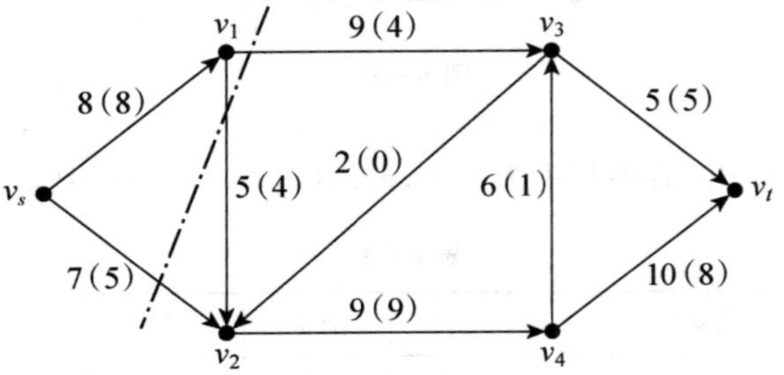

图 6 - 52

在图 6 - 53 中，以 v_1 为参照点，(v_1，v_3)是前向弧(流出)。以 v_2 为参照点，(v_3，v_2)为后向

弧(流入)。以 v_4 为参照点,(v_4,v_3) 和 (v_4,v_t) 为前向弧(流出)。

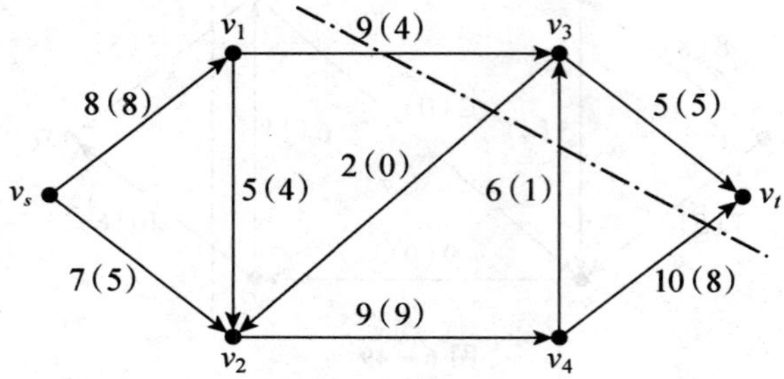

图 6-53

在图 6-54 中,以 v_s 为参照点,(v_s,v_2) 是前向弧(流出)。以 v_1 为参照点,(v_1,v_2) 为前向弧(流出)。以 v_3 为参照点,(v_3,v_2) 和 (v_3,v_t) 为前向弧(流出),(v_4,v_3) 为后向弧(流入)。

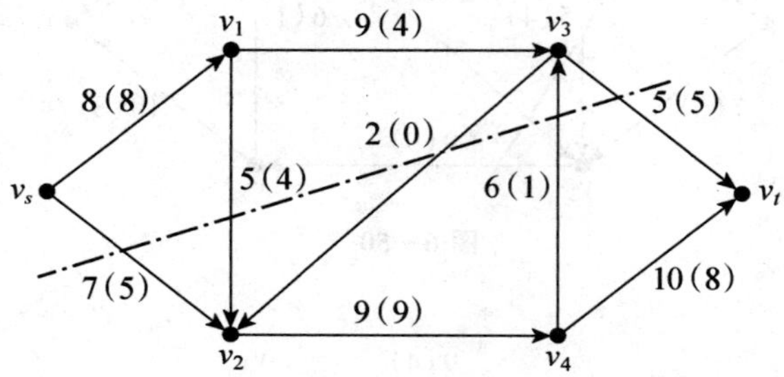

图 6-54

在图 6-55 中,以 v_2 为参照点,(v_2,v_4) 是前向弧(流出)。以 v_3 为参照点,(v_3,v_t) 为前向弧(流出),(v_4,v_3) 为后向弧(流入)。

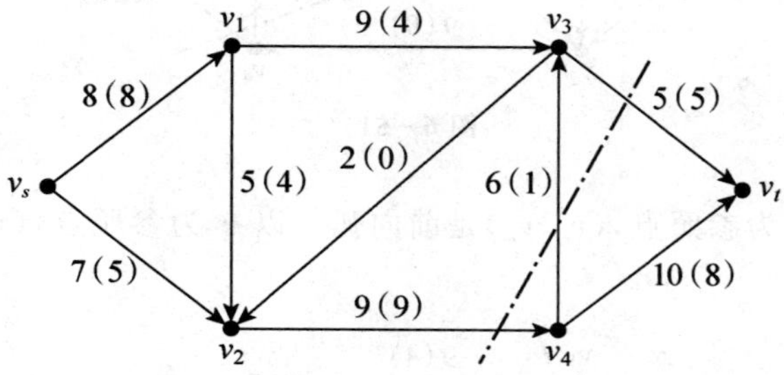

图 6-55

从表 6-3 中也可以看出,最小割集为 $\{(v_2,v_4),(v_3,v_t)\}$,最小割量为 14。

表 6-3

序号	割集	割量	图例	割集中不包括的后向弧
1	$\{(v_s,v_1),(v_s,v_2)\}$	15	图 6-47	—
2	$\{(v_1,v_3),(v_2,v_4)\}$	18	图 6-48	(v_3,v_2)
3	$\{(v_3,v_t),(v_4,v_t)\}$	15	图 6-49	—

续表

序号	割集	割量	图例	割集中不包括的后向弧
4	$\{(v_s,v_1),(v_2,v_4)\}$	17	图 6-50	$(v_1,v_2),(v_3,v_2)$
5	$\{(v_s,v_1),(v_4,v_3),(v_4,v_t)\}$	24	图 6-51	$(v_1,v_2),(v_3,v_2)$
6	$\{(v_s,v_2),(v_1,v_2),(v_1,v_3)\}$	21	图 6-52	—
7	$\{(v_1,v_3),(v_4,v_3),(v_4,v_t)\}$	25	图 6-53	(v_3,v_2)
8	$\{(v_s,v_2),(v_1,v_2),(v_3,v_2),(v_3,v_t)\}$	19	图 6-54	(v_4,v_3)
9	$\{(v_2,v_4),(v_3,v_t)\}$	14	图 6-55	(v_4,v_3)

上述寻找割集的方法过于烦琐，可以使用简单的方法，就是用一条曲线（或直线）将得到标号的点和得不到标号的点分开，所截得的前向弧的集合就是最小割集。

对于【例 6-8】，首先用双标号法求出最大流，如图 6-42 所示。用一条曲线将已标号的点和未标号的点分开，则得到最小割集为：$\{(v_2,v_4),(v_3,v_t)\}$，最小割量为 14。

6.5　本章小结

图论中的图是由点和边（弧）构成的，与几何图形不同，点与点之间的边（弧）只表示相互的关系，并不是实际距离。本章主要阐述了三类问题，均可以用线性规划模型进行表达。

（1）最小树问题。

在图论中，树是无圈连通图。最小树就是存在于无向图中的权（一般指距离）最小的树。破圈法和避圈法是寻找最小树的主要方法，在求解过程中应注意，圈可能是立体的，求得的最小树方案可能不是唯一的。其一般用于管路铺设及管线布置优化问题，这与最短路问题存在明显区别。

（2）最短路问题。

最短路就是指一定网络中两结点间一条距离最小的路，不仅指一般地理意义上的距离最短，还可以引申到其他的度量，如时间、费用等。最短路问题可用来解决路径优化和设备更新等实际问题。本章中只阐述了权为非负的最短路问题的求解方法——狄克斯特拉标号算法。

（3）最大流问题。

最大流问题是一类应用极为广泛的问题，例如交通网络中的人流、车流、货物流，供水网络中的水流，金融系统中的现金流。最大流问题是一个特殊的线性规划问题，就是在容量网络中，寻找流量最大的可行流。在寻找增广链（可以扩充流量的路）的过程中，应先对前向弧标号，若前向弧均不能标号，再考虑对后向弧标号。

（4）最小树方法和最短路方法常用来改进（优化）方案，即在现有方案中找到总权最小的方案，在保证完成任务的前提下，减少材料和施工成本或者交通成本；最大流方法常用来发现问题，先使用标号法找到最大流，然后通过最小割集找到网络“瓶颈”，提出改善思路，目标是让决策者知道，可以通过改进哪一段弧上的容量来增加整个网络流量。

6.6 课后习题

6-1 已知16个城市及它们之间的道路联系如图6-56所示,某旅行者从城市A出发,沿途经过J,N,H,K,G,B,M,I,E,P,F,C,L,D,O,C,G,N,H,K,O,D,L,P,E,I,F,B,J,A,最后到达城市M。由于疏忽,该旅行者忘记在图上标明各城市的位置。请用图的基本概念及理论,在图6-56中标明各城市A~P的位置。

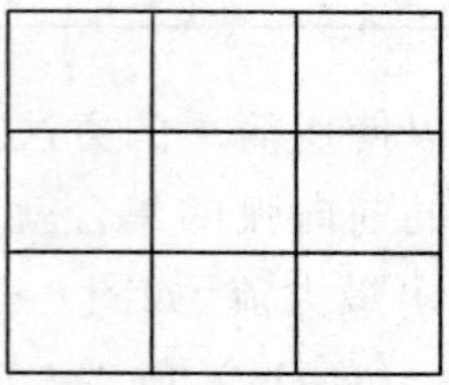

图6-56

6-2 10名研究生参加6门课程的考试,如表6-4所示,"*"表示每个研究生参加考试的课程,规定考试在3天内结束,每天上午和下午各安排一门。研究生提出希望每人每天最多考一门,并且课程A必须安排在第一天上午考,课程F必须安排在最后一门考,课程B只能安排在下午考。试列出一张满足各方面要求的考试日程表。

表6-4

课程	A	B	C	D	E	F
1	*	*		*		
2	*		*			
3	*					*
4		*			*	*
5	*		*	*		
6			*		*	
7			*		*	*
8		*		*		
9	*	*				*
10	*		*			*

6-3 分别用破圈法和避圈法(加边法)求图6-57中的最小树。

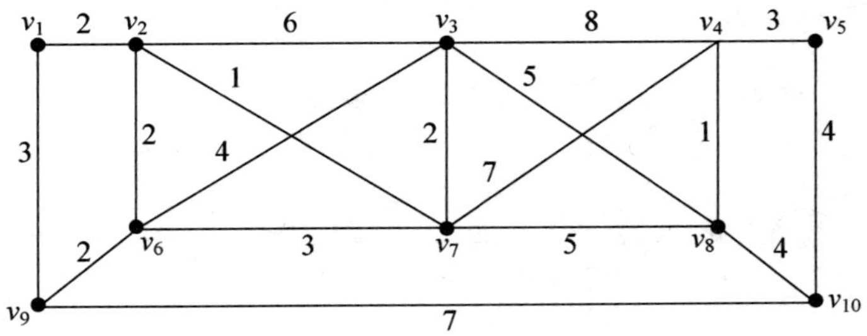

图 6 - 57

6 - 4　求解图 6 - 58、图 6 - 59、图 6 - 60 中的最小树(破圈法)以及从 v_s 到 v_t 的最短路径和最短路权。

(1)

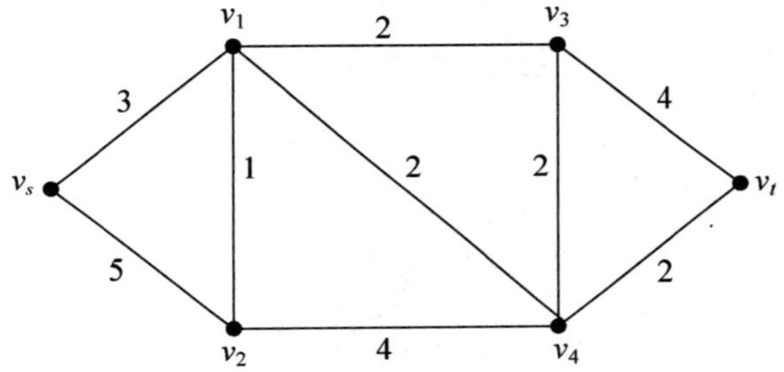

图 6 - 58

(2)

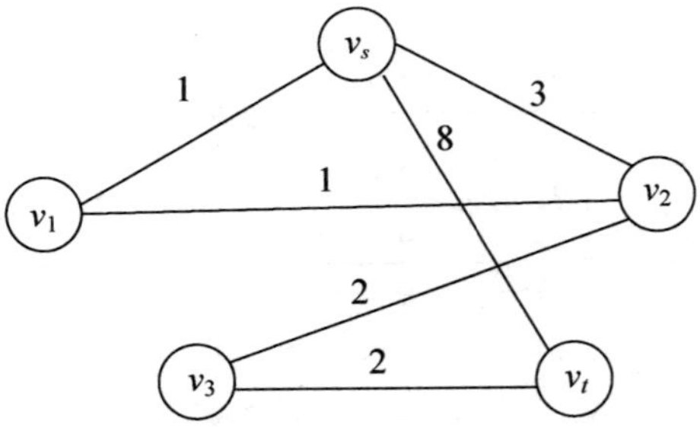

图 6 - 59

(3)

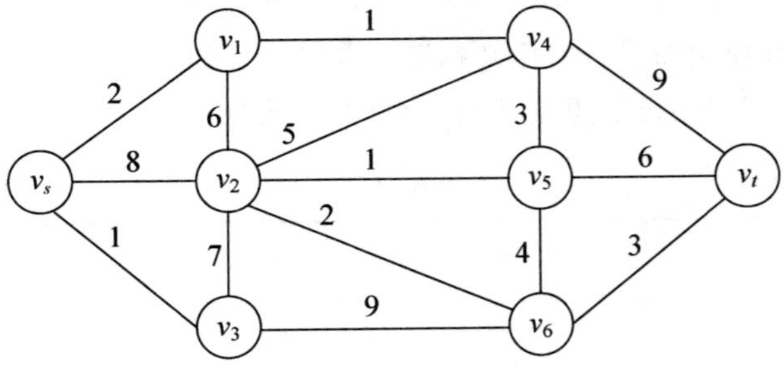

图 6 - 60

6-5　分别求图 6-61 中从 A 到 H 和 I 的最短路径和最短路权，并对结果进行比较。

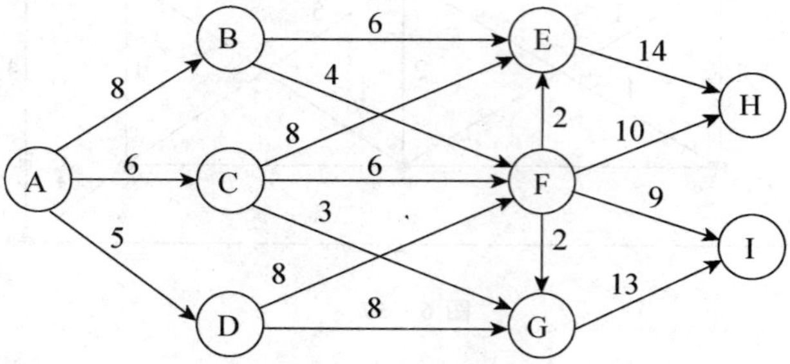

图 6-61

6-6　求图 6-62 和图 6-63 中 v_1 到其他点的最短路径和最短路权。

(1)

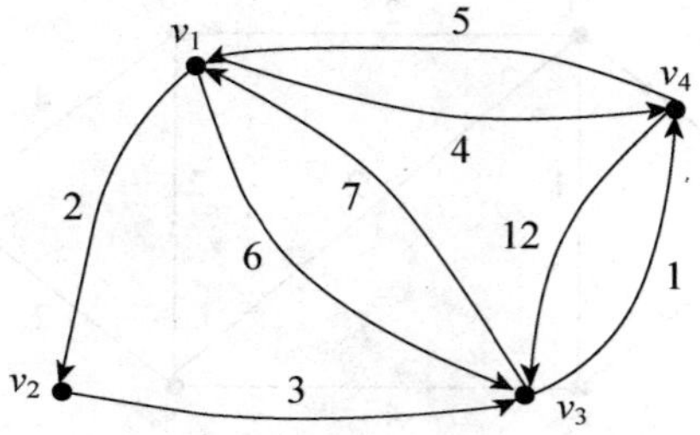

图 6-62

(2)

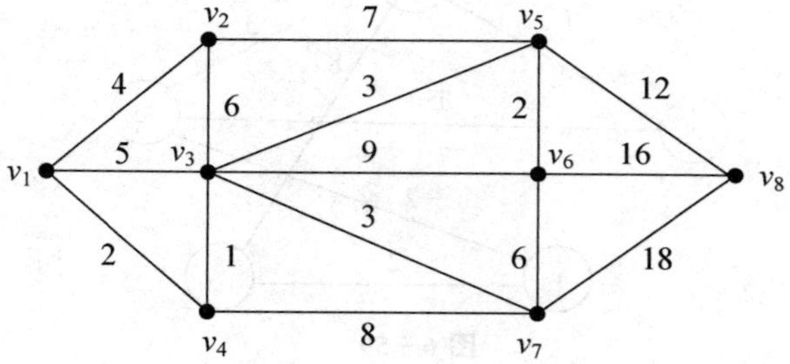

图 6-63

6-7　某企业长期使用一台设备加工某一零件，每年年初企业负责人都需要做出如下决策：购置新设备还是继续使用旧设备？已知购置费和维修费如表 6-5 和表 6-6 所示（单位均为万元），请制订一个 5 年内的设备更新计划，使总费用最少。

表 6-5

年份	第 1 年	第 2 年	第 3 年	第 4 年	第 5 年
购置费	11	11	12	12	13

表 6-6

使用年数	0～1	1～2	2～3	3～4	4～5
维修费	5	6	8	11	18

6-8　求图 6-64 和图 6-65 中从 v_s 到 v_t 的最大流并找出网络“瓶颈”。

（1）

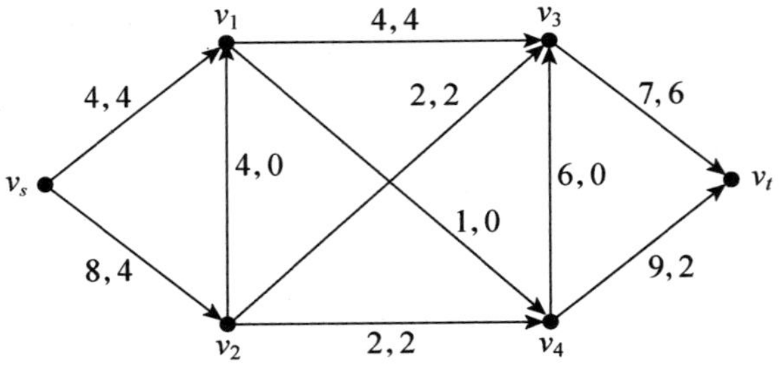

图 6-64

（2）

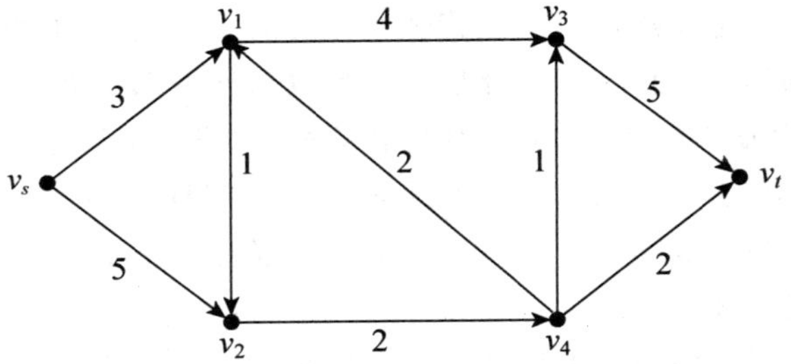

图 6-65

6.7　课后习题参考答案

第 6 章习题答案

第7章

网络计划

网络计划即网络计划技术(Network Planning Technology),是用于工程项目的计划与控制的一项管理技术,其特点是能够提供施工管理所需要的多种信息,有助于管理人员合理地组织生产、缩短工期、降低成本。因此,网络计划是一种以网络图形来表达计划中各项工作(各道工序)之间相互依赖、相互制约的关系,分析其内在规律,寻求其最优方案的计划管理技术。

网络计划的优化步骤:①利用网络图的形式表达一项工程中各道工序的先后顺序及逻辑关系;②通过对网络图时间参数的计算,找出关键工序、关键线路;③利用优化原理,改善网络计划的初始方案,以确定最优方案。

网络计划的优点:①能全面地反映出各道工序之间开展的先后顺序和它们之间相互制约、相互依赖的关系;②可以进行各种时间参数的计算;③能从工作繁多、错综复杂的计划中找出影响工程进度的关键工序和关键线路,便于管理者抓住主要矛盾,集中精力确保工期,避免盲目施工;④能够从许多可行方案中选出最优方案;⑤能够保证自始至终对计划进行有效的控制与监督;⑥能够利用网络计划中反映出的各道工序的时间储备,更好地调配人力、物力,以达到降低成本的目的;⑦可以利用计算机进行计算、优化、调整和管理。

网络计划的缺点:劳动力、资源消耗量的计算较为困难。

导入案例

某机械加工车间的工序调整问题

某项新产品研制的各道工序、代号和工序时间以及各道工序之间的逻辑关系如表7-0所示。

表7-0

工序	代号	工序时间	紧后工序
产品设计	A	60	B,C,D,E
外购配套件	B	45	L
下料、锻件	C	10	F
工装制造1	D	20	G,H
木模、铸件	E	40	H

续表

工序	代号	工序时间	紧后工序
加工 1	F	18	L
工装制造 2	G	30	K
加工 2	H	15	L
加工 3	K	25	L
装配	L	35	—

加工车间现有机械加工工人 65 人，完成重点工序 D，F，G，H，K 的工作所需人数分别为 58，22，42，39，26。若上述工序都要按最早开始时间安排，在完成各道工序的过程中，有 10 天需要 80 人，另外 10 天需要 81 人，超过现有人数的约束。如果你是人力资源主管，应如何对工序进行调整，才能满足机械加工工人不超过 65 人？

7.1　网络图的种类与绘制

7.1.1　箭线式与结点式网络图

网络图的表达形式有两种：箭线式网络图（又称双代号网络图）和结点式网络图（又称单代号网络图）。箭线式网络图是以箭线及其两端结点的编号表示工序的网络图。在箭线式网络图中（如图 7－1 所示），每一条箭线表示一道工序。箭线的箭尾结点表示工序的开始（如结点 i），箭头结点表示工序的结束（如结点 j），工序名称（或代号）位于箭线的上方（如 a，b），而工序消耗时间则位于箭线的下方（如 t_{ij}，t_{jk}）。

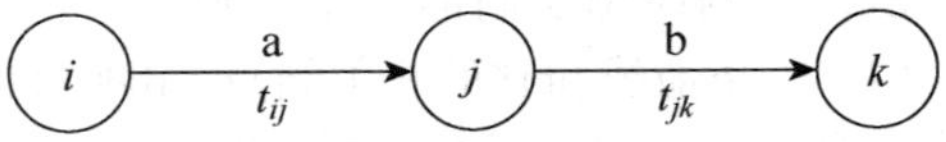

图 7－1

工序（或作业）表示一个需要人、财、物或时间等资源的相对独立的活动过程，在网络图中用箭线“→”表示，前面直接相连的工序称为紧前工序，后面直接相连的工序称为紧后工序。

相邻工序的分界点称为结点或事件，一般用圆圈来表示，每个结点编上顺序号，如 i，j，k，结点既不消耗人力、物力，也不占用时间。

由工序、事件及时间参数所构成的有向图即为网络图。若一个网络图的箭线表示工序，结点表示工序间的相互关系，那么这种网络图就称为箭线式网络图。若箭线式网络图中每道工序的持续时间确定，则称为确定型箭线式网络图，如图 7－2 所示。

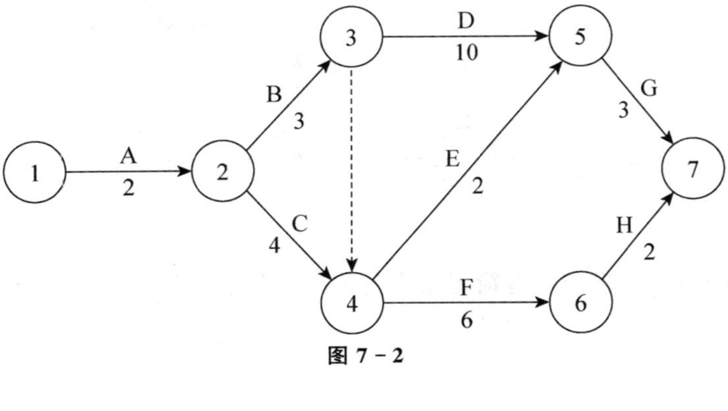

图 7－2

(a)　　(b)

图 7-3

若一个网络图用结点表示工序,用箭线表示工序间的相互关系,那么这种网络图就称为结点式网络图。如图 7-3(a)所示,结点中的 i,N,t 分别表示工序的序号、名称和时间,由于工序序号和名称通常是一一对应的,因此也可省略工序名称,如图 7-3(b)所示。对于图 7-2,可以用结点式网络图表示,如图 7-4 所示。本章仅介绍箭线式网络图(以下简称网络图)。

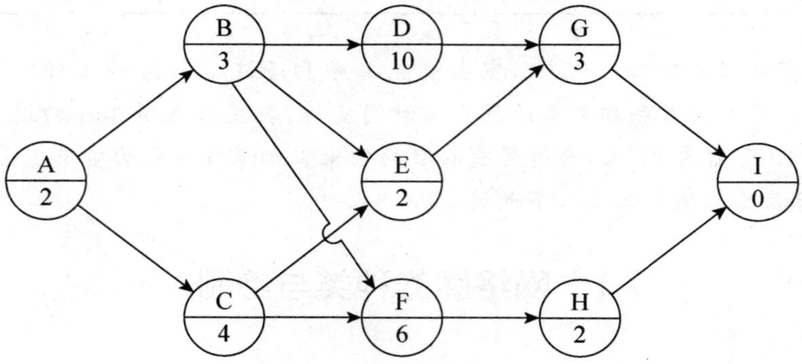

图 7-4

7.1.2　箭线式网络图的绘制规则

箭线式网络图绘制的主要规则如下:

(1) 一条箭线和它的相关结点(事项)只能代表一道工序,不能代表多道工序,两个结点之间只能由一条箭线相连。图 7-5 所示的箭线表示方法是错误的。

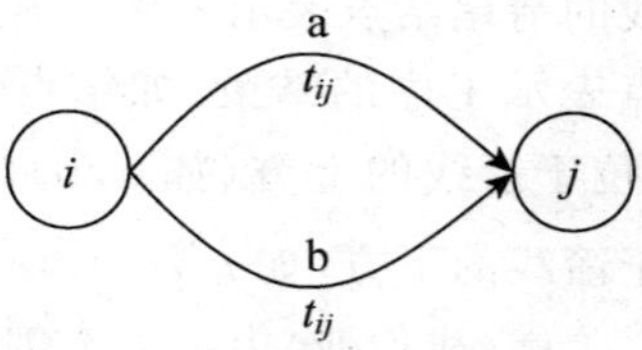

图 7-5

(2) 不允许出现缺口与回路。

箭线式网络图中只能有一个始点和一个终点,即不能出现缺口,从箭线式网络图的始点经由任何路径都可以到达终点。出现缺口的错误画法如图 7-6 所示,即工序的开始和结束均没有表达清楚。如图 7-7 所示,结点 2,3 和 4 构成闭合回路,即工序发生循环。

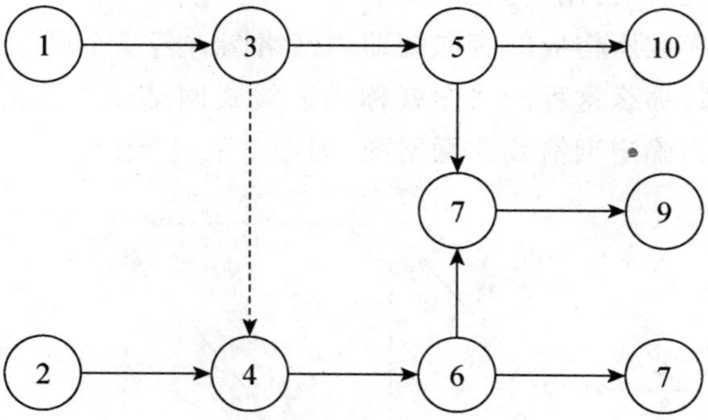

图 7-6

(3) 在网络图中不允许出现没有箭尾结点的箭线[错例见图 7-8(a)]和没有箭头结点的箭线[错例见图 7-8(b)]。

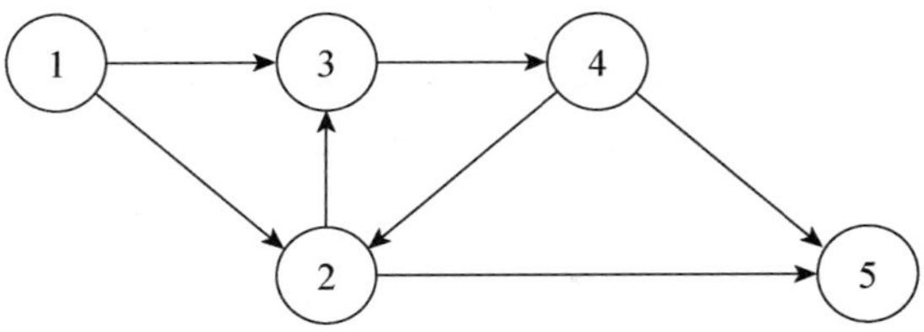

图 7－7

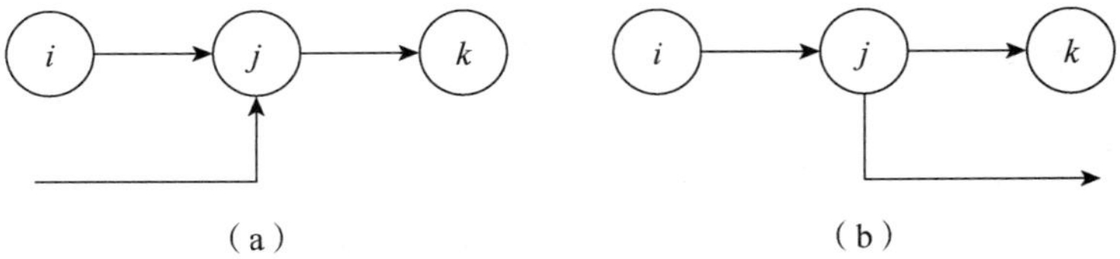

图 7－8

(4) 在网络图中不允许出现带有双向箭头的箭线[错例见图 7－9(a)]或无箭头的箭线[错例见图 7－9(b)]。

图 7－9

(5) 画网络图时应尽量避免箭线交叉。当交叉不可避免时,可采用过桥法[见图 7－10(a)]、断线法[见图 7－10(b)]和指向法[见图 7－10(c)]进行处理。

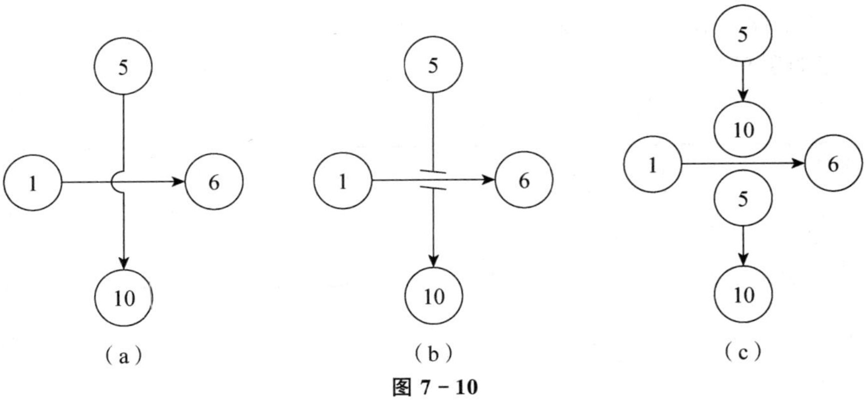

图 7－10

(6) 当网络图的始结点有多条外向箭线或终结点有多条内向箭线时,为使图形简洁,可用母线法绘制,如图 7－11 所示。

(7) 虚工序。

虚工序是指为了表达相邻工序之间的逻辑关系而虚设的工序。由于虚工序不消耗时间、费用和资源,故一般用虚箭线表示。要求 c 工序必须在 a 工序和 b 工序完成后才能开始,若用图 7－12(a)表示,则违反了规则(1),所以图 7－12(a)是错误画法。这时可引入虚工序,正确表示 a,b,c 三道工序之间的逻辑关系,如图 7－12(b)所示。

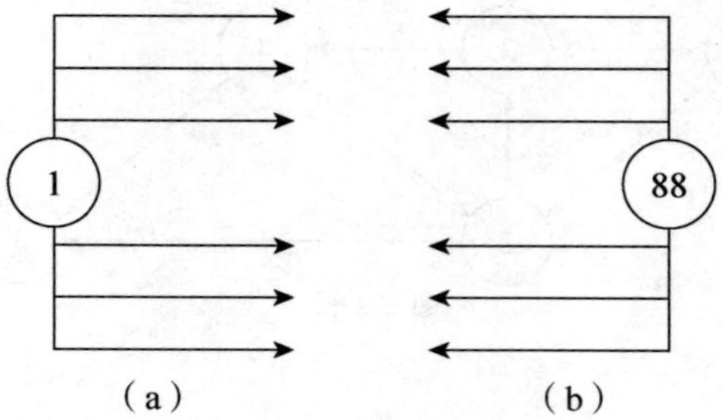

图 7-11

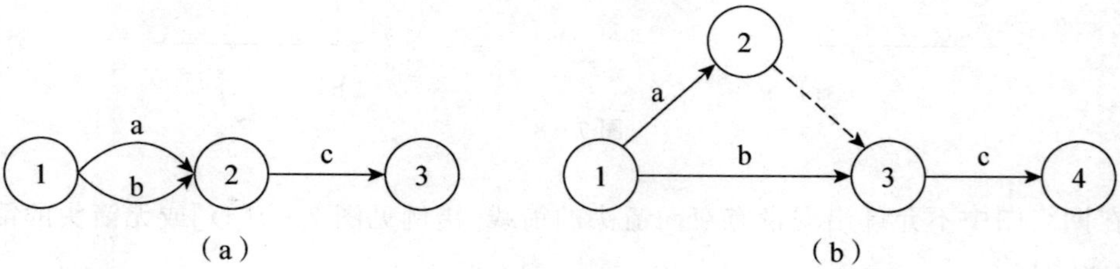

图 7-12

(8) 方向与编号的规定。

网络图是有方向的，工序应按工艺流程顺序或工作逻辑关系从左向右排列。编号应从始结点开始，按照时序依次从小到大对结点编号，直到终结点，规定箭尾编号小于箭头编号。在实际应用中，为了便于调整工序(如增加工序)，编号往往不是连续的(如 1,5,8,12)。

【例 7-1】已知某工程的工序如表 7-1 所示，请根据所给条件画出箭线式网络图。

解：

第一步，由于工序 a,b,c 均无紧前工序，说明这三道工序是从某一结点开始的，因此可先画出这三道工序的逻辑关系，如图 7-13(a)所示。

表 7-1

工序	a	b	c	d	e	f	g
紧前工序	—	—	—	a	a,c	b	b,d,e
工序时间	6	3	4	4	5	10	8

第二步，由于工序 d 是工序 a 的紧后工序，因此两者的逻辑关系如图 7-13(b)所示。

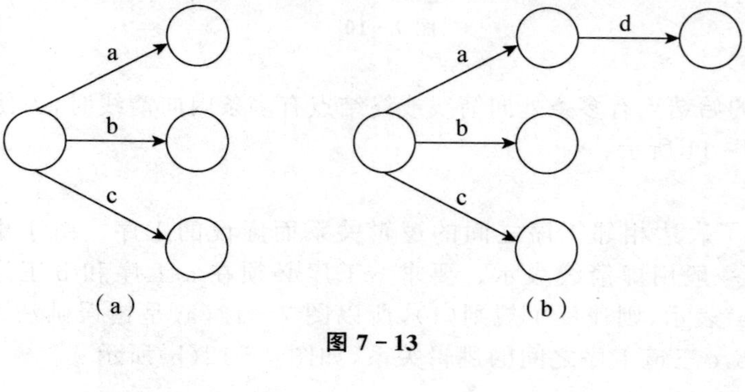

图 7-13

第三步，由于工序 e 是工序 a，c 的紧后工序，因此可用虚工序表示三者的逻辑关系，为避免箭线交叉，将工序 a 和工序 b 的位置互换，如图 7－14(a)所示。

第四步，由于工序 f 是工序 b 的紧后工序，因此两者的逻辑关系如图 7－14(b)所示。

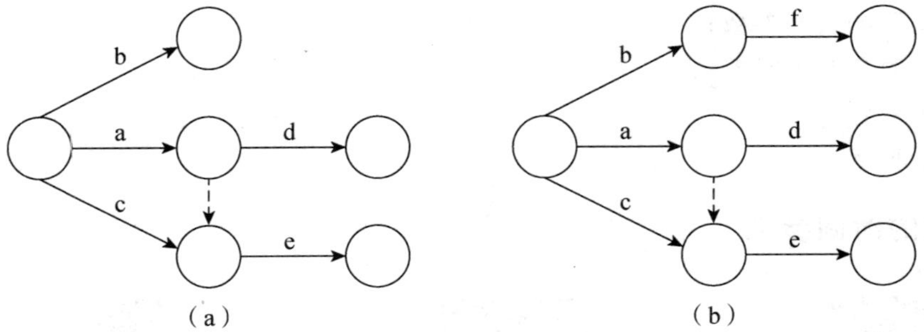

图 7－14

第五步，由于工序 g 是工序 b，d，e 的紧后工序，因此可用虚工序表示四者的逻辑关系，且工序 d 和工序 e 共用一个尾结点，如图 7－15 所示。

第六步，由于工序 f 和 g 没有紧后工序，因此两者应共用一个尾结点，表示工程的结束，如图 7－16 所示。

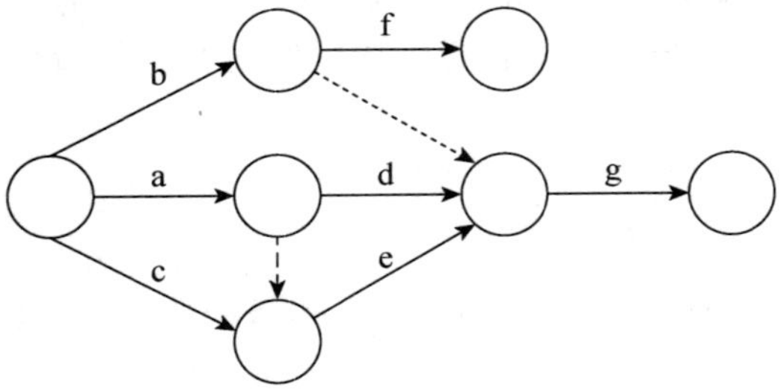

图 7－15

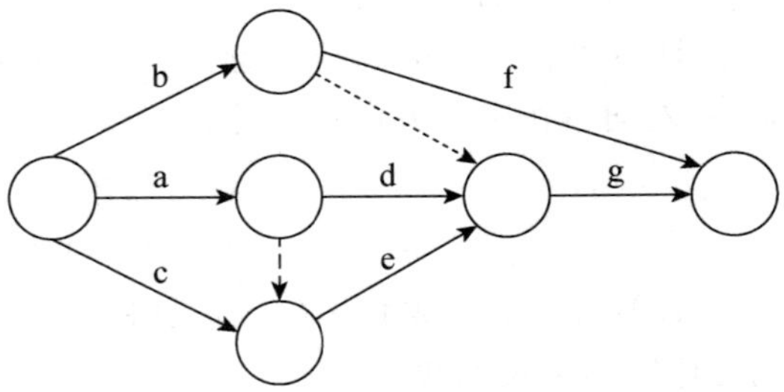

图 7－16

第七步，编号。从左至右按顺序编号，且箭尾编号小于箭头编号，同时将各道工序的持续时间标在箭线下方，如图 7－17 或图 7－18 所示，两种编号均可。

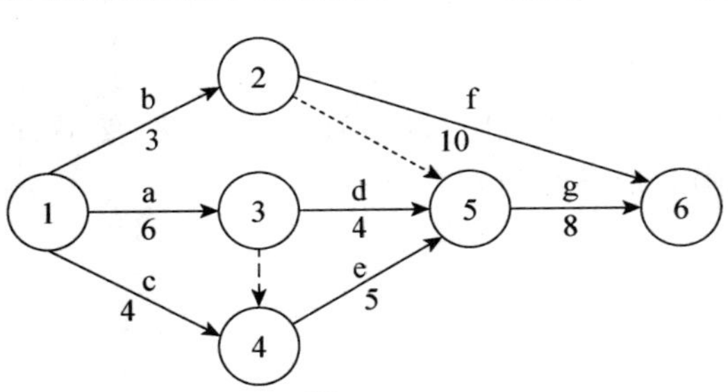

图 7－17

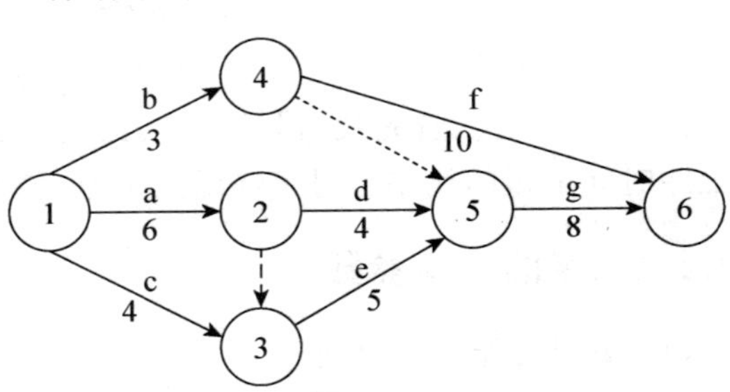

图 7－18

7.2　关键线路法

关键线路法(Critical Path Method，CPM)是一种计划管理方法，又称关键路线法或关键路径法,是通过网络图分析各道工序的总时差来优化项目工期,以达到缩短工期、提高工效、降低成本的目的。关键线路法包括以下步骤:

① 计算结点的时间参数;

② 计算工序的时间参数;

③ 计算总时差和单时差;

④ 确定关键路线;

⑤ 网络计划优化。

7.2.1 结点的时间参数

视频-7.2.1 结点的时间参数-1　视频-7.2.1 结点的时间参数-2　视频-7.2.1 结点的时间参数-3 练习

(1) 最早时间。

某一结点(j)的最早时间 $t_E(j)$是以该结点(j)开始的工序的最早可能开始时间。

① 计算步骤。$t_E(j)$等于从起点开始到本结点的最长线路上各道工序时间之和。从始点开始,自左向右按箭线方向逐个计算,公式为:

$$\begin{cases} t_E(1)=0 \\ t_E(j)=\max\limits_{m}\{t_E(i)+t(i,j)\} \end{cases} \tag{7-1}$$

② 计算技巧。首先找出与该结点相关联的箭头,有 m 个箭头,说明有 m 条线路,然后计算出工序时间最长的线路。

(2) 最迟时间。

某一结点(j)的最迟时间 $t_L(j)$是指以该结点(j)结束的工序的最迟必须完工时间。

① 计算步骤。从终点开始,从右向左逆箭线方向逐个计算,公式为:

$$\begin{cases} t_L(n)=t_E(n) \\ t_L(i)=\min\limits_{p}\{t_L(j)-t(i,j)\} \end{cases} \tag{7-2}$$

② 计算技巧。首先找出与该结点相关联的箭尾,有 p 个箭尾,说明有 p 条线路,然后计算工序时间最短的线路。对于终结点来说,最迟时间和最早时间相等。

7.2.2 工序的时间参数

(1) 最早可能开工时间。

最早可能开工时间 $t_{ES}(i,j)$ 是指该工序(i,j) 的所有紧前工序都结束的最早时间,即以某一结点为开始的工序的最早可能开工时间,是与该工序箭尾相连的结点的最早时间,计算公式为:

$$t_{ES}(i,j)=t_E(i) \tag{7-3}$$

(2) 最迟必须完工时间。

最迟必须完工时间 $t_{LF}(i,j)$ 是指在不影响其紧后各道工序的按时开始或工程如期完工的前提下，该工序必须完工的时刻，即以某一结点为结束的工序的最迟必须完工时间，是与该工序箭头相连的结点的最迟时间，计算公式为：

$$t_{LF}(i,j)=t_L(j) \tag{7-4}$$

(3) 最早可能完工时间。

最早可能完工时间 $t_{EF}(i,j)$ 是指该工序结束的最早时间，即最早可能开工时间加上本工序的作业时间，计算公式为：

$$t_{EF}(i,j)=t_{ES}(i,j)+t(i,j) \tag{7-5}$$

(4) 最迟必须开工时间。

最迟必须开工时间 $t_{LS}(i,j)$ 是指在不影响其紧后工序按期开工或工程如期完工的前提下，该工序必须开工的最迟时刻，即最迟必须完工时间减去该工序的作业时间，计算公式为：

$$t_{LS}(i,j)=t_{LF}(i,j)-t(i,j) \tag{7-6}$$

7.2.3 总时差与单时差

时差又称机动时间或宽裕时间，是指在不影响如期完成任务的条件下，各道工序可以机动使用的一段时间。总时差和单时差的示意可参见图 7－19，其中工序(j,k)是工序(i,j)的紧后工序。

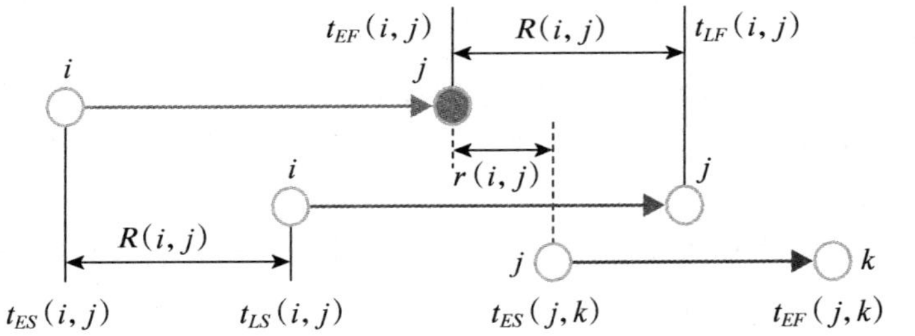

图 7－19

总时差 $R(i,j)$ 是指在不影响其紧后工序最迟必须开工的前提下，该工序最早可能完工时间可以推迟的时间，计算公式为：

$$R(i,j)=t_{LS}(i,j)-t_{ES}(i,j)=t_{LF}(i,j)-t_{EF}(i,j) \tag{7-7}$$

单时差 $r(i,j)$ 又称自由时差，是指在不影响其紧后工序最早可能开工的前提下，该工序最早可能完工时间可以推迟的时间，计算公式为：

$$r(i,j)=t_{ES}(j,k)-t_{EF}(i,j) \tag{7-8}$$

【例 7－2】已知某建设工程的箭线式网络图如图 7－20 所示(时间单位：天)，试求：

①结点的时间参数；②工序的时间参数；③总时差和单时差；④总工期和关键线路。

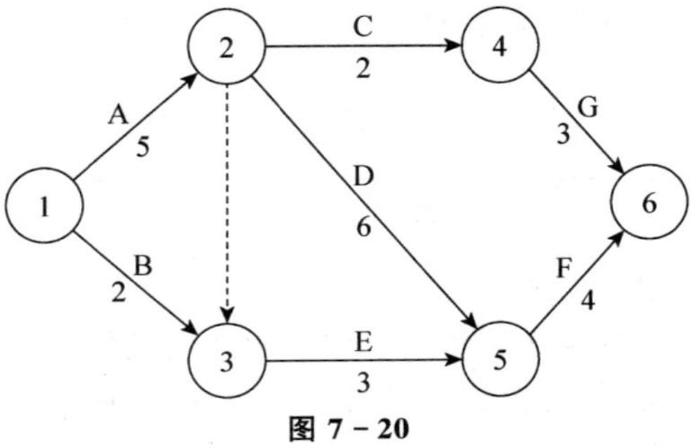

图 7－20

解：

① 计算结点的时间参数。

根据公式(7－1)和(7－2)计算结点的时间参数，过程和结果如表 7－2 所示。

表 7-2

各结点最早时间	各结点最迟时间
$t_E(1)=0$	$t_L(1)=\min\limits_{1\to 2,1\to 3}\{5-5,5-2\}=0$
$t_E(2)=\max\limits_{1\to 2}\{0+5\}=5$	$t_L(2)=\min\limits_{2\to 3,2\to 4,2\to 5}\{8-0,12-2,11-6\}=5$
$t_E(3)=\max\limits_{1\to 3,2\to 3}\{0+2,5+0\}=5$	$t_L(3)=\min\limits_{3\to 5}\{11-3\}=8$
$t_E(4)=\max\limits_{2\to 4}\{5+2\}=7$	$t_L(4)=\min\limits_{4\to 6}\{15-3\}=12$
$t_E(5)=\max\limits_{2\to 5,3\to 5}\{5+6,5+3\}=11$	$t_L(5)=\min\limits_{5\to 6}\{15-4\}=11$
$t_E(6)=\max\limits_{4\to 6,5\to 6}\{7+3,11+4\}=15$	$t_L(6)=t_L(6)=15$

② 计算工序的时间参数。

根据公式(7-3)和(7-4)计算工序的最早可能开工时间和最迟必须完工时间，结果见表 7-3 中的第(2)列和第(5)列。

根据公式(7-5)和(7-6)计算工序的最早可能完工时间和最迟必须开工时间，结果见表 7-3 中第(3)列和第(4)列，数量关系为：(3)＝(1)＋(2)，(4)＝(5)－(1)。

③ 计算总时差和单时差。

根据公式(7-7)和(7-8)计算总时差和单时差，结果分别为表 7-3 中第(6)列和第(7)列。数量关系为：(6)＝(4)－(2)＝(5)－(3)，(7)＝某工序紧后作业的最早可能开工时间－该工序的最早可能完工时间。

需要注意的是，若某一工序无紧后工序(如工序 F 和 G)，则该工序的单时差为零，即紧前工序什么时候结束，紧后工序就什么时候开始。

表 7-3　工序的时间参数与时差一览表

工序		紧后工序	$t(i,j)$ (1)	$t_{ES}(i,j)$ (2)	$t_{EF}(i,j)$ (3)	$t_{LS}(i,j)$ (4)	$t_{LF}(i,j)$ (5)	$R(i,j)$ (6)	$r(i,j)$ (7)	关键工序
A	①→②	C,D	5	0	5	0	5	0	0	√
B	①→③	E	2	0	2	6	8	6	3	
C	②→④	G	2	5	7	10	12	5	0	
D	②→⑤	F	6	5	11	5	11	0	0	√
E	③→⑤	F	3	5	8	8	11	3	3	
F	⑤→⑥	—	4	11	15	11	15	0	0	√
G	④→⑥	—	3	7	10	12	15	5	0	

注：第(1)列表示工序的作业时间。

④ 确定关键线路和总工期。

关键线路是各工序作业时间最长的线路(可能不唯一)，可用两种方法确定：

第一，根据结点的时间参数确定，最早时间和最迟时间相等的结点组成关键线路；第二，总时差为零的工序为关键工序，由关键工序组成关键线路。显然，在本例中关键工序为 A,D 和

F,并由此三道工序组成关键路线①→②→⑤→⑥,总工期为 15 天。

计算结点和工序的时间参数的目的是确定时差,这是进行网络计划优化的基础,因此必须熟练掌握。

7.3　网络计划优化

通过绘制网络图,计算网络时间参数,确定关键线路,得到的仅是一个初步计划方案。为了得到一个更优的方案,需要综合考虑进度、资源利用和费用等情况,进行调整和改善,确定最优的方案。

7.3.1　工期优化

工期优化是指在满足既定约束条件下,延长或缩短工期以达到要求工期的目标,实现计算工期(Calculated Period)T_C≤计划工期(Project Period)T_P≤要求工期(Requirements Period)T_R,即计算工期 T_C≤要求工期 T_R。对于计算工期大于要求工期时的优化,优化方法是压缩关键线路中关键工序的持续时间。优化步骤为:

① 计算并找出初始网络计划的关键线路和关键工序;

② 求出应压缩的时间"$T_C - T_R$";

③ 确定各关键工序能压缩的时间;

④ 选择关键工序,压缩其作业时间,并重新计算工期 T'_C;

⑤ 当 $T'_C > T_R$ 时,重复以上步骤,直到 $T'_C < T_R$;

⑥ 当所有关键工序的持续时间都已达到能缩短的极限,但工期仍不能满足要求时,就应对网络计划的技术、组织方案进行调整或对工期重新进行审定。

【例 7-3】某工程的箭线式网络图如图 7-21 所示,要求工期为 110 天,试对其进行时间优化,括号中的数字表示极限完工时间,即完成工序需要的最少时间。

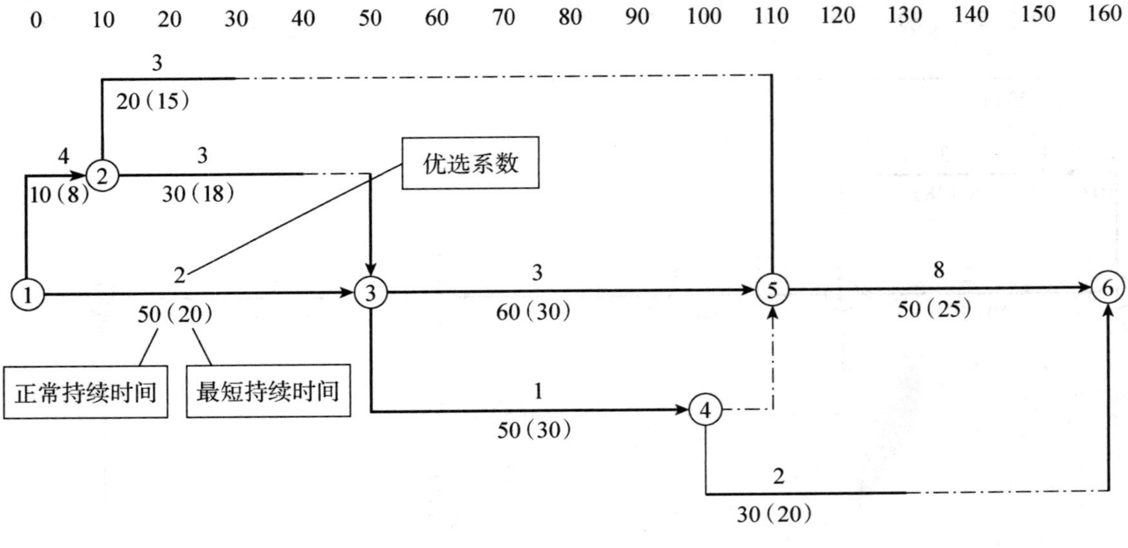

图 7-21

解:

① 计算并找出初始网络计划的关键线路和关键工序为①→③→⑤→⑥,工期为 160 天,如图 7-22 所示。

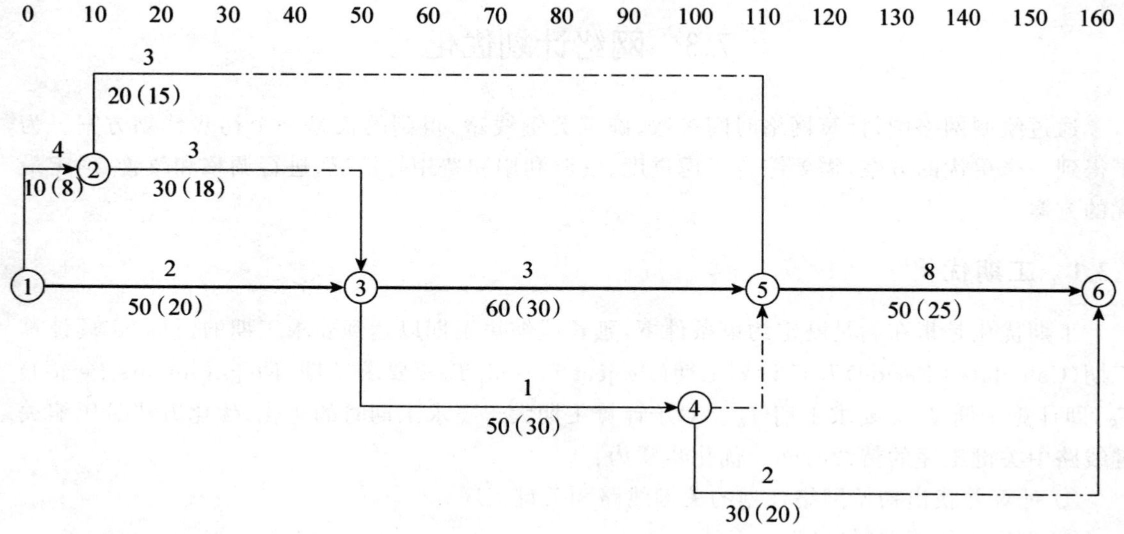

图 7-22

② 求出应压缩的时间:$T_C - T_R = 160 - 110 = 50$(天)。

③ 确定各关键工序能够压缩的时间。

④ 选择关键工序,压缩作业时间,并重新计算工期 T_C'。

第一次:选择工序①→③(优选系数最小),压缩 10 天,成为 40 天,工期变为 150 天,①→②和②→③也变为关键工序,如图 7-23 所示。

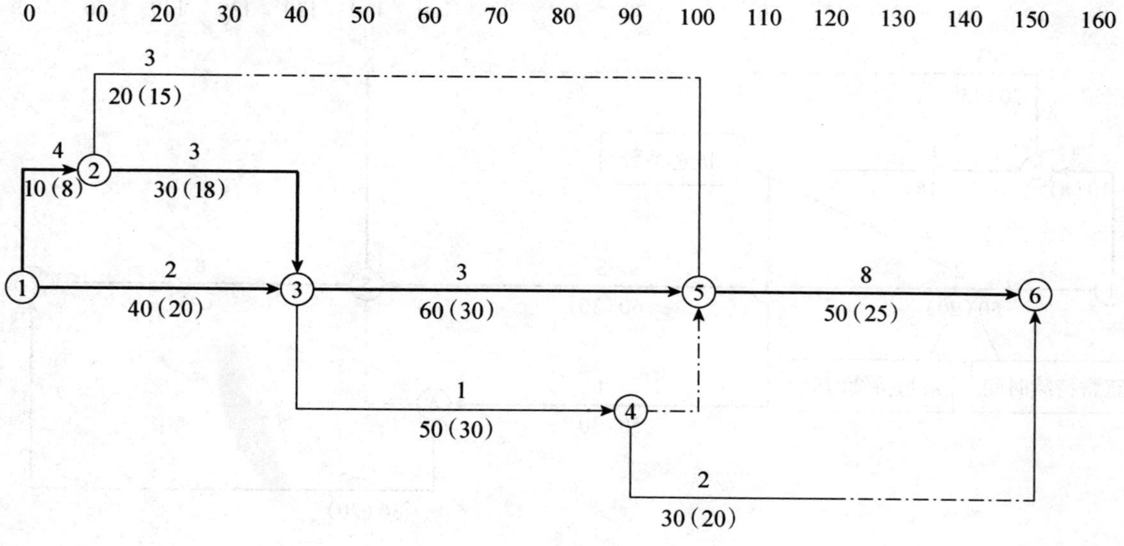

图 7-23

第二次：选择工序③→⑤，压缩 10 天，成为 50 天，工期变为 140 天，③→④也变为关键工序，如图 7－24 所示。

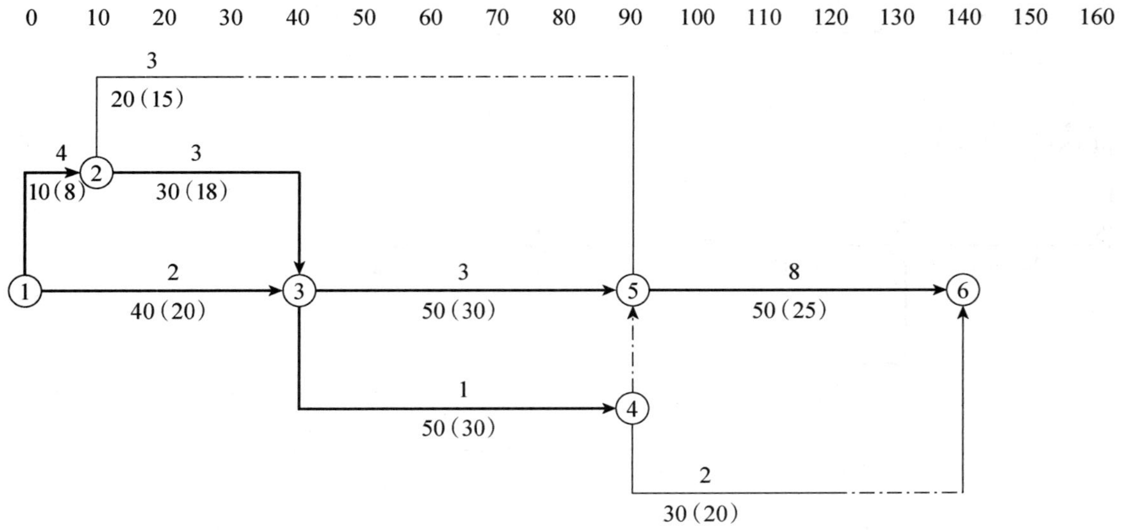

图 7－24

第三次：选择工序③→⑤和③→④，同时压缩 20 天，成为 30 天，工期变为 120 天，关键工序没有变化，如图 7－25 所示。

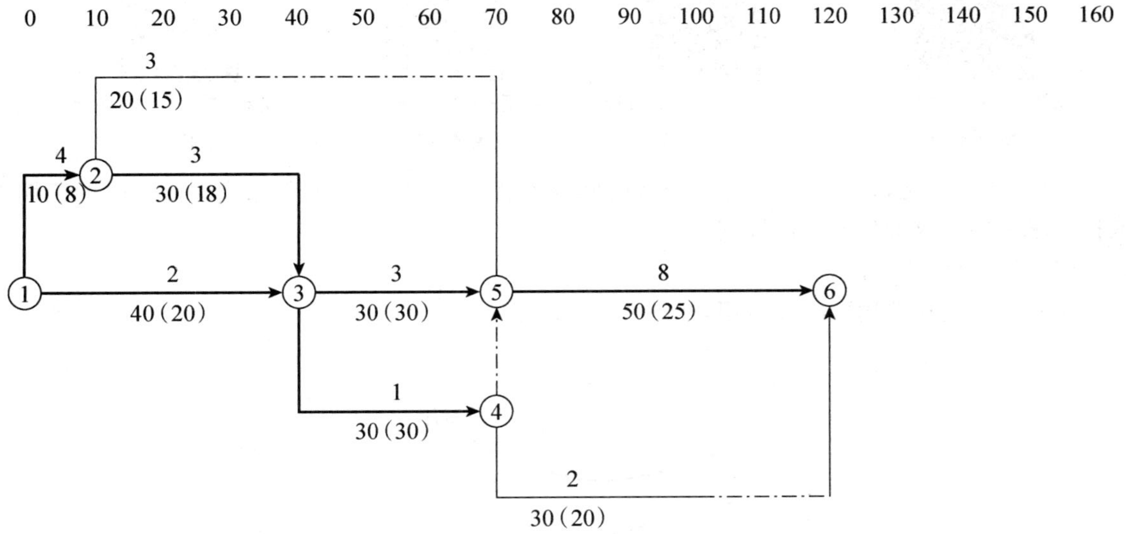

图 7－25

第四次：选择工序①→③和②→③，同时压缩 12 天，①→③成为 28 天，②→③成为 18 天，工期变为 108 天，关键工序没有变化，优化结果如图 7－26 所示。

注意:当需要同时压缩多个关键工序的持续时间时,应选择优选系数之和最小的。

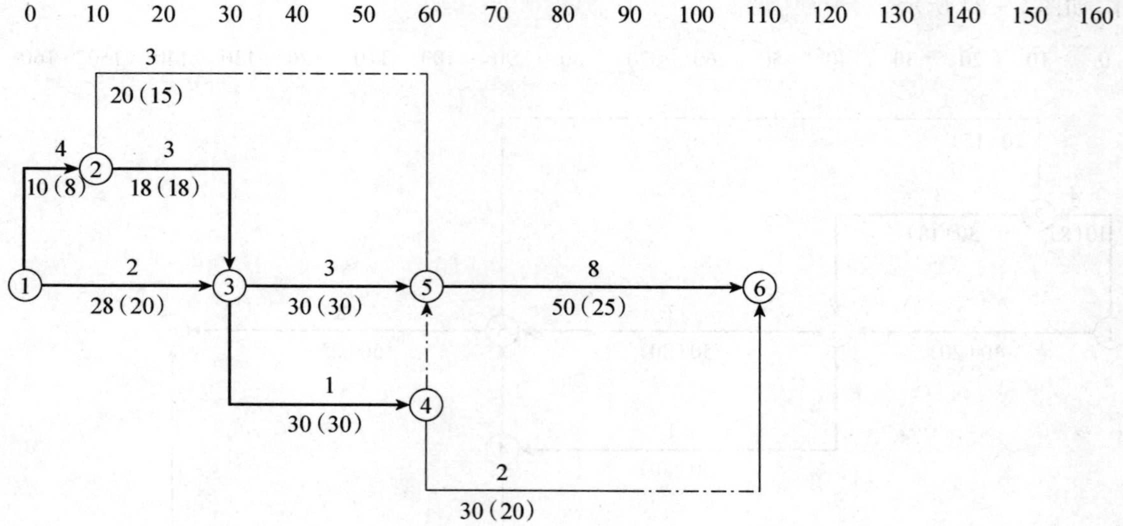

图 7-26

7.3.2 工期-费用优化

视频-7.3.2 网络计划优化 1　视频-7.3.2 网络计划优化 2　视频-7.3.2 网络计划优化 3　视频-7.3.2 网络计划优化 4

工期-费用优化,即工期成本优化或者时间成本优化,是指寻求工程总成本最低时的工期或按要求工期寻求最低成本的计划安排。

(1) 费用和工期的关系。

总费用=直接费用+间接费用,如图 7-27 所示。

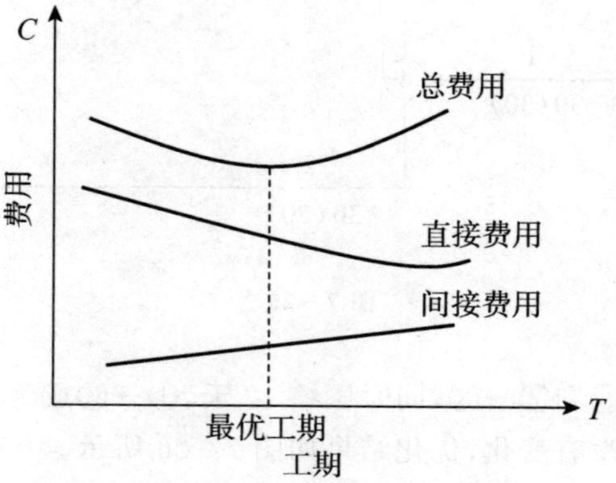

图 7-27

(2) 方法与步骤。

① 按工作正常持续时间画出计划网络图,找出关键线路、工期、总费用;

② 计算各工作的直接费用率 ΔC_{i-j};

③ 压缩工期;

④ 计算压缩后的总费用为 $CT'=CT+\Delta C_{i-j}\times\Delta T_{i-j}-$间接费用率$\times\Delta T_{i-j}$;

⑤ 重复步骤③、④,直到总费用最低。

压缩工期时应注意:压缩关键工序的持续时间,不能把关键工序压缩成非关键工序;当同时压缩几项关键工序时,需要选择直接费用率或直接费用率组合最低的关键工序,且其值应不超过间接费率。

【例 7-4】已知某工程计划网络图如图 7-28 所示。箭线上方括弧外数字表示正常时间直接费用,括弧内数字表示最短时间直接费用;箭线下方括弧外数字表示正常持续时间,括弧内数字表示最短持续时间。已知整个工程计划的间接费用率为 0.35 万元/天,正常工期时的间接费用为 14.1 万元。试对此计划进行费用优化,求出费用最少的工期。

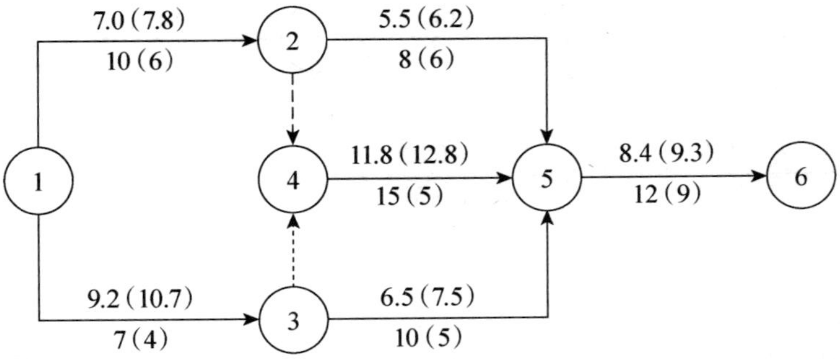

图 7-28

解:

① 通过计算,得出关键线路为①→②→④→⑤→⑥,如图 7-29 加粗部分所示。工期 $T=37$ 天,总费用=直接费用+间接费用=(7.0+9.2+5.5+11.8+6.5+8.4)+14.1=62.5(万元)。

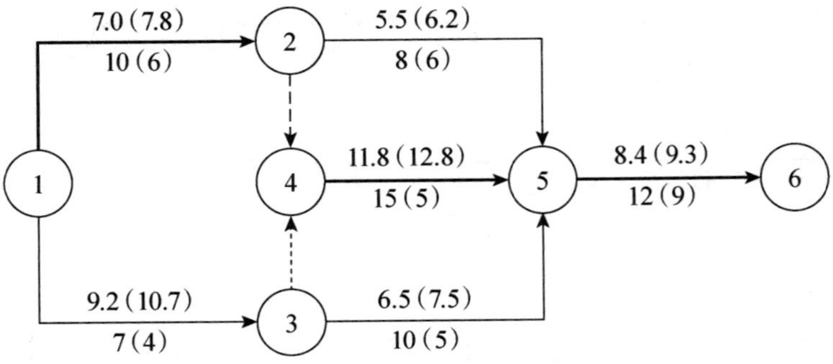

图 7-29

② 计算各工作的直接费用率 ΔC_{i-j},结果如表 7-4 所示,将直接费用率标在图 7-30 中。

表 7-4

工序代号	正常持续时间/天	最短持续时间/天	正常时间直接费用/万元	最短时间直接费用/万元	直接费用率/(万元·次$^{-1}$)
①→②	10	6	7.0	7.8	0.2
①→③	7	4	9.2	10.7	0.5
②→⑤	8	6	5.5	6.2	0.35
④→⑤	15	5	11.8	12.8	0.1
③→⑤	10	5	6.5	7.5	0.2
⑤→⑥	12	9	8.4	9.3	0.3

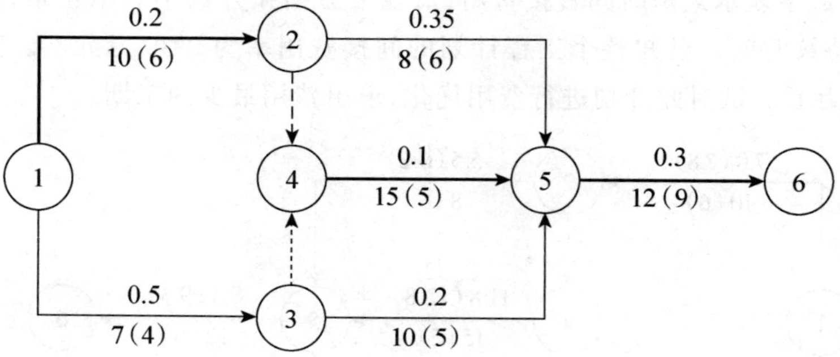

图 7-30

③ 压缩工期。

第一次优化:选择工序④→⑤,压缩 7 天,成为 8 天,工期变为 30 天,②→⑤也变为关键工序,如图 7-31 所示。

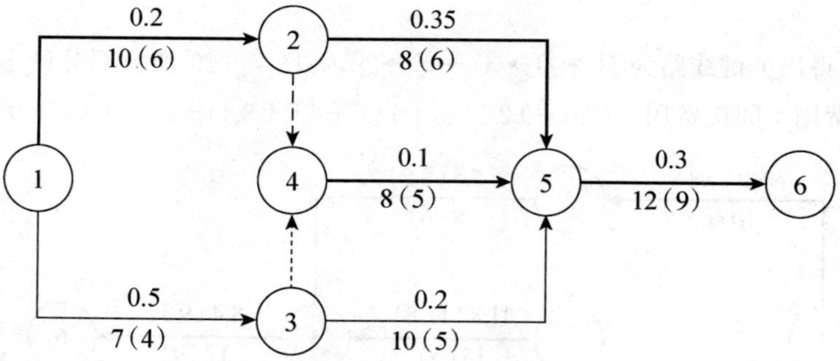

图 7-31

第一次优化后的总费用为:

$$c'_T = C_T + \Delta C_{i-j} \times \Delta T_{i-j} - \text{间接费用率} \times \Delta T_{i-j} = 62.5 + 0.1 \times 7 - 0.35 \times 7 = 60.75(\text{万元})$$

第二次优化:选择工序①→②,压缩 1 天,成为 9 天,工期变为 29 天,工序①→③和③→⑤也变为关键工序,如图 7-32 所示。

第二次优化后的总费用为:

$$c'_T = C_T + \Delta C_{i-j} \times \Delta T_{i-j} - \text{间接费用率} \times \Delta T_{i-j} = 60.75 + 0.2 \times 1 - 0.35 \times 1 = 60.6(\text{万元})$$

第三次优化：选择工序⑤→⑥，压缩 3 天，成为 9 天，工期变为 26 天，关键工序没有发生变化，如图 7－33 所示。

第三次优化后的总费用为：

$c_T' = C_T + \Delta C_{i-j} \times \Delta T_{i-j} -$ 间接费用率 $\times \Delta T_{i-j} = 60.6 + 0.3 \times 3 - 0.35 \times 3 = 60.45$（万元）

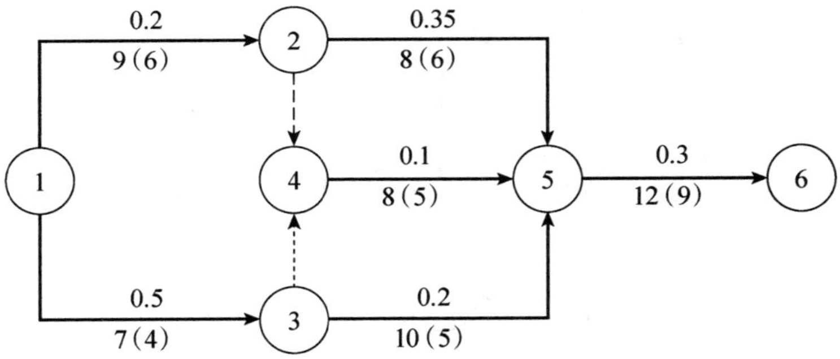

图 7－32

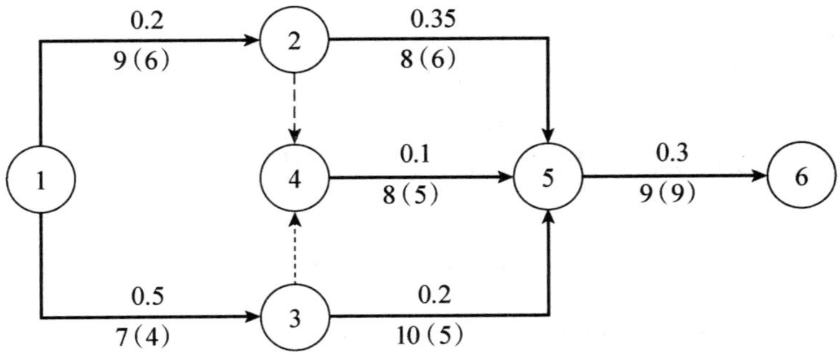

图 7－33

第四次优化：选择直接费用率最小的组合①→②和③→⑤，其值为 0.4 万元/天，大于间接费用率 0.35 万元/天，若再压缩，会使费用增加。

因此，最优工期为 26 天，费用为 60.45 万元。优化效果是减少了 11 天和 2.05 万元。

7.3.3　工期-资源优化

如果完成一项工作需要的资源不变，那么资源优化是通过改变工序（工作）的开始时间和完成时间使资源使用均衡。资源优化包括两个方面：资源有限，工期最短；工期固定，资源均衡。

这里只介绍第二个方面优化的方法和步骤：

① 绘制网络图，计算每个单位时间的资源需要量；

② 从计划开始之日起，逐个检查每个时间段的资源需要量是否超过资源限量；

③ 分析超过资源限量的时段，将一道工序安排在另一道工序之后开始，以降低该时段的资源需要量；

④ 绘制调整后的网络图，重新计算每个时间单位的资源需要量；

⑤ 重复步骤②～④，直至满足要求。

调整时应注意：不改变原网络计划中各工序之间的逻辑关系；不改变各工序的持续时间；

一般不允许中断工序,除规定中断的工序之外;选择将哪一道工序安排在另一道工序之后开始,标准是使工期延长最短;调整的次序为先调整时差大、资源小的工序。

【例 7-5】已知某工程计划网络图如图 7-34 所示,箭线上方括号里数字表示工人需要量,下方数字表示工序持续时间。假定每天只有 10 个工人可供使用,应如何优化?

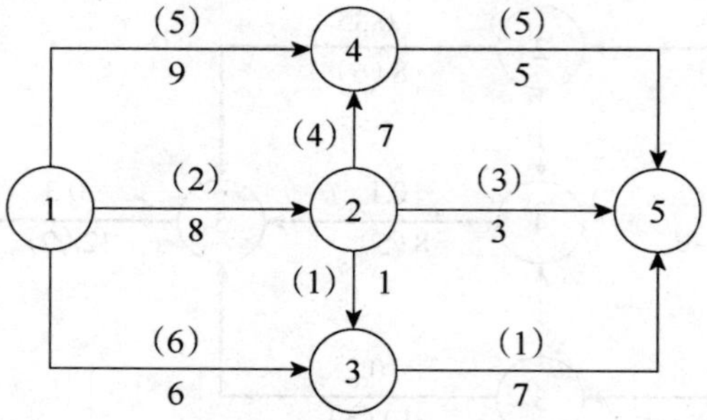

图 7-34

解:

(1) 计算结点时间参数和总工期。

t_E(①)=0,t_L(①)=0;t_E(②)=8,t_L(②)=8;t_E(③)=9,t_L(③)=11;t_E(④)=15,t_L(④)=15;t_E(⑤)=20,t_L(⑤)=20,总工期为 20。

(2) 计算每段时间的资源需要量,如图 7-35 所示,从图 7-35 中也可以看出工序的总时差。

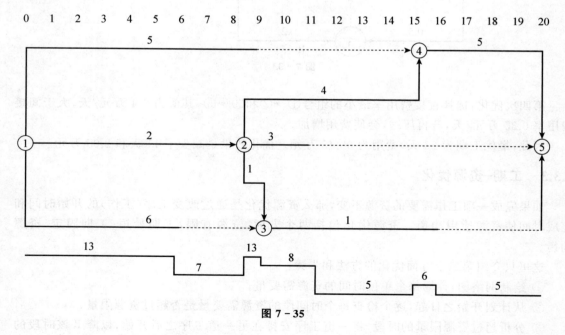

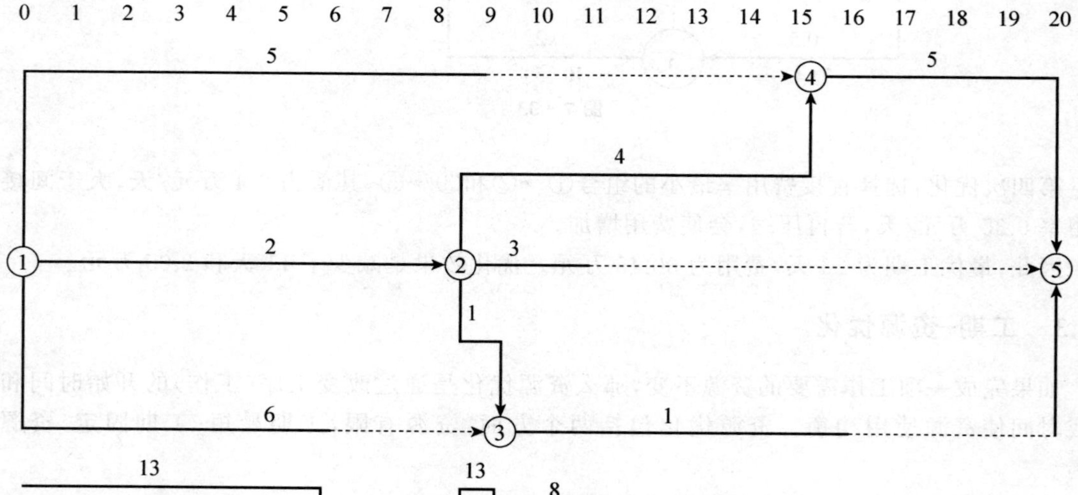

图 7-35

(3) 从计划开始起,逐个检查每段时间的资源需要量是否超过资源限量。

(4) 分析超过资源限量的时段,将一道工序安排在另一道工序之后开始,以降低该时段的资源需要量。

第一次优化：将①→④放在①→③之后，如图 7 - 36 所示。

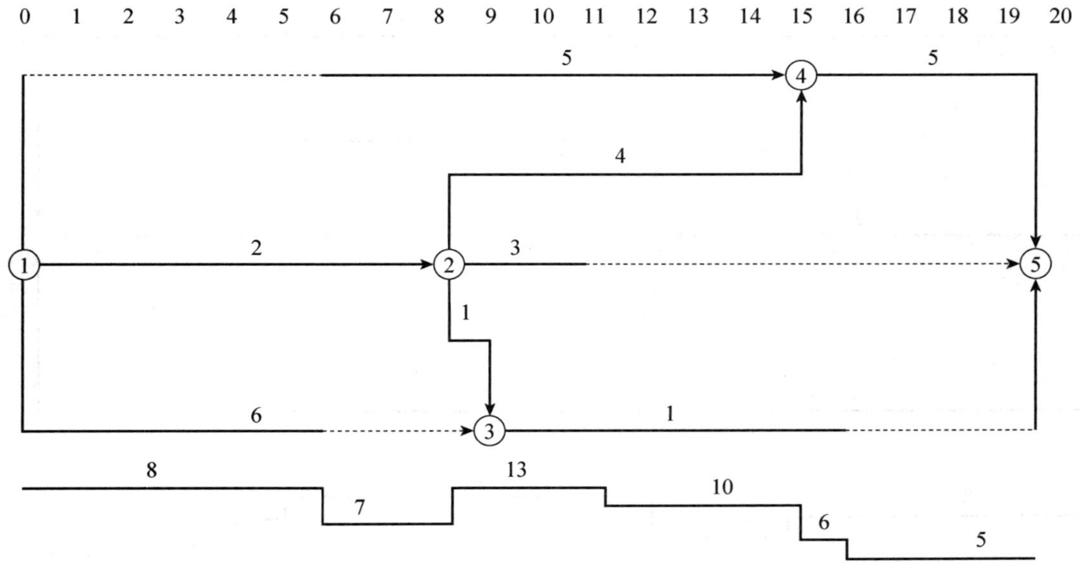

图 7 - 36

(5) 绘制调整后的计划网络图，重新计算每段时间的资源需要量。

第二次优化：将②→⑤放在②→③之后，如图 7 - 37 所示。

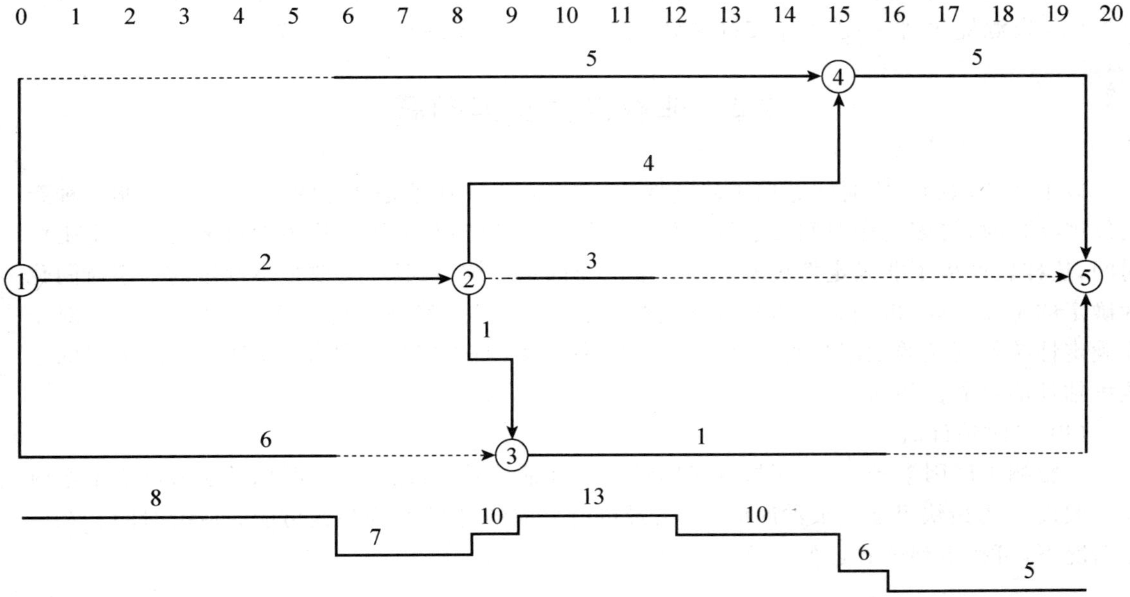

图 7 - 37

第三次优化：将②→⑤放在②→④之后，绘制调整后的计划网络图，重新计算每段时间的资源需要量。到目前为止，如果再进行调整，每段时间的人数也不会少于 10 人，因此，调整停止，工期-资源优化结果如图 7 - 38 所示。

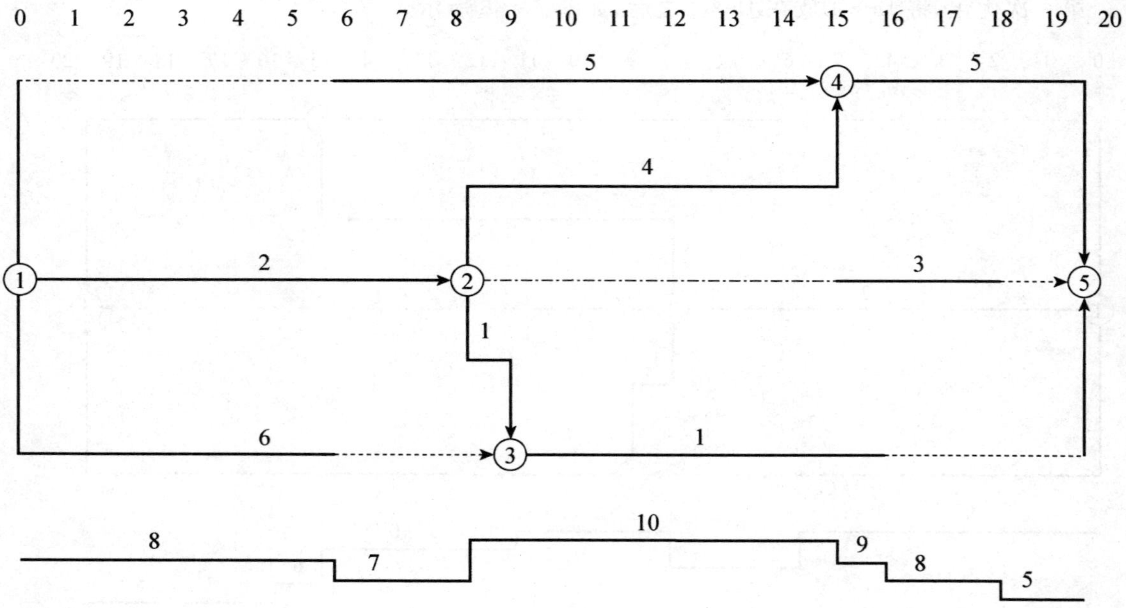

图 7-38

网络计划优化方法总结:

(1) 工期优化:选择优选系数或优选系数组合最小的关键工序进行压缩;

(2) 费用优化:选择直接费用率或直接费用率组合最小的关键工序进行压缩;

(3) 资源优化:将一道工序安排在另一道工序之后,先调整时差大、资源小的工序。

7.4 非确定性统筹问题

以上所考虑的工序时间是属于确定性的,在实际中往往不是这样的。例如,在研制一种新的发展项目时,许多工序时间几乎没有什么可供参考的资料,或因干扰因素过多无法确定工序时间,这样就产生了非确定性统筹问题。解决非确定性统筹问题,需要把不确定的工序时间化为确定的工序时间,再编制工程进度计划和绘制统筹图,这就是计划评审技术(PERT)。对于非确定性统筹问题的工序时间,一般采用三时估计法,对于非确定性统筹问题而言,重要的是这种估计的可靠性如何。

(1) 三时估计法。

在影响工序因素较多,工序持续时间难以准确估计时,可以采用三时估计法来确定工序时间。假设 a 为最快可能完成的时间;m 为最可能完成的时间;b 为最慢可能完成的时间。在一般情况下,可按下列公式近似估算工序时间:

$$t(i,j)=\frac{a+4m+b}{6} \tag{7-9}$$

$$\sigma^2=\left(\frac{b-a}{6}\right)^2 \tag{7-10}$$

(2) 估计的可靠性。

在工序时间不确定的条件下,如果已对各工序作了三时估计,得到工序时间的估计值

$E[t(i,j)]$，并根据公式算出方差，那么将该估计值 $E[t(i,j)]$ 当作实际工序时间看待，就可绘制出网络图，找出关键线路。由于工程的总工期是由所有关键工序的工序时间之和求得的，但这里的工序时间都是随机变量，因此总工期也是随机变量，也存在总工期的期望值 $E(T_e)$ 与方差 $D(T_e)$。

由于工序是相互独立的，因此总工期 T_e 的期望值应该等于关键线路中所有关键工序的工序时间期望值之和，总工期 T_e 的方差应该等于关键线路中所有关键工序的工序时间的方差之和，即

$$E(T_e)=\sum E[t(i,j)] \tag{7-11}$$

$$D(T_e)=\sum \sigma^2[t(i,j)] \tag{7-12}$$

【例 7-6】 某工程各工序及持续时间的三时估计如表 7-5 所示，试求工程的 $E(T_e)$，$D(T_e)$ 和标准差 $\sigma^2(T_e)$。

表 7-5

工序	紧前工序	时间估计		
		a	m	b
a	—	6	10	15
b	—	10	12	14
c	a	6	7	6
d	a	4	7	8
e	a	9	15	20
f	b,c	9	11	13
g	b,c	8	7	10
h	d,f	8	10	14
i	d,f	20	24	28
j	g,h	6	9	11

解：

根据公式(7-9)和公式(7-10)，计算出工序时间的估计值 $E[t(i,j)]$ 和 $\sigma^2[t(i,j)]$，如表 7-6 所示。

表 7-6

工序	$E[t(i,j)]$	$\sigma^2[t(i,j)]$	工序	$E[t(i,j)]$	$\sigma^2[t(i,j)]$
a	10.17	1.5	f	11	0.36
b	12	0.44	g	6.83	1.36
c	6	0	h	10.33	1
d	6.67	0.44	i	24	1.34
e	14.83	3.36	j	8.83	0.69

再根据表 7－5 所给出的各工序之间的逻辑关系，画出网络图，如图 7－39 所示。

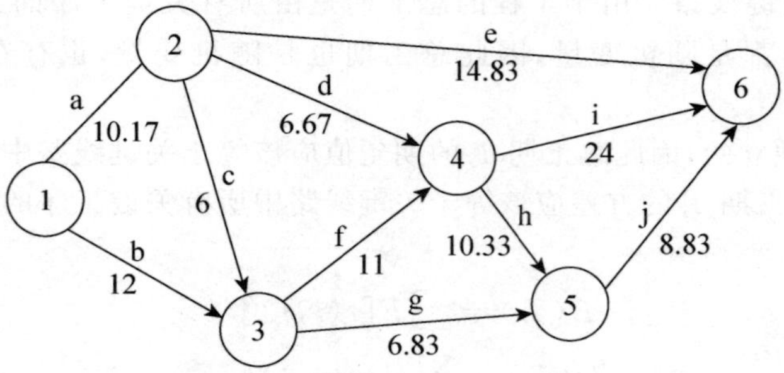

图 7－39

计算工序的时间参数并确定关键线路：$①\xrightarrow{a}②\xrightarrow{c}③\xrightarrow{f}④\xrightarrow{i}⑥$。

由关键工序 a,c,f 和 i 的工序时间的期望值，求出总工期的期望值为：

$E(T_e)=E[t(1,2)]+E[t(2,3)]+E[t(3,4)]+E[t(4,6)]=10.17+6+11+24=51.17$(天)

总工期的方差为：

$D(T_e)=\sigma^2[t(1,2)]+\sigma^2[t(2,3)]+\sigma^2[t(3,4)]+\sigma^2[t(4,6)]=1.5+0+0.36+1.34=3.2$

总工期的标准差为：

$$\sigma^2(T_e)=[D(T_e)]^{1/2}=1.79$$

在【例 7－6】中，如果 T_e 服从正态分布，期望值为 51.17，标准差为 1.79，查正态分布表可知，总工期变化在距期望值一个标准差以内的概率为 0.68，在距期望值 3 个标准差之内的概率为0.997，即工期在(51.17±1.79)天区间内完成的可能性为 68%，工期在(51.17±3×1.79)天区间内完成的可能性为 99.7%。

7.5　本章小结

本章主要包括以下内容：

(1) 网络计划的基本步骤包括三个方面：根据工程中各道工序的先后顺序及逻辑关系画出网络图；计算结点和工序的时间参数；根据结点时间参数或工序时间参数的计算结果确定工期、关键工序和关键线路；不断改善网络计划的初始方案，以确定最优方案。

(2) 在计算结点时间参数时，最早时间应按从左至右的顺序计算；最迟时间应按从右至左的顺序计算，应注意某一结点对应的箭尾或箭头的数量，而且终结点的最早时间等于最迟时间。

(3) 在计算工序时间参数时，应先计算最早可能开工时间(对应结点最早时间)和最迟必须完工时间(对应结点最迟时间)，然后使用工序作业时间计算最早可能完工时间和最迟必须开工时间。

(4) 在计算某工序的单时差时，要考虑其紧后工序，用紧后工序的最早可能开工时间减去该工序的最早可能完工时间。注意：若某工序无紧后工序，则单时差为零；对于某一工序，总时差为零，单时差一定为零。关于总时差的计算有两种方法：用最迟必须开工时间减去最早可能开工时间，或者用最迟必须完工时间减去最早可能完工时间。

(5) 在确定最优方案的过程中，需要对现有方案进行不断调整，直到满足要求为止。其中，工期优化和费用优化都是要压缩工期，压缩时要注意：不能把关键工序压缩成非关键工序；当出现多条关键线路时，要同时压缩多条关键线路。

7.6　课后习题

7－1　图 7－40 是根据表 7－7 所定的逻辑关系绘制而成的某工程箭线式网络图，请指出其中的错误。

表 7－7

工序名称	A	B	C	D	E	F	G	H
紧后工序	C,D	E	F	—	G,H	—	—	—

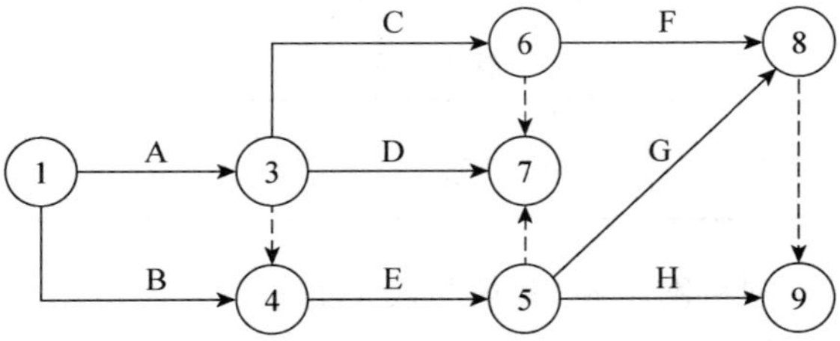

图 7－40

7－2　某工程箭线式网络图如图 7－41 所示，请指出图中的错误。

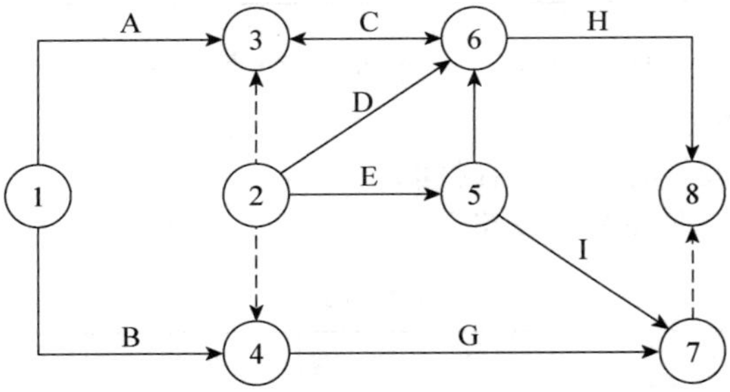

图 7－41

7－3　某工程由 11 道工序组成，网络逻辑关系如表 7－8 所示，试绘制箭线式网络图。

表 7－8

工序代号	工序时间/天	紧前工序	工序代号	工序时间/天	紧前工序
A	45	—	G	18	B
B	20	—	H	10	E,G
C	30	A	I	16	F
D	10	A	J	5	I,H
E	25	D	K	10	F,H
F	10	C,E			

7－4　某工程由8道工序组成,逻辑关系和持续时间如表7－9所示,试绘制箭线式网络图。

表7－9

工序代号	工序时间 /天	紧前工序	工序代号	工序时间 /天	紧前工序
A	30	—	E	8	B,D
B	15	A	F	10	D
C	13	A	G	16	D
D	35	C	H	5	E,F,G

7－5　绘制表7－10的项目网络图,并填写表中的紧前工序。

表7－10

工序	A	B	C	D	E	F	G
紧后工序	D,E	G	E	G	G	G	—

7－6　绘制表7－11的项目网络图,并填写表中的紧后工序。

表7－11

工序	A	B	C	D	E	F	G	H	I	J	K	L	M
紧前工序	—	—	—	B	B	A,B	B	D,G	C,E,F,H	D,G	C,E	I	J,K,L

7－7　某工程项目的活动明细如表7－12所示,要求:
(1) 画出箭线式网络图。
(2) 计算出各结点的最早时间、最迟时间。
(3) 指出该项目的总工期和关键线路。

表7－12

工序	a	b	c	d	e	f	g
紧前工序	—	a	a	b	b,c	d,e	d,e
工序时间	4	2	3	2	3	3	5

7－8　某工程项目的活动明细如表7－13所示,要求:
(1) 画出箭线式网络图。
(2) 计算出各结点的最早时间、最迟时间。
(3) 指出该项目的总工期和关键线路。

表7－13

工序	a	b	c	d	e	f	g
紧前工序	—	—	a,b	a,b	b	c	d,e
工序时间	4	2	3	4	3	1	2

7－9　某工程项目的活动明细如表7－14所示,要求:
(1) 画出箭线式网络图。
(2) 计算出各结点的最早时间、最迟时间。

(3) 指出该项目的总工期和关键线路。

表 7-14

工序代号	紧前工序	工序时间	工序代号	紧前工序	工序时间
A	G,M	3	G	B,C	2
B	H	4	H	—	5
C	—	7	I	A,L	2
D	L	3	J	F,I	1
E	C	5	K	B,C	7
F	A,E	5	M	C	3

7-10　某工程项目的活动明细如表 7-15 所示,要求:

(1) 画出箭线式网络图。

(2) 计算出各结点的最早时间、最迟时间。

(3) 指出该项目的总工期和关键线路。

表 7-15

工序代号	紧前工序	工序时间	工序代号	紧前工序	工序时间
a	—	60	j	d,g	10
b	a	14	k	h	25
c	a	20	l	j,k	10
d	a	30	m	j,k	5
e	a	21	n	i,l	15
f	a	10	o	n	2
g	b,c	7	p	m	7
h	e,f	12	q	o,p	5
i	f	60	—	—	—

7-11　根据项目工序明细表 7-16。要求:

(1) 画出箭线式网络图。

(2) 计算工序的最早开始时间、最迟开始时间和总时差。

(3) 找出关键线路和关键工序。

表 7-16

工序	A	B	C	D	E	F	G
紧前工序	—	A	A	B,C	C	D,E	D,E
工序时间/周	9	6	12	19	6	7	8

7-12　表 7-17 为某一项目的工序明细表。要求:

(1) 绘制箭线式网络图。

(2) 在箭线式网络图上求工序的最早开始时间、最迟开始时间。

(3) 用表格表示工序的最早开始时间、最迟开始时间、最早完成时间、最迟完成时间、总时差和自由时差。

(4) 找出所有关键线路及对应的关键工序。

(5) 求项目的完工期。

表 7-17

工序	A	B	C	D	E	F	G	H	I	J	K	L	M	N
紧前工序	—	—	—	A,B	B	B,C	E	D,G	E	E	H	F,J	I,K,L	F,J,L
工序时间/天	8	5	7	12	8	17	16	8	14	5	10	23	15	12

7-13　某公司商务网站建设项目,项目的各工序代号及名称如表 7-18 所示。

表 7-18

工序代号	工序名称	工序时间	工序代号	工序名称	工序时间
01	用户需求确认	50	08	数据库开发	20
02	概要设计	20	09	用户界面模块开发	20
03	数据库设计	10	10	美工模块开发	20
04	详细设计	30	11	信息展示模块开发	20
05	设备选定	10	12	文档展示模块开发	10
06	设备招标采购	20	13	系统测试及运行	50
07	环境搭建和调试	10	—	—	—

以各任务最早开始时间为起点,得到该项目计划的甘特图,如图 7-42 所示(每月按 30 天计算)。

要求:

(1) 请根据甘特图画出箭线式网络图。

(2) 计算结点的时间参数。

(3) 计算工序的时间参数、总时差和单时差。

(4) 确定总工期和关键线路。

7-14　某项计划工程有 4 道工序,其成本与耗时资料如表 7-19 所示,已知间接成本为 4 500元/天。请对这项工程进行时间-成本优化。

表 7-19

工序名称	相关结点	耗时/天		成本/千元	
		正常	极限	正常	极限
a	(1)→(2)	3	1	10	18
b	(2)→(4)	7	3	15	19
c	(2)→(3)	4	2	12	20
d	(3)→(4)	5	2	8	14

工序名称	开始时间	持续时间
01	2020.8.4	50
02	2020.9.24	20
03	2020.10.4	10
04	2020.10.14	30
05	2020.9.24	10
06	2020.10.4	20
07	2020.10.24	10
08	2020.11.24	20
09	2020.12.14	20
10	2021.1.3	20
11	2020.12.14	20
12	2021.1.4	10
13	2021.1.24	50

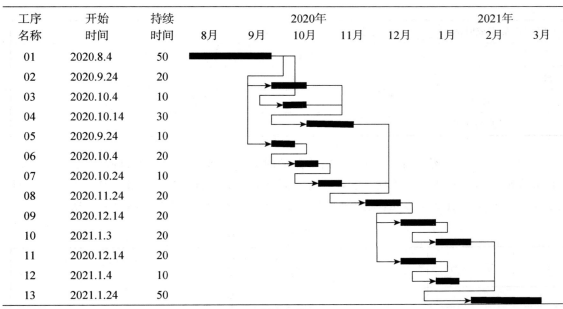

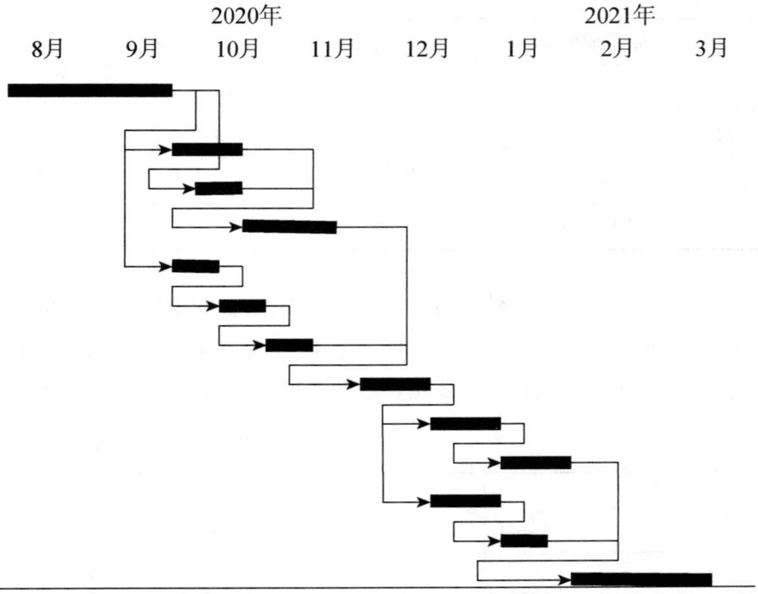

图 7－42

7－15　某项计划工程有 6 道工序，逻辑关系以及各工序成本与耗时资料如表 7－20 所示。已知间接成本为 8 100 元/周。请对这项工程进行时间-成本优化。

表 7－20

工序	紧前工序	极限时间/周	正常时间/周	正常成本/元	极限成本/元	赶工成本/元
A	—	7	10	30 000	63 000	11 000
B	A	11	14	15 000	27 000	4 000
C	—	11	13	8 000	20 000	6 000
D	C	5	6	6 000	7 000	1 000
E	—	12	15	18 000	36 000	6 000
F	E	7	8	4 000	6 000	2 000

7－16　某项工程有 8 道工序，相关数据资料如表 7－21 所示，请进行时间-成本优化。

表 7－21

工序	正常完成时间	紧前工序	正常完成进度的直接费用 /百元	赶进度一天所需要费用 /百元
A	4	—	20	5
B	8	—	30	4
C	6	B	15	3
D	3	A	5	2
E	5	A	18	4
F	7	A	40	7

续表

工序	正常完成时间	紧前工序	正常完成进度的直接费用 /百元	赶进度一天所需要费用 /百元
G	4	B,D	10	3
H	3	E,F,G	15	6
合计			153	
工程的间接费用			5/(百元・天$^{-1}$)	

7-17 表 7-22 给出了工序的正常、应急的时间和成本。①绘制项目网络图,按正常时间计算完成项目的总成本和工期。②按应急时间计算完成项目的总成本和工期。③已知项目缩短 1 天额外获得资金 4 万元,减少间接费用 2.5 万元,求总成本最低的项目完工期。

表 7-22

工序	紧前工序	时间 /天		成本 /万元		时间的最大缩量 /天	应急增加成本 /(万元・天$^{-1}$)
		正常	应急	正常	应急		
A		15	12	50	65	3	5
B	A	12	10	100	120	2	10
C	A	7	4	80	89	3	3
D	B,C	13	11	60	90	2	15
E	D	14	10	40	52	4	3
F	C	16	13	45	60	3	5
G	E,F	10	8	60	84	2	12

7-18 表 7-23 给出了工序的正常、应急的时间和成本,假设各工序在正常时间条件下需要的人数分别为 9,12,12,6,8,17,14 人。①画出时间坐标网络图。②按正常时间计算项目完工期,按期完工需要多少人?③保证按期完工,怎样采取应急措施,才能使总成本最小又使总人数最少?试对计划进行优化分析。

表 7-23

工序	紧前工序	时间 /天		成本 /万元		正常时间条件下需要人数	时间的最大缩量 /天	应急增加成本 /(万元・天$^{-1}$)
		正常	应急	正常	应急			
A		15	12	50	65	9	3	5
B	A	12	10	100	120	12	2	10
C	A	7	4	80	89	12	3	3
D	B,C	13	11	60	90	6	2	15
E	D	14	10	40	52	8	4	3
F	C	16	13	45	60	17	3	5
G	E,F	10	8	60	84	14	2	12

7-19 某项计划工程,其所含各道工序所需时间及人数如表 7-24 所示,问每个单位时间人员数量如何安排才能更合理?

表 7－24

工序名称	工序逻辑关系	工序时间/天	所需人数/人
A	①→⑥	4	9
B	①→④	2	3
C	①→②	2	6
D	①→③	2	4
E	④→⑤	3	8
F	②→③	2	7
G	③→⑤	3	2
H	⑤→⑥	4	1

7－20　已知项目各工序的三种估计时间如表 7－25 所示。

表 7－25

工序	紧前工序	工序的三种估计时间/小时		
		a	m	b
A	—	9	10	12
B	A	6	8	10
C	A	13	15	16
D	B	8	9	11
E	B,C	15	17	20
F	D,E	9	12	14

要求：

(1) 绘制箭线式网络图并计算各工序的期望时间和方差。

(2) 关键工序和关键线路。

(3) 项目完工时间的期望值。

(4) 假设完工期服从正态分布，项目在 56 小时内完工的概率是多少？

(5) 假使完工的概率为 0.98，最少需要多长时间？

7.7　课后习题参考答案

第 7 章习题答案

第8章

动态规划

动态规划(Dynamic Programming)是解决多阶段决策过程最优化问题的一种方法,在20世纪50年代提出,由理查德·贝尔曼(Richard Bellman)引入最优化原理,这为动态规划奠定了坚实的基础。动态规划在运筹学、控制论、管理科学等领域的发展中,都发挥了无可比拟的领军作用,成为解决数学建模问题最常用的优化方法之一,成功地解决了生产管理、工程技术等方面的许多实际问题。

导入案例

某公司工程投资分配问题

某公司有资金600万元,现有四项可选择投资的工程A,B,C,D,公司决定每项工程至少要投资100万元。各项工程投资不同资金后可获得的期望利润如表8-0所示,问如何安排对各项工程的投资额,才能使获得的总利润最大?

表8-0

分配的投资金额	利润/万元			
	工程A	工程B	工程C	工程D
100	150	167	164	158
200	169	189	190	185
300	185	204	226	215

8.1 多阶段决策问题

8.1.1 典型的多阶段决策问题

多阶段决策过程是指对于特殊的活动过程,可以按时间或空间顺序分解成若干相互联系的阶段,在每个阶段都要做出决策,全部过程的决策是一个决策序列,所以多阶段决策问题也称为序贯决策问题。在多阶段决策过程的每一阶段，都有多种可供选择的方案，从中选取一种方案，一旦各个阶段的决策选定之后，就构成了解决这一问题的一个决策序列。

（1）最短路径问题。

动态规划问题中的最短路径问题与网络分析中的提法相同，即从一个地方到另一个地方有很多条路径，从中找到一条距离最短的路径。

【例 8－1】供应商 A 要运输一批货物到 F 公司，两公司中间有一个运输网络，路线中间的结点表示要经过的港口或城市，如图 8－1 所示，路线上的数字表示两地间的距离，试求一条运输路径，使所走距离最短。

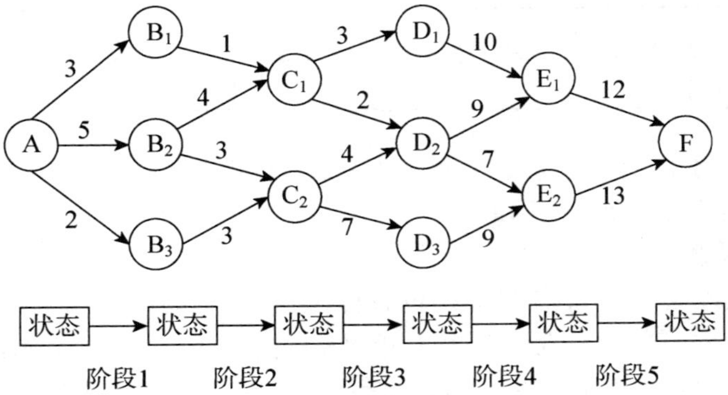

图 8－1

（2）资源分配问题。

只有一种资源有待于分配到若干个活动，其目标是如何最有效地在各个活动中分配这种资源。一般来说，阶段对应于活动，每个阶段的决策对应于分配到该活动的资源数量；任何状态的当前状态总是等于当前阶段和以后阶段分配的资源数量，即总资源量减去前面各阶段已分配的资源量。本章导入案例属于资源分配问题。

【例 8－2】某公司有 5 台设备，分配给所属甲、乙、丙三个工厂。各工厂获得不同的设备台数所能产生的效益（万元）情况如表 8－1 所示。求最优分配方案，使总效益最大。

表 8－1

工厂	设备					
	0	1	2	3	4	5
甲	0	10	15	20	23	25
乙	5	17	20	22	23	24
丙	7	12	15	18	20	23

（3）投资决策问题。

某公司现有一定的资金，考虑给若干个项目投资，这些项目的投资期限、回报率均不相同，因此需要确定这些项目的投资额，以获得最大的总利润。

【例 8－3】某投资者有 40 万元，面临三种不同的投资机会，投资额为 x_1, x_2, x_3。经预测，三项投资可获得的效益分别为 $g(x_1)=x_1, h(x_2)=x_2^2, k(x_3)=x_3$。问如何分配投资额，才能获得最大收益？

(4) 生产与存储问题。

某工厂每月需供应市场一定数量的产品,剩余产品应存入仓库。一般地说,某月适当增加产量可降低生产成本,但超产部分存入仓库会增加库存费用,因此要确定一个每月的生产计划,在满足需求的条件下,使一年的生产与存储费用之和最小。

【例8-4】某企业拟与客户签订未来4个月的交货合同,如表8-2所示。该企业的生产能力为每月4千件,其仓库的最大存货能力为3千件。据以往数据统计,单位生产成本 $c_v=$ 5 000元/千件,生产的固定运营费用 $F=4\ 000$ 元,每月仓库保管费用 $H=300$ 元/千件。

表8-2

月	1	2	3	4
订货量/千件	2	3	2	2

假设企业现有存货3千件,未来第4个月月底计划存货2千件,问应在每月各生产多少产品,才能既满足交货合同,又使总费用最小?

(5) 背包问题(装载问题)。

背包问题的一般提法是,一个徒步者携包旅行,共有 n 种物品供他选择后装入背包中,n 种物品的编号为 $1,2,\cdots,n$。已知每单位第 j 种物品的重量为 a_j,单位 j 物品使用价值为 c_j,且该旅行者所能承受的总重量不超过 a,为此旅行者需要考虑选择携带这 n 种物品的数量,以便获得最大的使用价值。

【例8-5】已知某背包问题的数据如表8-3所示,最大限制重量为5,问如何携带,才能使总价值最大?

表8-3

物品	1	2	3
重量	3	2	5
价值	8	5	12

背包问题在实际生产经营过程中,经常用于解决装载问题。

【例8-6】有一辆货车载重量为10吨,用来装载货物A,B时成本分别为5元/吨和4元/吨。现在已知每吨货物的运价与该货物的重量有如下线性关系:A:$P_1=15-x_1$;B:$P_2=18-2x_2$,其中 x_1,x_2 分别为货物A,B的重量。如果要求满载,问货物A和B各装载多少,才能使总利润最大?

(6) 机器完好率问题。

某种机器设备若干台,用于完成不同的工作。若第 k 年年初完好机器的数量为 s_k,其中 x_k 用于完成一种工作,余下的 s_k-x_k 用于完成另一种工作,则该年的预期收入为 $g(x_k)+h(s_k-x_k)$。假设机器在使用过程会发生损坏,若机器用于完成一种工作时,一年后能继续使用的完好机器数占年投入量的某个比例;用于完成另一种工作时,为另一个比例。已知 $g(x)$ 和 $h(x)$,问在接下来的几年内如何分配每年用于完成不同工作的机器数,才能获得最大总收益?

【例8-7】某种机器设备 $s_0=100$ 台,用于完成工作A和B。若第 k 年年初完好机器的数量为 s_k,其中 x_k 用于完成工作A,余下的 s_k-x_k 用于完成工作B,则该年的预期收入为 $g(x_k)+$

$h(s_k - x_k)$。机器在使用过程会发生损坏，经测算，该机器用于完成工作 A 时，一年后能继续使用的完好机器数占年投入量的三分之二；用于完成工作 B 时，该比例为十分之九。又知 $g(x)=10x$（万元），$h(x)=7x$（万元），问在三年内如何分配每年用于完成工作 A 和 B 的机器数，才能使总收益最大？

如上所述，动态规划可以用于解决最短路径问题、资源分配问题、生产存储问题、投资问题、装载问题、设备完备率问题等，由于动态规划模型结构不一、解法不一，因此需要根据模型结构灵活处理；与此同时，涉及的变量不能太多，否则计算量太大。

8.1.2　基本概念与原理

（1）阶段。

动态规划问题存在若干个相互联系的不同部分，通常根据时间或空间对整个过程进行划分。一般用 k 表示阶段变量，若整个问题分为 n 个阶段（Stage），则 $k=1,2,\cdots,n$。在【例 8 - 1】中，按决策的先后顺序，可将问题分为 5 个阶段，如图 8 - 1 所示。

（2）状态。

状态（State）是指某一阶段开始或结束时所处的自然状况或客观条件，如地理位置、资源量等。通常用 S_k 表示第 k 阶段的状态，在【例 8 - 1】中，$S_1=\{A\}$，$S_2=\{B_1,B_2,B_3\}$。状态变量取值的全体称为状态空间或状态集合——状态可能集。状态变量是动态规划中最关键的一个参数，它既是前面各阶段决策的结束点，又是本阶段作出决策的出发点，因此状态也是动态规划问题各阶段信息的传递点和结合点。状态变量具有无后效性（马尔可夫性质），即当某阶段的状态确定后，该阶段以后过程的演变只与当前的状态有关，与这个阶段以前的状态无关。【例 8 - 1】各阶段的状态变量集合如表 8 - 4 所示。

表 8 - 4

阶段	状态变量	状态可能集
第一阶段初	S_1	$S_1=\{A\}$
第二阶段初（第一阶段末）	S_2	$S_2=\{B_1,B_2,B_3\}$
第三阶段初（第二阶段末）	S_3	$S_3=\{C_1,C_2\}$
第四阶段初（第三阶段末）	S_4	$S_4=\{D_1,D_2,D_3\}$
第五阶段初（第四阶段末）	S_5	$S_5=\{E_1,E_2\}$
第六阶段初（第五阶段末）	S_6	$S_6=\{F\}$

（3）决策。

决策（Decision）是指当决策者处于某个阶段的某个状态时，面对下一阶段的某一状态做出的选择。可以用决策变量 $d_k(S_k)$ 或 $x_k(S_k)$ 表示第 k 阶段、状态为 S_k 的决策。在 S_k 状态下，决策者可以选择的方案可以是一个集合，称为决策允许集，记作 $D_k(S_k)$ 或 $X_k(S_k)$。在【例 8 - 1】中，$D_2(B_2)=\{B_2C_1,B_2C_2\}$，表示在第二阶段初始状态 B_2 时，可以选择的方案可以是 B_2C_1，B_2C_2。

（4）策略和子策略。

策略（Policy）是指按阶段依次做出的决策序列，又称全策略。通常把从第 k 阶段 S_k 状态开始到结束的决策序列，称为 k 后部子策略，简称 k 子策略(Subpolicy)，记作 $P_{kn}(S_k)$。例如，n 阶段动态规划问题的全策略可以表示为 $P_{1n}(S_n)=\{d_1(S_1),d_2(S_2),\cdots,d_k(S_k),d_{k+1}(S_{k+1}),\cdots,d_n(S_n)\}$。其中，$P_{kn}(S_k)=\{d_k(S_k),d_{k+1}(S_{k+1}),\cdots,d_n(S_n)\}$——$k$ 后部子策略；$P_{1k}(S_k)=\{d_1(S_1),d_2(S_2),\cdots,d_k(S_k)\}$——前部 k 子策略。

(5) 状态转移方程。

在第 k 阶段某一确定的状态 S_k 下，一旦决策变量 $d_k(S_k)$ 确定，则第 $k+1$ 阶段的状态 S_{k+1} 也就确定了，这一规律称为状态转移律。状态转移律一般用状态转移方程来表示，即

$$S_{k+1}=T\{S_k,d_k(S_k)\}\text{或 }T(S_k,d_k)$$

(6) 指标函数和最优函数。

衡量某一阶段决策效果的数量指标称为阶段指标，记作 $V_k\{S_k,d_k(S_k)\}$。阶段指标可以是距离、利润、成本、产量或资源消耗等，表示某一阶段决策对目标的贡献。用于衡量已完成子策略优劣的数量指标称为指标函数(Index Function)，记为 $V_{k,n}\{S_k,d_k(S_k);S_{k+1},d_{k+1}(S_{k+1}),\cdots,S_n,d_n(S_n)\}$。第 k 阶段的指标函数可记为 $V_k\{S_k,d_k(S_k)\}$。

最优函数(Optimal Function)是指在某一确定状态选择最优策略后得到的指标函数值，即对应某一最优子策略的某种效益量度，记作 $f_k(S_k)=\mathrm{OPT}\{V_{k,n}\}$，OPT 是 Optimization(最优化)的缩写，依具体问题可表示为 min 或 max。在【例 8-1】中，在 S_3 状态下，选择 C_2 后得到的最优函数为

$$f_3(\mathrm{C}_2)=\min\begin{Bmatrix}V_3(\mathrm{C}_2,\mathrm{C}_2\mathrm{D}_2)+f_4(\mathrm{D}_2)\\V_3(\mathrm{C}_2,\mathrm{C}_2\mathrm{D}_3)+f_4(\mathrm{D}_3)\end{Bmatrix}$$

(7) 最优化原理。

理查德·贝尔曼认为，作为整个过程的最优策略，应具有这样的性质：无论过去的状态和决策如何，对先前决策所形成的状态而言，余下的所有决策必然构成最优策略。根据这一原理，计算动态规划问题的递推关系式称为动态规划基本方程。

(8) 动态规划基本方程。

以逆序解法为例，动态规划基本方程可表达为：

$$\begin{cases}f_k(S_k)=\underset{x_k=X_k(S_k),k=n,n-1,\cdots,2,1}{\mathrm{OPT}}\{V_k(S_k,x_k)+f_{k+1}(S_{k+1})\}\\f_{n+1}(S_{n+1})=0\end{cases}\tag{8-1}$$

其中，指标函数有加法合成或乘法合成两种形式。

加法合成：

$$V_{k,n}=\sum_{i=k}^{n}V_i(S_i,x_i)\tag{8-2}$$

$$\begin{cases}f_k(S_k)=\underset{x_k=D_k(S_k)}{\mathrm{OPT}}\{V_k(S_k,x_k)+f_{k+1}(S_{k+1})\}\\f_{n+1}(S_{n+1})=0,k=1,2,\cdots,n\end{cases}\tag{8-3}$$

乘法合成：

$$V_{k,n}=\prod_{i=k}^{n}V_i(S_i,x_i)\tag{8-4}$$

$$\begin{cases}f_k(S_k)=\underset{x_k=D_k(S_k)}{\mathrm{OPT}}\{V_k(S_k,x_k)\times f_{k+1}(S_{k+1})\}\\f_{n+1}(S_{n+1})=0,k=1,2,\cdots,n\end{cases}\tag{8-5}$$

8.1.3　动态规划模型

（1）建模过程和要素。

动态规划模型虽然没有统一的形式，但是建模过程和要素大致都是相同的，模型中要素有以下几种：

① 阶段划分，$k=1,2,\cdots,n$ 或 $k=n,n-1,\cdots,1$；

② 确定状态变量和状态可能集；

③ 确定决策变量和决策允许集；

④ 写出状态转移方程；

⑤ 写出指标函数；

⑥ 写出最优函数；

⑦ 写出递推方程及边界条件。

（2）动态规划模型分类。

按变量是离散变量还是连续变量，以及过程是确定过程还是随机过程，动态规划模型可分为四种类型，如表 8－5 所示。【例 8－1】中的最短路问题属于离散确定型动态规划问题。

表 8－5

变量	过程	
	确定过程	随机过程
离散变量	离散确定型	离散随机型
连续变量	连续确定型	连续随机型

8.2　最短路问题的动态规划求解

动态规划有两种求解方法：逆序解法和顺序解法，其中逆序解法较为常用。以【例 8－1】为例，分别对两种方法进行说明。（最短路问题即最短路径问题）

8.2.1　逆序解法

视频－8.2.1　最短路动态规划求解－1－逆序解法

（1）建模。

阶段 k：第 k 个阶段选路的过程，$k=5,4,3,2,1$。

状态 S_k：第 k 阶段初所处的位置。

决策变量 x_k：第 k 阶段选择的路径。

阶段指标 V_k：第 k 阶段所选择的路径对应的路权。

指标函数：$V_k(S_k,x_k)$。

最优函数：$f_k(S_k)$。

动态规划基本方程：

$$\begin{cases} f_k(S_k)=\min\limits_{x_k=D_k(S_k),k=5,4,3,2,1}\{V_k(S_k,x_k)+f_{k+1}(S_{k+1})\} \\ f_6(S_6)=0 \end{cases}$$

(2) 求解。

第一步,如图 8-1 所示,该最短路问题可划分为五个阶段,边界条件为 $f_6(\mathrm{F})=0$,说明从 F 点(终点)到 F 点的最短距离为 0,如图 8-2 所示。

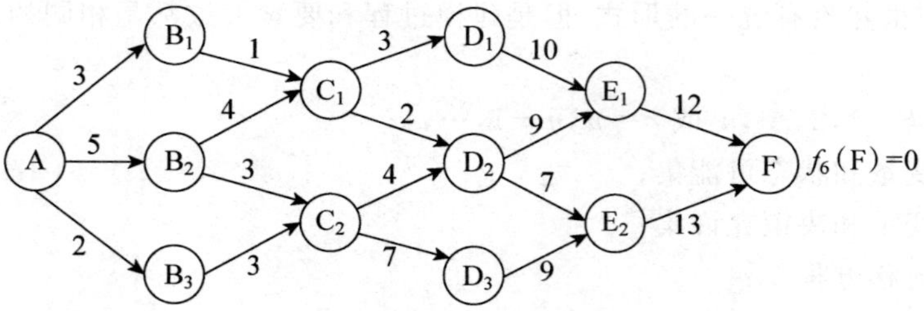

图 8-2

第二步,在第四阶段,当 $k=5$ 时,状态可能集为 $S_5=\{\mathrm{E}_1,\mathrm{E}_2\}$。

决策允许集为 $X_5(\mathrm{E}_1)=\{\mathrm{E}_1\mathrm{F}\}$,$X_5(\mathrm{E}_2)=\{\mathrm{E}_2\mathrm{F}\}$。

最优函数为 $f_5(\mathrm{E}_1)=\mathrm{E}_1\mathrm{F}+f_6(\mathrm{F})=12+0=12$,$f_5(\mathrm{E}_2)=\mathrm{E}_2\mathrm{F}+f_6(\mathrm{F})=13+0=13$,即第五阶段的最优策略为 $\mathrm{E}_1\to\mathrm{F}$,如图 8-3 所示。

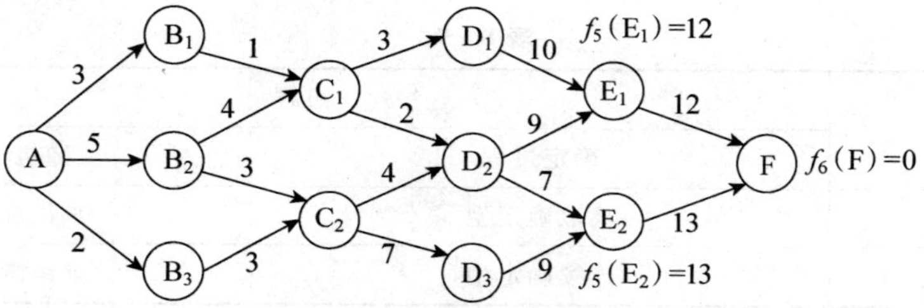

图 8-3

第三步,当 $k=4$ 时,状态可能集为 $S_4=\{\mathrm{D}_1,\mathrm{D}_2,\mathrm{D}_3\}$。决策允许集为 $X_4(\mathrm{D}_1)=\{\mathrm{D}_1\mathrm{E}_1\}$,$X_4(\mathrm{D}_2)=\{\mathrm{D}_2\mathrm{E}_1,\mathrm{D}_2\mathrm{E}_2\}$,$X_4(\mathrm{D}_3)=\{\mathrm{D}_3\mathrm{E}_2\}$。

对于状态 D_1,最优函数为 $f_4(\mathrm{D}_1)=\min\{\mathrm{D}_1\mathrm{E}_1+f_5(\mathrm{E}_1)\}=\min\{10+12\}=22$,即第四阶段 D_1 状态下的最优策略为 $\mathrm{D}_1\to\mathrm{E}_1\to\mathrm{F}$。

对于状态 D_2,最优函数为 $f_4(\mathrm{D}_2)=\min\{\mathrm{D}_2\mathrm{E}_1+f_5(\mathrm{E}_1),\mathrm{D}_2\mathrm{E}_2+f_5(\mathrm{E}_2)\}=\min\{9+12,7+13\}=20$,即第四阶段 D_2 状态下的最优策略为 $\mathrm{D}_2\to\mathrm{E}_2\to\mathrm{F}$。

对于状态 D_3,最优函数为 $f_4(\mathrm{D}_3)=\min\{\mathrm{D}_3\mathrm{E}_2+f_5(\mathrm{E}_2)\}=\min\{9+13\}=22$,即第四阶段 D_3 状态下的最优策略为 $\mathrm{D}_3\to\mathrm{E}_2\to\mathrm{F}$,如图 8-4 所示。

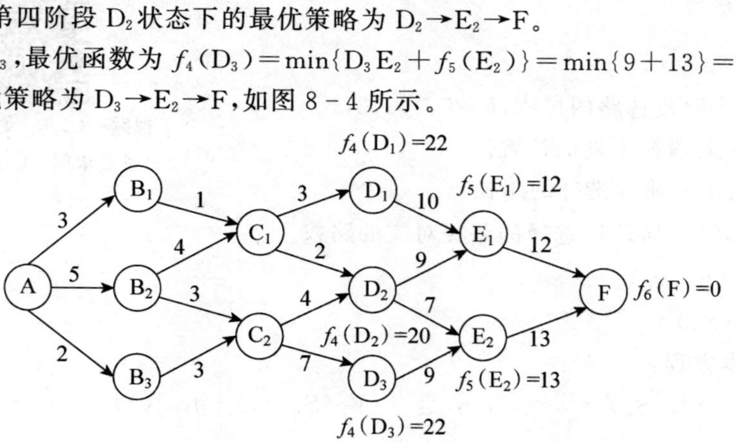

图 8-4

第四步，当 $k=3$ 时，状态可能集为 $S_3=\{C_1,C_2\}$。决策允许集为 $X_3(C_1)=\{C_1D_1,C_1D_2\}$，$X_3(C_2)=\{C_2D_2,C_2D_3\}$。

对于状态 C_1，最优函数为 $f_3(C_1)=\min\{C_1D_1+f_4(D_1),C_1D_2+f_4(D_2)\}=\min\{3+22,2+20\}=22$，即第三阶段 C_1 状态下的最优策略为 $C_1\to D_2\to E_2\to F$。

对于状态 C_2，最优函数为 $f_3(C_2)=\min\{C_2D_2+f_4(D_2),C_2D_3+f_4(D_3)\}=\min\{4+20,7+22\}=24$，即第三阶段 C_2 状态下的最优策略为 $C_2\to D_2\to E_2\to F$，如图 8-5 所示。

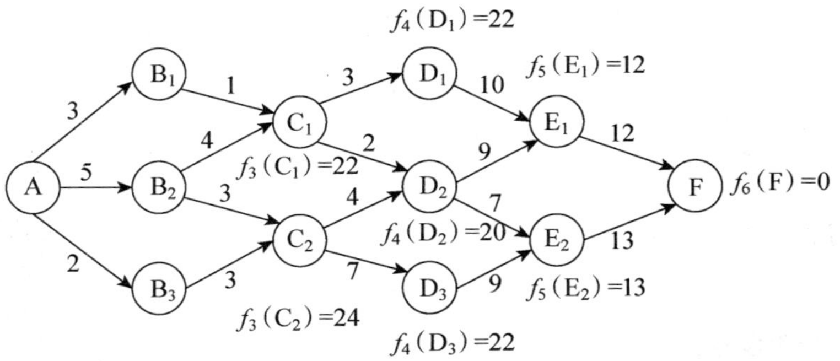

图 8-5

第五步，当 $k=2$ 时，状态可能集为 $S_2=\{B_1,B_2,B_3\}$。决策允许集为 $X_2(B_1)=\{B_1C_1\}$，$X_2(B_2)=\{B_2C_1,B_2C_2\}$，$X_2(B_3)=\{B_3C_2\}$。

对于状态 B_1，最优函数为 $f_2(B_1)=\min\{B_1C_1+f_3(C_1)\}=\min\{1+22\}=23$，即第二阶段 B_1 状态下的最优策略为 $B_1\to C_1\to D_2\to E_2\to F$。

对于状态 B_2，最优函数为 $f_2(B_2)=\min\{B_2C_1+f_3(C_1),B_2C_2+f_3(C_2)\}=\min\{4+22,3+24\}=26$，即第二阶段 B_2 状态下的最优策略为 $B_2\to C_1\to D_2\to E_2\to F$。

对于状态 B_3，最优函数为 $f_2(B_3)=\min\{B_3C_2+f_3(C_2)\}=\min\{3+24\}=27$，即第二阶段 B_3 状态下的最优策略为 $B_3\to C_2\to D_2\to E_2\to F$，如图 8-6 所示。

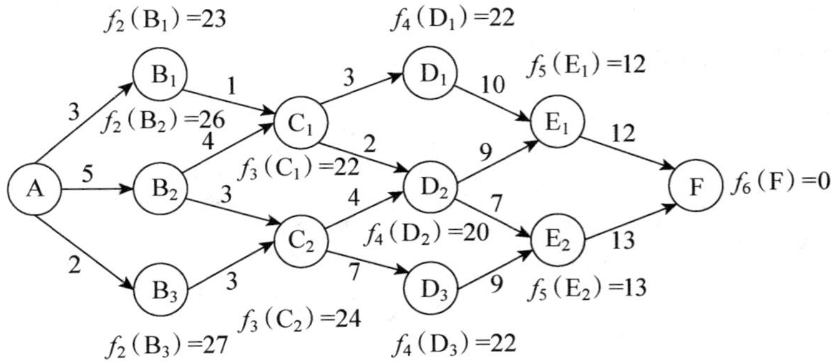

图 8-6

第六步，当 $k=1$ 时，状态可能集为 $S_1=\{A\}$。决策允许集为 $X_1(A)=\{AB_1,AB_2,AB_3\}$。如图 8-7 所示。

综上，最优函数为 $f_1(A)=\min\{AB_1+f_2(B_1),AB_2+f_2(B_2),AB_3+f_2(B_3)\}=\min\{3+23,5+26,2+27\}=26$，第一阶段 A 状态下的最优策略为 $A\to B_1\to C_1\to D_2\to E_2\to F$，即最短路径，最短路权为 26。

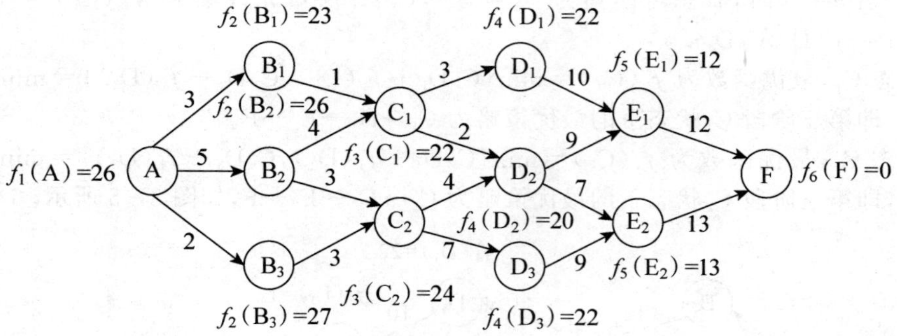

图 8-7

8.2.2 顺序解法

视频-8.2.2 最短路动态规划求解-2-顺序解法

(1) 建模。

阶段 k:第 k 个阶段选路的过程,$k=0,1,2,3,4,5$。

状态 S_k:第 k 阶段初所处的位置。

决策变量 x_k:第 k 阶段选择的路径。

阶段指标 V_k:第 k 阶段所选择的路径相应的路权。

指标函数:$V_k(S_k,x_k)$。

最优函数:$f_k(S_k)$。

动态规划基本方程:

$$\begin{cases} f_k(S_k)=\min\limits_{x_k=D_k(S_k),k=0,1,2,3,4,5}\{V_k(S_k,x_k)+f_{k-1}(S_{k-1})\} \\ f_0(S_0)=0 \end{cases}$$

(2) 求解。

第一步,如图 8-8 所示,该最短路径问题可划分为六个阶段,边界条件为 $f_0(A)=0$(第 0 阶段),说明从 A 点(始点)到 A 点的最短距离为 0。

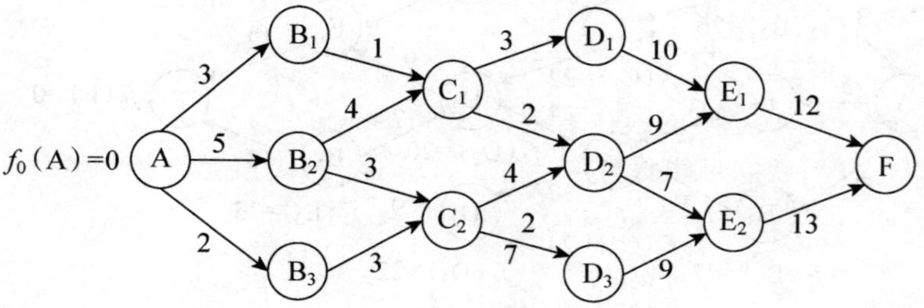

图 8-8

第二步,当 $k=1$ 时,状态可能集为 $S_1=\{B_1,B_2,B_3\}$。如图 8-9 所示。

决策允许集为 $X_1(B)=\{AB_1,AB_2,AB_3\}$。

最优函数 $f_1(S_2)$ 分别为:

对于状态 B_1,最优函数为 $f_1(B_1)=\min\{AB_1+f_0(A)\}=\min\{3+0\}=3$,即第二阶段 B_1 状态下的最优策略为 $A\to B_1$。

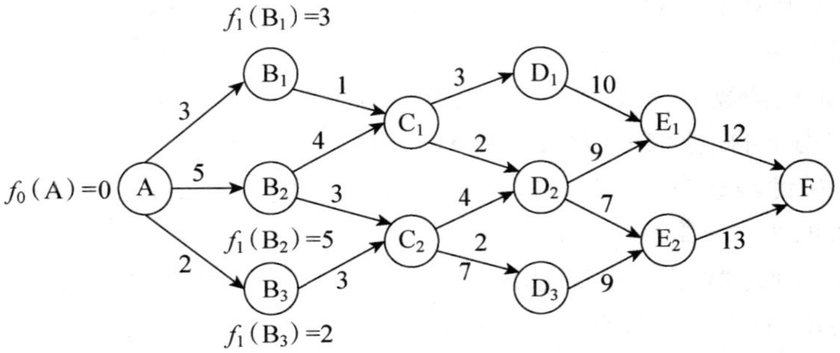

图 8-9

对于状态 B_2，最优函数为 $f_1(B_2)=\min\{AB_2+f_0(A)\}=\min\{5+0\}=5$，即第二阶段 B_2 状态下的最优策略为 $A\rightarrow B_2$。

对于状态 B_3，最优函数为 $f_1(B_3)=\min\{AB_3+f_0(A)\}=\min\{2+0\}=2$，即第二阶段 B_3 状态下的最优策略为 $A\rightarrow B_3$。

第三步，当 $k=2$ 时，状态可能集为 $S_2=\{C_1,C_2\}$。决策允许集为 $X_2(C_1)=\{B_1C_1,B_2C_1\}$，$X_2(C_2)=\{B_2C_2,B_3C_2\}$。如图 8-10 所示。

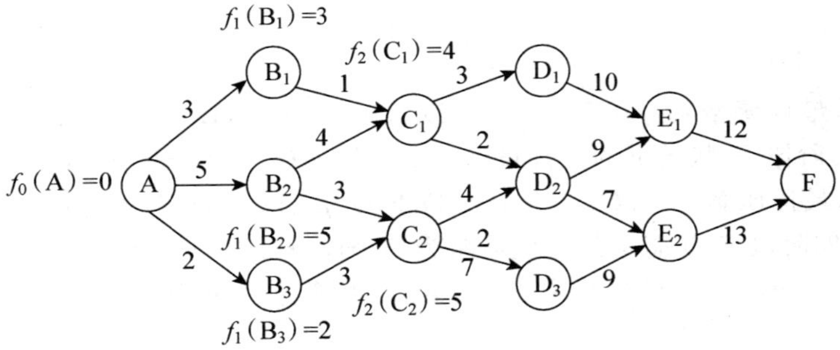

图 8-10

对于状态 C_1，最优函数为 $f_2(C_1)=\min\{B_1C_1+f_1(B_1),B_2C_1+f_1(B_2)\}=\min\{1+3,4+5\}=4$，即第二阶段 C_1 状态下的最优策略为 $A\rightarrow B_1\rightarrow C_1$。

对于状态 C_2，最优函数为 $f_2(C_2)=\min\{B_2C_2+f_1(B_2),B_3C_2+f_1(B_3)\}=\min\{3+5,3+2\}=5$，即第二阶段 C_2 状态下的最优策略为 $A\rightarrow B_3\rightarrow C_2$。

第四步，当 $k=3$ 时，状态可能集为 $S_3=\{D_1,D_2,D_3\}$。决策允许集为 $X_3(D_1)=\{C_1D_1\}$，$X_3(D_2)=\{C_1D_2,C_2D_2\}$，$X_3(D_3)=\{C_2D_3\}$。如图 8-11 所示。

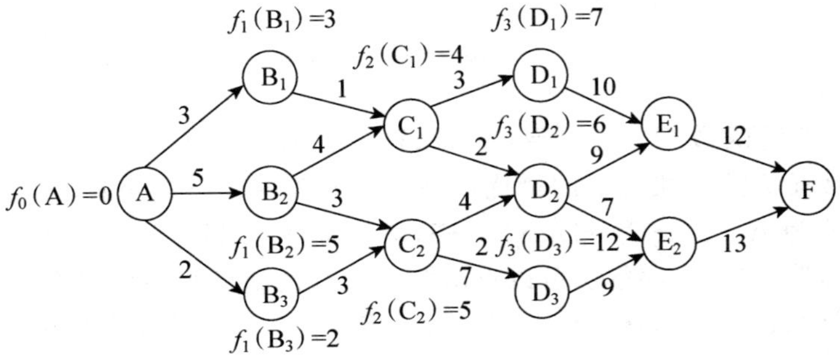

图 8-11

对于状态 D_1，最优函数为 $f_3(D_1)=\min\{C_1D_1+f_2(C_1)\}=\min\{3+4\}=7$，即第三阶段 D_1 状态下的最优策略为 $A\to B_1\to C_1\to D_1$。

对于状态 D_2，最优函数为 $f_3(D_2)=\min\{C_1D_2+f_2(C_1),C_2D_2+f_2(C_2)\}=\min\{2+4,4+5\}=6$，即第三阶段 D_2 状态下的最优策略为 $A\to B_1\to C_1\to D_2$。

对于状态 D_3，最优函数为 $f_3(D_3)=\min\{C_2D_3+f_2(C_2)\}=\min\{7+5\}=12$，即第三阶段 D_3 状态下的最优策略为 $A\to B_3\to C_2\to D_3$。

第五步，当 $k=4$ 时，状态可能集为 $S_4=\{E_1,E_2\}$。决策允许集为 $X_4(E_1)=\{D_1E_1,D_2E_1\}$，$X_4(E_2)=\{D_2E_2,D_3E_2\}$。如图 8-12 所示。

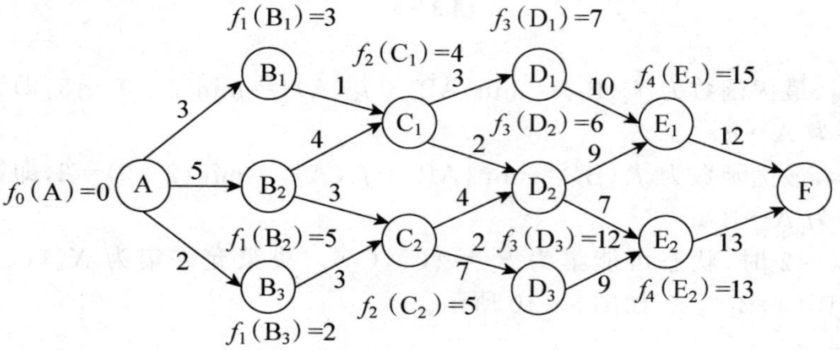

图 8-12

对于状态 E_1，最优函数为 $f_4(E_1)=\min\{D_1E_1+f_3(D_1),D_2E_1+f_3(D_2)\}=\min\{10+7,9+6\}=15$，即第四阶段 E_1 状态下的最优策略为 $A\to B_1\to C_1\to D_2\to E_1$。

对于状态 E_2，最优函数为 $f_4(E_2)=\min\{D_2E_2+f_3(D_2),D_3E_2+f_3(D_3)\}=\min\{7+6,9+12\}=13$，即第四阶段 E_2 状态下的最优策略为 $A\to B_1\to C_1\to D_2\to E_2$。

第六步，当 $k=5$ 时，状态可能集为 $S_5=\{F\}$。决策允许集为 $X_5(F)=\{E_1F,E_2F\}$。如图 8-13 所示。

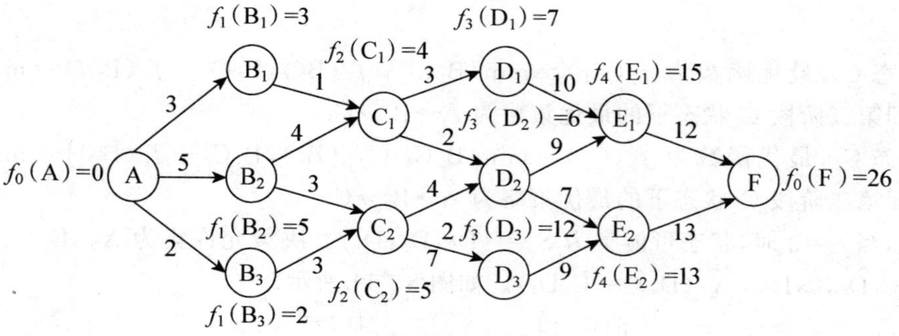

图 8-13

对于状态 E_1，最优函数为 $f_5(F)=\min\{E_1F+f_4(E_1),E_2F+f_4(E_2)\}=\min\{12+15,13+13\}=26$，即第五阶段 F 状态下的最优策略为 $A\to B_1\to C_1\to D_2\to E_2\to F$。

综上，最优策略为 $A\to B_1\to C_1\to D_2\to E_2\to F$，即最短路径，最短路权为 26。

可见，对于最短路问题，逆序解法可以求出各点到目的地的最短路径和路权，顺序解法可以求出始点到各点的最短路径和路权。一般而言，当给定初始状态时，用逆序解法；当给定结束状态时，用顺序解法。

8.3　典型动态规划问题模型与求解

8.3.1　资源分配问题

视频-8.3.1 资源分配问题-1-模型

资源分配问题一般描述如下：将一定数量的若干种资源，全部分配给若干使用者，如何分配才能使效益最佳？【例 8-2】就属于典型的资源分配问题，建模和求解过程如下：

解：

本题属于离散确定性动态规划问题，由于已知初始状态，可用逆序解法求解。

（1）建立动态规划模型。

视频-8.3.1 资源分配问题-2-求解

① 阶段变量：按工厂的数量将问题划分为三个阶段，$k=3,2,1$；

② 状态变量：S_k 表示从第 k 个工厂到第 n 个工厂可以获得的设备数量，即设备分配给第 k 个工厂前，剩余的设备数量。

③ 决策变量：x_k 表示在 k 阶段 S_k 状态下，分配给第 k 个工厂的设备数量，$0\leqslant x_k\leqslant S_k$。

④ 状态转移方程：$S_{k+1}=S_k-x_k$。

⑤ 阶段函数：$P_k(x_k)$。

⑥ 最优函数：$f_k(S_k)$ 表示 S_k 套设备分配给第 k 到第 n 个工厂后，获得的最大利润。

⑦ 动态规划基本方程为：

$$\begin{cases} f_k(S_k)=\max\limits_{x_k\in D_k(S_k),k=3,2,1}\{P_k(x_k)+f_{k+1}(S_{k+1})\} \\ f_4(S_4)=0 \end{cases}$$

（2）求解。

第一步，当 $k=3$ 时，甲、乙工厂分配结束，剩余的设备给丙，因此 $S_3=x_3$，状态可能集为 $S_3=\{0,1,2,3,4,5\}$。最优函数为：

$$f_3(S_3)=\max_{S_3=0,1,2,\cdots,5}\{P_3(x_3)\}$$

当 $x_3=0$ 时，$S_3=0$，$f_3(0)=P_3(0)=7$；

当 $x_3=1$ 时，$S_3=1$，$f_3(1)=P_3(1)=12$；

当 $x_3=2$ 时，$S_3=2$，$f_3(2)=P_3(2)=15$；

当 $x_3=3$ 时，$S_3=3$，$f_3(3)=P_3(3)=18$；

当 $x_3=4$ 时，$S_3=4$，$f_3(4)=P_3(4)=20$；

当 $x_3=5$ 时，$S_3=5$，$f_3(5)=P_3(5)=23$。

第二步，当 $k=2$ 时，甲工厂分配结束，剩余的设备给乙和丙，因此 $S_2=S_1-x_3$，状态可能集为 $S_2=\{0,1,2,3,4,5\}$。最优函数为：

$$f_2(S_2)=\max_{S_2=0,1,2,\cdots,5}\{P_2(x_2)+f_3(S_3)\}$$

当 $S_2=0$ 时，$f_2(0)=\max\{P_2(0)+f_3(0)\}=\max\{5+7\}=12$；

当 $S_2=1$ 时，$f_2(1)=\max\{P_2(0)+f_3(1),P_2(1)+f_3(0)\}=\max\{5+12,17+7\}=24$；

当 $S_2=2$ 时，$f_2(2)=\max\{P_2(0)+f_3(2),P_2(1)+f_3(1),P_2(2)+f_3(0)\}=\max\{5+15,17+12,20+7\}=29$；

当 $S_2=3$ 时，$f_2(3)=\max\{P_2(0)+f_3(3),P_2(1)+f_3(2),P_2(2)+f_3(1),P_2(3)+f_3(0)\}=\max\{5+18,17+15,20+12,22+7\}=32$；

当 $S_2=4$ 时，$f_2(4)=\max\{P_2(0)+f_3(4),P_2(1)+f_3(3),P_2(2)+f_3(2),P_2(3)+f_3(1),P_2(4)+f_3(0)\}=\max\{5+20,17+18,20+15,22+12,23+7\}=35$；

当 $S_2=5$ 时，$f_2(5)=\max\{P_2(0)+f_3(5),P_2(1)+f_3(4),P_2(2)+f_3(3),P_2(3)+f_3(2),P_2(4)+f_3(1),P_2(5)+f_3(0)\}=\max\{5+23,17+20,20+18,22+15,23+12,24+7\}=38$。

第三步，当 $k=1$ 时，设备尚未分配，因此 $S_1=5$。

最优函数为：

$$f_1(S_1)=\max_{S_1=5}\{P_1(x_1)+f_2(S_2)\}$$

当 $S_1=5$ 时，$f_1(5)=\max\{P_1(0)+f_2(5),P_1(1)+f_2(4),P_1(2)+f_2(3),P_1(3)+f_2(2),P_1(4)+f_2(1),P_1(5)+f_2(0)\}=\max\{0+38,10+35,15+32,20+29,23+24,25+12\}=49$。

第四步，反向追踪，寻找最优方案。

$f_1(5)=P_1(3)+f_2(2)=P_1(3)+P_2(1)+f_3(1)=P_1(3)+P_2(1)+P_3(1)=20+17+12=49$；

$x_1^*=3,x_2^*=1,x_3^*=1$(决策变量)；$S_1^*=5,S_2^*=2,S_3^*=1$(状态变量)

最优分配方案是，甲、乙、丙工厂分别为3台、1台和1台设备，利润最大49万元。

8.3.2 投资决策问题

投资决策问题与资源分配问题有些相似，是指拥有一定资金，面对不同投资机会或方案，如何确定投资方案，才能使收益最大？【例8-3】属于此类问题，建模和求解过程如下：

解：

根据题意，x_1，x_2 和 x_3 分别为用于三种投资的金额，则该问题的数学模型：

$$\max Z=x_1+x_2^2+x_3$$

$$s.t.\begin{cases}x_1+x_2+x_3=40\\x_1,x_2,x_3\geqslant 0\end{cases}$$

显然，这是一个非线性规划模型，不能用单纯形法求解，但可以将其转化为动态规划模型，再求解。

(1) 动态规划问题模型。

① 阶段变量：三种投资可划分为三个阶段，$k=3,2,1$。

② 状态变量：S_k 表示第 k 阶段投资前所拥有的资金数量，状态可能集为 $0\leqslant S_k\leqslant 40$。

③ 决策变量：三种投资所用金额 $x_k(k=3,2,1)$，决策允许集为 $0\leqslant x_k\leqslant S_k$。

④ 状态转移方程：$S_{k+1}=S_k-x_k$。

⑤ 阶段函数：$g_k(x_k)$ 表示 k 阶段投资收益。

⑥ 最优函数。$f_k(S_k)$ 表示投资第 k 个项目到最后项目的最大收益。

⑦ 动态规划基本方程为：

$$\begin{cases}f_k(S_k)=\max\limits_{0\leqslant x_k\leqslant S_k}\{g_k(x_k)+f_{k+1}(S_{k+1})\}\\f_4(S_4)=0\end{cases}$$

(2) 求解。

已知初始条件 $S_1=40$，故采用逆序解法。

当 $k=3$ 时，最优函数为：

$$f_3(S_3)=\max_{0\leqslant x_3\leqslant S_3}\{x_3\}$$

显然，当 $x_3^*=S_3^*$ 时，$f_3(S_3)=S_3$。

当 $k=2$ 时，最优函数为：

$$f_2(S_2)=\max_{0\leqslant x_2\leqslant S_2}\{x_2^2+S_3\}=\max_{0\leqslant x_2\leqslant S_2}\{x_2^2+S_2-x_2\}$$

要对二次函数 $f_2(x_2)$ 求最值，过程如下：

求 $f_2(x_2)$ 一阶导数并令其等于零，有 $f_2'(x_2)=2x_2-1=0$，则 $x_2=1/2$；再求 $f_2(x_2)$ 二阶导数，可知：$f_2''(x_2)=2>0$。这说明函数 $f_2(x_2)$ 对应的二次曲线向上凹，在 $x_2=1/2$ 处获得极小值，最大值出现在 x_2 取值范围的两端，因此需要对 x_2 取值范围两端函数值进行比较，找出最大值。根据 x_2 的取值范围 $0\leqslant x_2\leqslant S_2$，当 $x_2=0$ 时，$f_2(0)=S_2$；当 $x_2=S_2$ 时，$f_2(S_2)=S_2^2$。

当 $S_2<1$ 时，$S_2-S_2^2>0$，即 $f_2(0)>f_2(S_2)$，所以 $f_2(S_2)=S_2$；当 $S_2>1$ 时，$S_2-S_2^2<0$，即 $f_2(0)<f_2(S_2)$，所以 $f_2(S_2)=S_2^2$；当 $S_2=1$ 时，$S_2-S_2^2=0$，即 $f_2(0)=f_2(S_2)$。

当 $k=1$ 时，若 $f_2(S_2)=S_2$，最优函数为：

$$f_1(S_1)=\max_{0\leqslant x_1\leqslant S_1}\{x_1+f_2(S_2)\}=\max_{0\leqslant x_1\leqslant S_1}\{x_1+S_2\}=\max_{0\leqslant x_1\leqslant S_1}\{x_1+S_1-x_1\}=\max_{0\leqslant x_1\leqslant S_1}\{S_1\}=S_1=40$$

若 $f_2(S_2)=S_2^2$，最优函数为：

$$f_1(S_1)=\max_{0\leqslant x_1\leqslant S_1}\{x_1+f_2(S_2)\}=\max_{0\leqslant x_1\leqslant S_1}\{x_1+S_2^2\}=\max_{0\leqslant x_1\leqslant S_1}\{x_1+(S_1-x_1)^2\}=f_1(x_1)$$

因 $f_1(S_1)$ 或 $f_1(x_1)$ 是关于 x_1 的二次方程，因此可通过其一阶和二阶导数找出最值，过程如下：

$f_1'(x_1)=1-2(S_1-x_1)=0$，$x_1=S_1-1/2$；$f_1''(x_1)=2>0$。说明 $f_1(x_1)$ 对应的二次曲线向上凹，在 $x_1=S_1-1/2$ 处获得极小值，最大值应在 x_1 取值范围的两端，因此需要对两端函数值进行比较，找出最大值。根据 x_1 的取值范围 $0\leqslant x_1\leqslant S_1$，当 $x_1=0$ 时，$f_1(0)=S_1$；当 $x_1=S_1$ 时，$f_1(S_1)=S_1^2$。

当 $x_1=0$ 时，$f_1(S_1)=S_1^2=40^2=1\ 600$；当 $x_1=40$ 时，$f_1(S_1)=x_1=40$；所以 $x_1^*=0$，$S_1^*=40$。

又由 $f_2(S_2)=S_2^2$，可知 $x_2^*=S_2^*=S_1^*-x_1^*=40-0=40$。由 $x_3^*=S_3^*=S_2^*-x_2^*=40-40=0$。

综上，本题求解结果为 $\boldsymbol{X}^*=(0,40,0)^{\mathrm{T}}$，$Z^*=1\ 600$。

8.3.3　生产－存储问题

视频 8.3.3　生产-存储问题 1-模型

视频 8.3.3　生产-存储问题 2-求解 1

视频 8.3.3　生产-存储问题 3-求解 2

生产－存储问题就是统筹考虑各个时期的生产批量与成本、库存数量、成本和市场需求，使计划期的总支出最小。【例 8－4】就属于生产－存储问题，建模和求解过程如下：

解：

(1) 动态规划问题模型。

① 阶段变量：按月(时间)分为 4 个阶段，$k=4,3,2,1$；

② 状态变量：S_k 表示第 k 个月初的库存量，状态可能集为 $0\leqslant S_k\leqslant 3$；

③ 决策变量：x_k和d_k分别表示第k个月的实际生产量和购货量，决策允许集为$D_k(S_k)=\{0\leqslant x_k\leqslant 4\}$；

④ 状态转移方程：$S_{k+1}=S_k+x_k-d_k$，d_k表示订货量；

⑤ 阶段指标：$V_k(S_k,x_k)$表示第k月的费用，由题意可知，当$x_k=0$时，$V_k(S_k,x_k)=HS_k=300S_k$，当$x_k>0$时，$V_k(S_k,x_k)=F+c_vx_k+HS_k=4\ 000+5\ 000x_k+300S_k$；

⑥ 最优指标函数$f_k(S_k)$表示第k个月从期初库存S_k开始到最后阶段采用最优生产一存储策略所实现的最低生产费用；

⑦ 动态规划基本方程为：

$$\begin{cases}f_k(S_k)=\min\limits_{x_k\in D_k(S_k)}\{V_k(S_k,x_k)+f_{k+1}(S_{k+1})\}\\f_5(S_5)=0\end{cases}$$

(2) 逆序求解。

① 当$k=4$时，状态转移方程为$S_5=S_4+x_4-d_4$，$d_4=2$(已知条件)，$S_5=2$(4月末计划库存为2千件)，因此有$S_4+x_4=4$，状态可能集为$S_4=\{0,1,2,3\}$，最优函数为：

$$f_4(S_4)=\min_{x_4\in D_4(S_4)}\{4\ 000+5\ 000x_4+300S_4+f_5(S_5)\}$$

当$S_4=3$时，$x_4=1$，$f_4(3)=9\ 900$。

当$S_4=2$时，$x_4=2$，$f_4(2)=14\ 600$。

当$S_4=1$时，$x_4=3$，$f_4(1)=19\ 300$。

当$S_4=0$时，$x_4=4$，$f_4(0)=24\ 000$。

② 当$k=3$时，第3个月的订货量$d_3=2$，因此须满足$S_3+x_3\geqslant 2$，状态转移方程为$S_4=S_3+x_3-d_3$，且$S_4\leqslant 3$(最大存货能力)，因此，$2\leqslant S_3+x_3\leqslant 5$，状态可能集为$S_3=\{0,1,2,3\}$，最优函数为：

$$f_3(S_3)=\min_{x_3\in X_3(S_3)}\{4\ 000+5\ 000x_3+300S_3+f_4(S_4)\}$$

当$S_3=3$时，

$$x_3=0,S_4=1,f_3(3)=300\times 3+19\ 300=20\ 200$$
$$x_3=1,S_4=2,f_3(3)=4\ 000+5\ 000\times 1+300\times 3+14\ 600=24\ 500$$
$$x_3=2,S_4=3,f_3(3)=4\ 000+5\ 000\times 2+300\times 3+9\ 900=24\ 800$$

当$S_3=2$时，

$$x_3=0,S_4=0,f_3(2)=300\times 2+24\ 000=24\ 600$$
$$x_3=1,S_4=1,f_3(2)=4\ 000+5\ 000\times 1+300\times 2+19\ 300=28\ 900$$
$$x_3=2,S_4=2,f_3(2)=4\ 000+5\ 000\times 2+300\times 2+14\ 600=29\ 200$$
$$x_3=3,S_4=3,f_3(2)=4\ 000+5\ 000\times 3+300\times 2+9\ 900=29\ 500$$

当$S_3=1$时，

$$x_3=1,S_4=0,f_3(1)=4\ 000+5\ 000\times 1+300\times 1+24\ 000=33\ 300$$
$$x_3=2,S_4=1,f_3(1)=4\ 000+5\ 000\times 2+300\times 1+19\ 300=33\ 600$$
$$x_3=3,S_4=2,f_3(1)=4\ 000+5\ 000\times 3+300\times 1+14\ 600=33\ 900$$
$$x_3=4,S_4=3,f_3(1)=4\ 000+5\ 000\times 4+300\times 1+9\ 900=34\ 200$$

当$S_3=0$时，

$$x_3=2,S_4=0,f_3(0)=4\ 000+5\ 000\times 2+300\times 0+24\ 000=38\ 000$$
$$x_3=3,S_4=1,f_3(0)=4\ 000+5\ 000\times 3+300\times 0+19\ 300=38\ 300$$
$$x_3=4,S_4=2,f_3(0)=4\ 000+5\ 000\times 4+300\times 0+14\ 600=38\ 600$$

③ 当 $k=2$ 时，第 2 个月的订货量 $d_2=3$，因此须满足 $S_2+x_2\geqslant 3$，状态转移方程为 $S_3=S_2+x_2-d_2$，且 $S_3\leqslant 3$，因此，$3\leqslant S_2+x_2\leqslant 6$，状态可能集为 $S_2=\{0,1,2,3\}$，最优函数为：

$$f_2(S_2)=\min_{x_2\in X_2(S_2)}\{4\ 000+5\ 000x_2+300S_2+f_3(S_3)\}$$

当 $S_2=3$ 时，

$x_2=0, S_3=0, f_2(3)=300\times 3+38\ 000=38\ 900$

$x_2=1, S_3=1, f_2(3)=4\ 000+5\ 000\times 1+300\times 3+33\ 300=43\ 200$

$x_2=2, S_3=2, f_2(3)=4\ 000+5\ 000\times 2+300\times 3+24\ 600=39\ 500$

$x_2=3, S_3=3, f_2(3)=4\ 000+5\ 000\times 3+300\times 3+20\ 200=40\ 100$

当 $S_2=2$ 时，

$x_2=1, S_3=0, f_2(2)=4\ 000+5\ 000\times 1+300\times 2+38\ 000=47\ 600$

$x_2=2, S_3=1, f_2(2)=4\ 000+5\ 000\times 2+300\times 2+33\ 300=47\ 900$

$x_2=3, S_3=2, f_2(2)=4\ 000+5\ 000\times 3+300\times 2+24\ 600=44\ 200$

$x_2=4, S_3=3, f_2(2)=4\ 000+5\ 000\times 4+300\times 2+20\ 200=44\ 800$

当 $S_2=1$ 时，

$x_2=2, S_3=0, f_2(1)=4\ 000+5\ 000\times 2+300\times 1+38\ 000=52\ 300$

$x_2=3, S_3=1, f_2(1)=4\ 000+5\ 000\times 3+300\times 1+33\ 300=52\ 600$

$x_2=4, S_3=2, f_2(1)=4\ 000+5\ 000\times 4+300\times 1+24\ 600=48\ 900$

当 $S_2=0$ 时，

$x_2=3, S_3=0, f_2(0)=4\ 000+5\ 000\times 3+300\times 0+38\ 000=57\ 000$

$x_2=4, S_3=1, f_2(0)=4\ 000+5\ 000\times 4+300\times 0+33\ 300=57\ 300$

④ 当 $k=1$ 时，现有库存 3 千件，即 $S_1=3$，订货需求 $d_1=2$，状态转移方程为 $S_2=S_1+x_1-d_1$，且 $S_2\leqslant 3$，因此 $x_1\leqslant 2$，状态可能集为 $S_2=\{1,2,3\}$，最优函数为：

$$f_1(S_1)=\min_{x_1\in X_1(S_1)}\{4\ 000+5\ 000x_1+300S_1+f_2(S_2)\}$$

当 $S_1=3$ 时，

$x_1=0, S_2=1, f_1(3)=300\times 3+48\ 900=49\ 800$

$x_1=1, S_2=2, f_1(3)=4\ 000+5\ 000\times 1+300\times 3+44\ 200=54\ 100$

$x_1=2, S_2=3, f_1(3)=4\ 000+5\ 000\times 2+300\times 3+38\ 900=53\ 800$

可见，$x_1^*=0, S_2^*=1$。可反推至 $f_2(1)$，即 $x_2^*=4, S_3^*=2(S_2=1$ 时)；再反推至 $f_3(2)$，$x_3^*=0, S_4^*=0(S_3=2$ 时)，直至推出 $x_4^*=4$，因此该问题最小费用为49 800元。

8.3.4　背包(装载)问题

【例 8-5】是典型的背包问题，建模和求解过程如下：

解：

根据题意，设三种物品各携带 x_1, x_2, x_3 件，则该背包问题的数学模型为：

$$\max Z=8x_1+5x_2+12x_3$$

$$s.t.\begin{cases}3x_1+2x_2+5x_3\leqslant 5\\ x_j\geqslant 0, x_j\in I(j=1,2,3)\end{cases}$$

(1) 动态规划问题模型。

① 阶段变量：按物品种类进行划分，n 种物品，n 个阶段。由于已知初始状态，所以 $k=n, n-1,\cdots,2,1$。

② 状态变量：y/S_k表示背包人在选择第 k 种物品之前所能承担的最大负荷。

③ 决策变量：x_k表示携带第 k 种物品数量，一般具有整数限制。由于 a_k 表示第 k 种物品的重量，所以有 $0 \leqslant a_k x_k \leqslant S_k$。

④ 状态转移方程：$S_{k-1}=S_k-a_k x_k$。

⑤ 阶段指标：由于 c_k 表示携带单位第 k 种物品的使用价值，因此背包人携带 x_k 个第 k 种物品的使用价值为 $c_k x_k$。

⑥ 最优函数：$f_k(S_k)$表示携带第 k 种到第 1 种物品的使用价值最大。

⑦ 动态规划基本方程为：

$$f_k(S_k)=\max_{0 \leqslant x_k \leqslant \frac{S_k}{a_k}}\{c_k x_k+f_{k-1}(S_k-a_k x_k)\}(2 \leqslant k \leqslant n)$$

$$f_1(S_1)=\max_{0 \leqslant x_1 \leqslant \frac{S_1}{a_1}}\{c_1 x_1+f_0(S_1-a_1 x_1)\}=c_1\left[\frac{S_1}{a_1}\right](k=1)$$

其中，$[S_1/a_1]$表示不超过 S_1/a_1的最大整数。

(2) 求解。

当 $k=3$ 时，由于 $a_3=5, 5/a_3=5/5=1$，因此 x_3 的取值为 0 和 1(决策允许集)，最优函数为：

$$f_3(5)=\max_{0 \leqslant x_3 \leqslant \frac{5}{a_3}}\{12 x_3+f_2(5-5 x_3)\}=\max\{0+f_2(5), 12+f_2(0)\}$$

当 $k=2$ 时，由于 $a_2=2, 5/a_2=5/2=2.5$，因此 x_2 的取值可以是 0，1 和 2(决策允许集)，最优函数为：

$$f_2(5)=\max_{0 \leqslant x_2 \leqslant \frac{5}{a_2}}\{5 x_2+f_1(5-2 x_2)\}=\max\{0+f_1(5), 5+f_1(3), 10+f_1(1)\}$$

$$f_2(0)=\max_{0 \leqslant x_2 \leqslant \frac{0}{a_2}}\{5 x_2+f_1(0-2 x_2)\}=\max\{0+f_1(0)\}=\max\{f_1(0)\}$$

当 $k=1$ 时，由于 $a_1=3, 5/a_1=5/3 \approx 1.67$，因此 x_1 的取值可以是 0 和 1(决策允许集)，最优函数为：

$$f_1(S_1)=c_1[S_1/a_1]$$

则：

$$f_1(5)=8 \times[5/3]=8 \times 1=8$$

$$f_1(3)=8 \times[3/3]=8 \times 1=8$$

$$f_1(1)=8 \times[1/3]=8 \times 0=0$$

$$f_1(0)=8 \times[0/3]=8 \times 0=0$$

因此，

$$f_2(0)=f_1(0)=0$$

$$f_2(5)=\max\{0+f_1(5), 5+f_1(3), 10+f_1(1)\}=\max\{0+8, 5+8, 10+0\}=13$$

$$f_3(5)=\max\{0+f_2(5), 12+f_2(0)\}=\max\{0+13, 12+0\}=13$$

由 $f_3(5)=0+f_2(5)=0+5+f_1(3)=0+5+8 \times 1=13$，可知 $x_1=1, x_2=1, x_3=0$。因此该问题的最优解为 $\boldsymbol{X}^*=(1,1,0)^{\mathrm{T}}, Z^*=13$。

【例 8-6】 装载问题的建模和求解过程如下：

解：

由题意可得各种货物利润函数为：

$$g_1(x_1)=(15-x_1-5)x_1=10x_1-x_1^2$$
$$g_2(x_2)=(18-2x_2-4)x_2=14x_2-2x_2^2$$
$$\max Z=(10x_1-x_1^2)+(14x_2-2x_2^2)$$
$$s.t.\begin{cases}x_1+x_2=10\\x_1,x_2\geqslant 0\end{cases}$$

设 $S_2=x_2$，$S_2+x_1=S_1=10$，$0\leqslant x_2\leqslant S_2$，$0\leqslant x_1\leqslant S_1=10$，用逆序解法求解：

当 $k=2$ 时，

$$f_2(S_2)=\max_{x_2=S_2}(14x_2-2x_2^2)=14S_2-2S_2^2\text{，则 } x_2^*=S_2$$
$$f_2(S_2)=14\times 4-2\times 4^2=56-32=24$$

当 $k=1$ 时，

$$f_1(S_1)=\max_{0\leqslant x_1\leqslant S_1}\{10x_1-x_1^2+f_2(S_2)\}=\max_{0\leqslant x_1\leqslant S_1}\{10x_1-x_1^2+14(S_1-x_1)-2(S_1-x_1)^2\}$$
$$\max_{0\leqslant x_1\leqslant S_1}h_1(S_1,x_1)=10x_1-x_1^2+14(S_1-x_1)-2(S_1-x_1)^2$$
$$=10x_1-x_1^2+14S_1-14x_1-2S_1^2+4S_1x_1-2x_1^2$$
$$=14S_1-2S_1^2+4S_1x_1-4x_1-3x_1^2$$
$$=14S_1-2S_1^2+(4S_1-4)x_1-3x_1^2$$

所以，

$$f_1(S_1)=14\times 10-2\times 10^2+(40-4)\times 6-3\times 6^2=140-200+216-108=48$$

又 $\dfrac{\partial h_1}{\partial x_1}=4S_1-4-6x_1=0$，得 $x_1=\dfrac{2}{3}(S_1-1)$；因此 $\dfrac{\partial^2 h_1}{\partial x_1^2}=-6<0$，$x_1=\dfrac{2}{3}(S_1-1)$ 是极大值点。

最终得到 $S_1=10$，$x_1^*=6$；$f_1(S_1)=48$，$x_2^*=S_2=S_1-x_1=10-6=4$，$f_2(S_2)=24$。

最优解为 $\boldsymbol{X}^*=(6,4)^{\mathrm{T}}$，$Z^*=48$。

8.3.5 机器完好率问题

【例 8-7】 是比较典型的机器完好率问题，建模和求解过程如下：

解：

由于已知初始状态，可用逆序解法求解。

(1) 动态规划模型。

① 阶段变量：根据时间划分为三个阶段，$k=3,2,1$。

② 状态变量：S_k 表示第 k 年年初完好的机器数量。

③ 决策变量：x_k 表示第 k 年用于完成任务 A 的机器数量；S_k-x_k 表示第 k 年用于完成任务 B 的机器数量。决策允许集为 $0\leqslant x_k\leqslant S_k$。

④ 状态转移方程：$S_{k+1}=x_k\times 2/3-(S_k-x_k)\times 9/10$。

⑤ 阶段函数：$P_k(x_k)=10x_k-7(S_k-x_k)$。

⑥ 最优函数：$f_k(S_k)$ 表示第 k 年到第三年年末最大的总收益。

⑦ 动态规划基本方程为：

$$\begin{cases}f_k(S_k)=\max\limits_{0\leqslant x_k\leqslant S_k}\{10x_k+7(S_k-x_k)+f_{k+1}(S_{k+1})\}\\f_4(S_4)=0\end{cases}$$

(2) 求解。

当 $k=3$ 时,最优函数为:

$$f_3(S_3)=\max_{0\leqslant x_3\leqslant S_3}\{10x_3+7(S_3-x_3)+f_4(S_4)\}$$
$$=\max_{0\leqslant x_3\leqslant S_3}\{3x_3+7S_3\}$$

对应的线性规划问题模型为:

$$\max Z=3x_3+7S_3$$
$$s.t.\begin{cases}x_3\leqslant S_3\\x_3,S_3\geqslant 0\end{cases}$$

用图解法(两个变量)求解过程如图 8-14 所示,可知 $x_3^*=S_3$。

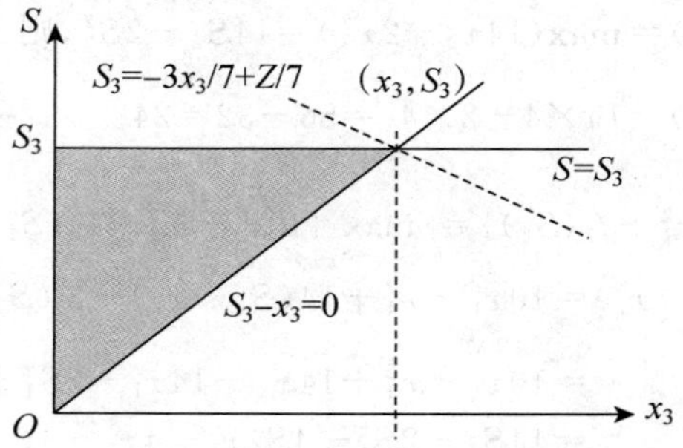

图 8-14

当 $k=2$ 时,最优函数为:

$$f_2(S_2)=\max_{0\leqslant x_2\leqslant S_2}\{10x_2+7(S_2-x_2)+f_3(S_3)\}$$
$$=\max_{0\leqslant x_2\leqslant S_2}\{10x_2+7(S_2-x_2)+10S_3\}$$
$$=\max_{0\leqslant x_2\leqslant S_2}\left\{10x_2+7S_2-7x_2+\frac{20}{3}x_2+\frac{90}{10}(S_2-x_2)\right\}$$
$$=\max_{0\leqslant x_2\leqslant S_2}\left\{\frac{2}{3}x_2+16S_2\right\}$$

对应的线性规划问题模型为:

$$\max Z=\frac{2}{3}x_2+16S_2$$
$$s.t.\begin{cases}x_2\leqslant S_2\\x_2,S_2\geqslant 0\end{cases}$$

用图解法(两个变量)求解过程如图 8-15 所示,可知 $x_2^*=S_2$。

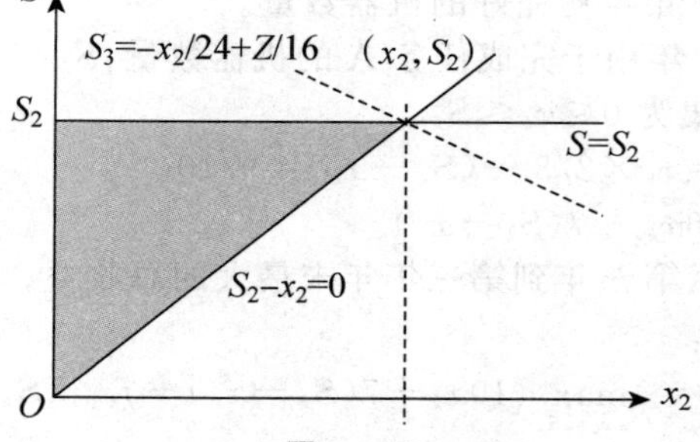

图 8-15

当 $k=1$ 时，最优函数为：

$$f_1(S_1)=\max_{0\leqslant x_1\leqslant 100}\{10x_1+7(S_1-x_1)+f_2(S_2)\}$$

$$=\max_{0\leqslant x_1\leqslant 100}\left\{10x_1+7(S_1-x_1)+\frac{50}{3}\left[\frac{2}{3}x_1+\frac{9}{10}(100-x_1)\right]\right\}$$

$$=\max_{0\leqslant x_1\leqslant 100}\left\{2\,200-\frac{8}{9}x_1\right\}$$

可见，当 $x_1^*=0$ 时，$f_1(S_1)$最大为 2 200。

$$S_2^*=2x_1^*/3+9(S_1^*-x_1^*)/10=9S_1^*/10=9\times 100/10=90$$

$$x_2^*=S_2^*=90$$

$$S_3^*=2x_2^*/3+9(S_2^*-x_2^*)/10=2\times 90/3+9\times(90-90)/10=60$$

$$x_3^*=S_3^*=60$$

综上，在第一年年初，100 台机器全部用于任务 B，即 $x_1^*=0$；在第二年年初，完好机器数量为 90 台，用于任务 A，即 $x_2^*=90$；在第三年年初，完好机器数量为 60 台，用于任务 A，即 $x_3^*=60$；三年总收益最大为 2 200 万元。

8.3.6 非线性规划问题

用动态规划方法也可以求解非线性规划问题。

【例 8-8】用动态规划方法求解下面非线性规划问题。

$$\max Z=12x_1+3x_1^2-2x_1^3+12x_2-x_2^3$$

$$s.t.\begin{cases}x_1+x_2\leqslant 3\\ x_1,x_2\geqslant 0\end{cases}$$

解：

(1) 模型。

① 阶段变量：$k=2,1$。

② 状态变量 S_k：k 阶段初约束条件右端项的剩余值，有 $S_1=3,S_2=3-x_1,S_3=S_2-x_2$。

③ 决策变量 x_k。决策允许集为 $0\leqslant x_k\leqslant S_k$。

④ 状态转移方程为：$S_{k+1}=S_k-x_k$。

⑤ 阶段函数：$g_k(x_k)$。

⑥ 最优函数：$f_k(S_k)$。

⑦ 动态规划基本方程为：

$$\begin{cases}f_k(S_k)=\max\limits_{0\leqslant x_k\leqslant S_k}\{g_k(x_k)+f_{k+1}(S_{k+1})\}\\ f_3(S_3)=0(k=2,1)\end{cases}$$

(2) 求解。

当 $k=2$ 时，

$$f_2(S_2)=\max_{0\leqslant x_2\leqslant S_2}\{g_2(x_2)+f_3(S_3)\},f_3(S_3)=0,f_2(S_2)=\max_{0\leqslant x_2\leqslant S_2}\{12x_2-x_2^3\}$$

一阶导数，$f_2'(x_2)=(12x_2-x_2^3)'=12-3x_2^2,f_2'(x_2)=0,x_2=2$。

注意到决策允许集 $0\leqslant x_2\leqslant S_2$，因此需要考虑 S_2 的取值范围：

$$x_2=\begin{cases}2 & S_2\geqslant 2\quad 0\leqslant x_1\leqslant 1\quad S_2=S_1-x_1\geqslant 2\\ S_2 & S_2<2\quad 1<x_1\leqslant 3\quad S_2=S_1-x_1<2\end{cases}$$

二阶导数，$f''_2(x_2)=(12-3x_2^2)'=-6x_2<0$，因此在驻点处有极大值：

$$\max f_2(S_2)=\begin{cases}12\times 2-2^3=16\\ 12\times S_2-S_2^3=12S_2-S_2^3\end{cases}$$

当 $k=1$ 时，

$$f_1(S_1)=\max_{0\leqslant x_1\leqslant S_1}\{12x_1+3x_1^2-2x_1^3+f_2(S_2)\}$$

$$f_1(S_1)=\begin{cases}\max\limits_{0\leqslant x_1\leqslant 1}\{12x_1+3x_1^2-2x_1^3+16\}\\ \max\limits_{1<x_1\leqslant 3}\{12x_1+3x_1^2-2x_1^3+12S_2-S_2^3\}\end{cases}$$

因为 $S_2=S_2-x_1=3-x_1$，所以可得：

$$f_1(S_1)=\begin{cases}\max\limits_{0\leqslant x_1\leqslant 1}\{12x_1+3x_1^2-2x_1^3+16\}\\ \max\limits_{1<x_1\leqslant 3}\{-x_1^3-6x_1^2+27x_1+9\}\end{cases}$$

因为 $0\leqslant x_1\leqslant 1, f_1(S_1)=29$；$1\leqslant x_1\leqslant 3$，所以，

$$f'_1(x_1)=-3x_1^2-12x_1+27$$

令 $f'_1(x_1)=0$，得 $x_1^2+4x_1-9=0$，所以，

$$(x_1+2)^2=13, x_1+2=\pm\sqrt{13}, x_1=-2+\sqrt{13}, x_1\approx 1.606$$

$f''_1(x_1)=-3(2x_1+4)<0$，因此在驻点处有极大值 $f_1(S_1)=32.744$。

$$f'_1(S_1)=\max\{29,32.744\}=32.744$$

综上，$\boldsymbol{X}^*=(1.606,1.394)^{\mathrm{T}}, Z^*=32.744$。

8.4 本章小结

本章主要内容如下：

(1) 动态规划问题的相关概念和原理。

动态规划问题属于多阶段决策问题，因此阶段的概念非常重要，对于任何一种类型的动态规划问题，首先要划分阶段，然后明确相关概念，如状态、状态可能集、决策变量、决策允许集、策略、子策略、状态转移方程、指标函数和最优函数。

(2) 动态规划问题的模型要素。

动态规划问题的模型虽然各不相同，但是都包括下列要素：阶段变量、状态变量、决策变量、状态转移方程、指标函数、最优函数和动态规划基本方程。对于动态规划问题，首先应当根据以上要素建立模型，然后再求解。

(3) 动态规划问题的求解方法。

动态规划问题的求解方法包括逆序解法和顺序解法。一般而言，当给定初始状态时，用逆序解法；当给定结束状态时，用顺序解法。本章所涉及的高等数学知识见第 1 章中的数学知识回顾。

8.5 课后习题

8-1 分别用逆序解法和顺序解法求解图 8-16 中从 S_1 到 S_5 的最短路问题。

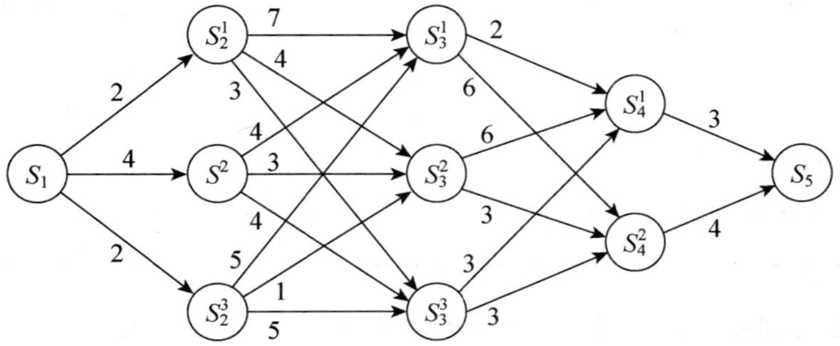

图 8-16

8-2 某旅游者要从 A 地出发到终点 F,事先得到的路线图如图 8-17 所示,请帮他找到一条最短路径。

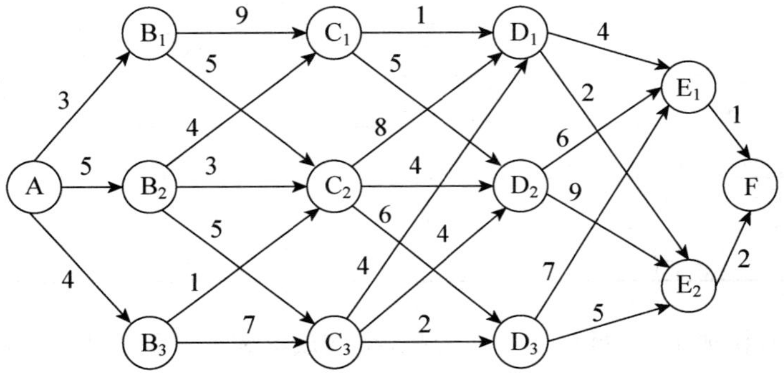

图 8-17

8-3 某公司有资金 4 万元,投资 A,B,C 三个项目,每个项目的投资效益与投入该项目的资金有关。三个项目 A,B,C 的投资效益(单位:万吨)和投入资金(单位:万元)的关系如表 8-6所示,问如何对这三个项目的最优投资进行分配,使总投资效益最大?

表 8-6

项目	A	B	C
1	15	13	11
2	28	29	30
3	40	43	45
4	51	55	58

8-4 某有限公司有五台新设备,将有选择地分配给下属的三个工厂,所得收益如表 8-7所示(单位:千元)。问该公司应如何分配设备,可使总收益最大?

表 8-7

新设备台数	工厂		
	Ⅰ	Ⅱ	Ⅲ
0	0	0	0
1	3	5	4
2	7	10	6
3	9	11	11
4	12	11	12
5	13	11	12

8-5　某企业计划委派10个推销员到4个地区推销产品,每个地区分配1～4个推销员。各地区月收益(单位:10万元)与推销员人数的关系如表8-8所示。问企业如何分配4个地区的推销人员,才能使月收益最大?

表 8-8

人数	地区			
	A	B	C	D
1	4	5	6	7
2	7	12	20	24
3	18	23	23	26
4	24	24	27	30

8-6　现有一面粉加工厂,每星期上五天班,生产成本和需求量如表8-9所示。

表 8-9

星期(k)	1	2	3	4	5
需求量(d_k)/袋	10	20	25	30	15
每袋生产成本(c_k)/元	8	6	9	12	10

面粉加工没有生产准备成本,每袋面粉的存储费为 $h_k=0.5$ 元/袋,按天交货,分别比较下列两种方案的最优性,求成本最小的方案。

(1) 星期一早上和星期五晚上的存储量为零,不允许缺货,仓库容量为 $s=40$ 袋;

(2) 其他条件不变,星期一初存量为8。

8-7　在未来四个月里,某公司将利用一个仓库经销某种商品。该仓库的最大容量为900件,每月月初订购商品,并于月底取到订货。据估计,今后四个月这种商品的购价 p_k 和售价 q_k 如表8-10所示(单位:千元)。假定商品在第一个月月初开始经销时仓库已经有该种商品200件,已知数据如表8-10所示,问如何安排每个月的订货量和销货量,才能使这四个月的总利润最大(不考虑仓储费用)?

表 8-10

月份	购价 p_k	销价 q_k
1	40	45
2	38	42
3	40	40
4	42	44

8-8 已知某背包问题的数据如表 8-11 所示，最大限制重量为 5，问如何携带，总价值最大？

表 8-11

物品	1	2	3
重量	2	3	1
价值	65	80	30

8-9 10 吨集装箱最多只能装 9 吨，现有 3 种货物供装载，每种货物的单位重量及相应单位价值如表 8-12 所示，问应该如何装载货物，才能使总价值最大？

表 8-12

货物编号	1	2	3
单位重量	2	3	4
单位价值	3	4	2

8-10 用动态规划方法求解以下背包问题：

$$\max Z=12x_1+22x_2+15x_3$$

$$s.t.\begin{cases}2x_1+4x_2+3x_3\leqslant 10\\ x_1,x_2,x_3\geqslant 0 \text{ 且为整数}\end{cases}$$

8-11 某种机器可以在高、低两种负荷下生产。在高负荷生产条件下，机器完好率为 0.7，即如果年初有 u 台完好机器投入生产，则年末完好的机器数量为 $0.7u$ 台。年初投入高负荷运行的 u 台机器的年产量为 $8u$ 吨，系数 8 称为单台产量。在低负荷生产条件下，机器完好率为 0.9，单台产量为 5 吨。假设开始时有 1 000 台完好机器，问如何制订一个五年计划（要求每年年初将完好的机器一部分分配到高负荷生产条件下，剩下的机器分配到低负荷生产条件下），才能使五年的总产量为最高？

8-12 有一个车队总共有车辆 100 辆，分别送两批货物去 A，B 两地，运到 A 地的利润与车辆数目满足关系 $100x$，x 为车辆数，车辆抛锚率为 30%，运到 B 地的利润与车辆数 y 关系为 $80y$，车辆抛锚率为 20%，总共往返 3 轮。请设计使总利润最高的车辆分配方案。

8.6 课后习题参考答案

第 8 章习题答案

第 9 章

存储论

在日常生活和生产中，人们往往将所需的物资暂时地储存起来，以备将来使用或消费。如果存储量过大，会增加保管场地及库存保管费，增加成本，占用流动资金，会使资金周转困难，降低资金利用率，还会降低原材料或产品的质量。如果存储量不足，就需用频繁订货的方法以补充短缺的物资，这将增加订购费用，同时原料不足可能会造成停工、停产等重大经济损失，企业还会因缺货失去顾客，即销售机会。

为了解决供应、需求和存储等多方面的矛盾，就要对存储系统进行分析。从获得最佳经济效益的目的出发，求出最佳订购批量、最佳订购周期，从而得到最佳存储量，使整个存储系统所支付的费用最少。为此，可以建立一个模型，由总费用与订货批量或订货周期构成，并求使得目标函数达到最小值的订货批量或订货周期。这就是运筹学中的存储论（Inventory Theory），又称存贮论或库存论。

导入案例

G 公司的啤酒存储策略

G 公司是一家食品贸易公司，为 200 多家食品零售店提供货源，主营业务为哈尔滨啤酒。该公司负责人为了减少储存的成本，提高公司竞争力，准备对哈尔滨啤酒代理部门进行调查研究，现已经搜集整理了以下数据：

(1) 需求量。

在过去的 12 周，哈尔滨啤酒的需求量如表 9－0 所示。可见，每周的需求量并不是一个常量，而且在以后的时间里需求量也会出现一些变动，但由于其方差相对来说很小，可以近似地看成一个常量，即每周为 3 000 箱。

表 9－0 箱

周	需求	周	需求	周	需求
1	3 000	5	2 990	9	2 980
2	3 080	6	3 000	10	3 030
3	2 960	7	3 020	11	3 000
4	2 950	8	3 000	12	2 990
总计	36 000		平均每周	3 000	

(2) 存储费用。

存储费用由两部分组成:第一部分指由购买啤酒所占用资金的利息。哈尔滨啤酒每箱 30 元,而银行贷款的年利息为 12%。第二部分指存储费用,包括保险、耗损、管理等费用,经计算,每箱啤酒存储一年的费用为 2.4 元。

(3) 订货费用和缺货费用。

经过核算,每次的订货费用为 25 元,若中断供应,必须向客户支付的费用为 15 元/箱。

该公司负责人比较熟悉经济订货批量模型(EOQ)和允许缺货的 EOQ 模型。你认为他应如何制定正确的存储策略?(一年按 52 周计算,一周 7 天)

9.1　基本概念和存储策略

9.1.1　基本概念

(1) 需求与需求率。

对于仓储企业,需求是库存的输出;对于生产企业,需求是原料的消耗。需求率就是单位时间的需求,一般用 D 表示。

(2) 补充订货和提前订货时间。

① 补充订货:库存由于需求而不断减少,必须及时补充订货;

② 提前订货时间:从开始订货到货物入库的时间间隔,包括办理订货手续、准备货物、运输、货物验收等的时间。

(3) 费用。

费用通常等于下列各项之和。

① 订货费:是指在一次订货时发生的费用,包括订货手续费、联网通信费、差旅费、货物检验费、入库验收费等。订货费与物资数量无关。对于生产企业,订货费相当于生产准备费。

② 存储费:单位物资的存储费用,包括仓库的建设和维修费、设备的折旧费、保险费、管理费、搬运费以及物资在保管期间丢失、变质、损坏造成的损失费。

③ 缺货损失费:由于供应中断时对生产造成的损失,包括生产中的停工待料、失去销售机会而造成的损失等。

9.1.2　存储策略

关于存储系统订货时间以及每次订购量的决策称为存储策略。对于某种产品而言,需要考虑以下问题:

(1) 订货批量 Q:一次订货的数量。

(2) 报警点 RP:即订货点,当库存量下降到报警点时,必须立即订货。

(3) 安全库存量:又称保险储备量,是指为预防随机需求所造成的缺失而必须准备的那一部分库存。

(4) 最高库存量 S:每次到货后所达到的库存量。

(5) 最低库存量:实际库存最低时的数量。

(6) 订货时间间隔 T:相邻两次订货的时间间隔,提前订货期为 LT。

(7) 平均库存量 Q_A:即保有库存的平均储存量。当存在报警点时,平均库存量为 $Q_A = Q/2+RP$;当不存在报警点时,平均库存量为 $Q_A = Q/2$。

(8) 记账间隔 RT：每隔时间 RT 进行记账，根据账面结余来检查库存量。

(9) 常用存储策略。

① (Q,RP)。供应一次，结账一次，当库存量达到 RP 时，以订货批量 Q 进行订货。

② (S,RP)。每当库存量达到或低于 RP 时，立即订货，使订货后的库存量达到 S。

③ (RT,S,RP)。每隔 RT 时间整理账面，检查库存，当库存量达到或低于 RP 时，立即订货，使订货后的库存量达到 S。

④ (T,S)，即定期订货制，是指每经过一个固定的时间间隔 T(订货间隔)就补充订货，达到最高库存量 S。

9.1.3 存储模型的分类

(1) 确定型存储模型与随机型存储模型。

凡需求率 D 和提前订货时间 T 均确定的储存模型，称为确定型储存模型；凡需求率 D 或提前订货时间 T 不确定的存储模型，称为随机型储存模型。

(2) 单品种库存储模型与多品种库存储模型。

单品种库所存储物资的需求量大、体积大、占有资金多，就会单独设立仓库进行保管，如木材、水泥、煤等；多品种库是为了对多种物资同时保管而设立的仓库，如钢材、电子元件等，这类模型往往存在资金约束或仓库容积限制约束等。

(3) 单周期存储模型与多周期存储模型。

单周期存储模型是指在一个周期内只订货一次。若未到期末货已销完，不再补充订货；若发生滞销，未售出的货物应在期末处理，如报纸。多周期库存模型对应于多次进货多次供应。

9.2 单周期随机型存储模型

9.2.1 模型特点和主要参数

典型的单周期存储模型是“报童问题”(Newsboy Problem)，它是由报童卖报演变而来的，需求量为随机变量。

(1) 模型特点。

在一个周期内只订货一次，若未到期货已售完，则不再补订货物；若发生滞销，在期末对货物进行降价处理。总之，无论是供大于销还是供不应求，都会有损失，因此该模型研究的目的是确定一个最佳订货量，使预期的总损失最少或总盈利最大。

(2) 主要参数。

X：一个周期的需求量，是非负随机变量；

Q：一个周期的订货批量；

C：单位产品的获得成本，即购入价格；

P：单位产品的售价；

V：单位产品的残值，即剩余产品的处理价格；

B：单位产品的缺货损失(成本)；

H：供过于求的存储成本，在供不应求时等于0；

C_o：供过于求时的单位产品成本：

$$C_o=C+H-V \tag{9-1}$$

C_u：供不应求时的单位产品损失：

$$C_u = P - C + B \tag{9-2}$$

9.2.2　需求量是离散型随机变量的存储模型

视频－9.2.2　需求量是离散型随机变量的存储模型之报童问题－1

视频－9.2.2　需求量是离散型随机变量的存储模型之报童问题－1 举例

视频－9.2.2　需求量是离散型随机变量的存储模型之报童问题－2 练习

对于需求量是离散型随机变量的报童问题，X 为离散型随机变量，取值为 $x_i, i=1,2,\cdots,n$，概率分布为 $p(x_i)$。最优存储策略是该周期内的总期望费用最小或期望收益最大。

当订货批量 $Q \geqslant x_i$ 时，供过于求，费用期望值为：

$$C_o \sum_{Q \geqslant x_i} (Q - x_i) p(x_i) \tag{9-3}$$

当订货批量 $Q < x_i$ 时，供不应求，费用期望值为：

$$C_u \sum_{Q < x_i} (x_i - Q) p(x_i) \tag{9-4}$$

因此，总费用期望值为：

$$E[C(Q)] = C_o \sum_{Q \geqslant x_i} (Q - x_i) p(x_i) + C_u \sum_{Q < x_i} (x_i - Q) p(x_i) \tag{9-5}$$

对于离散型随机变量，不能用求导方法求极值，但是 $E[C(Q)]$ 存在极小值的必要条件为：

$$\begin{cases} E[C(Q)] \leqslant E[C(Q+1)] \\ E[C(Q)] \leqslant E[C(Q-1)] \end{cases} \tag{9-6}$$

据此，可以推导出：

$$\sum_{x_i=0}^{Q} p(x_i) \geqslant \frac{C_u}{C_o + C_u} \tag{9-7}$$

$$\sum_{x_i=0}^{Q-1} p(x_i) \leqslant \frac{C_u}{C_o + C_u} \tag{9-8}$$

即

$$\sum_{x_i=0}^{Q-1} p(x_i) \leqslant \frac{C_u}{C_o + C_u} \leqslant \sum_{x_i=0}^{Q} p(x_i) \tag{9-9}$$

一般利用公式(9－9)来计算 Q^*，其中 $M = \dfrac{C_u}{C_o + C_u}$ 为临界值，$\sum_{x_i=0}^{Q-1} p(x_i)$ 和 $\sum_{x_i=0}^{Q} p(x_i)$ 为累加概率。

公式(9－7)和(9－8)的推导过程可以扫码阅读。

离散型随机变量公式推导

【例 9－1】 某报童每天向邮局订购报纸若干份，若报童一提出订购，立即可拿到报纸。设订购报纸每份 0.35 元，零售报纸每份 0.50 元，如果当天没有售完，第二天可退回邮局，邮局按每份 0.10 元退款。已知这种报纸需求的概率分布如表 9－1 所示，问报童应订多少份报纸，才能保证损失最少？

表 9-1

需求 X	9	10	11	12	13	14
$p(x_i)$	0.05	0.15	0.20	0.40	0.15	0.05

解:

根据题意,$C=0.35$,$P=0.5$,$V=0.10$,代入公式(9-1)和(9-2)中,有:

$$C_o=C+H-V=0.35+0-0.1=0.25$$

$$C_u=P-C+B=0.5-0.35+0=0.15$$

再将 $C_o=0.25$,$C_u=0.15$ 代入公式(9-9)中,有:

$$M=\frac{C_u}{C_u+C_o}=\frac{0.15}{0.25+0.15}=0.375$$

$$\sum_{x_i=0}^{Q-1}p(x_i)\leqslant 0.375\leqslant\sum_{x_i=0}^{Q}p(x_i)$$

根据表 9-1 计算累积概率(注意:需求量为其他数值的概率为零):

$$\sum_{x_i=0}^{10}p(x_i)=0.05+0.15=0.2$$

$$\sum_{x_i=0}^{11}p(x_i)=0.05+0.15+0.2=0.4$$

即 $Q^*-1=10$,$Q^*=11$,所以当报童订购 11 份报纸时,才能保证损失最少。

同时根据公式(9-5),可以计算出当报童订购 11 份报纸时总费用的期望值为:

$$0.25\times[(11-9)\times0.05+(11-10)\times0.15+(11-11)\times0.20]$$
$$+0.15\times[(12-11)\times0.40+(13-11)\times0.15+(14-11)\times0.05]=0.19(\text{元})$$

在这种情况下,最大利润期望值为:

$$11\times(0.5-0.35)-0.19=1.46(\text{元})$$

【例 9-2】某工厂从国外进口 150 台设备,其中关键备件必须在进口设备时同时购买。该备件订购价为 500 元,无备件时导致的停产损失和修复费合计 10 000 元。已知 150 台设备因关键部件损坏而需要 x_i 个备件的概率分布为 $p(x_i)$,如表 9-2 所示。问工厂在购买设备的同时应购买多少关键备件?

表 9-2

x_i	0	1	2	3	4	5
$p(x_i)$	0.47	0.20	0.07	0.05	0.05	0.03
x_i	6	7	8	9	9 以上	—
$p(x_i)$	0.03	0.03	0.03	0.02	0.02	—

解:

根据题意,$C=500$ 元,$P=500$ 元,$B=10\ 000$ 元。

$$C_o=C+H-V=500+0-0=500$$

$$C_u=P-C+B=500-500+10\ 000=10\ 000$$

$$M=\frac{C_u}{C_u+C_o}=\frac{10\ 000}{10\ 000+500}=0.952\ 4$$

$$\sum_{x_i=0}^{Q-1} p(x_i) \leqslant 0.952\,4 \leqslant \sum_{x_i=0}^{Q} p(x_i)$$

根据表 9 - 2 计算累积概率：

$$\sum_{x_i=0}^{7} p(x_i) = 0.47 + 0.20 + 0.07 + 0.05 + 0.03 + 0.03 + 0.03 = 0.93$$

或者

$$\sum_{x_i=0}^{7} p(x_i) = 1 - \sum_{x_i=8}^{\infty} p(x_i) = 1 - (0.03 + 0.02 + 0.02) = 0.93$$

$$\sum_{x_i=0}^{8} p(x_i) = 0.47 + 0.20 + 0.07 + 0.05 + 0.03 + 0.03 + 0.03 + 0.03 = 0.96$$

或者

$$\sum_{x_i=0}^{8} p(x_i) = 1 - \sum_{x_i=9}^{\infty} p(x_i) = 1 - (0.02 + 0.02) = 0.96$$

因此，$Q^* = 8$，即当工厂在购买设备的同时应购买 8 个关键备件。

【例 9 - 3】某设备上有一关键零件需要更换，需求量 X 服从泊松分布，如表 9 - 3 所示，根据以往的经验，平均需求量为 5 件，此零件的价格为 100 元/件。若零件用不完，到期末完全报废；若备件不足，待零件损坏后再去购买，就会造成停工损失 180 元。问确定期初应准备多少个配件最好？

表 9 - 3

$\lambda=5$	x
0.006 738	0
0.033 690	1
0.084 224	2
0.140 374	3
0.175 467	4
0.175 467	5
0.146 223	6
……	……

解：

根据题意，$C=100$，$B=180$，$V=0$，$P=100$（设备成本）。

$$C_o = C + H - V = 100 + 0 - 0 = 100$$

$$C_u = P - C + B = 100 - 100 + 180 = 180$$

$$M = \frac{C_u}{C_u + C_o} = \frac{180}{180 + 100} = 0.642\,9$$

由于服从泊松分布，则有：

$$p(x) = \frac{\lambda^x}{x!} e^{-\lambda} \quad x = 0, 1, 2, \cdots$$

$$\sum_{x=0}^{Q-1} p(x_i) \leqslant 0.642\,9 \leqslant \sum_{x=0}^{Q} p(x_i)$$

根据表 9－3 计算累积概率,可知 $Q^*=6$,所以期初最好准备 6 个配件。

9.2.3　需求量是连续型随机变量的存储模型

视频－9.2.3　需求量是连续型随机变量的存储模型之报童问题

假设一个时期内的需求量 X 是连续型随机变量,$f(x)$为概率密度函数,$F(x)$是分布函数,则有:

$$F(x)=\int_0^x f(t)\mathrm{d}t$$

最优存储策略仍然是使该时期内的总期望费用最小或总期望收益最大。

当订货批量 $Q\geqslant x$,即供大于求时,存储费用的期望值为:

$$C_o\int_0^Q (Q-x)f(x)\mathrm{d}x \tag{9-10}$$

当订货批量 $Q<x$,即供不应求时,缺货费用的期望值为:

$$C_u\int_Q^\infty (x-Q)f(x)\mathrm{d}x \tag{9-11}$$

综上,总费用的期望值为:

$$E[C(Q)]=C_o\int_0^Q (Q-x)f(x)\mathrm{d}x+C_u\int_Q^\infty (x-Q)f(x)\mathrm{d}x$$

可以证明:

$$F(Q)=F(x\leqslant Q)=\int_0^Q f(x)\mathrm{d}x=\frac{C_u}{C_u+C_0} \tag{9-12}$$

公式(9－12)的推导过程可以扫码阅读。

连续型随机变量公式推导

【例 9－4】某服装店拟订购一批夏季时装,进货价是每件 500 元,预计售价为每件 1 000 元。若未售完要在季末削价处理,处理价为每件 200 元。根据以往的经验,该时装服从[50,100]上的均匀分布,试求最佳订货量。

解:

根据题意,$C=500$,$P=1\ 000$,$V=200$,则:

$$C_o=C+H-V=500+0-200=300$$
$$C_u=P-C+B=1\ 000-500+0=500$$

将上述结果代入公式(9－12),得:

$$F(Q)=\int_0^Q f(x)\mathrm{d}x=\frac{C_u}{C_u+C_o}=\frac{500}{500+300}=0.625$$

由于服从均匀分布,则:

$$F(Q)=\frac{Q-a}{b-a}=\frac{Q-50}{100-50}=0.625$$

解得 $Q^*=81.25\approx 81$,即最佳订货量为 81 件。

9.3　多周期确定型存储模型

9.3.1　经济订货批量模型

经济订货批量(Economic Order Quantity,EOQ)模型适用于整批间隔进货、不允许缺货的存储问题。例如某种物资单位时间内的需求量为常数 D，存储量随该需求量而下降，经过时间 T 后，存储量下降为 0，此时开始订货并随即到货，库存量瞬间上升到 Q(订货量)，如图 9-1 所示，RP 为订货点，LT 为订货提前期，Q_A 为经济订购批量。

该模型特点为：订货提前期为常数，不允许缺货。

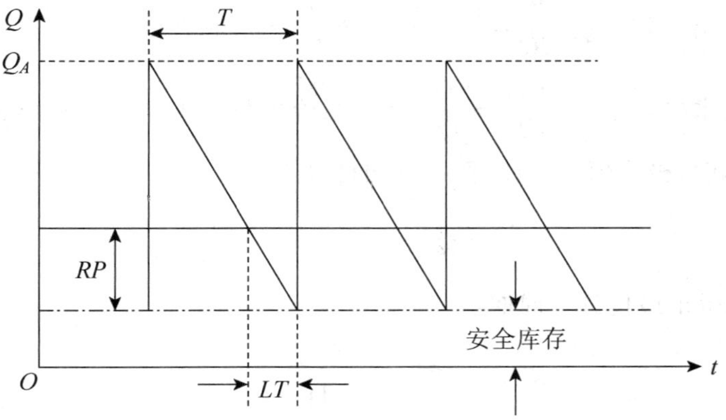

图 9-1

(1) 模型假设。

① 需求率已知，且为常数；

② 订货提前期已知，且为常量；

③ 订货费用与批量无关；

④ 存储费用是库存量的线性函数；

⑤ 没有数量折扣；

⑥ 不允许缺货；

⑦ 全部订货一次交付；

⑧ 一次订货量无限制；

⑨ 订货点和订货量固定。

(2) 主要参数。

T：存储周期或订货周期；

D：需求率，假定为常数；

Q：每次订货批量；

C：总费用；

c_1：单位时间单位物资的存储费；

c_2：每次订货的订购费。

(3) 模型建立和求解。

① 设决策变量为 Q, c_1, c_2, T；

② 目标函数。

如图 9-1 所示，$Q=Q_A-Dt$，$Q_A=DT$，则有：

$$\int_0^T Q\mathrm{d}t=\int_0^T (Q_A-Dt)\mathrm{d}t=\left[Q_At-\frac{1}{2}Dt^2\right]_0^T=Q_AT-\frac{1}{2}DT^2=Q_AT-\frac{1}{2}Q_AT=\frac{1}{2}Q_AT$$

可见，一个订货周期内的平均存储量为 $Q_A/2$，则一个订货周期的存储总费用为：

$$C=\frac{Q}{2}\cdot c_1+\frac{D}{Q}\cdot c_2 \tag{9-13}$$

由于 C 是 Q 的一元函数，因此可用一元函数求极值的方法，求出总费用最小的订购批量，过程如下：

对公式(9－13)求一阶导数：$\frac{dC}{dQ}=\frac{c_1}{2}-\frac{Dc_2}{Q^2}$，令$\frac{dC}{dQ}=0$，得到 $Q=\sqrt{\frac{2Dc_2}{c_1}}$。

对公式(9－13)求二阶导数：$\frac{d^2C}{dQ^2}=\frac{2Dc_2}{Q^3}>0$，二阶导数大于0，说明曲线向上凹，所以函数在一阶导数为0处获得极小值。因此，经济订购批量为：

$$Q^*=\sqrt{\frac{2Dc_2}{c_1}} \tag{9-14}$$

由 $Q^*=DT^*$，得出最佳订货周期：

$$T^*=\sqrt{\frac{2c_2}{c_1D}} \tag{9-15}$$

将公式(9－14)代入(9－13)，得到：

$$C^*=\sqrt{2Dc_1c_2} \tag{9-16}$$

【例9－5】某工厂仓库规定每件物料保管一个月费用为0.16元，工厂每月需求量为1 000件，每次订购费为20元，不允许缺货。求最佳订货批量、最小费用及最佳订货周期。

解：

根据题意，$c_1=0.16$，$c_2=20$，$D=1\ 000$，代入EOQ模型：

$Q^*=\sqrt{\frac{2Dc_2}{c_1}}=\sqrt{\frac{2\times1\ 000\times20}{0.16}}=\frac{200}{0.4}=500$(件)；

$C^*=\sqrt{2Dc_1c_2}=\sqrt{2\times1\ 000\times0.16\times20}=200\times0.4=80$(元)；

$T^*=\sqrt{\frac{2c_2}{c_1D}}=\sqrt{\frac{2\times20}{1\ 000\times0.16}}=\frac{2}{4}=0.5$(月)。

【例9－6】某公司以单价20元每年(一年按360天计算)购入原材料500件。每次订货费用为40元，资金年利息率为12%，单位维持库存费按所存货物价值的16%计算。若每次订货的提前期(LT)为10天，试求经济订货批量、最低年总成本、年订购次数和订货点。

解：

根据题意，$p=20$元/件，$D=500$件/年，$c_1=20\times(12\%+16\%)=5.6$元/件，$c_2=40$元/次，$LT=10$天，代入EOQ模型：

$Q^*=\sqrt{\frac{2Dc_2}{c_1}}=\sqrt{\frac{2\times500\times40}{5.6}}\approx85$(件)；

$C^*=\sqrt{2Dc_1c_2}=\sqrt{2\times500\times5.6\times40}\approx473$(元)；

$T^*=\sqrt{\frac{2c_2}{c_1D}}=\sqrt{\frac{2\times40}{500\times5.6}}\approx0.169$(年)，约61天。

最低年总成本为$20\times500+473=10\ 473$(元)；年订货次数$=1/0.169=6$(次)；

订货点：$RP=\frac{Q^*\times LT}{T}=\frac{85\times10}{0.169\times360}\approx14$(件)。

9.3.2　经济生产批量模型

经济生产批量(EPQ)模型的特点是非瞬时进货,不允许缺货。例如装配厂(商店)向零件厂(生产厂家)订货,零件厂一边加工,一边向装配厂供货,直到按合同全部交货为止。

(1) 模型建立。

T:存储周期或订货周期;

D:需求率,假定为常数;

Q:每次订货批量;

C:总费用(c_1为单位时间单位物资的存储费,c_2为每次订货的订购费);

P:单位时间的供货速度(生产量),且 $P>D$;

t_p:生产批量 Q 所需时间。在 t_p 内,一边以 P 的速度供货,一边以 D 的速度消耗,在 t_p 时间内的进货量满足一个订货周期的需求量,即 $Q=Pt_p=DT$,如图 9-2 所示。

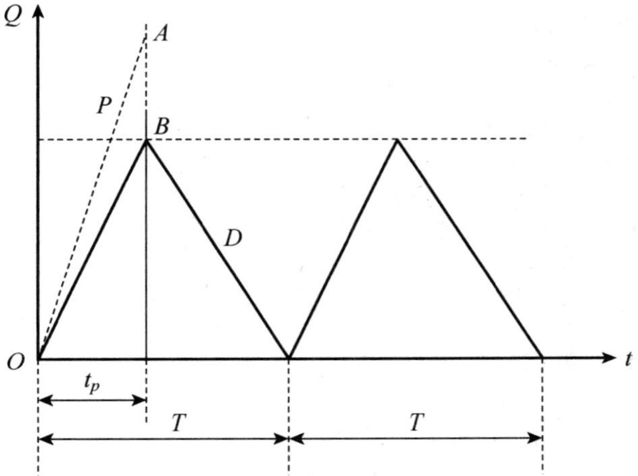

图 9-2

(2)模型求解。

在 t_p 时间内,若没有消耗,库存量的速度 P 达到库存最高点 A,但是在 t_p 内有消耗,则库存实际增加速度为$(P-D)$,最高库存点为 B 点,最高库存量为$(P-D)t_p$,而平均库存量为 $\frac{1}{2}(P-D)t_p$,接下来可以推导出(扫码阅读):

$$Q^*=\sqrt{\frac{2Dc_2}{c_1}}\sqrt{\frac{P}{P-D}} \tag{9-17}$$

$$T^*=\frac{Q^*}{D}=\sqrt{\frac{2c_2}{c_1 D}}\sqrt{\frac{P}{P-D}} \tag{9-18}$$

$$C^*=\sqrt{2Dc_1c_2}\sqrt{\frac{P-D}{P}} \tag{9-19}$$

【例 9-7】某企业计划年产 7 800 件产品,假设每个生产周期的初装费为 200 元,每件每年的存储费为 3.2 元,每天生产 50 件,全年按 300 个工作日计算,试求最佳生产批量及最佳生产周期,使全年的总费用最少。

解：

根据题意，$D=7\ 800$件/年，$P=50\times300$ 件/年，$c_1=3.2$元/(件·年)，$c_2=200$ 元/次，代入公式，得：

$$Q^*=\sqrt{\frac{2Dc_2}{c_1}}\sqrt{\frac{P}{P-D}}=\sqrt{\frac{2\times7\ 800\times200}{3.2}}\sqrt{\frac{15\ 000}{15\ 000-7\ 800}}\approx1\ 425(\text{件})；$$

$$T^*=\sqrt{\frac{2c_2}{c_1D}}\sqrt{\frac{P}{P-D}}=\sqrt{\frac{2\times200}{7\ 800\times3.2}}\sqrt{\frac{15\ 000}{15\ 000-7\ 800}}\approx0.182\ 7(\text{年})，约合 55 天；$$

$$C^*=\sqrt{2Dc_1c_2}\sqrt{\frac{P-D}{P}}=\sqrt{2\times7\ 800\times3.2\times200}\sqrt{\frac{15\ 000-7\ 800}{15\ 000}}\approx2\ 189(\text{元})。$$

【例 9-8】印刷品的需求量为每年1 000套，一年按 166 个工作日计算。生产速度为 10 套/天，生产提前期为 4 天。单位产品的生产成本为 50 元，单位产品的年维持库存费为 10 元，生产准备费为 20 元。求经济生产批量、年生产次数、订货点和最低年总费用？

解：

根据题意，$P=10$ 套/天，$D=1\ 000$套/年$=6$ 套/天，$c_1=10$ 元/(套·年)，$c_2=20$ 元/次，$p=50$ 元，$LT=4$ 天，代入公式：

$$Q^*=\sqrt{\frac{2Dc_2}{c_1}}\sqrt{\frac{P}{P-D}}=\sqrt{\frac{2\times1\ 000\times20}{10}}\sqrt{\frac{10}{10-6}}=100(\text{套})；$$

$$T^*=\sqrt{\frac{2c_2}{c_1D}}\sqrt{\frac{P}{P-D}}=\sqrt{\frac{2\times20}{10\times1\ 000}}\sqrt{\frac{10}{10-6}}=0.1(\text{年})，约合 17 天；$$

$$C^*=\sqrt{2Dc_1c_2}\sqrt{\frac{P-D}{P}}=\sqrt{2\times1\ 000\times10\times20}\sqrt{\frac{10-6}{10}}=400(\text{元})；$$

年生产次数$=1/0.1=10$(次)；

订货点：$RP=\dfrac{Q^*\times LT}{T}=\dfrac{100\times4}{0.1\times166}=24$(套)；

最低年总费用为 $50\times1\ 000+400=50\ 400$(元)。

9.3.3 允许缺货的 EOQ 模型

视频-9.3.3 允许缺货的 EOQ 模型

允许缺货的 EOQ 模型特点是允许缺货，但需要承担缺货损失。

(1) 模型假设。

① 设 Q 是订货批量，Q_1 是按期入库量，Q_2 是未按期入库量，即缺货量，所以，$Q=Q_1+Q_2$；

② 设 t_1 是购货后货物用完的时间，t_2 是货物用完后到再次进货的时间，即缺货时间。若令 T 为订货周期，显然 $T=t_1+t_2$；

③ 设 c_3 表示单位货物的缺货损失费，则总费用包括三个部分，即存储费、订货费、缺货损失费。

(2) 模型建立与求解。

该模型中存储量变化情况如图 9-3 所示：

由于 Q_1 只能满足 t_1 时间内的需求，所以在时间 t_1 内的平均储存量为 $Q_1/2$，而单位时间平均储存量为$\dfrac{Q_1}{2}\cdot\dfrac{t_1}{T}$，则单位时间的储存费用为$\dfrac{Q_1}{2T}\cdot t_1\cdot c_1$。若需求速度为 D，则 $Q_1=Dt_1$，即 $t_1=Q_1/D$，所以单位时间的存储费用又可表示为$\dfrac{Q_1^2}{2DT}\cdot c_1$。

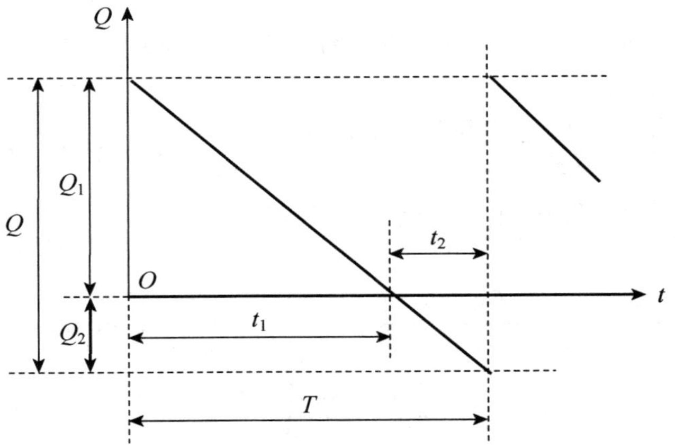

图 9-3

单位时间的订购费为 c_2/T。

t_2时间内的缺货量为 Q_2，故平均缺货量为：

$$\frac{Q_2}{2}=\frac{1}{2}Dt_2=\frac{1}{2}D(T-t_1)=\frac{1}{2}(DT-Q_1)$$

单位时间的平均缺货量为：

$$\frac{1}{2}(DT-Q_1)\frac{t_2}{T}=\frac{1}{2DT}(DT-Q_1)^2$$

单位时间的缺货损失费为：

$$\frac{1}{2DT}(DT-Q_1)^2c_3$$

综上，可推导出总费用为(扫码阅读)：

$$C=\frac{1}{T}\left[\frac{c_1Q_1^2}{2D}+c_2+\frac{c_3}{2D}(DT-Q_1)^2\right] \tag{9-20}$$

求解公式(9-20)，可得：

$$T^*=\sqrt{\frac{2c_2}{Dc_1}\cdot\frac{c_1+c_3}{c_3}} \tag{9-21}$$

$$Q_1^*=\sqrt{\frac{2Dc_2}{c_1}\cdot\frac{c_3}{c_1+c_3}} \tag{9-22}$$

$$Q_2^*=\sqrt{\frac{2Dc_2}{c_3}\cdot\frac{c_1}{c_1+c_3}} \tag{9-23}$$

$$Q^*=\sqrt{\frac{2Dc_2}{c_1}\cdot\frac{c_1+c_3}{c_3}} \tag{9-24}$$

$$C^*=\sqrt{\frac{2Dc_1c_2c_3}{c_1+c_3}} \tag{9-25}$$

【例 9-9】某百货公司对海尔电冰箱的年需求量为4 900台，设每次订购费为 50 元，每台每年储存费为 100 元。如果允许缺货，每台每年缺货损失费为 200 元，试求最佳订购方案。

解：

由题意可知，$D=4\ 900$台/年，$c_1=100$ 元/(台・年)，$c_2=50$ 元/次，$c_3=200$ 元/(台・年)，代入公式：

$$T^*=\sqrt{\frac{2c_2}{Dc_1}\cdot\frac{c_1+c_3}{c_3}}=\sqrt{\frac{2\times 50}{4\ 900\times 100}\cdot\frac{100+200}{200}}=\frac{1}{70}\sqrt{\frac{3}{2}}\approx 0.017\ 5(\text{年})，约合 6 天；$$

$$Q_1^*=\sqrt{\frac{2Dc_2}{c_1}\cdot\frac{c_3}{c_1+c_3}}=\sqrt{\frac{2\times 4\ 900\times 50}{100}\cdot\frac{200}{100+200}}=70\sqrt{\frac{2}{3}}\approx 57(\text{台})；$$

$$Q_2^*=\sqrt{\frac{2Dc_2}{c_3}\cdot\frac{c_1}{c_1+c_3}}=\sqrt{\frac{2\times 4\ 900\times 50}{200}\cdot\frac{100}{100+200}}=\frac{70}{\sqrt{6}}\approx 29(\text{台})；$$

$$Q^*=\sqrt{\frac{2Dc_2}{c_1}\cdot\frac{c_1+c_3}{c_3}}=\sqrt{\frac{2\times 4\ 900\times 50}{100}\cdot\frac{100+200}{200}}=70\sqrt{\frac{3}{2}}\approx 86(\text{台})；$$

$$C^*=\sqrt{\frac{2Dc_1c_2c_3}{c_1+c_3}}=\sqrt{\frac{2\times 4\ 900\times 100\times 50\times 200}{100+200}}=7\ 000\sqrt{\frac{2}{3}}\approx 5\ 715(\text{元})。$$

9.3.4 具有价格折扣优惠的存储模型

视频-9.3.4 具有价格折扣优惠的存储模型 1

一般来说，价格会随着订货量的增加而减少。如公式(9-26)所示，当订货数量 $Q<Q_1$ 时，单价为 p_1；当订货数量 $Q_1\leqslant Q<Q_2$ 时，单价为 p_2；当订货数量 $Q_2\leqslant Q<Q_3$ 时，单价为 p_3。此时，p_1，p_2 和 p_3 的关系应为 $p_1>p_2>p_3$。

$$P=\begin{cases}p_1, & Q<Q_1\\ p_2, & Q_1\leqslant Q<Q_2\\ p_3, & Q_2\leqslant Q<Q_3\end{cases}\tag{9-26}$$

视频-9.3.4 具有价格折扣优惠的存储模型 2-练习

在这种情况下，如何确定订购批量，才能使总费用最小？此时需要综合考虑订购费、存储费、缺货损失费及价格等因素。具有价格折扣优惠的存储模型的求解步骤如下：

第一步，取最低价格利用 EOQ 模型求出 Q^*，若 Q^* 可行，则停止，否则进行第二步；

第二步，取次低价格利用 EOQ 模型求出 Q^*，若 Q^* 可行，计算订货量为 Q^* 及所有大于 Q^* 的折扣点所对应的总费用，其中最小费用对应的订货量为最优，停止。若 Q^* 不可行，则重复步骤二，直到找到最优订货量。

【例 9-10】某复印社每月消耗 A4 纸 80 箱，需要从一文教用品批发站进货，每进一次货发生的固定费用为 200 元。该批发站规定，一次购买量 $Q<300$ 箱时，每箱 120 元；$300\leqslant Q<500$ 时，每箱 119 元；$Q\geqslant 500$ 时，每箱 118 元。已知储存费为 16 元/(箱・年)，问复印社应如何确定订货量，使全年总费用最少？

解：

单价为 118 元时，$D=80\times 12=960$(箱/年)，$c_1=16$ 元/(箱・年)，$c_2=200$ 元/次，代入 EOQ 模型：

$$Q^*=\sqrt{\frac{2Dc_2}{c_1}}=\sqrt{\frac{2\times 960\times 200}{16}}=\sqrt{24\ 000}\approx 155(\text{箱})$$

因 $Q\geqslant 500$ 时，每箱 118 元，所以不可行。

同理，当单价为 119 元时，Q^* 仍不可行。

当单价为 120 元时，Q^* 可行，因此需要比较 $Q^*=155$，$Q_1=300$ 和 $Q_2=500$ 时的全年总费用。

当 $Q^*=155$ 时，单价 120，全年总费用为：

$$C(155)=\frac{Q}{2}c_1+c_2\frac{D}{Q}+pD=\frac{1}{2}\times155\times16+200\times\frac{960}{155}+120\times960=117\ 678.71(\text{元})；$$

当 $Q_1=300$ 时，单价 119，全年总费用为：

$$C(300)=\frac{Q}{2}c_1+c_2\frac{D}{Q}+pD=\frac{1}{2}\times300\times16+200\times\frac{960}{300}+119\times960=117\ 280(\text{元})；$$

当 $Q_2=500$ 时，单价 118，全年总费用为：

$$C(500)=\frac{Q}{2}c_1+c_2\frac{D}{Q}+pD=\frac{1}{2}\times500\times16+200\times\frac{960}{500}+118\times960=117\ 664(\text{元})。$$

经比较可知，该复印社一次进货 300 箱，可使全年总费用最少，为117 280元。

同时可算出：

订货次数：$\frac{D}{Q}=\frac{960}{300}=3.2(\text{次})$；

订货间隔期：$\frac{12}{3.2}=3.75(\text{月})$，即相邻两次订货的时间间隔。

【例 9－11】 某公司每年要购入 200 台笔记本电脑以奖励有突出贡献的员工。供应商的条件是：订货量大于等于 45 台时，单价为4 000元；订货量小于 45 台时，单价为4 500元。据测算，每次订货费用为 800 元，单位产品的年库存维护费用为单价的 5%，试求最佳订货量。

解：

单价为4 000元时，$D=200$，$c_1=4\ 000\times5\%=200$，$c_2=800$，代入 EOQ 模型：

$$Q^*=\sqrt{\frac{2Dc_2}{c_1}}=\sqrt{\frac{2\times200\times800}{200}}=40(\text{台})$$，此 Q^* 不可行。

单价为4 500元时，$D=200$，$c_1=4\ 500\times5\%=225$，$c_2=800$，代入 EOQ 模型：

$$Q^{*\prime}=\sqrt{\frac{2Dc_2}{c_1}}=\sqrt{\frac{2\times200\times800}{225}}\approx38(\text{台})$$，此 Q^* 可行。

订货量大于 38 台的只有一个订货点，比较订货量为 38 台和 45 台的总费用为：

$$C_1=\frac{Q}{2}c_1+c_2\frac{D}{Q}+pD=\frac{1}{2}\times38\times225+800\times\frac{200}{38}+200\times4\ 500\approx908\ 486(\text{元})$$

$$C_2=\frac{Q}{2}c_1+c_2\frac{D}{Q}+pD=\frac{1}{2}\times45\times200+800\times\frac{200}{45}+200\times4\ 000\approx808\ 056(\text{元})$$

经比较可知，最佳订货量为 45 台，总费用最小为808 056元。

9.3.5　具有约束条件的存储模型

考虑到仓库容积或资金方面的限制，在存储模型中往往需要增加必要的约束（限制）条件。具有约束条件的存储模型同样假设瞬时进货，不允许缺货。

现假设 Q_i 为第 i 种（$i=1,2,\cdots,n$）物品的订货批量，已知每件第 i 种物品占用的存储空间为 w_i，仓库的最大存储量为 W，因此在考虑各种物品的订货批量时需要附加约束条件为：

$$\sum_{i=1}^{n}Q_iw_i\leqslant W \tag{9-27}$$

设第 i 种物品的单位需求率为 D_i，订购费和存储费分别为 C_{2i} 和 C_{1i}，求使总费用最小的订购批量。

根据以上条件建立具有约束条件的存储模型：

$$\min C=\sum_{i=1}^{n}\left(\frac{1}{2}Q_i\cdot C_{1i}+\frac{D_i}{Q_i}C_{2i}\right)$$

$$s.t.\begin{cases}\sum_{i=1}^{n}Q_iw_i\leqslant W\\ Q_i\geqslant 0(i=1,2,\cdots,n)\end{cases} \tag{9-28}$$

模型求解结果为：

$$\frac{\partial L}{\partial Q_i}=-\frac{D_iC_{2i}}{Q_i^2}+\frac{1}{2}C_{1i}-\lambda w_i=0 \tag{9-29}$$

$$\frac{\partial L}{\partial\lambda}=-\sum_{i=1}^{n}Q_iw_i+W=0 \tag{9-30}$$

$$Q_i^*=\sqrt{\frac{2D_iC_{2i}}{C_{1i}-2\lambda w_i}} \tag{9-31}$$

联立公式(9-29)和公式(9-30)可以求出 λ。

以上是规范的求解程序，对于实际问题来说，一般先令 $\lambda=0$，再根据公式(9-31)求出 Q_i^*，最后将 Q_i^* 代入公式(9-27)，若满足公式(9-27)，计算结束；若不满足，可采用试算法，逐步减少 λ 值，直到求出的 Q^* 满足公式(9-27)时为止。

【例 9-12】某仓库要存储三种物品，数据如表 9-4 所示。已知仓库的存储量为 $W=30$ 立方米，试求每种物品的经济订货批量？

表 9-4

物品	C_{2i}	C_{1i}	D_i	w_i
1	10	0.3	2	1
2	5	0.1	4	1
3	15	0.2	4	1

解：

令 $\lambda=0$，由题意，根据公式(9-31)计算出三种物品的经济订货批量：

$$Q_1^*=\sqrt{\frac{2D_1C_{21}}{C_{11}-2\lambda w_1}}=\sqrt{\frac{2\times2\times10}{0.3}}\approx11.55$$

$$Q_2^*=\sqrt{\frac{2D_2C_{22}}{C_{12}-2\lambda w_2}}=\sqrt{\frac{2\times4\times5}{0.1}}=20$$

$$Q_3^*=\sqrt{\frac{2D_3C_{23}}{C_{13}-2\lambda w_3}}=\sqrt{\frac{2\times4\times15}{0.2}}\approx24.49$$

将结果代入公式(9-27)：

$$\sum_{i=1}^{3}Q_iw_i=11.55\times1+20\times1+24.49\times1=56.04>30$$

因不满足仓储限制条件，需要逐步减少 λ 值(本例中每次减少 0.05)。

当 $\lambda=-0.05$ 时，计算过程如下：

$$Q_1=\sqrt{\frac{2D_1C_{21}}{C_{11}-2\lambda w_1}}=\sqrt{\frac{2\times2\times10}{0.3+2\times0.05\times1}}=10$$

$$Q_2=\sqrt{\frac{2D_2C_{22}}{C_{12}-2\lambda w_2}}=\sqrt{\frac{2\times4\times5}{0.1+2\times0.05\times1}}\approx14.14$$

$$Q_3=\sqrt{\frac{2D_3C_{23}}{C_{13}-2\lambda w_3}}=\sqrt{\frac{2\times4\times15}{0.2+2\times0.05\times1}}=20$$

$$\sum_{i=1}^{3}Q_iw_i=10\times1+14.14\times1+20\times1=44.14>30$$

当 $\lambda=-0.1$ 时，计算过程如下：

$$Q_1=\sqrt{\frac{2D_1C_{21}}{C_{11}-2\lambda w_1}}=\sqrt{\frac{2\times2\times10}{0.3+2\times0.1\times1}}\approx8.94$$

$$Q_2=\sqrt{\frac{2D_2C_{22}}{C_{12}-2\lambda w_2}}=\sqrt{\frac{2\times4\times5}{0.1+2\times0.1\times1}}\approx11.55$$

$$Q_3=\sqrt{\frac{2D_3C_{23}}{C_{13}-2\lambda w_3}}=\sqrt{\frac{2\times4\times15}{0.2+2\times0.1\times1}}\approx17.32$$

$$\sum_{i=1}^{3}Q_iw_i=8.94\times1+11.55\times1+17.32\times1=37.81$$

当 $\lambda=-0.15$ 时，计算过程如下：

$$Q_1=\sqrt{\frac{2D_1C_{21}}{C_{11}-2\lambda w_1}}=\sqrt{\frac{2\times2\times10}{0.3+2\times0.15\times1}}\approx8.16$$

$$Q_2=\sqrt{\frac{2D_2C_{22}}{C_{12}-2\lambda w_2}}=\sqrt{\frac{2\times4\times5}{0.1+2\times0.15\times1}}=10$$

$$Q_3=\sqrt{\frac{2D_3C_{23}}{C_{13}-2\lambda w_3}}=\sqrt{\frac{2\times4\times15}{0.2+2\times0.15\times1}}=15.49$$

$$\sum_{i=1}^{3}Q_iw_i=8.16\times1+10\times1+15.49\times1=33.65>30$$

当 $\lambda=-0.2$ 时，计算过程如下：

$$Q_1=\sqrt{\frac{2D_1C_{21}}{C_{11}-2\lambda w_1}}=\sqrt{\frac{2\times2\times10}{0.3+2\times0.2\times1}}\approx7.56$$

$$Q_2=\sqrt{\frac{2D_2C_{22}}{C_{12}-2\lambda w_2}}=\sqrt{\frac{2\times4\times5}{0.1+2\times0.2\times1}}\approx8.94$$

$$Q_3=\sqrt{\frac{2D_3C_{23}}{C_{13}-2\lambda w_3}}=\sqrt{\frac{2\times4\times15}{0.2+2\times0.2\times1}}\approx14.14$$

$$\sum_{i=1}^{3}Q_iw_i=7.56\times1+8.94\times1+14.14\times1=30.64>30$$

当 $\lambda=-0.25$ 时，计算过程如下：

$$Q_1=\sqrt{\frac{2D_1C_{21}}{C_{11}-2\lambda w_1}}=\sqrt{\frac{2\times2\times10}{0.3+2\times0.25\times1}}\approx7.07$$

$$Q_2=\sqrt{\frac{2D_2C_{22}}{C_{12}-2\lambda w_2}}=\sqrt{\frac{2\times4\times5}{0.1+2\times0.25\times1}}\approx8.16$$

$$Q_3=\sqrt{\frac{2D_3C_{23}}{C_{13}-2\lambda w_3}}=\sqrt{\frac{2\times4\times15}{0.2+2\times0.25\times1}}\approx13.09$$

$$\sum_{i=1}^{3}Q_iw_i=7.07\times1+8.16\times1+13.09\times1=28.32<30$$

综上,取整后结果为 $Q_1^*=7,Q_2^*=8,Q_3^*=13$。将该结果代入到公式(9-28)中,得:

$$\min C\approx\left(\frac{1}{2}\times7\times0.3+\frac{2}{7}\times10\right)+\left(\frac{1}{2}\times8\times0.1+\frac{4}{8}\times5\right)+\left(\frac{1}{2}\times13\times0.2+\frac{4}{13}\times15\right)$$

所以,$C^*\approx3.91+2.9+5.92=12.73$。

关于多周期随机型库存模型本教材未做介绍,读者可参考其他教材自学相关内容。

9.4 本章小结

本章主要学习了以下面容:

(1) 存储论相关的概念和策略。需求率是最基本的概念,指单位时间的需求,这里的单位时间可以是周、月、季度和年,在求解之前一定要明确单位时间。提前订货时间和订货间隔时间是两个不同的概念,前者是从开始订货到货物入库的时间间隔,后者是指相邻两次订货间隔的时间,即订货周期。一般来讲,存储费属于可变成本,与货物数量与价值呈线性关系,而订货费则与物资价值和数量无关。

(2) 单周期随机型存储模型。包括需求量是离散型随机变量的存储模型和需求量是连续型随机变量的存储模型。与单周期随机型存储模型相关的货物比较特殊,例如报纸、新年贺卡、纸质日历、时装、新鲜果蔬、节日性食品(如月饼)等,这些货物在当期不能售出,价值会大打折扣,需要降价处理。本章中一些公式的推导较为复杂,因篇幅所限,没有编入教材正文,可以扫描二维码进行阅读。

(3) 多周期确定型存储模型。包括经济订购批量模型、经济生产批量模型、允许缺货的EOQ模型、具有价格折扣优惠的存储模型和具有约束条件的存储模型。经济订购批量模型和经济生产批量模型假设不允许缺货,即缺货损失为无穷大。具有价格折扣优惠的存储模型和具有约束条件的存储模型与实际问题关联比较密切,在应用过程中计算量较大。

9.5 课后习题

9-1 某商店拟在新年期间出售一批日历画片,每张进价1.3元,售价2元。如果在新年期间不能售出,必须削价处理,每张降至0.9元。由于削价,一定可以售完。根据以往的经验,市场需求的概率如表9-5所示。如果每年只能订货一次,问应订购日历画片多少张,才能使获利的期望值最大?

表 9-5

需求量/千张	0	1	2	3	4	5
概率 $p(x)$	0.05	0.1	0.25	0.35	0.15	0.1

9-2　某报亭出售某种报纸，其需求量在 5 百至 1 千份之间，需求的概率分布如表 9-6 所示。又知该报纸每售出一百份利润 22 元，每积压一百份损失 20 元，问报亭每天应订购多少份这种报纸，利润最大？

表 9-6

需求数(百份)	5	6	7	8	9	10
概率	0.06	0.1	0.23	0.31	0.22	0.08
累积概率	0.06	0.16	0.39	0.70	0.92	1

9-3　某商店经销某种食品，每周进货一次，无须订货费。该食品为每箱 30 袋包装，每箱进价 21 元，每袋售 1 元。食品保存期为一周，到周末未售出的只能按每袋 0.5 元削价处理，这时一定可售完。据历年经验，每周市场对该食品的需求如表 9-7 所示。问商店对该食品每周进货多少最佳？

表 9-7

需求	100	200	300	400	500	600	700
概率	0.10	0.15	0.20	0.20	0.15	0.12	0.08

9-4　某商品的需求量 x 分布如表 9-8 所示。已知该商品的购进单价为 12.5 元，出售单价为 15 元，若当天未能售出，第二天的处理价格为 11.25 元。试求合理的进货数量。

表 9-8

x	10	11	12	13	14	15
$p(x)$	0.15	0.20	0.19	0.18	0.17	0.11

9-5　设某货物的需求量在 17～26 件，已知需求量 x 的概率分布如表 9-9 所示，并知其成本为每件 5 元，售价为每件 10 元，处理价为每件 2 元。问：

(1) 应进货多少，才能使总利润的期望值最大？

(2) 若因缺货造成的损失为每件 25 元，最佳经济批量又该是多少？

表 9-9

需求量 x	17	18	19	20	21	22	23	24	25	26
概率 $p(x)$	0.12	0.18	0.23	0.13	0.10	0.08	0.05	0.04	0.04	0.03

9-6　某食品店内，每天对面包的需求服从 $\mu=300$ 和 $\sigma=50$ 的正态分布，部分标准正态分布如表 9-10 所示。已知每个面包的售价为 0.5 元，成本为每个 0.3 元，对当天未售出的处理价为每个 0.2 元。问该食品店每天应生产多少个面包，预期利润最大？

表 9-10

x	0	0.01	0.02	0.03	0.04	0.05	…
0	0.500 0	0.504 0	0.508 0	0.512 0	0.516 0	0.519 9	…
0.1	0.539 8	0.543 8	0.547 8	0.551 7	0.555 7	0.559 6	…

续表

x	0	0.01	0.02	0.03	0.04	0.05	…
0.2	0.579 3	0.583 2	0.587 1	0.591 0	0.594 8	0.598 7	…
0.3	0.617 9	0.621 7	0.625 5	0.629 3	0.633 1	0.636 8	…
0.4	0.655 4	0.659 1	0.662 8	0.666 4	0.670 0	0.673 6	…
0.5	0.691 5	0.695 0	0.698 5	0.701 9	0.705 4	0.708 8	…

9-7　某货物每周的提取量为 2 000 件,每次订货的固定费用为 15 元,每件产品每周的保管费为 0.3 元,求最佳订货批量和订货时间。

9-8　某工厂每年对某种零件的需要量为 10 000 件,订货的固定费用为 2 000 元,采购一个零件的单价为 100 元,保管费为每年每个零件 20 元,求最优订购批量和最低成本。

9-9　某仓库 A 商品年需求量为 16 000 箱,单位商品年保管费为 20 元,每次订货成本为 400 元,求经济订货批量 Q^* 、经济订货周期 T^* 。

9-10　某轧钢厂每月按计划需产角钢 3 000 吨,每吨每月需存储费 60 元,每次生产需调整机器设备等,共需准备费 2 500 元。按 EOQ 模型计算最佳生产批量。

9-11　某企业每年要购买 100 000 只某种零件,有关费用如下:单位价格为 0.6 元/件,每次订货费用为 860 元,每个零件的仓库保管费为每月 0.15 元,试求经济订货批量、年订购次数、年订购总成本、年保管总成本、年库存总成本。

9-12　某批发公司向附近 200 多家食品零售店提供货源,批发公司负责人为减少存储费用,选择了某种品牌的方便面进行调查研究,以制定正确的存储策略。调查结果如下:

① 方便面每周需求 3 000 箱;

② 每箱方便面一年的存储费为 6 元,其中包括贷款利息 3.6 元,仓库费、保险费、损耗费、管理费等计 2.4 元。

③ 每次订货费 25 元,其中包括批发公司支付给采购人员的劳务费 12 元,支付的手续费、电话费、交通费等 13 元。

④ 方便面每箱价格 30 元。一年按 50 周算。

9-13　某印刷厂每周需要用纸 32 卷,每次订货费(包括运费等)为 250 元;存储费为每周每卷 10 元。问每次订货多少卷,可使总费用最小?

9-14　某商店有甲商品出售,每单位甲商品成本为 500 元,其存储费每年为成本的 20%,该商品每次的订购费为 20 元,顾客对甲商品的年需求量为 360 个,如不允许缺货,订货提前期为零,求最佳订购批量、最小费用及最佳订货周期。如果订货方式不按上述办法,而是每隔 20 天订货一次,每次订购 20 个,试计算总费用,并对两种结果进行比较。一年按 360 天计算。

9-15　某厂每月需甲产品 100 件,每月生产率为 500 件,每批装配费用为 5 元,每月每件产品存储费用为 4 元,求 EOQ 及最低费用。

9-16　某企业每月需某产品 100 件,由内部生产解决,设每月生产 500 件,每批装备费为 5 万元,每件每月存储费为0.4万元/件。试求最佳生产批量及最佳生产周期,使每月的总费用最少。

9-17　某电视机厂自行生产扬声器用以装配本厂生产的电视机。该厂每天生产 100 部电视机，而扬声器生产车间每天可以生产 500 个。已知该厂每批电视机装备的生产准备费为 500 元，而每个扬声器在一天内的保管费为 0.02 元。试确定该厂扬声器的最佳生产批量、生产时间和电视机的安装周期。

9－18　某百货公司对格力空调的年需求量为 100 台，设每次订购费为 4 元，每台每年存储费为 1.5 元。如果允许缺货，每台每年缺货损失费为 50 元，试求最佳订购方案。

9－19　某电子设备厂对一种元件的需求为每年 2 000 件，不需要提前订货，每次订货费为 25 元。该元件每件成本为 50 元，年存储费为成本的 20%。如发生供应短缺，可在下批货到时补上，但缺货损失为每件每年 30 元。

① 求经济订货批量及全年的总费用。

② 如不允许发生供应短缺，重新求经济订货批量，并与①中的结果比较。

9－20　某厂每年需某种元件 300 个，每次订购费 200 元，保管费每件每年 100 元，不允许缺货。元件单价随采购数量不同而有变化，数量小于 50 个时，单价 500 元；数量大于等于 50 个小于 100 个时，单价 480 元；数量大于等于 100 个时，单价 475 元。求最佳订购批量。

9－21　某厂每年需某种元件 500 个，每次订购费 50 元，保管费每件每年 20 元，不允许缺货。元件单价随采购数量不同而有变化，数量小于 100 个时，单价 40 元；数量大于等于 100 个小于 200 个时，单价 39 元；数量大于等于 200 个小于 300 个时，单价 38 元；数量大于等于 300 个时，单价 37 元。求最佳订购批量。

9－22　某公司打算在一年内购买某种物品，订购费 50 元/次，存储费 3 元/件，需求量 18 000件/年，该物品价格有折扣，当数量小于 1 500 件时，每件 3 元；数量大于等于 3 000 件时，每件 2.8 元；其他数量时，价格 2.9 元。试求最佳订货批量、最佳订货周期和最小费用。

9－23　考虑一个具有三种物品的存储问题，有关数据如表 9－11 所示，已知仓库最大容积为 W＝2 400，试求各种物品的最佳订货批量。

表 9－11

物品	C_{2i}	C_{1i}	D_i	w_i
1	50	0.4	1 000	2
2	75	2.0	500	8
3	100	1.0	2 000	5

9.6　课后习题参考答案

第 9 章习题答案

第 10 章

排队论

在日常生活和生产过程中，人们会遇到很多排队现象，比如去医院就诊、去银行办理业务以及按序起降的飞机、进港待泊的船只、工厂待修的机器等。在这些现象中，医生与患者、银行工作人员与顾客、机场跑道与起降的飞机、港口的泊位与进港的船只、维修工与待修的机器等，均构成一个排队系统或服务系统。在排队系统中，如果服务员（服务台）过少，会引起顾客的不满，影响排队系统的服务效率；如果服务员（服务台）过多，会增加服务机构的运营、维护成本。排队论(Queuing theory)，或称随机服务系统理论，是通过对服务对象到来及服务时间的统计研究，得出等待时间、排队长度、忙期长短等数量指标的统计规律，以改进服务系统的结构或重新组织被服务对象，使得服务系统既能满足服务对象的需要，又能使机构的费用最低或某些指标最优，在对各种排队系统概率规律性进行研究的基础上，解决排队系统的最优设计和最优控制问题。目前，排队论已广泛应用于计算机网络、生产、运输、库存等各项资源共享的随机服务系统中。

导入案例

天车随机服务系统优化设计

天津市利丰源达钢铁集团（以下简称集团）始建于 1993 年，前身为天津市利达钢管厂。集团总部坐落于天津市西青区大寺镇王村工业区，北距天津市区 10 公里，多条高速公路在公司西侧交汇，地理位置优越，公路和铁路交通极为便利。

随着业务的扩展，企业兴建了新的成品库，以满足生产和发货的需要。成品库中的天车主要用于大质量、长距离运送物品。在钢管企业成品库设计中，天车的数量一般是根据作业量及天车的作业能力确定。计算时，要分别考虑满足作业量的要求，满足规定的车辆停留时间要求。但是，若按常用方法计算，存在的问题是没有考虑到车辆到达的随机性；根据规定的车辆停留时间计算时，只计算了操作的装卸时间，而未考虑整个系统等待的时间。而且，天车是一种大型装卸工具，不能随便安装和拆卸。所以，根据实际情况确定天车数量，可以提高服务效率。如果天车数量过多，不仅会造成企业资源的浪费，还会降低天车服务的效率，同样，如果天车数量达不到所需服务的要求，也会影响企业的正常出入库、倒垛作业，从而影响企业的正常生产，可能会给企业带来很大的损失。因此，采用相对科学的方法合理确定天车的数量需求显得尤其重要。

10.1 排队系统构成

排队系统可以用图 10－1 进行描述。在这个系统中，将要求得到服务的对象统称为顾客，将提供服务的服务者称为服务员或服务机构。顾客为了得到某种服务而到达系统，若不能立即获得服务而又允许排队等待，则加入等待队伍，待获得服务后离开系统。

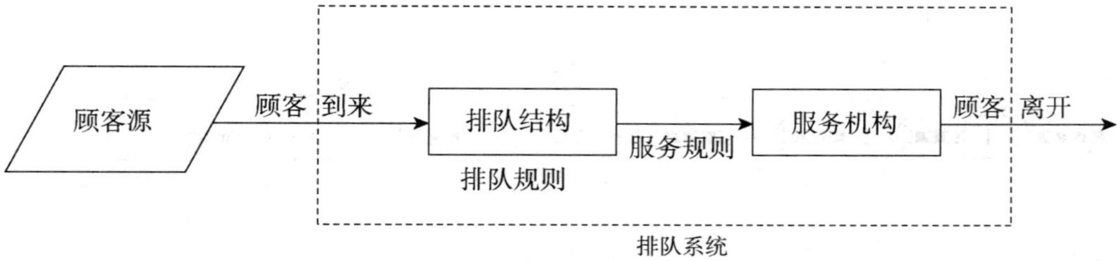

图 10－1

一般排队系统都由三个基本部分组成：输入过程、排队规则、服务机构。

（1）输入过程。

① 顾客总体（顾客源）数：可以是有限的，也可以是无限的。例如车间内停机待修的机器是有限的。

② 到达方式：是单个到达还是成批到达。例如在库存问题中，若把进来的货看成顾客，则为成批到达。

③ 顾客（单个或成批）相继到达时间间隔的分布。

（2）排队规则。

排队规则，即描述顾客到达排队系统后接受服务的先后次序，或指服务台从队列中选取顾客进行服务的顺序。

① 损失制（即时制）排队系统。这种系统是指排队空间为零的系统。实际上是不允许排队。当顾客到达系统时，如果所有服务台均被占用，则自动离去，并不再回来，称这部分顾客被损失掉了。

② 等待制排队系统。当顾客到达时，若所有服务台都被占用且又允许排队，则该顾客将进入队列等待。

③ 混合制排队系统。这是等待制与损失制相结合的一种服务规则。一般允许排队，但又不允许队列无限长。

其中，对于等待制排队系统，服务台对顾客进行服务所遵循的规则通常有先到先服务（FCFS）、后到先服务（LCFS）、随机服务（SIRO）和有优先权的服务（PR）。

从占有的空间来看，分为有限排队和无限排队。

（3）服务机构。

从机构形式和工作情况来看，服务机构有以下几种情况：

① 服务机构可以没有服务员，也可以有一个或多个服务员（服务台、通道、窗口等）。例如，在敞架售书的书店，顾客选书时就没有服务员，但交款时可能有多个服务员。

② 在有多个服务台的情形中，它们可以是平行排列（并列）的，可以是前后排列（串列）的，也可以是混合的。图 10－2 说明了这些情形。

图 10－2(a)是单队—单服务台的情形；图 10－2(b)是多队—多服务台（并列）的情形；

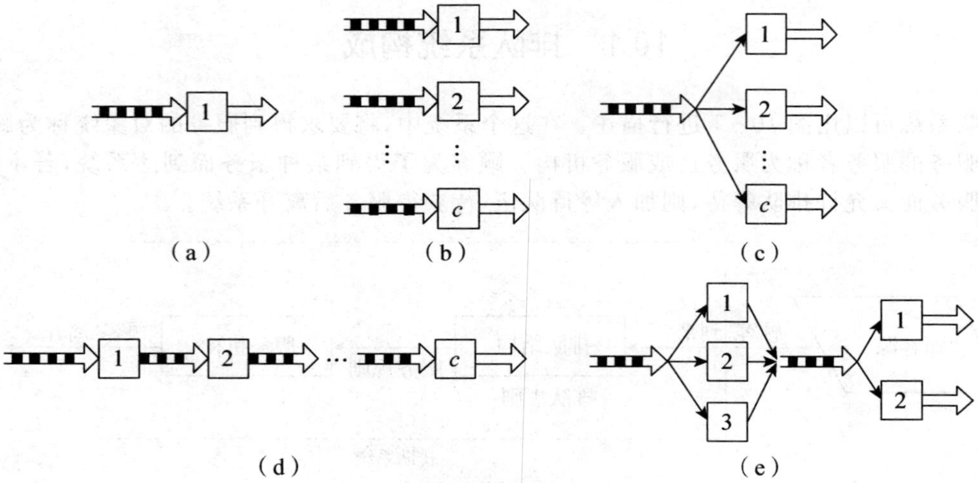

图 10-2

图 10-2(c)是单队—多服务台(并列)的情形;图 10-2(d)是多服务台(串列)的情形;图 10-2(e)是多服务台(混合)的情形。

③ 服务方式可以对单个顾客进行,也可以对成批顾客进行,公共汽车对在站台等候的顾客成批进行服务。本书只研究对单个顾客的服务方式。

④ 和输入过程一样,服务时间也分确定型的和随机型的。自动冲洗汽车的装置对每辆汽车冲洗(服务)的时间就是确定型的,但大多数情形的服务时间是随机型的。对于随机型的服务时间,需要知道它的概率分布。

如果输入过程,即相继到达的间隔时间和服务时间二者都是确定型的,那么问题就太简单了。因此,在排队论中所讨论的是二者至少有一个是随机型的情形。

⑤ 和输入过程一样,服务时间的分布人们总假定是平稳的,即分布的期望值、方差等参数都不受时间的影响。

(4) 排队系统的符号表示和模型分类。

可根据输入过程、排队规则和服务机构的变化对排队模型进行描述或分类。D.G.Kendall 提出一种"Kendall 记号"。其一般形式为:$X/Y/Z/A/B/C$。

其中,X——顾客相继到达间隔时间的分布;

Y——服务时间的分布;

Z——并列的服务台的数目;

A——系统的容量 N;

B——顾客源的数目 m;

C——服务规则,如先到先服务(FCFS)、后到先服务(LCFS)等。

表示相继到达间隔时间和服务时间的各种分布符号是:

M——负指数分布;

D——确定型分布;

E_k——k 阶爱尔朗分布;

GI——一般相互独立的时间间隔的分布;

G——一般服务时间的分布。

（5）排队系统的主要数量指标和记号。

① 队长和排队长。

队长是指系统中的顾客数（排队等待的顾客数与正在接受服务的顾客数之和），它的期望值记为 L_s。

排队长（队列长）是指系统中正在排队等待服务的顾客数，它的期望值记为 L_q。

系统中的顾客数＝在队列中等待服务的顾客数＋正被服务的顾客数

对这两个指标进行研究时，当然是希望能确定它们的分布，或至少能确定它们的平均值（即平均队长和平均排队长）等。

② 逗留时间和等待时间。

逗留时间是指一个顾客在系统中的停留时间，它的期望值记为 W_s。

等待时间是指一个顾客在系统中排队等待的时间，它的期望值记为 W_q。

逗留时间＝等待时间＋服务时间

对这两个指标的研究当然是希望能确定它们的分布，或者至少能知道顾客的平均等待时间和平均逗留时间。

③ 忙期和闲期。

忙期是指从顾客到达空闲着的服务机构起，到服务机构再次成为空闲为止的这段时间长度，即服务机构连续忙的时间长度。

闲期是指服务机构连续保持空闲的时间。

如在损失制或系统容量有限的情况下，由于顾客被拒绝而使服务系统受到损失的顾客损失率及服务强度等，这些都是十分重要的数量指标。

顾客损失率是指由于服务能力不足而造成的顾客流失的概率。

10.2　到达间隔的分布和服务时间的分布

10.2.1　经验分布

经验分布是对排队系统的某些时间参数根据经验数据进行统计分析，并依据统计分析结果假设其统计样本的总体分布，选择合适的检验方法进行检验，当通过检验时，认为假设成立，即时间参数的经验数据服从该分布。

以 τ_i 表示第 i 号顾客到达的时刻，以 s_i 表示对它的服务时间，这样可算出相继到达的间隔时间 $t_i(t_i=\tau_{i+1}-\tau_i)$ 和排队等待时间 w_i，它们的关系如图 10－3 所示。

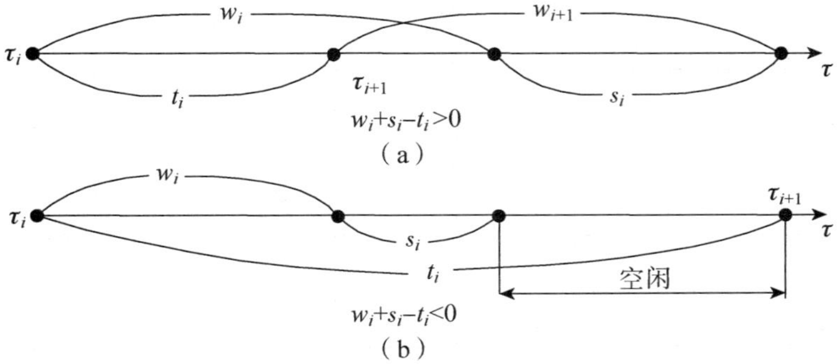

图 10－3

间隔：

$$t_i = \tau_{i+1} - \tau_i$$

等待时间：

$$w_{i+1} = \begin{cases} w_i + s_i - t_i, & \text{当 } w_i + s_i - t_i > 0 \\ 0, & \text{当 } w_i + s_i - t_i < 0 \end{cases}$$

【例 10 - 1】某服务机构是单服务台，先到先服务，对 41 个顾客记录到达时刻 τ 和服务时间 s（单位为分钟），如表 10 - 1 所示，第 1 号顾客到达时刻为 0，所有顾客的全部服务时间为 127 分钟。试求平均间隔时间、平均到达率、平均服务时间和平均服务率。

表 10 - 1

①	②	③	④	⑤	①	②	③	④	⑤
i	τ_i	s_i	t_i	w_i	i	τ_i	s_i	t_i	w_i
1	0	5	2	0	22	83	3	3	2
2	2	7	4	3	23	86	6	2	2
3	6	1	5	6	24	88	5	4	6
4	11	9	1	2	25	92	1	3	7
5	12	2	7	10	26	95	3	6	5
6	19	4	3	5	27	101	2	4	2
7	22	3	4	6	28	105	2	1	0
8	26	3	10	5	29	106	1	3	1
9	36	1	2	0	30	109	2	5	0
10	38	2	7	0	31	114	1	2	0
11	45	5	2	0	32	116	8	1	0
12	47	4	2	3	33	117	4	4	7
13	49	1	3	5	34	121	2	6	7
14	52	2	9	3	35	127	1	2	3
15	61	1	1	0	36	129	6	1	2
16	62	2	3	0	37	130	3	3	7
17	65	1	5	0	38	133	5	2	7
18	70	3	2	0	39	135	2	4	10
19	72	4	8	1	40	139	4	3	8
20	80	3	1	0	41	142	1		9
21	81	2	2	2					

各栏意义：

①顾客编号 i；②到达时刻 τ_i；③服务时间 s_i；以上三栏是原始记录。④到达间隔 t_i；⑤排队等待时间 w_i；这两栏是通过计算得到的。

解：

将原始记录整理成到达间隔分布表（表 10－2）和服务时间分布表（表 10－3）。

表 10－2

到达间隔/分钟	次数
1	6
2	10
3	8
4	6
5	3
6	2
7	2
8	1
9	1
10 以上	1
合计	40

表 10－3

服务时间/分钟	次数
1	10
2	10
3	7
4	5
5	4
6	2
7	1
8	1
9 以上	1
合计	41

平均间隔时间＝142/40＝3.55（分钟/人）

平均到达率＝41/142＝0.29（人/分钟）

平均服务时间＝127/41＝3.1（分钟/人）

平均服务率＝41/127＝0.32（人/分钟）

10.2.2　泊松流

假设 $N(t)$表示在时间区间$(0,t)$内到达的顾客数$(t>0)$，令 $P_n(t_1,t_2)$表示在时间区间$(t_1,t_2)(t_2>t_1)$内有 $n(n\geqslant 0)$个顾客到达（这当然是随机事件）的概率，即

$$P_n(t_1,t_2)=P\{N(t_2)-N(t_1)=n\}\quad (t_2>t_1,n\geqslant 0)$$

当 $P_n(t_1,t_2)$合于下列三个条件时，称顾客的到达形成泊松流。这三个条件是：

① 在不相重叠的时间区间内顾客到达数是相互独立的，该性质称为无后效性。

② 对充分小的 Δt，在时间区间$(t,t+\Delta t)$内有 1 个顾客到达的概率与 t 无关，而与区间长 Δt 成正比，即

$$P_1(t,t+\Delta t)=\lambda\Delta t+o(\Delta t)$$

其中，当 $\Delta t\to 0$ 时，$o(\Delta t)$是关于 Δt 的高阶无穷小。$\lambda>0$ 是常数，它表示单位时间有一个顾客到达的概率，称为概率强度。

③ 对于充分小的 Δt，在时间区间$(t,t+\Delta t)$内有 2 个或 2 个以上顾客到达的概率极小，以

至于可以忽略,即

$$\sum_{n=2}^{\infty} P_n(t, t+\Delta t) = o(\Delta t)$$

在上述条件下,研究顾客到达数 n 的概率分布,经过计算得到:

$$P_n(t) = \frac{(\lambda t)^n}{n!} e^{-\lambda t}, t > 0, n = 0, 1, 2, \cdots \tag{10-1}$$

式(10-1)是在概率论中的随机变量 $N(t)$ 服从泊松分布的定义,只是一般取 $t=1$。$N(t)$ 的数学期望和方差分别是:

$$E[N(t)] = \lambda t; \mathrm{Var}[N(t)] = \lambda t$$

10.2.3 负指数分布

随机变量 T 的概率密度若是:

$$f_T(t) = \begin{cases} \lambda e^{-\lambda t}, t \geqslant 0 \\ 0, t < 0 \end{cases} \tag{10-2}$$

则称 T 服从负指数分布。它的分布函数是:

$$F_T(t) = \begin{cases} 1 - e^{-\lambda t}, t \geqslant 0 \\ 0, t < 0 \end{cases} \tag{10-3}$$

数学期望 $E[T] = \frac{1}{\lambda}$;方差 $\mathrm{Var}[T] = \frac{1}{\lambda^2}$;标准差 $\sigma[T] = \frac{1}{\lambda}$。

因此,相继到达的间隔时间是独立且相同的负指数分布(密度函数为 $\lambda e^{-\lambda t}, t \geqslant 0$),与输入过程为泊松流(参数为 λ)是等价的。所以在 Kendall 记号中就都用 M 表示。

对于泊松流,λ 表示单位时间平均到达的顾客数,所以 $1/\lambda$ 就表示相继顾客到达平均间隔时间,而这正和 $E[T]$ 的意义相符。

服务时间 v 的分布即对一顾客的服务时间,也就是在忙期相继离开系统的两顾客的间隔时间,有时也服从负指数分布,这时设它的分布函数和密度分别如下:

$$F_v(t) = 1 - e^{-\mu t}, f_v(t) = \mu e^{-\mu t} \tag{10-4}$$

其中,μ 表示单位时间能被服务完成的顾客数,称为平均服务率,而 $\frac{1}{\mu} = E(v)$ 表示一个顾客的平均服务时间。

10.2.4 爱尔朗分布

设 $v_1, v_2, \cdots, v_k$ 是 k 个相互独立的随机变量,服从相同参数 $k\mu$ 的负指数分布,那么 $T = v_1 + v_2 + \cdots + v_k$ 的概率密度是:

$$b_k(t) = \frac{\mu k (\mu k t)^{k-1}}{(k-1)!} e^{-\mu k t}, t > 0 \tag{10-5}$$

称 T 服从 k 阶爱尔朗分布。

$$E[T] = \frac{1}{\mu}; \mathrm{Var}[T] = \frac{1}{k\mu^2} \tag{10-6}$$

10.3　单服务台负指数分布排队系统的分析

在此讨论单服务台的排队系统，它的输入过程服从泊松分布过程，服务时间服从负指数分布。按以下三种情形讨论：

① 标准的 $M/M/1$ 模型，即$(M/M/1/\infty/\infty)$；

② 系统的容量有限制，即$(M/M/1/N/\infty)$；

③ 顾客源为有限，即$(M/M/1/\infty/m)$。

10.3.1　标准的 M/M/1 模型(M/M/1/∞/∞)

标准的 $M/M/1$ 模型是指适合下列条件的排队系统：

① 输入过程——顾客源是无限的，顾客单个到来，相互独立，一定时间的到达数服从泊松分布，到达过程也是平稳的。

② 排队规则——单队，且对队长没有限制，先到先服务。

③ 服务机构——单服务台，各顾客的服务时间是相互独立的，服从相同的负指数分布。

此外，还假定到达间隔时间和服务时间是相互独立的。

各状态间的转移关系，用图 10 - 4 表示。

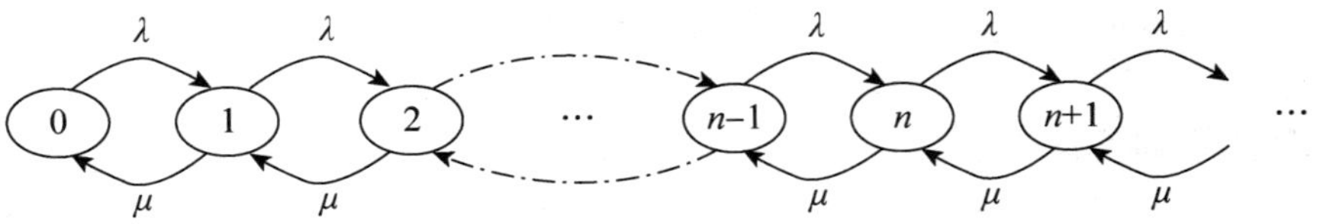

图 10 - 4

系统状态为 n 的概率：

$$\begin{cases} P_0 = 1-\rho \\ P_n = (1-\rho)\rho^n, n \geqslant 1 \end{cases} \quad \rho < 1 \tag{10-7}$$

公式(10 - 7)的 ρ 有其实际意义。根据表达式的不同，可以有不同的解释。当表示为 $\rho=\lambda/\mu$ 时，它是平均到达率与平均服务率之比，即在相同时区内顾客到达的平均数与被服务的平均数之比。若表示为 $\rho=(1/\mu)/(1/\lambda)$，它是为一个顾客的服务时间与到达间隔时间之比，称 ρ 为服务强度(traffic intensity)，或称 ρ 为话务强度。由式(10 - 7)，$\rho=1-P_0$，它刻画了服务机构的繁忙程度，所以又称服务机构的利用率。

系统的运行指标如下：

① 在系统中的平均顾客数(队长期望值)：

$$L_s = \sum_{n=0}^{\infty} nP_n = \sum_{n=1}^{\infty} n(1-\rho)\rho^n = \frac{\rho}{1-\rho}, 0 < \rho < 1$$

或者

$$L_s = \frac{\lambda}{\mu-\lambda}$$

② 在队列中等待的平均顾客数(队列长期望值)：

$$L_q=\sum_{n=1}^{\infty}(n-1)P_n=\sum_{n=1}^{\infty}nP_n-\sum_{n=1}^{\infty}P_n$$

$$=L_s-\rho=\frac{\rho^2}{1-\rho}=\frac{\rho\lambda}{\mu-\lambda}$$

③ 在系统中顾客平均逗留时间(期望值)：

$$W_s=E[W]=\frac{1}{\mu-\lambda}$$

④ 在队列中顾客平均等待时间(期望值)：

$$W_q=W_s-\frac{1}{\mu}=\frac{\rho}{\mu-\lambda}$$

现将以上各式归纳如下：

$$L_s=\frac{\lambda}{\mu-\lambda} \tag{10-8}$$

$$L_q=\frac{\rho\lambda}{\mu-\lambda} \tag{10-9}$$

$$W_s=\frac{1}{\mu-\lambda} \tag{10-10}$$

$$W_q=\frac{\rho}{\mu-\lambda} \tag{10-11}$$

它们相互的关系如下：

$$L_s=\lambda W_s \tag{10-12}$$

$$L_q=\lambda W_q \tag{10-13}$$

$$W_s=W_q+\frac{1}{\mu} \tag{10-14}$$

$$L_s=L_q+\frac{\lambda}{\mu} \tag{10-15}$$

上式称为 Little 公式。

【例 10-2】某医院手术室根据病人来诊和完成手术时间的记录，任意抽查了 100 个工作小时，每小时来就诊的病人数 n 的出现次数如表 10-4 所示；又任意抽查了 100 个完成手术的病历，所用时间 ν(单位：小时)出现的次数如表 10-5 所示。试求：

① 每小时病人平均到达率；

② 每次手术平均时间；

③ 每小时完成手术人数；

④ 服务强度 ρ；

⑤ 在病房中的平均病人数；

⑥ 排队等待的平均病人数；

⑦ 病人在病房中的平均逗留时间；

⑧ 病人排队的平均等待时间。

表 10-4

到达的病人数 n	出现次数 f_n
0	10
1	28
2	29
3	16
4	10
5	6
6 以上	1
合计	100

表 10-5

为病人完成手术时间 v/小时	出现次数 f_v
0.0～0.2	38
0.2～0.4	25
0.4～0.6	17
0.6～0.8	9
0.8～1.0	6
1.0～1.2	5
1.2 以上	0
合计	100

解：

① 每小时病人平均到达率 $=\dfrac{\sum nf_n}{100}=2.1$（人/小时）。

② 每次手术平均时间 $=\dfrac{\sum vf_v}{100}=0.4$（小时/人）。

③ 每小时完成手术人数（平均服务率）$=\dfrac{1}{0.4}=2.5$（人/小时）。

④ 服务强度 $\rho=\dfrac{\lambda}{\mu}=\dfrac{2.1}{2.5}=0.84$，说明手术室有 84%的时间是繁忙的，有 16%的时间是空闲的。

⑤ 在病房中的平均病人数（期望值）：

$$L_s=\frac{2.1}{2.5-2.1}=5.25\text{（人）}$$

⑥ 排队等待的平均病人数（期望值）：

$$L_q=0.84\times 5.25=4.41\text{（人）}$$

⑦ 病人在病房中的平均逗留时间（期望值）：

$$W_s=\frac{1}{2.5-2.1}=2.5\text{（小时）}$$

⑧ 病人排队的平均等待时间（期望值）：

$$W_q=\frac{0.84}{2.5-2.1}=2.1\text{（小时）}$$

10.3.2 系统的容量有限制的情况（$M/M/1/N/\infty$）

如果系统的最大容量为 N，对于单服务台的情形，排队等待的顾客最多为 $N-1$，在某一时刻顾客到达时，如系统中已有 N 个顾客，那么这个顾客就被拒绝进入系统，如图 10-5 所示。

当 $N=1$ 时为即时制的情形；当 $N\to\infty$，为容量无限制的情形。

若只考虑稳态的情形，可作各状态间概率强度的转换关系图，如图 10-6 所示。

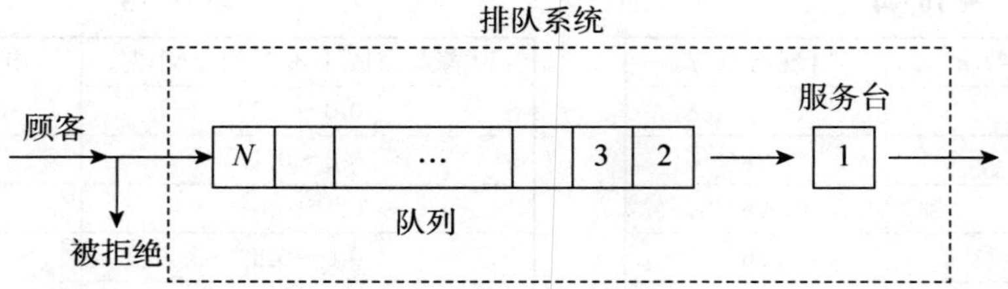

图 10－5

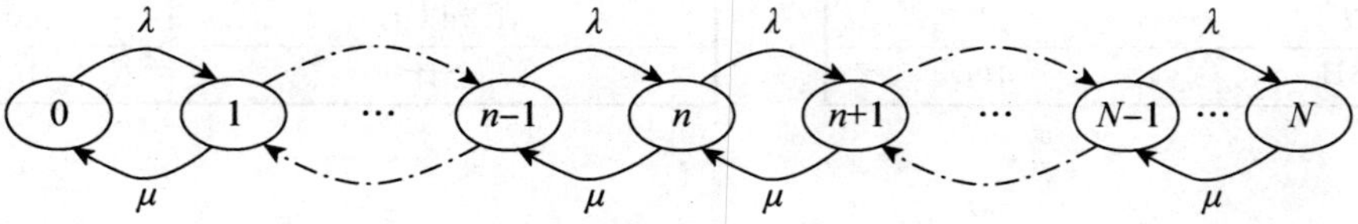

图 10－6

这时系统的状态概率如下：

$$P_0=\frac{1-\rho}{1-\rho^{N+1}},\rho\neq 1$$

$$P_n=\frac{1-\rho}{1-\rho^{N+1}}\rho^n,n\leqslant N$$

系统的各种指标：

① 队长(期望值)：

$$L_s=\sum_{n=0}^{N}nP_n=\frac{\rho}{1-\rho}-\frac{(N+1)\rho^{N+1}}{1-\rho^{N+1}},\rho\neq 1$$

② 队列长(期望值)：

$$L_q=\sum_{n=1}^{N}(n-1)P_n=L_s-(1-P_0)$$

当研究顾客在系统平均逗留时间 W_s 和在队列中平均等待时间 W_q 时，虽然 Little 公式仍可利用，但要注意平均到达率 λ 是在系统中有空时的平均到达率，当系统已满($n=N$)时，则到达率为 0，因此需要求出有效到达率 $\lambda_e=\lambda(1-P_N)$。可以验证：

$$1-P_0=\lambda_e/\mu$$

③ 顾客逗留时间(期望值)：

$$W_s=\frac{L_s}{\mu(1-P_0)}=\frac{L_q}{\lambda(1-P_N)}+\frac{1}{\mu}$$

④ 顾客等待时间(期望值)：

$$W_q=W_s-1/\mu$$

现在把 $M/M/1/N/\infty$ 型的指标归纳如下(当 $\rho\neq 1$ 时)：

$$L_s=\frac{\rho}{1-\rho}-\frac{(N+1)\rho^{N+1}}{1-\rho^{N+1}} \tag{10-16}$$

$$L_q=L_s-(1-P_0) \tag{10-17}$$

$$W_s=\frac{L_s}{\mu(1-P_0)} \tag{10-18}$$

$$W_q=W_s-\frac{1}{\mu} \tag{10-19}$$

【例 10－3】单人理发馆有 6 个椅子接待人们排队等待理发。当 6 个椅子都坐满时，后来到的顾客不进店就离开。顾客平均到达率为 3 人/小时，理发需时平均 15 分钟，则 $N=7$ 为系统中最大的顾客数，$\lambda=3$ 人/小时，$\mu=4$ 人/小时。试求：

① 某顾客一到达就能理发的概率；

② 需要等待的顾客数的期望值；

③ 有效到达率；

④ 一顾客在理发馆内逗留的期望时间；

⑤ 在可能到来的顾客中不等待就离开的概率($P_{n\geqslant 7}$)。

解：

① 某顾客一到达就能理发的概率，这种情形相当于理发馆内没有顾客，所求概率为：

$$P_0=\frac{1-\rho}{1-\rho^{N+1}}=\frac{1-3/4}{1-(3/4)^8}=0.277\ 8$$

② 需要等待的顾客数的期望值：

$$L_s=\frac{\rho}{1-\rho}-\frac{(N+1)\rho^{N+1}}{1-\rho^{N+1}}=\frac{3/4}{1-3/4}-\frac{8\ (3/4)^8}{1-(3/4)^8}=2.11$$

$$L_q=L_s-(1-P_0)=2.11-(1-0.277\ 8)=1.39$$

③ 有效到达率：

$$\lambda_e=\mu(1-P_0)=4(1-0.277\ 8)=2.89(\text{人/小时})$$

④ 一顾客在理发馆内逗留的期望时间：

$$W_s=L_s/\lambda_e=2.11/2.89=0.73(\text{小时})=43.8(\text{分钟})$$

⑤ 在可能到来的顾客中不等待就离开的概率($P_{n\geqslant 7}$)，即求系统中有 7 个顾客的概率，这也是理发馆的损失率。

$$P_7=\left(\frac{\lambda}{\mu}\right)^7\left(\frac{1-\lambda/\mu}{1-(\lambda/\mu)^8}\right)=\left(\frac{3}{4}\right)^7\left(\frac{1-\frac{3}{4}}{1-\left(\frac{3}{4}\right)^8}\right)\approx 3.7\%$$

10.3.3　顾客源为有限的情形($M/M/1/\infty/m$)

现以最常见的机器因故障停机待修的问题来说明。设共有 m 台机器(顾客总体)，机器因故障停机表示“到达”，待修的机器形成队列，修理工人是服务员，本节只讨论单服务员的情形。顾客总体虽只有 m 个，但每个顾客到来并经过服务后，仍回到原来总体，所以仍然可以到来。在机器故障问题中，同一台机器出了故障(到来)并经修好后(服务完了)仍可再出故障(如图 10－7 所示)。模型的符号中第 4 项，写了∞，这表示对系统的容量没有限制，但实际上它永远不会超过 m，所以和写成($M/M/1/m/m$)的意义相同。

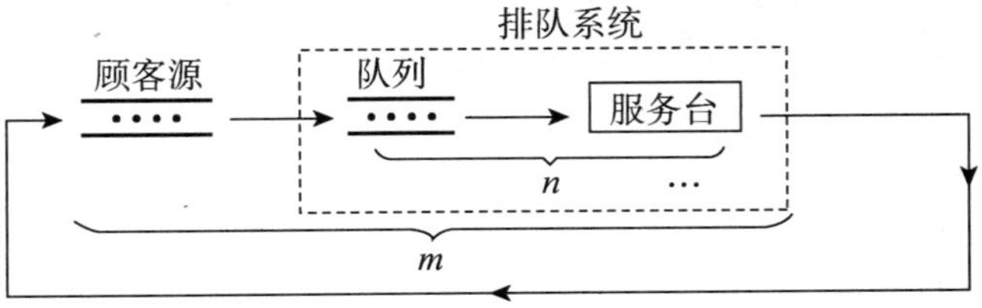

图 10－7

关于平均到达率,在无限源的情形是按全体顾客来考虑的;在有限源的情形必须按每个顾客来考虑。为简单起见,设各个顾客的到达率是相同的λ(在这里λ的含义是每台机器单位运转时间内发生故障的概率或平均次数),这时在系统外的顾客平均数为$m-L_s$,对系统的有效到达率λ_e应是

$$\lambda_e=\lambda(m-L_s)$$

对于$(M/M/1/\infty/m)$模型的分析可用前述的方法。在稳态的情况下,考虑状态间的转移率。当由状态0转移到状态1,每台设备由正常状态转移为故障状态,其转移率为λP_0,现有m台设备由无故障状态转移为一台设备(不论哪一台)发生故障,其转移率为$m\lambda P_0$。至于由状态1转移到状态0,其状态转移率为μP_1,所以在状态0时有平衡方程$m\lambda P_0=\mu P_1$。其关系可用图10-8表示。

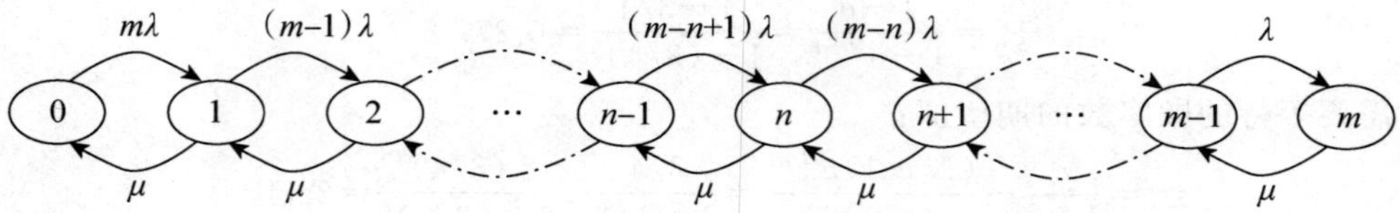

图10-8

这时系统的状态概率如下:

$$P_0=\frac{1}{\sum\limits_{i=0}^{m}\frac{m!}{(m-i)!}\left(\frac{\lambda}{\mu}\right)^i}$$

$$P_n=\frac{m!}{(m-n)!}\left(\frac{\lambda}{\mu}\right)^n P_0 \quad (1\leqslant n\leqslant m)$$

系统的各项指标为:

$$L_s=m-\frac{\mu}{\lambda}(1-P_0) \tag{10-20}$$

$$L_q=m-\frac{(\lambda+\mu)(1-P_0)}{\lambda}=L_s-(1-P_0) \tag{10-21}$$

$$W_s=\frac{m}{\mu(1-P_0)}-\frac{1}{\lambda} \tag{10-22}$$

$$W_q=W_s-\frac{1}{\mu} \tag{10-23}$$

在机器故障问题中L_s就是平均故障台数,而$m-L_s$表示正常运转的平均台数。

$$m-L_s=\frac{\mu}{\lambda}(1-P_0) \tag{10-24}$$

【例10-4】某车间有5台机器,每台机器的连续运转时间服从负指数分布,平均连续运转时间15分钟,有一个修理工,每次修理时间服从负指数分布,平均每次12分钟。试求:

① 修理工空闲的概率;

② 5台机器都出故障的概率;

③ 出故障的平均台数;

④ 等待修理的平均台数;

⑤ 平均停工时间;

⑥ 平均等待修理时间;

⑦ 评价这些结果。

解：

$m=5,\lambda=1/15,\mu=1/12,\lambda/\mu=0.8$。

$$①P_0=\left[\frac{5!}{5!}(0.8)^0+\frac{5!}{4!}(0.8)^1+\frac{5!}{3!}(0.8)^2+\frac{5!}{2!}(0.8)^3+\frac{5!}{1!}(0.8)^4+\frac{5!}{0!}(0.8)^5\right]^{-1}$$

$$=1/136.99=0.007\ 3。$$

② $P_5=\frac{5!}{0!}(0.8)^5P_0=0.287$。

③ $L_s=5-\frac{1}{0.8}(1-0.007\ 3)=3.76$(台)。

④ $L_q=3.76-0.993=2.77$(台)。

⑤ $W_s=\frac{5}{\frac{1}{12}(1-0.007)}-15=46$(分钟)。

⑥ $W_q=46-12=34$(分钟)。

⑦ 机器停工时间过长，修理工几乎没有空闲时间，应当提高服务率减少修理时间或增加修理工人。

10.4　多服务台负指数分布排队系统的分析

现在讨论单队、并列的多服务台(服务台数 c)的情形，分以下三种情形讨论：

(1) 标准的 $M/M/c$ 模型($M/M/c/\infty/\infty$)；

(2) 系统的容量有限制($M/M/c/N/\infty$)；

(3) 有限顾客源($M/M/c/\infty/m$)。

10.4.1　标准的 $M/M/c$ 模型($M/M/c/\infty/\infty$)

关于标准的 $M/M/c$ 模型各种特征的规定与标准的 $M/M/1$ 模型的规定相同。另外规定各服务台工作是相互独立(不搞协作)且平均服务率相同，即 $\mu_1=\mu_2=\cdots=\mu_c=\mu$。于是整个服务机构的平均服务率为 $c\mu$（当 $n\geqslant c$）；为 $n\mu$（当 $n<c$）。令 $\rho=\lambda/c\mu$，只有当 $\lambda/c\mu<1$ 时才不会排成无限的队列，称它为这个系统的服务强度或称服务机构的平均利用率，如图 10-9 所示。

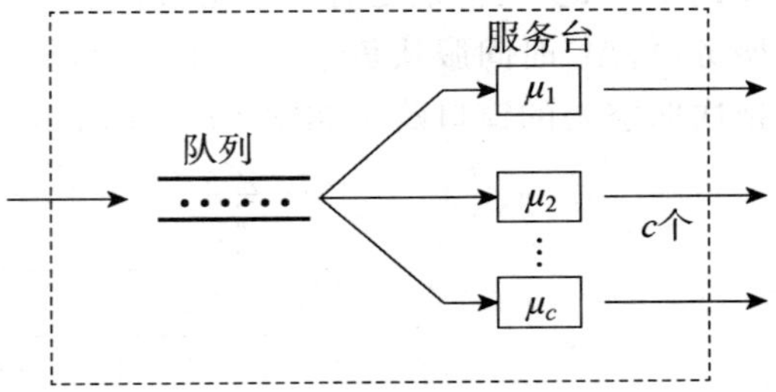

图 10-9

在分析这个排队系统时，仍从状态间的转移关系开始，如图 10-10 所示。如状态 1 转移到状态 0，即系统中有一名顾客被服务完了(离去)的转移率为 μP_1。状态 2 转移到状态 1 时，这就是在两个服务台上被服务的顾客中有一个被服务完成而离去。因为不限哪一个，那么这时状态的转移率便为 $2\mu P_2$。同理，再考虑状态 n 转移到 $n-1$ 的情况。当 $n\leqslant c$ 时，状态转移率为 $n\mu P_n$；当 $n>c$ 时，因为只有 c 个服务台，最多有 c 个顾客在被服务，$n-c$ 个顾客在等候，因此这时状态转移率应为 $c\mu P_n$。

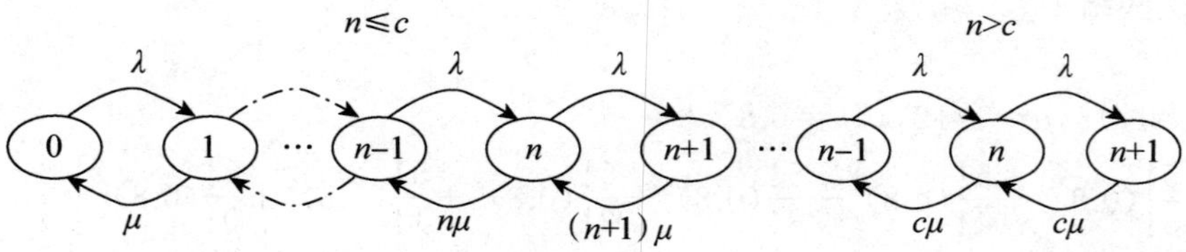

图 10－10

这时系统的状态概率如下：

$$P_0=\left[\sum_{k=0}^{c-1}\frac{1}{k!}\left(\frac{\lambda}{\mu}\right)^k+\frac{1}{c!}\cdot\frac{1}{1-\rho}\cdot\left(\frac{\lambda}{\mu}\right)^c\right]^{-1}$$

$$P_n=\begin{cases}\dfrac{1}{n!}\left(\dfrac{\lambda}{\mu}\right)^n P_0, n\leqslant c\\ \dfrac{1}{c!\ c^{n-c}}\left(\dfrac{\lambda}{\mu}\right)^n P_0, n>c\end{cases}$$

系统的运行指标求得如下：

平均队长为：

$$L_s=L_q+\frac{\lambda}{\mu} \tag{10－25}$$

$$L_q=\sum_{n=c+1}^{\infty}(n-c)P_n=\frac{(c\rho)^c\rho}{c!\ (1-\rho)^2}P_0 \tag{10－26}$$

因为 $\sum_{n=c+1}^{\infty}(n-c)P_n=\sum_{n'=1}^{\infty}n'P_{n'+c}=\sum_{n'=1}^{\infty}\frac{n'}{c!\ c^{n'}}(c\rho)^{n'+c}P_0=$右边

所以平均等待时间和逗留时间仍由 Little 公式求得：

$$W_q=\frac{L_q}{\lambda} \tag{10－27}$$

$$W_s=\frac{L_s}{\lambda} \tag{10－28}$$

【例 10－5】某售票处有三个窗口，顾客的到达服从泊松分布，平均到达率每分钟 $\lambda=0.9$ 人，服务(售票)时间服从负指数分布，平均服务率每分钟 $\mu=0.4$ 人。现设顾客到达后排成一队，依次向空闲的窗口购票如图 10－11 所示。

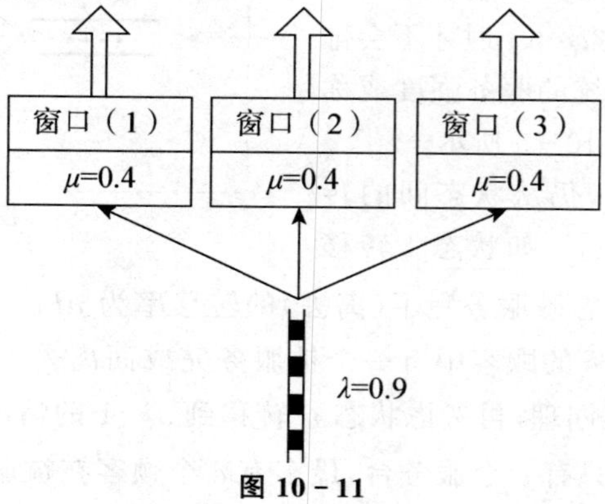

图 10－11

试求：

① 整个售票处空闲概率；

② 平均队长；

③ 平均等待时间和逗留时间；

④ 顾客到达后必须等待的概率。

解：

这是一个 $M/M/c$ 型的系统，其中 $c=3$，$\frac{\lambda}{\mu}=2.25$，$\rho=\frac{\lambda}{c\mu}=\frac{2.25}{3}(<1)$符合要求的条件，代入公式。

① 整个售票处空闲概率：

$$P_0=\frac{1}{\frac{(2.25)^0}{0!}+\frac{(2.25)^1}{1!}+\frac{(2.25)^2}{2!}+\frac{(2.25)^3}{3!}\times\frac{1}{1-2.25/3}}=0.074\ 8$$

② 平均队长：

$$L_q=\frac{(2.25)^3\times 3/4}{3!(1/4)^2}\times 0.074\ 8=1.70$$

$$L_s=L_q+\lambda/\mu=3.95$$

③ 平均等待时间和逗留时间：

$$W_q=1.70/0.9=1.89(\text{分钟})$$

$$W_s=1.89+1/0.4=4.39(\text{分钟})$$

④ 顾客到达后必须等待(即系统中顾客数已有 3 人，即各服务台都没有空闲)的概率：

$$P(n\geqslant 3)=\frac{(2.25)^3}{3!\ 1/4}\times 0.074\ 8=0.57$$

10.4.2 系统的容量有限制的情形($M/M/c/N/\infty$)

设系统的容量最大限制为 $N(N\geqslant c)$，当系统中顾客数 n 已达到 N 时，再来的顾客将被拒绝，其他条件与标准的模型 $M/M/c$ 相同，其状态转移图如图 10-12 所示。

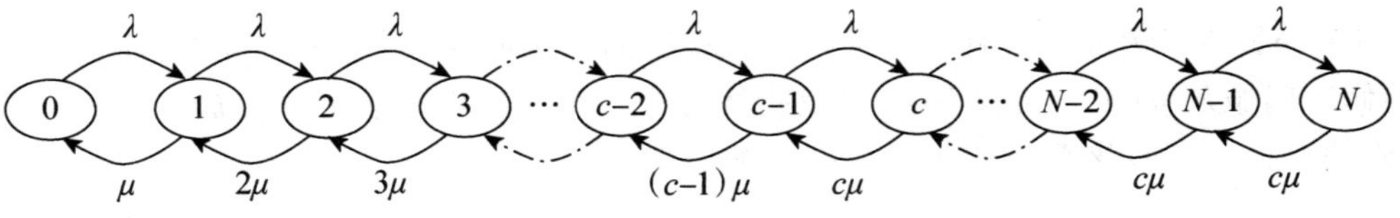

图 10-12

这时系统的状态概率如下：

$$P_0=\frac{1}{\sum_{k=0}^{c}\frac{(c\rho)^k}{k!}+\frac{c^c}{c!}\cdot\frac{\rho(\rho^c-\rho^N)}{1-\rho}},\rho\neq 1 \qquad (10-29)$$

$$P_n=\begin{cases}\frac{(c\rho)^n}{n!}P_0, & 0\leqslant n\leqslant c\\ \frac{c^c}{c!}\rho^n P_0, & c\leqslant n\leqslant N\end{cases} \qquad (10-30)$$

其中，$\rho=\lambda/(c\mu)$，其他指标：

① 平均队列长：

$$L_q=\frac{P_0\rho\,(c\rho)^c}{c!\,(1-\rho)^2}[1-\rho^{N-c}-(N-c)\rho^{N-c}(1-\rho)] \tag{10-31}$$

② 平均队长：

$$L_s=L_q+c\rho(1-P_N) \tag{10-32}$$

③ 平均等待时间：

$$W_q=\frac{L_q}{\lambda(1-P_N)} \tag{10-33}$$

④ 平均逗留时间：

$$W_s=W_q+\frac{1}{\mu} \tag{10-34}$$

当 $N=c$ 时，系统的最大容量与服务台个数相等时，系统不存在可供等待的空位，混合制变成即时制的情形，例如在街头的停车场就不允许排队等待空位，这时系统的状态概率为

$$P_0=\frac{1}{\sum_{k=0}^{c}\frac{(c\rho)^k}{k!}} \tag{10-35}$$

$$P_n=\frac{(c\rho)^n}{n!}P_0,\quad 1\leqslant n\leqslant c \tag{10-36}$$

这时该系统的主要运行指标如下：

$$L_q=0 \tag{10-37}$$

$$W_q=0 \tag{10-38}$$

$$W_s=\frac{1}{\mu} \tag{10-39}$$

$$L_s=\sum_{n=1}^{c}nP_n=\frac{c\rho\sum_{n=0}^{c-1}\frac{(c\rho)^{n-1}}{n!}}{\sum_{n=0}^{c}\frac{(c\rho)^n}{n!}}=c\rho(1-P_c) \tag{10-40}$$

【例 10-6】某车辆维修站有 2 个维修工。车辆的到来服从参数 λ($\lambda=4$ 辆/小时)的泊松分布，维修时间服从 μ($\mu=1$ 辆/小时)的负指数分布。维修站里最多只能停放 3 辆车(不包含正在维修的车辆)。问：该系统的各项运行指标如何？

解：

根据题意，该问题属于 $M/M/2/5/\infty$ 模型，$\lambda/\mu=4/1=4$，$\rho=\lambda/(c\mu)=2$，则

$$P_0=\frac{1}{\sum_{k=0}^{c}\frac{(c\rho)^k}{k!}+\frac{c^c}{c!}\cdot\frac{\rho(\rho^c-\rho^N)}{1-\rho}}=\frac{1}{\sum_{k=0}^{2}\frac{(4)^k}{k!}+\frac{2^2}{2!}\cdot\frac{2(2^2-2^5)}{1-2}}=0.008$$

$$P_5=\frac{c^c}{c!}\rho^n P_0=\frac{2^2}{2!}2^5\times 0.008=0.512$$

等待维修的车辆的平均数：

$$L_q=\frac{P_0\rho\,(c\rho)^c}{c!\,(1-\rho)^2}[1-\rho^{N-c}-(N-c)\rho^{N-c}(1-\rho)]=2.176(\text{辆})$$

维修站中车辆的平均数：

$$L_s = L_q + c\rho(1-P_N) = 4.128(\text{辆})$$

车辆在维修站的平均等待时间：

$$W_q = \frac{L_q}{\lambda(1-P_N)} = 1.114\ 8(\text{小时})$$

车辆在维修站的平均逗留时间：

$$W_s = W_q + \frac{1}{\mu} = 1.114\ 8 + 1 = 2.114\ 8(\text{小时})$$

10.4.3　顾客源为有限的情形($M/M/c/\infty/m$)

设顾客总体(顾客源)为有限数 m，且 $m>c$，和单服务台情形一样，顾客到达率 λ 是按每个顾客来考虑的，在机器管理问题中，就是共有 m 台机器，有 c 个修理工人，顾客到达就是机器出了故障，而每个顾客的到达率 λ 是指每台机器每单位运转时间出故障的期望次数。系统中顾客数 n 就是出故障的机器台数，当 $n\leqslant c$ 时，所有的故障机器都在被修理，有$(c-n)$个修理工人在空闲；当 $c<n\leqslant m$ 时，有$(n-c)$台机器在停机等待修理，而修理工人都在繁忙状态。假定这 c 个工人修理技术相同，修理(服务)时间都服从参数为 μ 的负指数分布，并假定故障的修复时间和正在生产的机器是否发生故障是相互独立的。

该系统的状态转移图如图 10－13 所示。

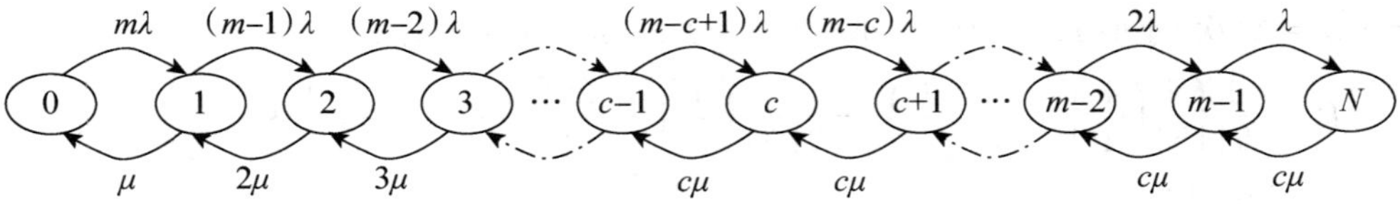

图 10－13

因 $\rho = m\lambda/(c\mu)$，可得：

$$P_0 = \frac{1}{m!}\cdot\frac{1}{\sum_{k=0}^{c}\frac{1}{k!\ (m-k)!}\left(\frac{c\rho}{m}\right)^k + \frac{c^c}{c!}\sum_{k=c+1}^{m}\frac{1}{(m-k)!}\left(\frac{\rho}{m}\right)^k} \tag{10-41}$$

$$P_n = \begin{cases} \dfrac{m!}{(m-n)!n!}\left(\dfrac{\lambda}{\mu}\right)^n P_0 & (1\leqslant n\leqslant c) \\ \dfrac{m!}{(m-n)!c!\ c^{n-c}}\left(\dfrac{\lambda}{\mu}\right)^n P_0 & (c\leqslant n\leqslant m) \end{cases} \tag{10-42}$$

各项指标如下：

① 平均队长：

$$L_s = \sum_{n=1}^{m} nP_n \tag{10-43}$$

② 平均队列长：

$$L_q = \sum_{n=c+1}^{m}(n-c)P_n \tag{10-44}$$

平均队长和平均队列长的关系为：

$$L_s = L_q + \frac{\lambda_e}{\mu} = L_q + \frac{\lambda}{\mu}(m - L_s) \tag{10-45}$$

③ 有效到达率：

$$\lambda_e = \lambda(m - L_s) \tag{10-46}$$

④ 平均逗留时间：

$$W_s = \frac{L_s}{\lambda_e} \tag{10-47}$$

⑤ 平均等待时间：

$$W_q = \frac{L_q}{\lambda_e} \tag{10-48}$$

【例 10-7】设有两个修理工人，负责 5 台机器的正常运行，每台机器平均损坏率为每运转 1 小时 1 次，两工人能以相同的平均修复率 4 次/小时修好机器。求：

① 等待修理的机器平均数；
② 需要修理的机器平均数；
③ 有效损坏率；
④ 平均等待修理时间；
⑤ 平均停工时间。

解：

$m=5$，$\lambda=1$(次/小时)，$\mu=4$(台/小时)，$c=2$，$c\rho/m=\lambda/\mu=1/4$。

$$P_0 = \frac{1}{5!}\left\{\frac{1}{5!}\left(\frac{1}{4}\right)^0 + \frac{1}{4!}\left(\frac{1}{4}\right)^1 + \frac{1}{2!\,3!}\left(\frac{1}{4}\right)^2 + \frac{2^2}{2!}\left[\frac{1}{2!}\left(\frac{1}{8}\right)^3 + \left(\frac{1}{8}\right)^4 + \left(\frac{1}{8}\right)^5\right]\right\}^{-1}$$
$$=0.314\ 9;$$

$P_1=0.394$，$P_2=0.197$，$P_3=0.074$，$P_4=0.018$，$P_5=0.002$。

① $L_q = P_3 + 2P_4 + 3P_5 = 0.118$。

② $L_s = \sum_{n=1}^{m} nP_n = 1.094$。

③ $\lambda_e = 1\times(5-1.094) = 3.906$。

④ $W_q = 0.118/3.906 = 0.03$(小时)。

⑤ $W_s = 1.094/3.906 = 0.28$(小时)。

10.5 一般服务时间 $M/G/1$ 模型

前面学习了泊松输入和负指数的服务时间的模型。下面将讨论服务时间是任意分布的情形，当然，对任何情形下面关系都是正确的。

E[系统中顾客数]$=E$[队列中顾客数]$+E$[服务机构中顾客数]

E[在系统中逗留时间]$=E$[排队等候时间]$+E$[服务时间]

其中 E[·]表示求期望值，用符号表示：

$$\begin{cases} L_s = L_q + L_{se} \\ W_s = W_q + E[T] \end{cases} \tag{10-49}$$

其中 T 表示服务时间(随机变量),当 T 服从负指数分布时,$E[T]=1/\mu$,是讨论过的。又由公式(10-12)和公式(10-13)可知:

$$L_s=\lambda W_s, L_q=\lambda W_q \tag{10-50}$$

所以上面 7 个指标中只要知道 3 个就可求出其余,不过在有限源和队长有限制的情况下,λ 要换成有效到达率 λ_e。

10.5.1 Pollaczek - Khintchine(P - K)公式

对于 $M/G/1$ 模型,服务时间 T 的分布是一般的(但要求期望值 $E[T]$ 和方差 $\mathrm{Var}[T]$ 都存在),其他条件和标准的 $M/M/1$ 型相同。为了达到稳态,$\rho<1$ 这一条件还是必要的,其中 $\rho=\lambda E[T]$。

在上述条件下,则有:

$$L_s=\rho+\frac{\rho^2+\lambda^2\mathrm{Var}[T]}{2(1-\rho)} \tag{10-51}$$

这就是 Pollaczek - Khintchine(P - K)公式。

【例 10 - 8】 有一售票口,已知顾客按平均为 2 分 30 秒的时间间隔的负指数分布到达。顾客在售票口前服务时间平均为 2 分钟。

① 若服务时间也服从负指数分布,求顾客为购票所需的平均逗留时间和等待时间;

② 若经过调查,顾客在售票口前至少要占用 1 分钟,且认为服务时间服从负指数分布是不恰当的,而应服从以下概率密度分布,再求顾客的逗留时间和等待时间。

$$f(y)=\begin{cases}\mathrm{e}^{-y+1}, & y\geqslant 1\\ 0, & y<1\end{cases}$$

解:

① $\lambda=1/2.5=0.4$,$\mu=1/2=0.5$,$\rho=\lambda/\mu=0.8$。

$$W_s=\frac{1}{\mu-\lambda}=10(\text{分钟})$$

$$W_q=\frac{\rho}{\mu-\lambda}=8(\text{分钟})$$

② 令 Y 为服务时间,那么 $Y=1+X$,X 服从均值为 1 的负指数分布。于是

$$E[Y]=2,\mathrm{Var}[Y]=\mathrm{Var}[1+x]=\mathrm{Var}[X]=1$$

$$\rho=\lambda E[Y]=0.8$$

代入 P - K 公式,得:

$$L_s=0.8+\frac{0.8^2+0.4^2\times 1}{2\times(1-0.8)}=2.8$$

$$L_q=L_s-\rho=2$$

$$W_s=L_s/\lambda=7(\text{分钟})$$

$$W_q=L_q/\lambda=5(\text{分钟})$$

10.5.2 定长服务时间 $M/D/1$ 模型

本模型的服务时间是确定的常数,例如,在一条装配线上完成一件工作的时间就应是常

数。自动的汽车冲洗台,冲洗一辆汽车的时间也是常数,这时

$$E[T]=1/\mu,\mathrm{Var}[T]=0$$

$$L_s=\rho+\frac{\rho^2}{2(1-\rho)} \tag{10-52}$$

【例 10-9】某实验室有一台自动检验机器性能的仪器,要求检验机器的顾客按泊松分布到达,每小时平均 4 个顾客,检验每台机器所需要的时间为 6 分钟。求:

① 在检验室内机器台数 L_s(期望值,下同);

② 等候检验的机器台数 L_q;

③ 每台机器在室内消耗(逗留)时间 W_s;

④ 每台机器平均等待检验的时间 W_q。

解:

$$\lambda=4,E(T)=\frac{1}{10}(\text{小时}),\rho=\frac{4}{10},\mathrm{Var}[T]=0$$

① $L_s=0.4+\frac{(0.4)^2}{2(1-0.4)}=0.533$(台)。

② $L_q=0.533-0.4=0.133$(台)。

③ $W_s=\frac{0.533}{4}=0.133\ 3$(小时)$=8$(分钟)。

④ $W_q=\frac{0.133}{4}=0.033$(小时)$=2$(分钟)。

可以证明,在一般服务时间分布的 L_q 和 W_q 中以定长服务时间的为最小,这符合通俗的理解——服务时间越有规律,等候的时间就越短。读者还可在热力学或信息论中熵的概念中找出类似的性质。

10.5.3 爱尔朗服务时间 $M/E_k/1$ 模型

如图 10-14 所示,如果顾客必须经过 k 个服务站,在每个服务站的服务时间 T_i 相互独立,并服从相同的负指数分布(参数为 $k\mu$),那么 $T=\sum_{i=1}^{k}T_i$ 服从 k 阶爱尔朗分布。

$$E[T_i]=\frac{1}{k\mu}\qquad \mathrm{Var}[T_i]=\frac{1}{k^2\mu^2}$$

$$E[T]=\frac{1}{\mu}\qquad \mathrm{Var}[T]=\frac{1}{k\mu^2}$$

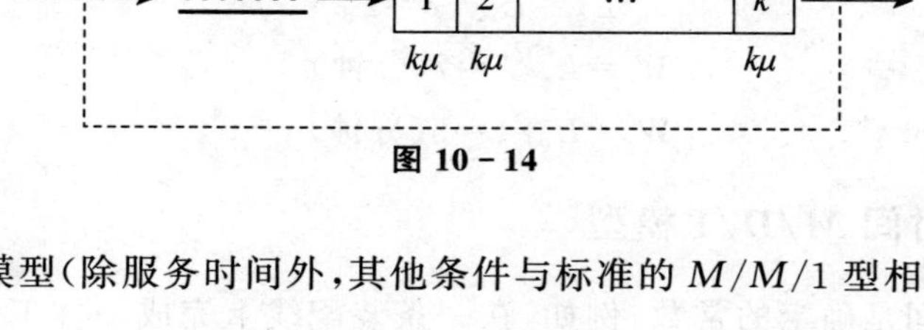

图 10-14

对于 $M/E_k/1$ 模型(除服务时间外,其他条件与标准的 $M/M/1$ 型相同),

$$L_s=\rho+\frac{\rho^2+\dfrac{\lambda^2}{k\mu^2}}{2(1-\rho)}=\rho+\frac{(k+1)\rho^2}{2k(1-\rho)}$$

$$L_q=\frac{(k+1)\rho^2}{2k(1-\rho)}$$

$$W_s=L_s/\lambda,W_q=L_q/\lambda \tag{10-53}$$

【例 10-10】 某单人裁缝店做西服，每套需经过 4 个不同的工序，4 个工序完成后才开始做另一套。每一工序的时间服从负指数分布，期望值为 2 小时。顾客的到来服从泊松分布，平均订货率为 5.5 套/周（设一周 6 天，每天 8 小时）。问一顾客为等到做好一套西服期望时间有多长？

解：

顾客到达 $\lambda=5.5$ 套/周，设：

μ——平均服务率（单位时间做完的套数）；

$1/\mu$——平均每套所需的时间；

$1/4\mu$——平均每工序所需的时间。

由题设 $1/4\mu=2$（小时），$\mu=1/8$（套/小时）$=6$（套/周），$\rho=5.5/6$，再设：

T_i——做完第 i 个工序所需的时间；

T——做完一套西服所需的时间。

$$E[T_i]=2(\text{小时}),\mathrm{Var}[T_i]=\left(\frac{1}{4\times 6}\right)^2$$

$$E[T]=8(\text{小时}),\mathrm{Var}[T]=\frac{1}{4\times 6^2},\rho=\frac{5.5}{6}$$

$$L_s=\frac{5.5}{6}+\frac{\left(\dfrac{5.5}{6}\right)^2+(5.5)^2\times\dfrac{1}{4\times 6^2}}{2\left(1-\dfrac{5.5}{6}\right)}=7.218\ 8$$

顾客为等到做好一套西服的期望时间为：

$$W_s=L_s/\lambda=7.218\ 8/5.5=1.3(\text{周})$$

10.6　经济分析——系统的最优化

10.6.1　排队系统的最优化问题

排队系统的最优化问题分为两类：系统设计最优化和系统控制最优化。前者称为静态问题，从排队论一诞生起就成为人们研究的内容，目的在于使设备达到最大效益，或者说，在一定质量指标下要求机构最为经济。后者称为动态问题，是指一个给定的系统，如何运营可使某个目标函数得到最优，这是近十多年来排队论的研究重点之一。由于学习这后一问题还需要更多的数学知识，所以本节只讨论静态最优的问题。

在一般情形下，提高服务水平（数量、质量）自然会降低顾客的等待费用（损失），但却常常增加了服务机构的成本，我们最优化的目标之一是使二者费用之和为最小，确定达到这个目标的最优的服务水平。另一个常用的目标函数是使纯收入或使利润(服务收入与服务成本之差)为最大(如图 10－15 所示)。

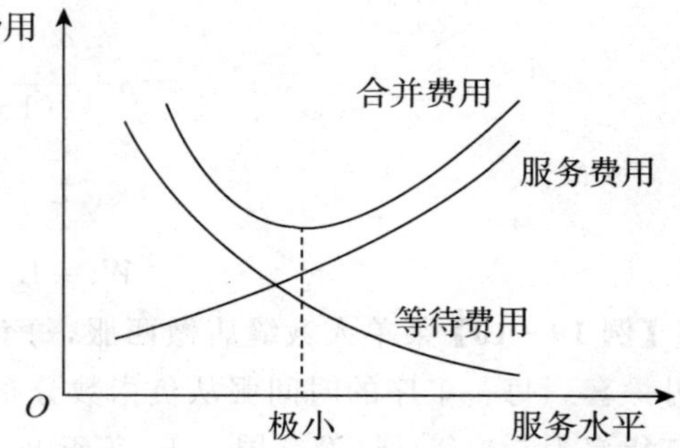

图 10－15

各种费用在稳态情形下,都是按单位时间来考虑的。一般情形,服务费用(成本)是可以确切计算或估计的。至于顾客的等待费用就有许多不同情况,像机械故障问题中等待费用(由于机器待修而使生产遭受的损失)是可以确切估计的,但像病人就诊的等待费用(由于拖延治疗使病情恶化所受的损失),或由于队列过长而失掉潜在顾客所造成的营业损失,就只能根据统计的经验资料来估计。

服务水平也可以由不同形式来表示,主要的是平均服务率 μ(代表服务机构的服务能力和经验等),其次是服务设备,如服务台的个数 c,以及由队列所占空间大小所决定的队列最大限制数 N 等,服务水平也可以通过服务强度 ρ 来表示。

10.6.2 $M/M/1$ 模型中最优服务率 μ

(1) 标准的 $M/M/1$ 模型。

取目标函数 z 为单位时间服务成本与顾客在系统逗留费用之和的期望值,即

$$z=c_s\mu+c_wL_s \tag{10-54}$$

其中,c_s 为当 $\mu=1$ 时服务机构单位时间的费用;c_w 为每个顾客在系统停留单位时间的费用。

$$z=c_s\mu+c_w\cdot\frac{\lambda}{\mu-\lambda}$$

$$\mu^*=\lambda+\sqrt{\frac{c_w}{c_s}\lambda} \tag{10-55}$$

根号前取＋号,是因为保证 $\rho<1,\mu>\lambda$ 的缘故。

(2) 系统中顾客最大限制数为 N 的情形。

在这情形下,系统中如已有 N 个顾客,则后来的顾客即被拒绝,于是:

P_N——被拒绝的概率(借用电话系统的术语,称为呼损率);

$1-P_N$——能接受服务的概率;

$\lambda(1-P_N)$——单位时间实际进入服务机构顾客的平均数。在稳定状态下,它也等于单位时间内实际服务完成的平均顾客数。

设每服务1人能收入 G 元,于是单位时间收入的期望值是 $\lambda(1-P_N)G$ 元。

纯利润为:

$$\begin{aligned}z&=\lambda(1-P_N)G-c_s\mu\\&=\lambda G\cdot\frac{1-\rho^N}{1-\rho^{N+1}}-c_s\mu\\&=\lambda\mu G\cdot\frac{\mu^N-\lambda^N}{\mu^{N+1}-\lambda^{N+1}}-c_s\mu\end{aligned}$$

求$\frac{dz}{d\mu}$,并令$\frac{dz}{d\mu}=0$,得:

$$\rho^{N+1}\cdot\frac{N-(N+1)\rho+\rho^{N+1}}{(1-\rho^{N+1})^2}=\frac{c_s}{G}$$

最优的解 μ^* 应合于上式。上式中 c_s,G,λ,N 都是给定的,但要由上式中解出 μ^* 是很困难的。通常是通过数值计算来求 μ^* 的,或将上式左方(对一定的 N)作为 ρ 的函数作出图形(如图 10－16 所示),对于给定的 G/c_s 根据图形可求出 μ^*/λ。

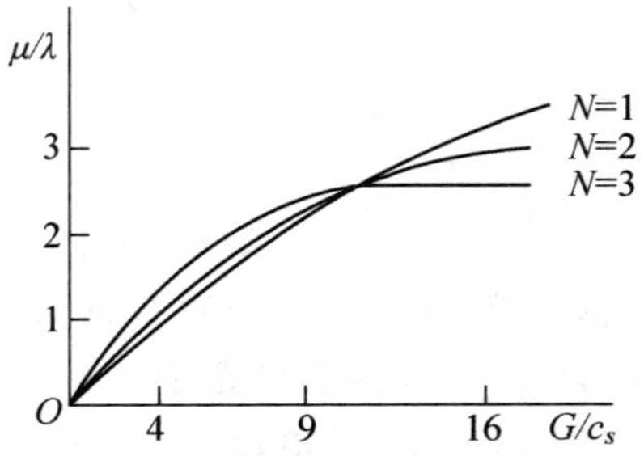

图 10－16

(3) 顾客源为有限的情形。

仍按机械故障问题来考虑,设共有机器 m 台,各台连续运转时间服从负指数分布。有 1 个修理工人,修理时间服从负指数分布。当服务率 $\mu=1$ 时的修理费用 c_s,单位时间每台机器运转可得收入 G 元。平均运转台数为 $m-L_s$,所以单位时间纯利润为

$$\begin{aligned}z&=(m-L_s)G-c_s\mu\\&=\frac{mG}{\rho}\cdot\frac{E_{m-1}\left(\frac{m}{\rho}\right)}{E_m\left(\frac{m}{\rho}\right)}-c_s\mu\end{aligned}$$

式中的 $E_m(x)=\sum\limits_{k=0}^{m}\frac{x^k}{k!}e^{-x}$ 称为泊松部分和 $\rho=\frac{m\lambda}{\mu}$,而

$$\frac{d}{dx}E_m(x)=E_{m-1}(x)-E_m(x)$$

为了求最优服务率 μ^*,求$\frac{dz}{d\mu}$,并令$\frac{dz}{d\mu}=0$,得:

$$\frac{E_{m-1}\left(\frac{m}{\rho}\right)E_m\left(\frac{m}{\rho}\right)+\frac{m}{\rho}\left[E_m\left(\frac{m}{\rho}\right)E_{m-2}\left(\frac{m}{\rho}\right)-E_{m-1}^2\left(\frac{m}{\rho}\right)\right]}{E_m^2\left(\frac{m}{\rho}\right)}=\frac{c_s\lambda}{G}$$

当给定 m,G,c_s,λ,要由上式解出 μ^* 是很困难的,通常是利用泊松分布表通过数值计算来求得,或将上式左方(对一定的 m)作为 ρ 的函数作出图形(如图 10－17 所示),对于给定的 $c_s\lambda/G$ 根据图形可求出 μ^*/λ。

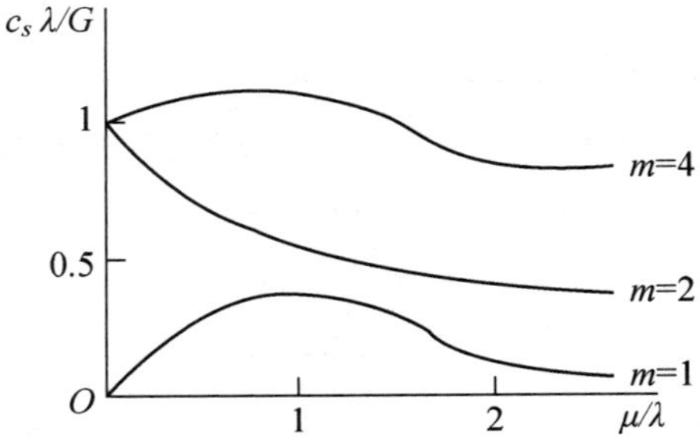

图 10－17

10.6.3　M/M/c 模型中最优的服务台数 c

仅讨论标准的 $M/M/c$ 模型,且在稳态情形下,这时单位时间全部费用(服务成本与等待费用之和)的期望值。

$$z=c_s'\cdot c+c_w\cdot L \tag{10-56}$$

其中 c 是服务台数;c_s' 是每个服务台单位时间的成本;c_w 为每个顾客在系统中停留单位时间的

费用;L 是系统中顾客平均数 L_s 或队列中等待的顾客平均数 L_q(它们都随 c 值的不同而不同)。因为 c_s' 和 c_w 是给定的,唯一可能变动的是服务台数 c,所以 z 是 c 的函数 $z(c)$,现在是求最优解 c^* 使 $z(c^*)$ 为最小。

因为 c 只取整数值,$z(c)$ 不是连续变量的函数,所以不能用经典的微分法。我们采用边际分析法(Marginal Analysis),根据 $z(c^*)$ 是最小的特点,有:

$$\begin{cases} z(c^*) \leqslant z(c^*-1) \\ z(c^*) \leqslant z(c^*+1) \end{cases}$$

得:

$$L(c^*)-L(c^*+1) \leqslant c_s'/c_w \leqslant L(c^*-1)-L(c^*) \tag{10-57}$$

依次求 $c=1,2,3,\cdots$ 时 L 的值,并作两相邻的 L 值之差,因 c_s'/c_w 是已知数,根据这个数落在哪个不等式的区间就可定出 c^*。

【例 10-11】 某检验中心为各工厂服务,要求做检验的工厂(顾客)的到来服从泊松流,平均到达率 λ 为每天 48 次,每次来检验由于停工等原因损失为 6 元。服务(做检验)时间服从负指数分布,平均服务率 μ 为每天 25 次,每设置 1 个检验员服务成本(工资及设备损耗)为每天 4 元。其他条件适合标准的 $M/M/c$ 模型,问应设几个检验员(及设备)才能使总费用的期望值为最小?

解:

$c_s'=4$ 元/检验员,$c_w=6$ 元/次,$\lambda=48$,$\mu=25$,$\lambda/\mu=1.92$。

设检验员数为 c,令 c 依次为 1,2,3,4,5,求出 L_s。计算过程如表 10-6 所示。

表 10-6

c	1	2	3	4	5
$\lambda/c\mu$	1.92	0.96	0.64	0.48	0.38
查表 $W_q\cdot\mu$	—	10.255 0	0.396 1	0.077 2	0.017 0
$L_s=\frac{\lambda}{\mu}(W_q\cdot\mu+1)$	—	21.610	2.680	2.068	1.952

将 L_s 值代入式(10-57)得表 10-7。

表 10-7

检验员数 c	来检验顾客 $L_s(c)$	$L(c)-L(c+1)\sim L(c-1)-L(c)$	总费用(每天)$z(c)$
1	∞		∞
2	21.610	18.930~∞	154.94
3	2.680	0.612~18.930	27.87(*)
4	2.068	0.116~0.612	28.38
5	1.952		31.71

$\frac{c_s'}{c_w}=0.666$,落在区间(0.612~18.930)内,所以 $c^*=3$。即应设 3 个检验员使总费用为最

小，直接代入式(10－57)也可验证总费用为最小。

$$z(c^*)=z(3)=27.87(\text{元})$$

10.7　本章小结

本章主要学习了以下内容：

(1) 排队系统模型。排队系统由输入过程、排队规则、服务机构三个基本部分组成。其中，输入过程(即顾客到达)和服务时间是随机过程。对于输入过程服从泊松分布、服务时间服从负指数分布的排队系统，主要包括单服务台负指数分布排队系统和多服务台负指数分布排队系统。前者包括标准的 $M/M/1$ 模型($M/M/1/\infty/\infty$)、系统的容量有限制($M/M/1/N/\infty$)和顾客源为有限($M/M/1/\infty/m$)三种情形；针对后者，讨论了标准的 $M/M/c$ 模型($M/M/c/\infty/\infty$)、系统容量有限制($M/M/c/N/\infty$)和有限顾客源($M/M/c/\infty/m$)三种情形。对于服务时间是任意分布的情形，又包括定长服务时间 $M/D/1$ 模型和爱尔朗服务时间 $M/E_k/1$ 模型。

(2) 排队系统优化。排队系统的最优化问题分为系统设计最优化和系统控制最优化。前者为静态问题，后者为动态问题。本教材只讨论静态最优化问题，包括 $M/M/1$ 模型中最优服务率和 $M/M/c$ 模型中最优的服务台数。对于 $M/M/1$ 模型中最优服务率，讨论了标准的 $M/M/1$ 模型、系统中顾客最大限制数和顾客源有限三种情形；对于 $M/M/c$ 模型中最优的服务台数，仅讨论稳态情形下的标准 $M/M/c$ 模型。

10.8　课后习题

10－1　在某风景区准备建造旅馆，顾客到达为泊松流，每天平均到(λ)6 人，顾客平均逗留时间($1/\mu$)为 2 天，试就该旅馆在具有(c)1，2，3，…，8 个房间的条件下，分别计算每天客房平均占用数 L_s 及满员概率 P_c。

10－2　某修理店只有一个修理工，来修理的顾客到达过程为泊松流，平均 4 人/小时；修理时间服从负指数分布，平均需要 6 分钟。试求：

(1) 在店内的平均顾客数；

(2) 每位顾客在店内的平均逗留时间；

(3) 等待服务的平均顾客数；

(4) 每位顾客平均等待服务时间。

10－3　某厂有几千名员工，该厂医务室平均每小时有 4 名员工接受超声波检查，医务室仅有一台仪器，该仪器每小时平均检查 5 位员工。试求：

(1) 该仪器的利用率；

(2) 医务室中平均的员工数；

(3) 员工在医务室中平均逗留时间；

(4) 医务室中在队列中等待的平均员工数；

(5) 平均等待的时间。

10-4　平均每6分钟一个顾客到达只有一个服务员的快餐店，服务员对顾客的平均服务时间是4分钟。假设到达时间和服务时间均服从负指数分布，试求：

(1) 服务员空闲的概率；

(2) 排队等待服务员服务的平均顾客数；

(3) 顾客在快餐店平均逗留时间；

(4) 服务员平均每小时将为多少顾客提供服务。

10-5　某车间的工具仓库只有一个管理员，平均每小时有10个工人来领工具，到达过程为泊松分布，领工具的时间服从负指数分布，平均每7.5分钟服务一个工人。由于场地限制，仓库内领工具的工人最多不超过4人。试求：

(1) 仓库内没有人领工具的概率；

(2) 有效到达率；

(3) 仓库领工具的工人平均数；

(4) 排队等待领工具的工人平均数；

(5) 工人在仓库中的平均逗留时间；

(6) 工人在仓库中的平均等待时间。

10-6　某银行有3个出纳员，顾客的到达服从泊松分布，平均每小时到达30人，所有的顾客排成一队。出纳员对顾客的服务时间服从负指数分布，平均每小时可服务12人。试求：

(1) 三名出纳员都忙的概率及该银行的主要运行指标；

(2) 若所有的顾客排成三队，顾客平均每小时到达10人，计算该银行的主要运行指标；

(3) 若将(1)、(2)进行比较，会得出什么结论？

10-7　有一汽车冲洗台，汽车按泊松流到达，平均每小时到达18辆，冲洗时间T根据过去的经验表明，有$E(T)=0.05$(小时/辆)，$\mathrm{Var}(T)=0.01$(小时/辆)^2，试求：

(1)等待冲洗服务的汽车平均数；

(2)该冲洗台中的汽车平均数；

(3)汽车的平均等待时间；

(4)汽车的平均逗留时间；

(5)对该服务机构进行评价。

10-8　有一个修理站，待修机器按泊松分布到达，平均每小时到达16台，修理时间T的数学期望和方差为$E[T]=0.05$台/小时，$\mathrm{Var}[T]=0$，试求系统有关的运行指标。

10-9　有一个电话亭，其顾客的到达服从泊松分布，平均每小时到达8人，通话时间服从爱尔朗分布，其平均通话时间为6分钟，方差为12分钟。求该系统的平均排队长和顾客平均等待时间。

10-10　某汽车修理部有4个停车位，当所有车位被占满时，新到达待修车辆则离去另求服务。前来寻求修理的汽车按泊松流到达，平均每天到达2辆。该修理部现有4个修理工，当待修车辆不足4辆时，空闲的修理工会协助修理。修理一辆车所需时间服从负指数分布，若1个修理工修理1辆汽车，则平均需3天；若4个修理工修理3辆汽车，则平均需2.5天；若4个修理工修理2辆汽车，则平均需2天；若4个修理工修理1辆汽车，则平均需0.75天。根据以上资料，回答下列问题：

(1) 画出系统的状态转移图；

(2) 求系统的状态概率；

(3) 求系统的损失率；

(4) 求系统中平均汽车数量；

(5) 求每辆汽车在系统中逗留的时间。

10－11　某公司有 3 台复印机供其雇员使用，但由于等待时间过长，经理正在考虑添加一台或多台打印机。该公司每年的工作时间为 2 000 小时，雇员按平均每小时 30 人的泊松分布到达，对每名顾客的服务时间为平均 5 分钟的负指数分布。由于雇员在复印时造成效率的损失估计为每小时 25 元，每台复印机的租用费用为每年 3 000 元。试确定该公司应配备多少台复印机，才能使其每小时总的期望费用最小？

10.9　课后习题参考答案

第 10 章习题答案

第 11 章

对策论

对策论(Game Theory)又称为博弈论或者竞赛论,是现代数学的一个新分支,是运筹学的一个重要学科。对策论主要研究在对策行为中,斗争各方是否存在最有利或最合理的行动方案,以及如何找到最有利或最合理行动方案的数学理论和方法。目前对策论在经济管理、计算机科学、军事战略和国际关系等众多领域中有着十分广泛的应用。

导入案例

如何从价格战中解套

企业在很多方面都要相互竞争,但这些竞争绝对不会像打价格战的时候那么惨烈。价格战之所以有这种张力,是因为低价既受人瞩目,又能讨好消费者。

顾客对品质的感觉不尽相同,也不尽准确。你的顾客可能看不出来对手所卖的产品比较好,但如果对手卖 90 元,你卖 100 元,显然对手的产品比较便宜。

纽约市有两家相互竞争的立体声音响商店:Crazy Eddie 和 Newark & Lewis。Crazy Eddie 已经准备打价格战,并打出了自己的口号:"我们不会积压产品,我们的价格是最低的——保证如此!我们的价格是疯狂的。"如果 Newark & Lewis 不希望和它打价格战,那应该如何应对呢?

假设一台录像机的批发价是 150 美元,现在 Crazy Eddie 和 Newark & Lewis 都卖 300 美元。某天,Crazy Eddie 偷偷作弊,减价为 275 美元,显然,如果 Newark & Lewis 不减价,Crazy Eddie 完全有可能将一些原本打算在对手那边购物的顾客吸引过来。事实上,在这个博弈中,双方减价是纳什均衡。我们可以通过博弈模型来说明,如表 11-0 所示。

表 11-0

Newark & Lewis	Crazy Eddie	
	减价	不减价
减价	(125,125)	(250,0)
不减价	(0,250)	(150,150)

构建上述对策模型时，为简单起见，需要把 Crazy Eddie 和 Newark & Lewis 的顾客群都做归一处理，假设每个商店都有一个顾客，商店都减价或都不减价时，顾客不会流失，每个商店获得利润 125 美元或 150 美元；如果一个商店减价，另一商店不减价，则会发生顾客流失的现象，顾客倾向于去低价商店购买。因此，降价商店获得 250 美元的利润，不降价商店的利润为 0。

很显然，(减价，减价)是纳什均衡。

从以上对策分析可以得知，如果 Newark & Lewis 没有好的策略加以应对，价格战将不可避免，双方都将陷入惨烈的降价大战。那么，有没有方法可以使双方都不降价，从而达到一个更优的纳什均衡呢？

11.1 对策问题的基本要素

(1) 局中人。

在一场竞争或斗争中的决策者称为该局对策的局中人。通常，一局对策具有两个或两个以上的决策者，一般用 I 表示局中人集合：$I=\{1,2,\cdots,n\}$。

(2) 策略集。

一局对策中，可供局中人选择的一个实际可行的完整的行动方案称为一个策略(Strategy)。

由所有策略构成的集合，称为策略集(Strategy Set)，用 S_i 表示。通常每一个局中人的策略集中至少应包括两个策略。

(3) 赢得函数(支付函数)。

在一局对策中，各局中人选定的策略形成的策略组称为一个局势，即若 s_i 是第 i 个局中人的一个策略，则 n 个局中人的策略组

$$s=(s_1,s_2,\cdots,s_n)$$

就是一个局势。全体局势的集合 S 可用各局人策略集的笛卡儿积表示，即

$$S=S_1\times S_2\times\cdots\times S_n$$

当一个局势出现后，对策的结果也就确定了。也就是说，对任一局势 $s\in S$，局中人 i 可以得到一个赢得值 $H_i(s)$。显然，$H_i(s)$是局势 s 的函数，称为第 i 个局中人的赢得函数。

11.2 对策问题的分类

对策问题主要分为以下几种类型：

① 根据局中人的个数，对策问题可以分为二人对策和多人对策。

② 根据各局中人的赢得函数的代数和是否为 0，对策问题可以分为零和对策和非零和对策。

③ 根据局中人策略集中的策略个数，对策问题可以分为有限对策和无限对策。

④ 根据局中人之间是否允许合作，对策问题可以分为合作对策和非合作对策。

在众多的对策模型中，占有重要地位的是二人有限零和对策，又称为矩阵对策。二人有限零和对策是指只有两个参加对策的局中人，每个局中人都只有有限个策略可供选择。在任一局势下，两个局中人的赢得之和总是等于零，一方的所得即为另一方的所失。“齐王赛马”就是一个矩阵对策的例子。

11.3　矩阵对策的数学模型

在矩阵对策中，一般Ⅰ，Ⅱ分别表示两个局中人，并设局中人Ⅰ有 m 个纯策略(以与后面的混合策略区别)$\alpha_1,\alpha_2,\cdots,\alpha_m$，局中人Ⅱ有 n 个纯策略 $\beta_1,\beta_2,\cdots,\beta_n$，则局中人Ⅰ，Ⅱ的策略集分别为：

$$S_1=\{\alpha_1,\alpha_2,\cdots,\alpha_m\}$$
$$S_2=\{\beta_1,\beta_2,\cdots,\beta_n\}$$

当局中人Ⅰ选定纯策略 α_i 和当局中人Ⅱ选定纯策略 β_j 后，就形成了一个纯局势(α_i,β_j)。可见这样的纯局势共有 $m\times n$ 个。对任一局势(α_i,β_j)而言，记局中人Ⅰ的赢得值为 a_{ij}，并称 $\boldsymbol{A}$ 为局中人Ⅰ的赢得矩阵，其中：

$$\boldsymbol{A}=\begin{bmatrix} a_{11} & a_{12} & \cdots & a_{1n} \\ a_{21} & a_{22} & \cdots & a_{2n} \\ \vdots & \vdots & & \vdots \\ a_{m1} & a_{m2} & \cdots & a_{mn} \end{bmatrix}$$

11.4　矩阵对策的基本定理

11.4.1　矩阵对策的纯策略

对于一般矩阵对策，有如下定义：

定义：设 $G=\{S_1,S_2;\boldsymbol{A}\}$ 为矩阵对策。其中：

$$S_1=\{\alpha_1,\alpha_2,\cdots,\alpha_m\},S_2=\{\beta_1,\beta_2,\cdots,\beta_n\},\boldsymbol{A}=(a_{ij})_{m\times n}$$

若等式

$$\max_i \min_j a_{ij}=\min_j \max_i a_{ij}=a_{i^*j^*}$$

成立，记 $V_G=a_{i^*j^*}$，则称 V_G 是对策 G 的值，称使上式成立的纯局势$(\alpha_{i^*},\beta_{j^*})$为 G 在纯策略下的解，α_{i^*} 与 β_{j^*} 分别称为局中人Ⅰ，Ⅱ的最优纯策略。

由定义可知，在矩阵对策中两个局中人都采取最优纯策略(如果最优纯策略存在)才是理智的行为。

【例 11-1】设矩阵对策 $G=\{S_1,S_2;\boldsymbol{A}\}$，其中，$S_1=\{\alpha_1,\alpha_2,\alpha_3,\alpha_4\}$，$S_2=\{\beta_1,\beta_2,\beta_3\}$，局中人Ⅰ的赢得矩阵为 $\boldsymbol{A}=\begin{bmatrix} -7 & 1 & -8 \\ 3 & 2 & 4 \\ 16 & -1 & -3 \\ -3 & 0 & 5 \end{bmatrix}$，求解该矩阵对策。

解：

根据矩阵 $\boldsymbol{A}$，得到表 11-1。

表 11-1

策略	β_1	β_2	β_3	$\min\limits_j a_{ij}$
α_1	-7	1	-8	-8
α_2	3	2	4	2^*

续表

策略	β_1	β_2	β_3	$\min\limits_j a_{ij}$
α_3	16	−1	−3	−3
α_4	−3	0	5	−3
$\max\limits_i a_{ij}$	16	2^*	5	

于是$\max\limits_i \min\limits_j a_{ij}=\min\limits_j \max\limits_i a_{ij}=a_{22}=2$，$G$ 的值 $V_G=2$。

G 的解为(α_2,β_2)，α_2和 β_2分别是局中人Ⅰ和Ⅱ的最优纯策略。

【例 11－2】已知矩阵对策 $G=\{S_1,S_2;\boldsymbol{A}\}$，其中，$S_1=\{\alpha_1,\alpha_2,\alpha_3,\alpha_4\}$，$S_2=\{\beta_1,\beta_2,\beta_3,\beta_4\}$，而且局中人Ⅰ的赢得矩阵为 $\boldsymbol{A}=\begin{bmatrix} 8 & 6 & 8 & 6 \\ 1 & 3 & 4 & -3 \\ 9 & 6 & 7 & 6 \\ -3 & 1 & 10 & 3 \end{bmatrix}$。求矩阵对策 G 的解和值。

解：

根据矩阵 $\boldsymbol{A}$，得到表 11－2。

表 11－2

策略	β_1	β_2	β_3	β_4	$\min\limits_j a_{ij}$
α_1	8	6	8	6	6^*
α_2	1	3	4	−3	−3
α_3	9	6	7	6	6^*
α_4	−3	1	10	3	−3
$\max\limits_i a_{ij}$	9	6^*	10	6^*	6

于是$\max\limits_i \min\limits_j a_{ij}=\min\limits_j \max\limits_i a_{ij}=a_{i^*j^*}=6$，其中 $i^*=1,3$；$j^*=2,4$，故(α_1,β_2)，(α_1,β_4)，(α_3,β_2)，(α_3,β_4)四个局势都是对策的解，且 $V_G=6$。由例 11－2 可知，一般矩阵对策的解可以是不唯一的。当解不唯一时，解之间的关系就具有下面两条性质。

性质 1　无差别性。即若$(\alpha_{i_1},\beta_{j_1})$和$(\alpha_{i_2},\beta_{j_2})$是对策 G 的两个解，则 $a_{i_1j_1}=a_{i_2j_2}$。

性质 2　可交换性。即若$(\alpha_{i_1},\beta_{j_1})$和$(\alpha_{i_2},\beta_{j_2})$是对策 G 的两个解，则$(\alpha_{i_1},\beta_{j_2})$和$(\alpha_{i_2},\beta_{j_1})$也是解。

【例 11－3】某单位采购员在秋天时要决定冬天取暖用煤的采购量。已知在正常的冬季气温条件下需要用煤 15 吨，在较暖和较冷气温条件下需要用煤 10 吨和 20 吨。假定冬季的煤价随着天气寒冷的程度而变化，在较暖、正常、较冷气温条件下每吨煤价分别为 100 元、150 元和 200 元。又设秋季时每吨煤价为 100 元。在没有关于当年冬季准确气象预报的条件下，问秋季应购多少吨煤，能使总支出最少？

解：

这个问题可以看成是一个对策问题，把采购员当作局中人Ⅰ，他有三个策略，在秋天时买 10 吨、15 吨和 20 吨煤，分别记作策略 α_1、策略 α_2和策略 α_3。

把大自然看作局中人Ⅱ，大自然的“选择”是冬天的气温，也有三种策略，出现较暖的、正常的和较冷的冬天,分别记作策略 β_1、策略 β_2 和策略 β_3。

现把该单位冬天取暖用煤全部费用(秋季购煤费用+冬天不够时再补购煤费用)作为采购员的赢得,采购员的赢得情况如表 11-3 所示。

表 11-3

策略	β_1	β_2	β_3	$\min_j a_{ij}$
α_1	−1 000	−1 750	−3 000	−3 000
α_2	−1 500	−1 500	−2 500	−2 500
α_3	−2 000	−2 000	−2 000	−2 000*
$\max_i a_{ij}$	−1 000	−1 500	−2 000*	

$$\max_i \min_j a_{ij} = \min_j \max_i a_{ij} = a_{33} = -2\ 000$$

故对策的解为(α_3, β_3),即秋季存储煤 20 吨最为合理。对策 G 的值 $V_G=-2\ 000$。

11.4.2 矩阵对策的混合策略

定义 1:设有矩阵对策 $G=\{S_1,S_2;\mathbf{A}\}$,其中 $S_1=\{\alpha_1,\alpha_2,\cdots,\alpha_m\}$,$S_2=\{\beta_1,\beta_2,\cdots,\beta_n\}$,$\mathbf{A}=(a_{ij})_{m\times n}$,记:

$$S_1^*=\{x\in E^m \mid x_i\geqslant 0, i=1,\cdots,m, \sum_{i=1}^m x_i=1\}$$

$$S_2^*=\{y\in E^n \mid y_j\geqslant 0, j=1,\cdots,n, \sum_{j=1}^n y_j=1\}$$

则 S_1^* 和 S_2^* 分别称为局中人Ⅰ和Ⅱ的混合策略集(或策略集);$x\in S_1^*$ 和 $y\in S_2^*$ 分别称为局中人Ⅰ和Ⅱ的混合策略(或策略);对 $x\in S_1^*$,$y\in S_2^*$,称(x,y)为一个混合局势(或局势),局中人Ⅰ的赢得函数记成:

$$E(x,y)=x^{\mathrm{T}}\mathbf{A}y=\sum_i\sum_j a_{ij}x_iy_j$$

这样得到的一个新的对策,记成 $G^*=\{S_1^*,S_2^*,E\}$,称 G^* 为对策 G 的混合扩充。

定理 1:矩阵对策 $G=\{S_1,S_2;\mathbf{A}\}$,在纯策略意义下有解的充分必要条件是,存在纯局势$(\alpha_{i^*},\beta_{j^*})$,使得对一切 $i=1,\cdots,m$,$j=1,\cdots,n$,均有 $a_{ij^*}\leqslant a_{i^*j^*}\leqslant a_{i^*j}$。

定理 2:矩阵对策 $G=\{S_1,S_2;\mathbf{A}\}$,在混合策略意义下有解的充要条件是,存在 $x^*\in S_1^*$,$y^*\in S_2^*$,使(x^*,y^*)为函数 $E(x,y)$的一个鞍点,即对一切 $x\in S_1^*$,$y\in S_2^*$,有 $E(x,y^*)\leqslant E(x^*,y^*)\leqslant E(x^*,y)$。

定理 3:设 $x^*\in S_1^*$,$y^*\in S_2^*$,则(x^*,y^*)是 G 的解的充要条件:对任意 $i=1,\cdots,m$ 和 $j=1,\cdots,n$,有 $E(i,y^*)\leqslant E(x^*,y^*)\leqslant E(x^*,j)$。

定理 4:设 $x^*\in S_1^*$,$y^*\in S_2^*$,则(x^*,y^*)是 G 的解的充要条件:存在数 v,使得 x^* 和 y^* 分别是不等式组(Ⅰ)和(Ⅱ)的解,且 $v=V_G$。

$$(\text{Ⅰ})\begin{cases}\sum_i a_{ij}x_i\geqslant v, j=1,\cdots,n\\ \sum_i x_i=1\\ x_i\geqslant 0, i=1,\cdots,m\end{cases}\qquad(11-1)$$

$$(\text{Ⅱ})\begin{cases}\sum_j a_{ij}y_j \leqslant v, i=1,\cdots,m \\ \sum_j y_j = 1 \\ y_j \geqslant 0, j=1,\cdots,n\end{cases} \tag{11-2}$$

定理 5：对任一矩阵对策 $G=\{S_1,S_2;\boldsymbol{A}\}$，一定存在混合策略意义下的解。

定理 6：设(x^*,y^*)是矩阵对策 G 的解，$v=V_G$，则：

① 若$x_{i^*}>0$，则$\sum_j a_{ij}y_{j^*}=v$。

② 若 $y_{j^*}>0$，则$\sum_i a_{ij}x_{i^*}=v$。

③ 若$\sum_j a_{ij}y_{j^*}<v$，则 $x_{i^*}=0$。

④ 若$\sum_i a_{ij}x_{i^*}>v$，则 $y_{j^*}=0$。

定理 7：设有两个矩阵对策：

$$G_1=\{S_1,S_2;\boldsymbol{A}_1\}$$
$$G_2=\{S_1,S_2;\boldsymbol{A}_2\}$$

其中，$\boldsymbol{A}_1=(a_{ij})$，$\boldsymbol{A}_2=(a_{ij}+L)$，$L$ 为任一常数，则：

① $V_{G_2}=V_{G_1}+L$。

② $T(G_1)=T(G_2)$。

定理 8：设有两个矩阵对策：

$$G_1=\{S_1,S_2;\boldsymbol{A}\}$$
$$G_2=\{S_1,S_2;\alpha\boldsymbol{A}\}$$

其中 $\alpha>0$ 为任一常数。则：

① $V_{G_2}=\alpha V_{G_1}$。

② $T(G_1)=T(G_2)$。

定理 9：设 $G=\{S_1,S_2;\boldsymbol{A}\}$为一矩阵对策，且 $\boldsymbol{A}=-\boldsymbol{A}^{\mathrm{T}}$为斜对称矩阵(亦称这种对策为对称对策)。则：

① $V_G=0$；

② $T_1(G)=T_2(G)$，其中 $T_1(G)$和 $T_2(G)$分别为局中人Ⅰ和Ⅱ的最优策略集。

定义 2：设有矩阵对策 $G=\{S_1,S_2;\boldsymbol{A}\}$，其中，$S_1=\{\alpha_1,\alpha_2,\cdots,\alpha_m\}$，$S_2=\{\beta_1,\beta_2,\cdots,\beta_n\}$，$\boldsymbol{A}=(a_{ij})$，如果对一切 $j=1,2,\cdots,n$ 都有 $a_{i^0j}\geqslant a_{k^0j}$，即矩阵 $\boldsymbol{A}$ 的第 i^0 行元素均不小于第 k^0 行的对应元素，则称局中人Ⅰ的纯策略 a_{i^0} 优超于 a_{k^0}；同样，若对一切 $i=1,2,\cdots,m$，都有 $a_{ij^0}\leqslant a_{il^0}$，即矩阵 $\boldsymbol{A}$ 的第 l^0 列元素均不小于第 j^0 列的对应元素，则称局中人Ⅱ的纯策略 β_{j^0} 优超于 β_{l^0}。

定理 10：设 $G=\{S_1,S_2;\boldsymbol{A}\}$为矩阵对策，其中 $S_1=\{\alpha_1,\alpha_2,\cdots,\alpha_m\}$，$S_2=\{\beta_1,\beta_2,\cdots,\beta_n\}$，$\boldsymbol{A}=(a_{ij})$，如果纯策略 α_1 被其余纯策略 $\alpha_2,\cdots,\alpha_m$ 中之一所优超，由 G 可得到一个新的矩阵对策：

$$G'=\{S_1',S_2';\boldsymbol{A}'\}$$

其中：

$$S_1'=\{\alpha_2,\cdots,\alpha_m\}$$
$$\boldsymbol{A}'=(a'_{ij})_{(m-1)\times n}$$

$$a'_{ij}=a_{ij},i=2,\cdots,m;j=1,\cdots,n$$

于是有：

① $V_{G'}=V_G$；

② G'中局中人Ⅱ的最优策略就是其在 G 中的最优策略；

③ 若$(x_2^*,\cdots,x_m^*)^{\mathrm{T}}$ 是 G'中局中人Ⅰ的最优策略，则 $x^*=(0,x_2^*,\cdots,x_m^*)^{\mathrm{T}}$ 便是其在 G 中的最优策略。

【例 11-4】 矩阵对策 $G=\{S_1,S_2;\boldsymbol{A}\}$，局中人是甲和乙，其中，$\boldsymbol{A}=\begin{bmatrix}3&6\\5&4\end{bmatrix}$，求矩阵对策 G 的解和值。

解：

根据矩阵 $\boldsymbol{A}$，得到表 11-4。

表 11-4

策略	β_1	β_2	$\min\limits_j a_{ij}$
α_1	3	6	3
α_2	5	4	4
$\max\limits_i a_{ij}$	5	6	

显然 G 在纯策略意义下的解不存在，于是设 $x=(x_1,x_2)$为局中人甲的混合策略，$y=(y_1,y_2)$为局中人乙的混合策略，则：

$S_1^*=\{(x_1,x_2)\mid x_1,x_2\geqslant 0,x_1+x_2=1\}$；$S_2^*=\{(y_1,y_2)\mid y_1,y_2\geqslant 0,y_1+y_2=1\}$。

局中人甲的赢得期望值：

$$\begin{aligned}E(x,y)&=3x_1y_1+6x_1y_2+5x_2y_1+4x_2y_2\\&=3x_1y_1+6x_1(1-y_1)+5y_1(1-x_1)+4(1-x_1)(1-y_1)\\&=-4(x_1-1/4)(y_1-1/2)+9/2\end{aligned}$$

取 $x^*=(1/4,3/4),y^*=(1/2,1/2)$，则 $E(x^*,y^*)=9/2,E(x^*,y)=E(x,y^*)=9/2$，即满足 $E(x,y^*)\leqslant E(x^*,y^*)\leqslant E(x^*,y)$，故 $x^*=(1/4,3/4),y^*=(1/2,1/2)$分别为局中人甲和乙的最优策略。对策 G 的值(局中人甲的赢得期望值)$V_G=9/2$。

【例 11-5】(优超原则的应用)已知某矩阵对策 G 的赢得矩阵为：

$$\boldsymbol{A}=\begin{bmatrix}3&2&0&3&0\\5&0&2&5&9\\7&3&9&5&9\\4&6&8&7&5.5\\6&0&8&8&3\end{bmatrix}$$

求解这个矩阵对策。

解：

由于第 4 行优超于第 1 行，第 3 行优超于第 2 行，故划去第 1 行和第 2 行，得到新的赢得矩阵：

$$A_1=\begin{bmatrix}7&3&9&5&9\\4&6&8&7&5.5\\6&0&8&8&3\end{bmatrix}$$

对于 A_1，第 1 列优超于第 3 列，第 2 列优超于第 4 列，1/3×(第 1 列)+2/3×(第 2 列)优超于第 5 列，因此去掉第 3 列、第 4 列和第 5 列，得到：

$$A_2=\begin{bmatrix}7&3\\4&6\\6&0\end{bmatrix}$$

这时，第 1 行又优超于第 3 行，故从 A_2 中划去第 3 行，得到：

$$A_3=\begin{bmatrix}7&3\\4&6\end{bmatrix}$$

对于 A_3，易知无鞍点存在，应用定理 4，求解不等式组(Ⅰ)、不等式组(Ⅱ)：

$$(\text{Ⅰ})\begin{cases}7x_3+4x_4\geqslant v\\3x_3+6x_4\geqslant v\\x_3+x_4=1\\x_3,x_4\geqslant 0\end{cases}\qquad(\text{Ⅱ})\begin{cases}7y_1+3y_2\leqslant v\\4y_1+6y_2\leqslant v\\y_1+y_2=1\\y_1,y_2\geqslant 0\end{cases}$$

首先考虑满足

$$\begin{cases}7x_3+4x_4=v\\3x_3+6x_4=v\\x_3+x_4=1\end{cases}\qquad\begin{cases}7y_1+3y_2=v\\4y_1+6y_2=v\\y_1+y_2=1\end{cases}$$

的非负解。求得解为 $x_3^*=1/3, x_4^*=2/3, y_1^*=1/2, y_2^*=1/2$。值为 $v=5$。

于是，原矩阵对策的一个解为 $x^*=(0,0,1/3,2/3,0)^{\mathrm{T}}$，$y^*=(1/2,1/2,0,0,0)^{\mathrm{T}}$，$V_G=5$。

11.5　矩阵对策的解法

矩阵对策的解法有公式法、图解法、线性方程组方法和线性规划方法等。

(1) 2×2 对策的公式法。

设矩阵对策中，$A=\begin{bmatrix}a_{11}&a_{12}\\a_{21}&a_{22}\end{bmatrix}$。

如果 A 有鞍点，则很快可求出各局中人的最优纯策略；如果 A 没有鞍点，则可证明各局中人最优混合策略中的 x_i^*，y_j^* 均大于 0。

于是，由定理 6 可知，为求最优混合策略，可先求出下列等式组：

$$(\text{Ⅰ})\begin{cases}a_{11}x_1+a_{21}x_2=v\\a_{12}x_1+a_{22}x_2=v\\x_1+x_2=1\end{cases}$$

$$(\text{Ⅱ})\begin{cases}a_{11}y_1+a_{12}y_2=v\\a_{21}y_1+a_{22}y_2=v\\y_1+y_2=1\end{cases}$$

当矩阵 A 不存在鞍点时，可以证明上面等式组(Ⅰ)和等式组(Ⅱ)一定有严格非负解 $x^*=$

(x_1^*, x_2^*)和 $y^*=(y_1^*, y_2^*)$，其中，

$$x_1^*=\frac{a_{22}-a_{21}}{(a_{11}+a_{22})-(a_{12}+a_{21})} \tag{11-3}$$

$$x_2^*=\frac{a_{11}-a_{12}}{(a_{11}+a_{22})-(a_{12}+a_{21})} \tag{11-4}$$

$$y_1^*=\frac{a_{22}-a_{12}}{(a_{11}+a_{22})-(a_{12}+a_{21})} \tag{11-5}$$

$$y_2^*=\frac{a_{11}-a_{21}}{(a_{11}+a_{22})-(a_{12}+a_{21})} \tag{11-6}$$

$$V_G=\frac{a_{11}a_{22}-a_{12}a_{21}}{(a_{11}+a_{22})-(a_{12}+a_{21})} \tag{11-7}$$

(2) $2\times n$ 或 $m\times 2$ 对策的图解法。

该方法适用于赢得矩阵为 $2\times n$ 或 $m\times 2$ 的对策，也可以用于 $3\times n$ 或 $m\times 3$ 的对策，但是对于 m 和 n 均大于 3 的矩阵对策就不适用了。

(3) 线性方程组方法。

根据定理 4，求解矩阵对策解(x^*, y^*)的问题等价于求解不等式组(11-1)和(11-2)，又根据定理 5 和定理 6，如果假设最优策略中的 x_i^* 和 y_j^* 均不为零，即可将上述两个不等式组的求解问题转化成求解下面两个方程组的问题：

$$\begin{cases}\sum\limits_i a_{ij}x_i=v, j=1,\cdots,n\\ \sum\limits_i x_i=1\end{cases} \tag{11-8}$$

$$\begin{cases}\sum\limits_j a_{ij}y_j=v, i=1,\cdots,m\\ \sum\limits_j y_j=1\end{cases} \tag{11-9}$$

(4) 线性规划方法。

由定理 5 可知，任一矩阵对策 $G=\{S_1, S_2; \boldsymbol{A}\}$ 的求解均等价于一对互为对偶的线性规划问题，而定理 4 表明，对策 G 的解 x^* 和 y^* 等价于下面两个不等式组的解。

$$(\text{Ⅰ})\begin{cases}\sum\limits_i a_{ij}x_i\geqslant v, j=1,\cdots,n\\ \sum\limits_i x_i=1\\ x_i\geqslant 0, i=1,\cdots,m\end{cases} \tag{11-10}$$

$$(\text{Ⅱ})\begin{cases}\sum\limits_j a_{ij}y_j\leqslant v, i=1,\cdots,m\\ \sum\limits_j y_j=1\\ y_j\geqslant 0, j=1,\cdots,n\end{cases} \tag{11-11}$$

其中，

$$v=\max_{x\in S_1^*}\min_{y\in S_2^*}E(x,y)=\min_{y\in S_2^*}\max_{x\in S_1^*}E(x,y) \tag{11-12}$$

是对策的值 V_G。

定理 11：设矩阵对策 $G=\{S_1,S_2;\boldsymbol{A}\}$ 的值为 V_G，则：

$$V_G=\max_{x\in S_1^*}\min_{1\leqslant j\leqslant n}E(x,j)=\min_{y\in S_2^*}\max_{1\leqslant i\leqslant m}E(i,y) \tag{11-13}$$

【例 11-6】用公式法求解矩阵对策 $G=\{S_1,S_2;\boldsymbol{A}\}$，其中，$\boldsymbol{A}=\begin{bmatrix}1&3\\4&2\end{bmatrix}$，求它的解及值。

解：

$\boldsymbol{A}$ 没有鞍点，由通解式(11-3)—通解式(11-7)计算得到最优解为 $x^*=(1/2,1/2)^{\mathrm{T}}$，$y^*=(1/4,3/4)^{\mathrm{T}}$，对策值为 $V_G=5/2$。

【例 11-7】用图解法求解矩阵对策 $G=\{S_1,S_2;\boldsymbol{A}\}$，其中，$\boldsymbol{A}=\begin{bmatrix}2&3&11\\7&5&2\end{bmatrix}$，$S_1=\{\alpha_1,\alpha_2\}$，$S_2=\{\beta_1,\beta_2,\beta_3\}$。

解：

显然该问题无鞍点解。

设局中人Ⅰ的混合策略为 $(x,1-x)^{\mathrm{T}}$，$x\in[0,1]$。过数轴上坐标为(0,0)和(1,0)的两点分别作两条垂线Ⅰ—Ⅰ和Ⅱ—Ⅱ，垂线上点的纵坐标值分别表示局中人Ⅰ采取纯策略 α_1 和 α_2 时，局中人Ⅱ采取各纯策略时的赢得值。如图 11-1 所示。当局中人Ⅰ选择每一策略 $(x,1-x)^{\mathrm{T}}$ 时，他的最少可能的收入为由局中人Ⅱ选择 β_1,β_2,β_3 时所确定的三条直线：$2x+7(1-x)=V$；$3x+5(1-x)=V$；$11x+2(1-x)=V$。

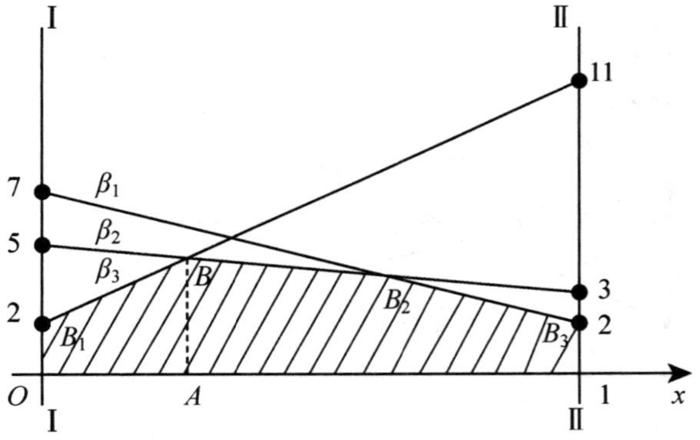

图 11-1

在 x 处的纵坐标中之最小者，即如折线 $B_1B\ B_2B_3$ 所示。所以对局中人Ⅰ来说，他的最优选择就是确定 x，使他的收入尽可能地多，从图 11-1 可知，按最小最大原则，应选择 $x=OA$，而 AB 即为对策值。为求出点 x 和对策值 V_G，可联立过 B 点的两条线段 β_2 和 β_3 所确定的方程：

$$\begin{cases}3x+5(1-x)=V_G\\11x+2(1-x)=V_G\end{cases}$$

解得 $x=3/11$，$V_G=49/11$。所以，局中人Ⅰ的最优策略为 $x^*=(3/11,8/11)^{\mathrm{T}}$。此外，从图 11-1 还可以看出，局中人Ⅱ的最优混合策略只由 β_2 和 β_3 组成。

事实上，若记 $y^*=(y_1^*,y_2^*,y_3^*)^{\mathrm{T}}$ 为局中人Ⅱ的最优混合策略，则有：

$$E(x^*,1)=2\times3/11+7\times8/11=62/11>49/11=V_G$$

$$E(x^*,2)=E(x^*,3)=V_G$$

根据定理 6 可知,必有 $y_1^*=0, y_2^*>0, y_3^*>0$。

根据定理 6,可由

$$\begin{cases}3y_2+11y_3=49/11\\5y_2+2y_3=49/11\\y_2+y_3=1\end{cases}$$

求得 $y_2^*=9/11, y_3^*=2/11$。所以局中人Ⅱ的最优混合策略为 $y^*=(0,9/11,2/11)^{\mathrm{T}}$。

【例 11-8】用图解法求解矩阵对策 $G=\{S_1,S_2;\boldsymbol{A}\}$,其中 $S_1=\{\alpha_1,\alpha_2,\alpha_3\}$,$S_2=\{\beta_1,\beta_2\}$,$\boldsymbol{A}=\begin{bmatrix}2&7\\6&6\\11&2\end{bmatrix}$。

解:

设局中人Ⅱ的混合策略为 $(y,1-y)^{\mathrm{T}}$,由图 11-2 可知,直线 $\alpha_1,\alpha_2,\alpha_3$ 在任一点 $y\in[0,1]$ 处的纵坐标分别是局中人Ⅱ采取混合策略 $(y,1-y)^{\mathrm{T}}$ 时的支付。根据在最不利当中选取最有利的原则,局中人Ⅱ的最优选择就是确定 y,以使三个纵坐标值中的最大值尽可能小。从图 11-2 可见,应选择 $OA_1\leqslant y\leqslant OA_2$,且对策的值为 6,由方程:

$$2y+7(1-y)=6 \text{ 和 } 11y+2(1-y)=6$$

求得 $OA_1=1/5$,$OA_2=4/9$。故局中人Ⅱ的最优混合策略是 $y^*=(y,1-y)^{\mathrm{T}}$,其中 $1/5\leqslant y\leqslant 4/9$,而局中人Ⅰ的最优策略只能是 $x^*=(0,1,0)^{\mathrm{T}}$,即取纯策略 α_2。

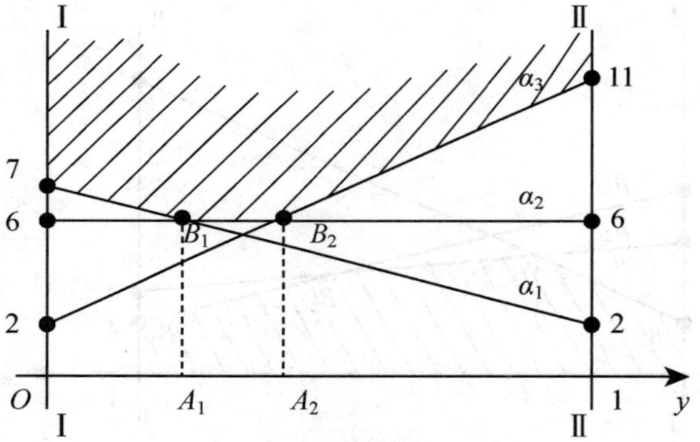

图 11-2

11.6 本章小结

本章主要学习了以下内容:

① 对策行为的三个基本要素,包括局中人、策略集和赢得函数。

② 矩阵对策的数学模型。在众多的对策模型当中,占有重要地位的是二人有限零和对策(矩阵对策)。

③ 矩阵对策的纯策略和矩阵对策的混合策略。

④ 矩阵对策的基本定理、优超原则。

⑤ 矩阵对策的解法包括公式法、图解法、线性方程组方法和线性规划方法等。

11.7　课后习题

11-1　设二人零和对策 $G=\{S_1,S_2;\boldsymbol{A}\}$，其中，$S_1=\{\alpha_1,\alpha_2,\alpha_3,\alpha_4\}$，$S_2=\{\beta_1,\beta_2,\beta_3\}$，局中人 Ⅰ 的赢得矩阵为 $\boldsymbol{A}=\begin{bmatrix}-6 & 2 & -7\\ 5 & 3 & 6\\ 18 & 0 & -8\\ -2 & -12 & 7\end{bmatrix}$，求解矩阵对策 $G=\{S_1,S_2;\boldsymbol{A}\}$。

11-2　已知局中人甲的赢得矩阵 $\boldsymbol{A}=\begin{bmatrix}10 & -1 & 6\\ 12 & 10 & -5\\ 6 & -8 & 5\end{bmatrix}$，利用优超原则进行化简。

11-3　已知局中人甲的赢得矩阵 $\boldsymbol{A}=\begin{bmatrix}1 & 0 & 3 & 4\\ -1 & 4 & 0 & 1\\ 2 & 2 & 2 & 3\\ 0 & 4 & 1 & 1\end{bmatrix}$，利用优超原则进行化简。

11-4　用公式法求解矩阵对策 $G=\{S_1,S_2;\boldsymbol{A}\}$，其中，$\boldsymbol{A}=\begin{bmatrix}3 & 6\\ 5 & 4\end{bmatrix}$，求它的解及值。

11-5　用图解法求解矩阵对策 $G=\{S_1,S_2,\boldsymbol{A}\}$，局中人是 Ⅰ 和 Ⅱ，其中 $S_1=\{\alpha_1,\alpha_2\}$，$S_2=\{\beta_1,\beta_2,\beta_3\}$，其中，局中人 Ⅰ 的赢得矩阵为 $\boldsymbol{A}=\begin{bmatrix}1 & 3 & 11\\ 8 & 5 & 2\end{bmatrix}$，求出该对策问题的解和值。

11-6　求解赢得矩阵 $\boldsymbol{A}$ 的矩阵对策

$$\boldsymbol{A}=\begin{bmatrix}4 & 8/3 & 4 & 2\\ 1 & 5 & 5 & 7\end{bmatrix}$$

11.8　课后习题参考答案

第 11 章习题答案

第 12 章

决策论

决策论是运筹学的一个分支，是决策分析的理论基础。按决策的环境，可将决策问题分为确定型决策、风险型决策和不确定型决策三种。

确定型决策：决策的环境是完全确定的，做出选择的结果也是确定的。

风险型决策：决策的环境不是完全确定的，但其发生的概率是已知的。

不确定型决策：决策者对将发生结果的概率一无所知，只能凭决策者的主观倾向进行决策。

导入案例

电信公司技改决策

某经营移动业务的电信公司为开拓市场，准备开发一种新的移动增值业务，这就要求公司对原有设备和电信业务网络及服务设备进行重大技术改造，技术改造的方案经讨论有如下三种：

(1) 方案 A：引进全套国外成品平台。

这个方案是引进知名品牌思科公司的全套技术平台和相关设备。其特点是平台自动化水平高，单业务平台业务承载能力强，可以同时为 1 000 万客户提供服务，而且平台及设备质量也有保证，但投资大，若业务销路好，则获利大，若该项新的增值业务销路不好，其亏损也大。因此投资风险较大。

(2) 方案 B：使用相同功能的国内成品平台。

这个方案是购买国内某集成商通过自主集成研发的成套成品设备及应用平台。其特点是自动化水平较高，但单业务平台业务承载能力不高，可以同时为 300 万客户提供服务，而且提供的业务服务质量也有保证，该投资比引进外国知名品牌的购买金额低，故当该增值业务销路好时，能获得较大收益，销路不好时，会发生小额亏损。

(3) 方案 C：利用公司现有设备，招标集成商进行系统集成，组建业务应用平台，实现该增值业务的部分使用功能。

这个方案投资较少，但平台提供的增值业务服务受到限制，业务服务质量与前两种相比存在一定差异，但也能被客户接受，不论市场如何变化，均能获利，但获利不多，风险较小。

公司计划部对上述三种方案进行了评估，估计均可以使用 5～7 年。公司对这种新的增值业务上市后的用户使用情况进行了市场调查和分析，认为通信市场未来可能呈现如下三种状态，并根据调查情况及新的增值业务推出后市场反响的有关资料，预测了三种状态出现的概率：

状态一(E_1)：未来市场需求大，用户普及率很高，出现的概率为 30%；

状态二(E_2)：未来市场需求中等，用户普及率一般，出现的概率为 40%；

状态三(E_3)：未来市场需求小，用户普及率较差，出现的概率为 30%。

公司市场部对市场销路可能出现这三种状态的每年收益情况也做了估算，具体数据如表 12－0所示。

表 12－0　　万元

方案	用户普及率很高 E_1（概率为 0.3）	用户普及率一般 E_2（概率为 0.4）	用户普及率较差 E_3（概率为 0.3）
A	5 000	2 000	－800
B	3 500	2 500	－400
C	1 200	800	400

公司在上述分析的基础上，为了慎重起见，又考虑是否投资 80 万元组建一个小型测试平台，并让部分老用户试用，以进一步摸清未来市场对新增值业务的需求情况。在小批量测试后，发现当前市场销路也有好、一般和较差三种状态：

状态一(Z_1)：当前市场需求大，用户使用率高；

状态二(Z_2)：当前市场需求中等，用户使用率一般；

状态三(Z_3)：当前市场需求小，用户使用率较低。

根据当前用户使用率情况，可以进一步推断未来市场的情况，其概率估计值 $P(Z_iE_j)$ 数值如表 12－1 所示。

表 12－1

Z_i	E_j		
	E_1	E_2	E_3
Z_1	0.6	0.2	0.2
Z_2	0.3	0.5	0.2
Z_3	0.1	0.3	0.6

根据上述情况，公司面临的决策问题如下：

① 是否需要先组建一个小型测试平台？

② 采用哪一个投资方案更妥当？

12.1　不确定型决策

不确定型决策是指决策者对环境一无所知，这时决策者是根据自己的主观倾向进行决策。

因为决策者的主观态度不同,决策准则可分为五种:悲观主义决策准则、乐观主义决策准则、等可能性决策准则、最小机会损失决策准则、折中主义决策准则。

① 策略集合:决策者可选的行动方案。记作$\{S_i\}, i=1,2,\cdots,m$。

② 事件集合:可能发生的情况。记作$\{E_j\}, j=1,2,\cdots,n$。

③ 损益函数:每个"策略—事件"对都可以计算出相应的收益值或损失值,记作 a_{ij}。损益值 a_{ij} 是 S_i 和 E_j 的函数,即 $a_{ij}=\nu(S_i,E_j)$。

损益值构成的矩阵叫作损益矩阵,损益矩阵

$$\mathbf{V}=(a_{ij})_{m\times n}=\begin{bmatrix} a_{11} & a_{12} & \cdots & a_{1n} \\ a_{21} & a_{22} & \cdots & a_{2n} \\ \vdots & \vdots & & \vdots \\ a_{m1} & a_{m2} & \cdots & a_{mn} \end{bmatrix}$$

策略集合、事件集合和损益函数组成了决策系统。

【例 12-1】设某工厂是按批生产某产品并按批销售,每件产品的成本为 30 元,批发价格为每件 35 元。若每月生产的产品当月销售不完,则每件损失 1 元。工厂每投产一批是 10 件,最大月生产能力是 40 件,决策者可选择的生产方案为 0 件、10 件、20 件、30 件、40 件五种。经工厂有关人员分析,断定将发生五种销售情况,即销量为 0 件、10 件、20 件、30 件、40 件。问决策者如何应用五种决策准则进行决策?

解:

决策者可选的行动方案有五种,这是他的策略集合,记作$\{S_i\}, i=1,2,\cdots,5$。经工厂有关人员分析,断定将发生五种销售情况,即销量为 0 件、10 件、20 件、30 件、40 件,但不知它们发生的概率。这就是事件集合,记作$\{E_j\}, j=1,2,\cdots,5$。每个"策略—事件"对都计算出相应的收益值或损失值。如当选择月产量为 20 件时,销售量为 10 件,这时收益额为 10×(35−30)−1×(20−10)=40(元)。

可以一一计算出各"策略—事件"对所对应的收益值或损失值,记作 a_{ij}。将这些数据汇总在矩阵中,如表 12-2 所示。

表 12-2

策略 S_i	事件 E_j				
	0	10	20	30	40
0	0	0	0	0	0
10	−10	50	50	50	50
20	−20	40	100	100	100
30	−30	30	90	150	150
40	−40	20	80	140	200

这就是决策矩阵。根据决策矩阵中各元素所代表的含义不同,可称为收益矩阵、损失矩阵、风险矩阵、后悔值矩阵等。

下面讨论决策者是如何应用决策准则进行决策的。

(1) 悲观主义(max min)决策准则。

悲观主义决策准则亦称保守主义决策准则，指当决策者面临各事件的发生概率不清时，决策者考虑可能由于决策错误而造成重大经济损失。由于自己的经济实力比较脆弱，他在处理问题时就较谨慎。他分析各种最坏的可能结果，从中选择最好者，以它对应的策略为决策策略，用符号表示为 max min 决策准则。在收益矩阵中先从各策略所对应的可能发生的"策略—事件"对的结果中选出最小值，将它们列于表的最右列。再从此列的数值中选出最大者，以它对应的策略为决策者应选的决策策略。

如表 12－3 所示，根据悲观主义决策准则，有 max(0，－10，－20，－30，－40)＝0。它对应的策略为 S_1，即为决策者应选的策略，在这里是"什么也不生产"。上述计算用公式表示为：

$$S_k^* \to \max_i \min_j (a_{ij})$$

表 12－3

策略 S_i	事件 E_j					min
	0	10	20	30	40	
0	0	0	0	0	0	0←max
10	－10	50	50	50	50	－10
20	－20	40	100	100	100	－20
30	－30	30	90	150	150	－30
40	－40	20	80	140	200	－40

(2) 乐观主义(max max)决策准则。

持乐观主义(max max)决策准则的决策者对待风险的态度与悲观主义者不同，当他面临情况不明的策略问题时，他绝不放弃任何一个可获得最好结果的机会，以争取好中之好的乐观态度来选择他的决策策略。决策者在收益矩阵中从各策略所对应的"策略—事件"对的结果中选出最大者，记在表的最右列。再从该列数值中选择最大者，以它对应的策略为决策策略。

如表 12－4 所示，根据乐观主义决策准则，有 max(0，50，100，150，200)＝200，它对应的策略为 S_5，用公式表示为：

$$S_k^* \to \max_i \max_j (a_{ij})$$

表 12－4

策略 S_i	事件 E_j					max
	0	10	20	30	40	
0	0	0	0	0	0	0
10	－10	50	50	50	50	50
20	－20	40	100	100	100	100
30	－30	30	90	150	150	150
40	－40	20	80	140	200	200←max

(3) 等可能性(Laplace)决策准则。

等可能性(Laplace)决策准则是 19 世纪的数学家 Laplace 提出的。他认为，当一个人面临着某事件集合时，在没有什么确切理由来说明这一事件比那一事件有更多发生机会时，只能认为各事件发生的机会是均等的。即每一事件发生的概率都是 1/事件数。决策者计算各策略的收益期望值，然后在所有这些期望值中选择最大者，以它对应的策略为决策策略。

等可能性决策准则用公式表示为：

$$S_k^* \to \max_i \{E(S_i)\}$$

如表 12 - 5 所示，$p=1/5$，期望值为：

$$E(S_i)=\sum_j p a_{ij}$$

即 $\max\{E(S_i)\}=\max\{0,38,64,78,80\}=80$，它对应的策略 S_5 为决策策略。

表 12 - 5

策略 S_i	事件 E_j					$E(S_i)=\sum_j p a_{ij}$
	0	10	20	30	40	
0	0	0	0	0	0	0
10	−10	50	50	50	50	38
20	−20	40	100	100	100	64
30	−30	30	90	150	150	78
40	−40	20	80	140	200	80←max

(4) 最小机会损失决策准则。

最小机会损失决策准则亦称最小遗憾值决策准则或 Savage 决策准则。首先将收益矩阵中各元素变换为每一“策略—事件”对的机会损失值(遗憾值、后悔值)。其含义是，当某一事件发生后，由于决策者没有选用收益最大的策略而形成的损失值。若发生 k 事件，各策略的收益为 $a_{ik}, i=1,2,\cdots,5$，其中最大者为：

$$a_{ik}=\max_i(a_{ik})$$

这时各策略的机会损失值为：

$$a'_{ik}=\{\max_i(a_{ik})-a_{ik}\}, i=1,2,\cdots,5$$

计算结果如表 12 - 6 所示。

表 12 - 6

策略 S_i	事件 E_j					max
	0	10	20	30	40	
0	0	50	100	150	200	200
10	10	0	50	100	150	150
20	20	10	0	50	100	100
30	30	20	10	0	50	50
40	40	30	20	10	0	40←min

从所有最大机会损失值中选取最小者，它对应的策略为决策策略。用公式表示为：

$$S_k^* \to \min_i \max_j a'_{ij}$$

决策策略为：

$$\min(200,150,100,50,40)=40\rightarrow S_5。$$

(5) 折中主义决策准则。

当用悲观主义决策准则或乐观主义决策准则来处理问题时，有的决策者认为这样太极端了，于是提出把这两种决策准则综合起来，令 α 为乐观系数，且 $0\leqslant\alpha\leqslant1$。并用以下关系式表示：

$$H_i=\alpha a_{i\max}+(1-\alpha)a_{i\min}$$

在这里，$a_{i\max}$，$a_{i\min}$ 分别表示第 i 个策略可能得到的最大收益值与最小收益值。设 $\alpha=1/3$，将计算得到的 H_i 值记在表 12 - 7 的右端。

然后选择

$$S_k^*\rightarrow\max_i\{H_i\}$$

决策策略为：

$$\max(0,10,20,30,40)=40\rightarrow S_5$$

表 12 - 7

策略 S_i	事件 E_j					H_i
	0	10	20	30	40	
0	0	0	0	0	0	0
10	−10	50	50	50	50	10
20	−20	40	100	100	100	20
30	−30	30	90	150	150	30
40	−40	20	80	140	200	40←max

【例 12 - 2】 设某决策问题的决策收益表如表 12 - 8 所示，分别采用悲观主义决策准则、乐观主义决策准则、折中主义决策准则、等可能性决策准则、最小机会损失决策准则进行决策。

表 12 - 8

策略 S_i	事件 E_j			
	E_1	E_2	E_3	E_4
S_1	4	5	6	7
S_2	2	4	6	9
S_3	5	7	3	5
S_4	3	5	6	8
S_5	3	5	5	5

解：

① 采用悲观主义决策准则进行决策，如表 12 - 9 所示。

表 12-9

策略 S_i	事件 E_j				min
	E_1	E_2	E_3	E_4	
S_1	4	5	6	7	4←max
S_2	2	4	6	9	2
S_3	5	7	3	5	3
S_4	3	5	6	8	3
S_5	3	5	5	5	3

② 采用乐观主义决策准则进行决策,如表 12-10 所示。

表 12-10

策略 S_i	事件 E_j				max
	E_1	E_2	E_3	E_4	
S_1	4	5	6	7	7
S_2	2	4	6	9	9←max
S_3	5	7	3	5	7
S_4	3	5	6	8	8
S_5	3	5	5	5	5

③ 采用折中主义决策准则进行决策,如表 12-11 所示。

表 12-11

策略 S_i	事件 E_j				$H_i(\alpha=0.8)$
	E_1	E_2	E_3	E_4	
S_1	4	5	6	7	6.4
S_2	2	4	6	9	7.6←max
S_3	5	7	3	5	6.2
S_4	3	5	6	8	7.0
S_5	3	5	5	5	4.6

④ 采用等可能性决策准则进行决策,如表 12-12 所示。

表 12-12

策略 S_i	事件 E_j				$E(S_i)=\sum_j pa_{ij}$
	E_1	E_2	E_3	E_4	
S_1	4	5	6	7	5.5←max
S_2	2	4	6	9	5.25
S_3	5	7	3	5	5
S_4	3	5	6	8	5.5←max
S_5	3	5	5	5	4.5

将前面的结果合并,如表 12-13 所示。

表 12-13

准则					悲观	乐观	折中	等可能性
策略 S_i	事件 E_j				min	max	$H_i(\alpha=0.8)$	$E(S_i)=\sum_j pa_{ij}$
	E_1	E_2	E_3	E_4				
S_1	4	5	6	7	4←max	7	6.4	5.5←max
S_2	2	4	6	9	2	9←max	7.6←max	5.25
S_3	5	7	3	5	3	7	6.2	5
S_4	3	5	6	8	3	8	7.0	5.5←max
S_5	3	5	5	5	3	5	4.6	4.5
最优方案					S_1	S_2	S_2	S_1或S_4

⑤ 采用最小机会损失决策准则进行决策，如表 12-14 所示。

表 12-14

策略 S_i	事件 E_j				max
	E_1	E_2	E_3	E_4	
S_1	1	2	0	2	2←min
S_2	3	3	0	0	3
S_3	0	0	3	4	4
S_4	2	2	0	1	2←min
S_5	2	2	1	4	4

用最小机会损失决策准则决策，最优策略为 S_1 或 S_4。

12.2 风险型决策

风险型决策是指决策者对客观情况不甚了解，但对将发生各事件的概率是已知的。决策者往往通过调查，根据过去的经验或主观估计等途径获得这些概率。在风险决策中一般采用期望值作为决策准则，常用的有最大期望收益决策准则和最小机会损失决策准则。

12.2.1 最大期望收益决策准则（expected monetary value，*EMV*）

决策矩阵的各元素代表“策略—事件”对的收益值，各事件发生的概率为 p_j。先计算各策略的期望收益值为：

$$\sum_j p_j a_{ij},i=1,2,\cdots,n$$

然后从这些期望收益值中选取最大者，它对应的策略为最优策略，即

$$\max_i \sum_j p_j a_{ij} \rightarrow S_k^*$$

以【例 12-1】的数据进行计算,如表 12-15 所示。

表 12-15

策略 S_i	事件 E_j					EMV
	0	10	20	30	40	
	p_j					
	0.1	0.2	0.4	0.2	0.1	
0	0	0	0	0	0	0
10	−10	50	50	50	50	44
20	−20	40	100	100	100	76
30	−30	30	90	150	150	84←max
40	−40	20	80	140	200	80

计算结果为 max(0,44,76,84,80)=84→S_4,即选择策略 S_4。

12.2.2 最小机会损失决策准则(expected opportunity loss,*EOL*)

矩阵的各元素代表"策略—事件"对的机会损失值,各事件发生的概率为 p_j,先计算各策略的期望损失值。

$$\sum_j p_j a'_{ij}, i=1,2,\cdots,n$$

然后从这些期望损失值中选取最小者,它对应的策略应是决策者所选策略,即

$$\min_i\left(\sum_j p_j a'_{ij}\right) \rightarrow S_k^*$$

计算过程如表 12-16 所示。

表 12-16

策略 S_i	事件 E_j					EOL
	0	10	20	30	40	
	p_j					
	0.1	0.2	0.4	0.2	0.1	
0	0	50	100	150	200	100
10	10	0	50	100	150	56
20	20	10	0	50	100	24
30	30	20	10	0	50	16←min
40	40	30	20	10	0	20

12.2.3 全情报的价值(expected value of perfect information,*EVPI*)

当决策者耗费了一定经费进行调研,获得了各事件发生的概率,应采用随机应变的战术。

这时所得的期望收益称为全情报的期望收益，记作 $EPPL$，期望收益应当大于或等于最大期望收益，即 $EPPL \geqslant EMV^*$。

$$EVPI = EPPL - EMV^*$$

$EVPI$ 称为全情报的价值，获取情报的费用不能超过 $EVPI$ 值，否则就没有增加收入。

【例 12－3】某书店希望订购最新出版的图书出售。根据以往经验，新书的销售量可能为 50 本、100 本、150 本或 200 本。假定每本书的订购价为 4 元，销售价为 6 元，剩书处理价为每本 2 元。如果书店统计过去销售新书数量的规律如表 12－17 所示。

表 12－17

销售量/本	50	100	150	200
占的比率%	20	40	30	10

要求：

① 分别用 EMV 和 EOL 准则确定订购数量；

② 假如书店负责人能确切掌握新书销售量的情况，试求 $EPPL$ 和 $EVPI$。

解：

① 收益情况如表 12－18 所示。

表 12－18

策略 S_i	事件 E_j			
	50	100	150	200
	p_j			
	0.2	0.4	0.3	0.1
50	100	100	100	100
100	0	200	200	200
150	−100	100	300	300
200	−200	0	200	400

用 EMV 准则确定订购数量的计算过程，如表 12－19 所示。

表 12－19

策略 S_i	事件 E_j				EMV
	50	100	150	200	
	p_j				
	0.2	0.4	0.3	0.1	
50	100	100	100	100	100
100	0	200	200	200	160←max
150	−100	100	300	300	140
200	−200	0	200	400	60

故用 EMV 准则确定订购数量为 S_2（100 本）。

其次，需要获得后悔值情况，如表 12－20 所示。

表 12-20

策略 S_i	事件 E_j			
	50	100	150	200
	p_j			
	0.2	0.4	0.3	0.1
50	0	100	200	300
100	100	0	100	200
150	200	100	0	100
200	300	200	100	0

用 EOL 准则确定订购数量的计算过程，如表 12-21 所示。

表 12-21

策略 S_i	事件 E_j				EOL
	50	100	150	200	
	p_j				
	0.2	0.4	0.3	0.1	
50	0	100	200	300	130
100	100	0	100	200	70←min
150	200	100	0	100	90
200	300	200	100	0	170

故用 EOL 准则确定的订购数量为 S_2(100 本)。

② 如果书店能知道确切销售数字，则可能获得的最大利润为：

$$EPPL=100\times0.2+200\times0.4+300\times0.3+400\times0.1=230(\text{元})$$

在不确切知道每种新书的销售量时，可获取的最大期望利润为：

$$EMV^*=160(\text{元})$$

该书店愿意付出的最大调查费用为：

$$EVPI=EPPL-EMV^*=230-160=70(\text{元})$$

【例 12-4】某钟表公司计划通过它的销售网销售一种低价钟表，计划每块售价 10 元。生产这种钟表有三种设计方案：方案Ⅰ需一次投资 10 万元，以后生产一个钟表的费用为 5 元；方案Ⅱ需一次投资 16 万元，以后生产一个钟表的费用为 4 元；方案Ⅲ需一次投资 30 万元，以后生产一个钟表的费用为 3 元。对该钟表的需求为未知，但估计有三种可能：E_1 为 3 万件；E_2 为 12 万件；E_3 为 20 万件；如果该钟表公司负责人预测三种需求量的概率如表 12-22 所示。

表 12-22

事件 E_j	E_1	E_2	E_3
概率	0.15	0.75	0.1

要求：

① 填写收益情况和后悔值；

② 分别用 EMV 和 EOL 准则决定该公司的最佳设计方案；

③ 如果该公司能确切掌握市场需求信息，求 $EPPL$ 值；

④ 若有一个单位愿意帮助该公司调查市场的确切需求量，该公司最多愿付的调查费为多少？

解：

① 收益情况和后悔值如表 12－23 和表 12－24 所示。

表 12－23　　万元

方案 S_i	E_1	E_2	E_3	EMV
	0.15	0.75	0.1	
S_1：方案Ⅰ	5	50	90	47.25
S_2：方案Ⅱ	2	56	104	52.7←max
S_3：方案Ⅲ	−9	54	110	50.15

表 12－24　　万元

方案 S_i	E_1	E_2	E_3	EOL
	0.15	0.75	0.1	
S_1：方案Ⅰ	0	6	20	6.5
S_2：方案Ⅱ	3	0	6	1.05←min
S_3：方案Ⅲ	14	2	0	3.6

② 故用 EMV 准则确定的订购数量为 S_2（方案Ⅱ），用 EOL 准则确定的订购数量为 S_2（方案Ⅱ）。

③ 如果该公司能确切掌握市场需求信息，则可能获得的最大利润为：

$$EPPL=5\times0.15+56\times0.75+110\times0.1=0.75+42+11=53.75(\text{万元})$$

④ 在不确切掌握市场需求信息时，可获取的最大期望利润为：

$$EMV^*=52.7(\text{万元})$$

若有一个单位愿意帮助该公司调查市场的确切需求量，该公司最多愿付的调查费为：

$$EVPI=EPPL-EMV^*=53.75-52.7=1.05(\text{万元})$$

12.2.4　主观概率

风险决策时决策者要估计各事件出现的概率，而许多决策问题的概率不能通过随机试验去确定，根本无法进行重复试验。如估计某企业倒闭的可能性，只能由决策者根据他对事件的了解去确定。这样确定的概率反映了决策者对事件出现的信念程度，称为主观概率。主观概率论者不是主观臆造事件发生的概率，而是依赖于对事件做周密的观察，去获得事前信息。事前信息越丰富，则确定的主观概率就越准确。确定主观概率时，一般采用专家估计法。

① 直接估计法，是指要求参加估计者直接给出概率的估计方法。

② 间接估计法，是指要求参加估计者通过排队或相互比较等间接途径给出概率的估计方法。

【例 12－5】推荐 3 名大学生考研究生时，若 5 位任课教师做出如下估计，如表 12－25 所示。请各位任课教师估计他们谁得第一的概率。

表 12-25

教师代号	权数	学生 1	学生 2	学生 3
1	0.6	0.6	0.6	0.1
2	0.7	0.4	0.5	0.1
3	0.9	0.5	0.3	0.2
4	0.7	0.6	0.3	0.1
5	0.8	0.2	0.5	0.3

解：

使用直接估计法进行计算，如表 12-26 所示，得到学生 1 的概率是 0.43，得分最高。

表 12-26

教师代号	权数	学生 1	学生 2	学生 3	Σ
1	0.6	0.6	0.6	0.1	
2	0.7	0.4	0.5	0.1	
3	0.9	0.5	0.3	0.2	
4	0.7	0.6	0.3	0.1	
5	0.8	0.2	0.5	0.3	
归一化后		1.67	1.59	0.62	3.88
		0.43	0.41	0.16	1

【例 12-6】估计 5 个球队($A_i, i=1,\cdots,5$)比赛谁得第一的问题，请 10 名专家做出估计，每位都给出一个优胜顺序的排队名单，排队名单汇总如表 12-27 所示。

表 12-27

专家号	名次 q_j					评定者
	1	2	3	4	5	权数 w_i
1	A_2	A_5	A_1	A_3	A_4	0.7
2	A_3	A_1	A_5	A_4	A_2	0.8
3	A_5	A_3	A_2	A_1	A_4	0.6
4	A_1	A_2	A_5	A_4	A_3	0.7
5	A_5	A_2	A_1	A_3	A_4	0.9
6	A_2	A_5	A_3	A_1	A_4	0.8
7	A_5	A_1	A_3	A_2	A_4	0.7
8	A_5	A_2	A_4	A_1	A_3	0.9
9	A_2	A_1	A_5	A_4	A_3	0.7
10	A_5	A_2	A_3	A_1	A_4	0.8

解：

使用间接估计法，分别从表 12 - 27 中查到每队被排的名次次数，如 A_1 所处各名次的情况如表 12 - 28 所示。

表 12 - 28

名次 q_j	次数 n_j	评定权数 w_i
1	1	$w_4=0.7$
2	3	$w_2=0.8, w_7=0.7, w_9=0.7$
3	2	$w_1=0.7, w_5=0.9$
4	4	$w_3=0.6, w_6=0.8, w_8=0.9, w_{10}=0.8$
5	0	

然后计算加权平均数：

$$w(A_1)=\frac{1\times w_4+2\times(w_2+w_7+w_9)+3\times(w_1+w_5)+4\times(w_3+w_6+w_8+w_{10})}{\sum w_i}$$

$$=22.3/7.6=2.93$$

采用同样的方法得到：

$$w(A_2)=(17.4/7.6)=2.29; w(A_3)=(26.8/7.6)=3.53$$

$$w(A_4)=(34/7.6)=4.47; w(A_5)=(13.5/7.6)=1.78$$

按此加权平均数给出各队的估计名次，即

$$A_5>A_2>A_1>A_3>A_4$$

再将各队的估计名次转换成概率，这时需假设各队按估计名次出现的概率是等可能的。$(A_5\to 1)$表示 A_5 的估计名次为 1，其余类推。那么：

$$(A_5\to 1):(A_2\to 2):(A_1\to 3):(A_3\to 4):(A_4\to 5)=1:1:1:1:1$$

因所有事件发生的概率和为 1，即

$$\sum_j p_j=1$$

于是各队按估计名次出现的主观概率为：

$P(A_5\to 1)=1/5; P(A_2\to 2)=1/5; P(A_1\to 3)=1/5; P(A_3\to 4)=1/5; P(A_4\to 5)=1/5$

12.2.5　修正概率的方法——贝叶斯公式的应用

前面曾提到决策者常常碰到的问题是没有掌握充分的信息，于是决策者通过调查及做试验等途径去获得更多、更确切的信息，以便掌握各事件发生的概率，这可以利用贝叶斯公式来实现，它体现了最大限度地利用现有信息，并加以连续观察和重新估计，其步骤如下：

① 先由过去的经验或专家估计获得将发生事件的事前(先验)概率。

② 根据调查或试验计算得到条件概率，利用贝叶斯公式：

$$P(B_i\mid A)=\frac{P(B_i)P(A\mid B_i)}{\sum P(B_i)P(A\mid B_i)}\qquad i=1,2,\cdots,n$$

计算出各事件的事后(后验)概率。

【例 12－7】某钻探大队在某地区进行石油勘探，主观估计该地区有油的概率为 $P(O)=0.5$；无油的概率为 $P(D)=0.5$。为了提高钻探的效果，先做地震试验。根据积累的资料得知，凡有油地区，做试验结果好的概率为 $P(F|O)=0.9$；做试验结果不好的概率为 $P(U|O)=0.1$。凡无油地区，做试验结果好的概率为 $P(F|D)=0.2$；做试验结果不好的概率为 $P(U|D)=0.8$。问在该地区做试验后，有油与无油的概率各是多少？

解：

先计算做地震试验好与不好的概率。

做地震试验好的概率：

$$P(F)=P(O)\cdot P(F|O)+P(D)\cdot P(F|D)=0.5\times0.9+0.5\times0.2=0.55$$

做地震试验不好的概率：

$$P(U)=P(O)\cdot P(U|O)+P(D)\cdot P(U|D)=0.5\times0.8+0.5\times0.1=0.45$$

利用贝叶斯公式计算各事件的事后(后验)概率。

做地震试验好的条件下有油的概率：

$$P(O|F)=\frac{P(O)\cdot P(F|O)}{P(F)}=\frac{0.45}{0.55}=\frac{9}{11}$$

做地震试验好的条件下无油的概率：

$$P(D|F)=\frac{P(D)\cdot P(F|D)}{P(F)}=\frac{0.10}{0.55}=\frac{2}{11}$$

做地震试验不好的条件下有油的概率：

$$P(O|U)=\frac{P(O)\cdot P(U|O)}{P(U)}=\frac{0.05}{0.45}=\frac{1}{9}$$

做地震试验不好的条件下无油的概率：

$$P(D|U)=\frac{P(D)\cdot P(U|D)}{P(U)}=\frac{0.40}{0.45}=\frac{8}{9}$$

以上计算可在图 12－1 上进行。

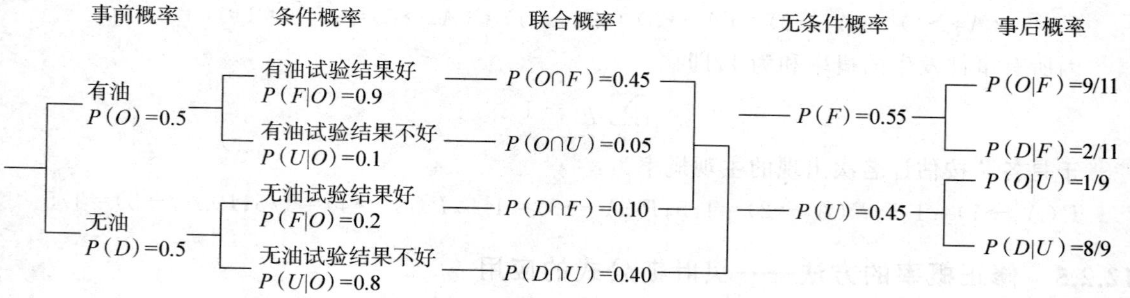

图 12－1

12.3 决策树

有些决策问题，当进行决策后又会产生一些新情况，并需要进行新的决策，接着又有一些新情况，又需要进行新的决策。这样决策、情况、决策……就构成一个序列，这就是序列决策。描述序列决策的有力工具之一是决策树。

决策树方法是用树形图表示决策问题，用树的分枝表示各种事件发生的可能，以最大期望值为标准进行剪枝来做决策的一种方法。决策树是由决策点、事件点及结果构成的树形图。决策准则为最大收益期望值、最大效用期望值等。

【例 12－8】某石油钻探队在一片估计能出油的荒田钻探。可以先做地震试验，然后决定钻井与否。或不做地震试验，只凭经验决定钻井与否。做地震试验的费用每次 3 000 元，钻井费用 10 000 元。若钻井后出油，钻探队可收入 40 000 元，若不出油，就没有任何收入。各种情况下估计出油的概率已估计出并标在图 12－2 上。问钻探队的决策者如何做出决策，才能使收入的期望值为最大？

解：

第一步，画决策树。决策树如图 12－2 所示。

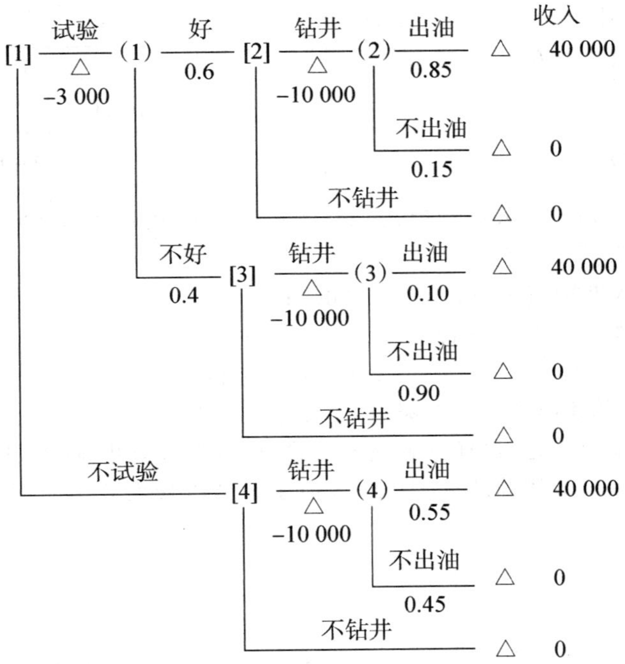

[ ]表示决策点；（ ）表示事件点；△表示收益点；负值表示支付

图 12－2

第二步，计算各事件点的收入期望值：

事件点	收入期望值
(2)	40 000×0.85＋0×0.15＝34 000
(3)	40 000×0.10＋0×0.90＝4 000
(4)	40 000×0.55＋0×0.45＝22 000

将收入期望值标在相应的各事件点处，这时可将原决策树图 12－2 简化为图 12－3。

第三步，按最大收入期望值决策准则在图 12－3 上给出各决策点的抉择。

在决策点[2]，max[(34 000－10 000)，0]＝24 000，所对应的策略为应选策略，即钻井。

在决策点[3]，max[(4 000－10 000)，0]＝0，所对应的策略为应选策略，即不钻井。

在决策点[4]，max[(22 000－10 000)，0]＝12 000，所对应的策略为应选策略，即钻井。

在决策树上保留各决策点的应选方案，把淘汰策略去掉，得到图 12－4。

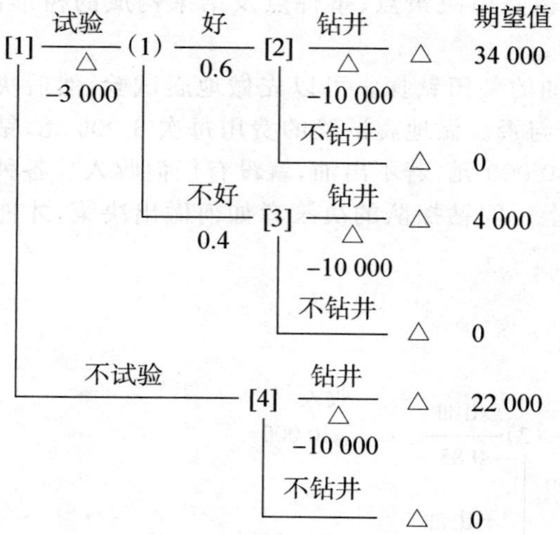

图 12-3

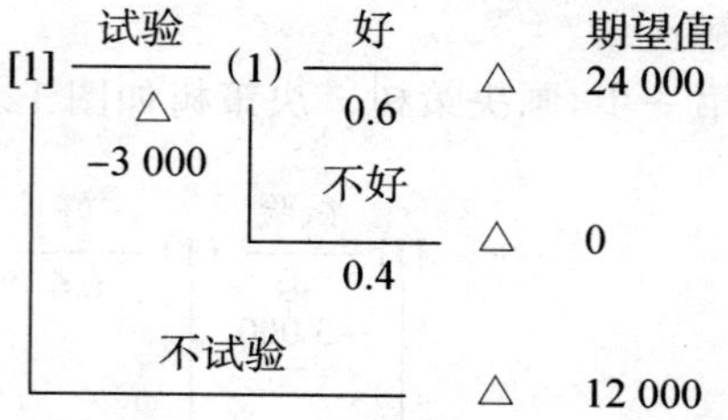

图 12-4

第四步,计算事件点(1)的收入期望值,24 000×0.60+0×0.40=14 400。

第五步,决策点[1]有两个方案:

① 做地震试验,收入期望值为(14 400-3 000);

② 不做地震试验,收入期望值为 12 000。

$$\max[(14\,400-3\,000),12\,000]=12\,000$$

结论:12 000 所对应的策略为应选策略,即不做地震试验。

这个决策问题的决策序列是,选择不做地震试验,直接判断钻井,收入期望值为12 000元。

【例 12-9】 设决策者的效用曲线如图 12-5 所示。试以最大效用期望值为决策准则,对【例 12-8】进行决策。

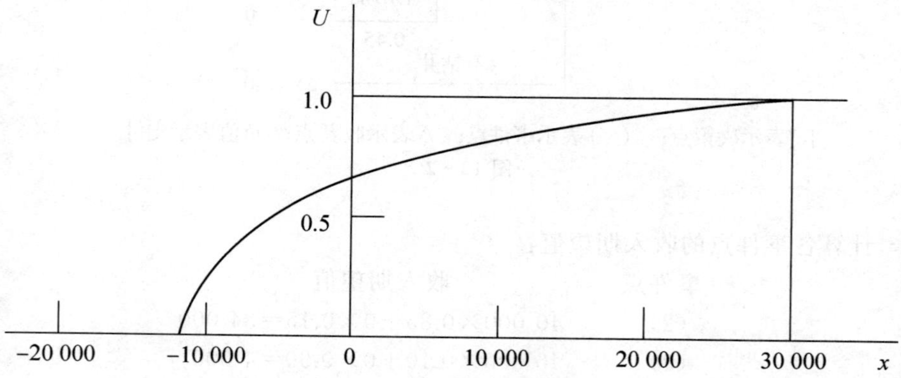

图 12-5

解:

采用决策树为工具,在决策树的右端标上纯收入,纯收入=收入-支出。然后由决策者的效用曲线查得各纯收入相应的效用值,并将此值记在相应的纯收入旁,如图 12-6 所示。

计算事件点(2)、(3)、(4)的效用期望值分别为 0.833,0.098,0.672,并标在相应各事件点旁,然后在各决策点[2]、[3]、[4] 进行选择,其计算如下:

$$\max_2(0.833,0.60)=0.833;\max_3(0.098,0.60)=0.60;\max_4(0.672,0.68)=0.68$$

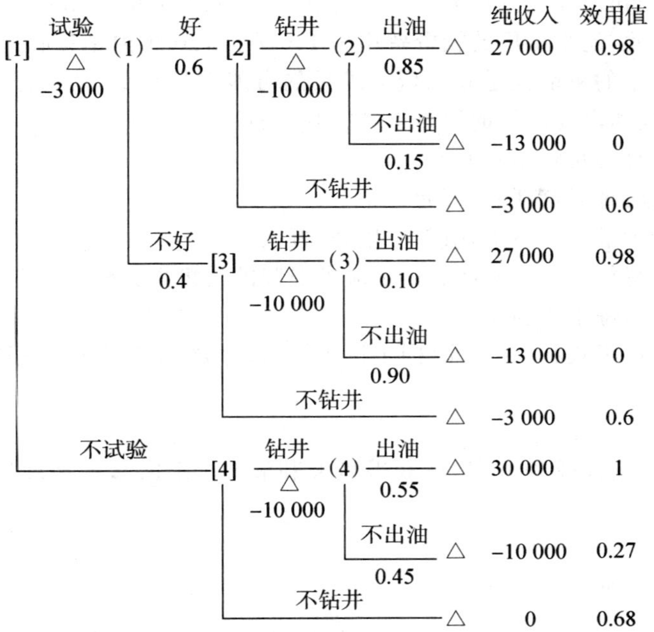

图 12-6

接着计算事件点(1)的效用期望值为 0.739 8，记在事件点(1)旁，决策点[1]的选择为 max(0.739 8，0.68)＝0.739 8

根据以上计算，在决策树上可见决策序列是，先做地震试验，若结果好，则钻井；若结果不好，则不钻井。决策分析过程如图 12-7 所示。

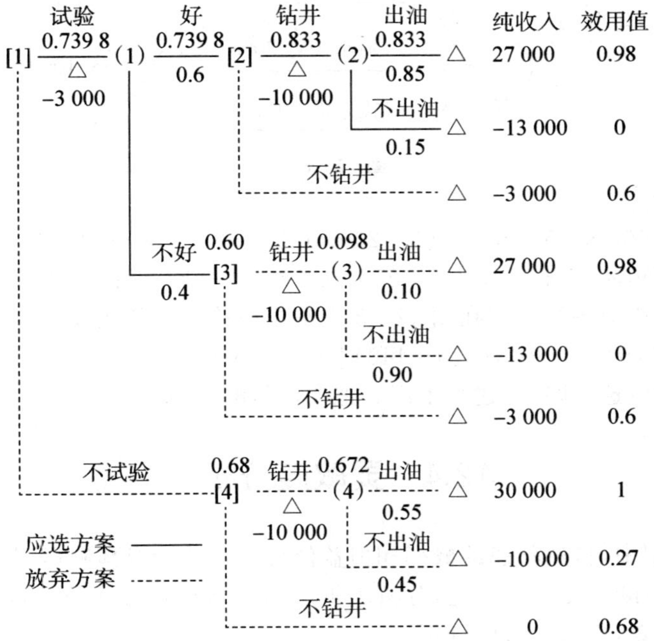

图 12-7

【例 12-10】某公司需要建工厂来生产一种新产品,新产品的市场寿命为 10 年,建大工厂的投资费用为 280 万元,建小工厂的投资费用为 140 万元,10 年内销售状况如下:高需求量的可能性是 0.5,中需求量的可能性是 0.3,低需求量的可能性是 0.2。公司进行了成本—产量—利润分析,在工厂规模和市场容量的组合下,它们的条件收益如下:

大工厂,需求高,每年获利 100 万元;

大工厂,需求中等,每年获利 60 万元;

大工厂,需求低,由于开工不足,引起亏损 20 万元;

小工厂,需求高,每年获利 25 万元(供不应求引起的销售损失较大);

小工厂,需求中等,每年获利 45 万元;

小工厂,需求低,每年获利 55 万元(因工厂规模与市场容量配合得较好)。

要求:

① 画出决策树。

② 回答该公司应选择哪种方案,可获得最大利润?(用 1,2,3,…顺序表示决策点和事件点)

解:

决策树如图 12-8 所示。

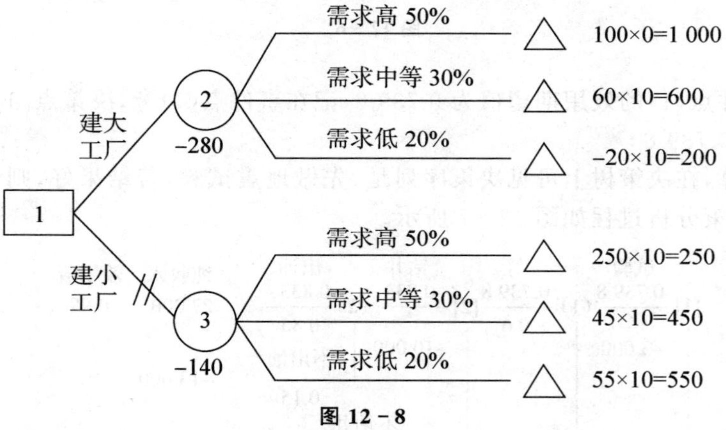

图 12-8

$$E(2)=1\ 000\times0.5+600\times0.3-200\times0.2=500+180-40=640(\text{万元})$$

$$E(3)=250\times0.5+450\times0.3+550\times0.2=125+135+110=370(\text{万元})$$

按照最大收入期望值决策准则在图 12-8 上给出决策点 1 的抉择。在决策点 1,按

$$\max[(640-280),(370-140)]=\max[360,230]=360(\text{万元})$$

所对应的策略为应选策略,即建大工厂。把淘汰策略去掉。

12.4 灵敏度分析

通常,在决策模型中,自然状态的概率和损益值可通过估计或预测得到,不可能十分准确,此外,实际情况也在不断地变化。因此,分析决策所用的数据在多大范围内变动,还能保持原最优决策方案继续有效,称为灵敏度分析。

有两个事件,收益情况如表 12-29所示,下面推导转折概率的计算公式:

设 p 为出现事件 E_1 的概率，$(1-p)$ 为出现事件 E_2 的概率。当这两个方案的期望值相等时，即 $p\times a_{11}+(1-p)\times a_{12}=p\times a_{21}+(1-p)\times a_{22}$，$p$ 值可推导，表示为：

$$p=\frac{a_{12}-a_{22}}{a_{12}-a_{22}+a_{21}-a_{11}}$$

表 12－29

方案	自然状态(概率)	
	事件 $E_1(p)$	事件 $E_2(1-p)$
方案Ⅰ	a_{11}	a_{12}
方案Ⅱ	a_{21}	a_{22}

若这些数据在某允许的范围内变动，而最优方案保持不变，这个方案就是比较稳定的。反之，若这些数据在某允许的范围内稍加变动，则最优方案就有变化，这个方案就是不稳定的，由此可以得出哪些是非常敏感的变量，哪些是不太敏感的变量，以及在最优方案不变的条件下，这些变量允许变化的范围。

【例 12－11】假设有外表完全相同的木盒 100 只，将其分为两组：一组内装白球，有 70 盒，另一组内装黑球，有 30 盒。现从这 100 盒中任取一盒，请你猜，如这一盒内装的是白球，猜对了得 500 分，猜错了罚 150 分；如这一盒内装的是黑球，猜对了得 1 000 分，猜错了罚 200 分。有关数据如表 12－30 所示。

试求：

① 为使期望得分最多，应选哪一个方案？

② 转折概率是多少？

表 12－30

方案	自然状态(概率)	
	白(0.7)	黑(0.3)
猜白	500	－200
猜黑	－150	1 000

解：

① 先画出决策树，如图 12－9 所示，计算各方案的期望值。

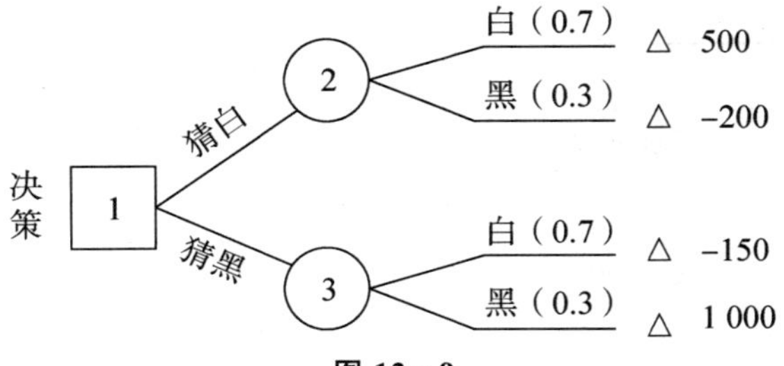

图 12－9

猜白方案的期望值为 $0.7\times500+0.3\times(-200)=290$；

猜黑方案的期望值为 $0.7\times(-150)+0.3\times1\ 000=195$；

经比较，可知猜白方案是最优方案。

② 转折概率。

设 p 为出现白球的概率，$(1-p)$ 为出现黑球的概率。当这两个方案的期望值相等时，即

$$p\times500+(1-p)\times(-200)=p\times(-150)+(1-p)\times1\ 000$$

求得转折概率 $p=0.648\ 6$。即当 $p>0.648\ 6$，猜白方案是最优方案；当 $p<0.648\ 6$，猜黑方案是最优方案。

12.5 本章小结

本章主要学习了以下内容：

① 按决策的环境，可将决策问题分为确定型决策、风险型决策和不确定型决策三种。

② 对于不确定型决策，决策准则包括悲观主义决策准则、乐观主义决策准则、等可能性决策准则、最小机会损失决策准则、折中主义决策准则。

③ 对于风险型决策，决策准则包括最大期望收益决策准则(*EMV*)、最小机会损失决策准则(*EOL*)等。全情报的价值 $EVPI=EPPL-EMV^*$。确定主观概率时，一般采用专家估计法，包括直接估计法和间接估计法等。

④ 决策树是由决策点、事件点及结果构成的树形图。决策准则为最大收益期望值、最大效用期望值等。

⑤ 灵敏度分析的意义在于分析为决策所用的数据可在多大范围内变动，原最优决策方案继续有效。

12.6 课后习题

12-1 某公司为经营业务的需要，决定在现有生产条件不变的情况下，生产一类新产品，现可供开发生产的产品有Ⅰ，Ⅱ，Ⅲ，Ⅳ四种不同产品，对应的方案为 S_1,S_2,S_3,S_4。由于缺乏相关资料背景，对产品的市场需求只能估计为大、中、小三种状态，而且对于每种状态出现的概率无法预测，每种方案在各种自然状态下的效益值如表 12-31 所示，问决策者应如何应用 5 种决策准则进行决策？

表 12-31

策略 S_i	事件 E_j		
	需求量大 E_1	需求量中 E_2	需求量小 E_3
S_1：生产产品Ⅰ	800	320	−250
S_2：生产产品Ⅱ	600	300	−200
S_3：生产产品Ⅲ	300	150	50
S_4：生产产品Ⅳ	400	250	100

12-2 某个体户由外地向北京运菜。市场情况分为三种：好、中、差。若市场情况为好，

可按原价卖出 3 车；若市场情况为中，可按原价卖出 2 车；若市场情况为差，可按原价卖出 1 车。按原价销售的话，每千克可赚 1.2 元。如果超过市场需求多运，则多运部分要便宜处理，每千克损失 0.5 元。按照以往的统计规律，市场好的概率为 0.3，市场中的概率为 0.5，市场差的概率为 0.2。这里假设一车重 5 000 千克，方案 S_1 运 1 车，方案 S_2 运 2 车，方案 S_3 运 3 车。试求：

（1）分别用 *EMV* 和 *EOL* 准则决定该个体户的最佳方案。

（2）如该个体户能确切掌握市场需求信息，求 *EPPL* 值。

（3）若有一个单位愿意帮助该个体户调查市场的确切需求量，该个体户最多愿付的调查费为多少？

12－3　某厂生产电子元件，每批的次品率概率分布如表 12－32 所示。该厂不进行 100% 的检验，现抽样 20 件，次品为 1 件，试修订事后概率。

表 12－32

次品率 p	0.02	0.05	0.10	0.15	0.20
事前概率 $P_0(p)$	0.4	0.3	0.15	0.10	0.05

12－4　某厂投入不同数额的资金对机器进行改造，改造有三种方法，分别为购新机器、大修和维护。根据经验，相关投资额及在不同改造情况下的损益值如表 12－33 所示，请画出决策树并选择最佳方案。

表 12－33　　万元

方案	投资额	销路好 $p_1=0.6$	销路不好 $p_2=0.4$
A_1：购新机器	12	25	－20
A_2：大修	8	20	－12
A_3：维护	5	15	－8

12－5　某服装商店经过市场调研，预测未来服装市场需求量有大、中、小三种可能状态。这三种可能状态出现的概率分别为 0.2，0.5 和 0.3。企业经过分析，认为可以通过扩建、兼并及合同转包三种方案来进行生产。三种方案各自在三种自然状态下的损益值如表 12－34 所示。

表 12－34　　万元

方案	E_1	E_2	E_3
	0.2	0.5	0.3
S_1：扩建	350	500	200
S_2：兼并	300	300	400
S_3：转包	250	600	280

要求：

(1) 画出决策树。

(2) 回答该公司应选择哪种方案,可获得最大收益?

用 1 来表示决策点,用 2,3 和 4 分别表示事件点。

12.7 课后习题参考答案

第 12 章习题答案

主要参考文献

[1] 胡运权.运筹学基础及应用(第6版)[M].北京:高等教育出版社,2014.

[2] 熊伟.运筹学(第3版)[M].北京:机械工业出版社,2016.

[3] 常大勇.运筹学[M].北京:中国物资出版社,2010.

[4] 谢家平.管理运筹学:管理科学方法(第3版)[M].北京:中国人民大学出版社,2018.

[5] 《运筹学》教材编写组.运筹学(第4版)[M].北京:清华大学出版社,2012.

[6] 伯纳德.泰勒.数据、模型与决策(第9版)[M].侯文华,译.北京:机械工业出版社,2010.

[7] 郝英奇等.实用运筹学[M].北京:机械工业出版社,2016.

[8] 魏权龄,胡显佑.运筹学基础教程(第3版)[M].北京:人民出版社,2019.

[9] 吴振华.运筹学[M].北京:北京理工大学出版社,2014.

[10] 许国志,徐瑞恩.运筹学的ABC[J].运筹与管理,1992,1-13.

[11] 章祥荪.运筹学在中国40年[C].科技进步与学科发展——"科学技术面向新世纪"学术年会论文集,北京:中国科学技术出版社,1998,250-254.

[12] 胡晓东,袁亚湘,章祥荪.运筹学发展的回顾与展望[J].中国科学院院刊,2012(02):145-160.

[13] 唐文广,吴振奎,王全文,罗蕴玲.运输问题的退化解及表解中0元的添加[J].数学的实践与认识,2009,39(01):160-166.

[14] 吴振华,王亚蓓.运输问题的对偶模型[J].大众科技,2015(03):150-152.

[15] 吴振华,贵文龙,智国建.谈隐枚举法中过滤约束的使用与解题技巧[J].大众科技,2014(02):121-122,126.

[16] 吴振华,李军,贵文龙.箭线式网络图时间参数的计算技巧[J].大众科技,2014(04):7-9.

[17] 马建华.运筹学(第2版)[M].北京:清华大学出版社,2014.

[18] 赵援,丁文英,董绍华,赵宁.基于排队论的天车合理数量的确定[J].物流技术,2008,27(8):217—219.